金属焊接

JinShu HanJie

主编 雷 毅

参编 赵卫民 韩 涛

韩 彬 王炳英

主审 程绪贤

中国石油大学出版社

CHINA UNIVERSITY OF PETROLEUM PRESS

内容简介

本书根据中国石油大学（华东）“十一五”课程教材规划和新教学大纲的基本要求编写，主要介绍金属焊接的基础知识和基础理论。全书体系突出理论联系实际，注重思路和能力培养；书中内容取材广泛，力求反映国内外最新成就和发展趋势。

书中内容共分七章，主要包括绪论、焊接电弧与弧焊电源、常用电弧焊方法、焊接应力与变形、焊接冶金原理、常见金属材料焊接和焊接质量检验。每章均配有适量的思考题与习题。

本书可作为高等学校过程装备与控制工程、油气储运工程、建筑环境与设备工程、热能与动力工程和材料科学与工程等专业的教学用书，也可供从事与焊接制造技术相关的工程技术人员和高等院校相关专业的师生参考。

前言

作为机械设备制造与维修中的一种基本工艺方法，金属焊接广泛应用于各工业部门。随着科学技术的发展，金属焊接已经从一种传统的热加工工艺发展到了集结构、材料、力学、电子等多门学科理论为一体的综合工程技术。本教材根据中国石油大学(华东)“十一五”课程教材规划和新教学大纲的基本要求编写，主要介绍金属焊接的基础知识和基础理论。全书体系突出理论联系实际，注重思路和能力培养。书中内容涵盖金属焊接学科的各个重要领域，取材广泛，力求反映国内外最新成就和发展趋势。

全书共7章。◉第1章为绪论，主要介绍金属焊接的基本概念、焊接方法分类和焊接技术的应用及发展等方面的相关知识。◉第2章为焊接电弧与弧焊电源，主要介绍焊接电弧、对弧焊电源的要求、弧焊变压器、直流弧焊发电机、硅弧焊整流器、电子弧焊电源、弧焊电源的使用及维修等方面的相关知识。◉第3章为常用电弧焊方法，主要介绍焊条电弧焊、埋弧自动焊、钨极氩弧焊、熔化极气体保护焊、焊接方法的选用及应用举例等方面的相关知识。◉第4章为焊接应力与变形，主要介绍焊接应力与变形的产生、焊接残余应力、焊接残余变形等方面的相关知识。◉第5章为焊接冶金原理，主要介绍焊接化学冶金、熔池金属的结晶、焊接接头的固态相变、焊接裂纹等方面的相关知识。◉第6章为常见金属材料焊接，主要介绍金属焊接性及其试验评价方法、碳钢的焊接、合金结构钢的焊接、耐热钢以及不锈钢的焊接、异种钢的焊接等方面的相关知识。◉第7章为焊接质量检验，主要介绍焊接质量检验的基本概念、焊接缺欠、焊接质量检验过程、无损检测技术等方面的相关知识。

全书由雷毅担任主编，并负责第1章、第2章、第7章的编写和全书统稿工作。韩涛编写第3章，王炳英编写第4章，赵卫民编写第5章，韩彬编写第6章。全书由焊接界前辈程绪贤副教授担任主审并仔细审阅了书稿，提出了许多宝贵的指导意见；张德勤教授对本书进行了全面审阅，并提出了许多建议；中国石油大学(华东)教务处和中国石油大学出版社对本书的出版工作给予了大力支持,在此一并表示深切的谢意。同时,对教材中所引用参考文献的作者表示感谢。

由于编者水平所限,书中难免存在不足和错误之处,敬请读者批评指正,以便本书在构架、内容和细节等方面进一步完善。

编　者

2011 年 05 月于青岛

目 录

Contents

第1章 绪论

人类文明的发展和社会的进步与金属材料应用的关系十分密切。继石器时代之后出现的铜器时代、铁器时代,金属材料的应用均成为其时代的显著标志。在现代工业中,金属材料(包括金属和以金属为基的合金)是最重要、应用最广泛的工程结构材料,目前种类繁多的金属材料已成为人类社会发展的重要物质基础。作为材料成型重要手段之一的焊接技术是现代工业生产中不可缺少的重要金属加工工艺,广泛应用于机械、冶金、建筑、船舶、石油化工、汽车、电力、电子、锅炉和压力容器、航空航天和军工等产业部门,并正朝着自动化、柔性化和智能化方向发展。

金属焊接俗称"钢铁裁缝"。石油化工机械中各种化工容器、反应塔、加热炉和换热器的制造与安装等都需要进行大量的焊接工作。油气储运设备中的各种储油罐、油气管道、油槽车和油轮等都是以焊接为主要加工手段的制造工程。在钻采机械方面,焊接可用于架体、泵体、钻杆、抽油杆和钻头等各种金属结构的制造及安装修理。海洋钻探及采油平台、海洋钻井船的制造等也都离不开焊接技术。

本章主要介绍金属焊接基本概念、焊接方法分类和焊接技术应用及发展。

§1.1 金属焊接的基本概念

1.1.1 焊接过程的物理实质

金属焊接是指通过适当的手段,使两个分离的金属物体(同种金属或异种金属)产生原子(分子)间结合而连成一体的连接方法。焊接接头不同于铆钉连接、螺栓连接等依靠外力且可拆卸的机械连接方式接头,它是靠加热熔化焊材和母材,通过各种冶金反应得到一定化学成分的焊缝金属,结晶凝固后形成的。只有两种金属通过原子或分子的结合或扩散形成金属键,才能达到焊接的目的。

为完成焊接,应使两个被焊件表面接近到金属晶格距离(0.3～0.5 nm),以便在接触表面进行扩散、再结晶等物理化学过程而形成金属键。由于金属表面(即使经精密加工)凹凸不平,以及表面常带有氧化膜、水分和油污等吸附层,这都将妨碍两块金属表面的紧密接触。焊接的物理实质就是利用局部加热、加压或二者并用的手段,克服表面不平度并消去氧化膜,使母材和焊缝金属形成共同的晶粒,达到永久性的牢固连接。

焊接是一种重要的金属加工工艺,各种焊接方法、焊接材料、焊接工艺和焊接设备等及其基础理论的总称叫做焊接技术。焊接解决的问题主要有两个:一是怎样才能焊上;二是怎样才能焊好。

● 所谓焊上,就是顺利地将两种分离的金属连接在一起,并使它们的结合部分能达到原子间的相互联系。

● 所谓焊好,应包括以下三方面:

(1) 焊接接头的各项力学性能达到要求的指标,即能够承受使用过程中所要受到的各种外力,不致发生过大的变形(特别是塑性变形),更不能出现开裂现象。

(2) 焊接变形要小,即经过加工或不经加工要能达到设计规定的尺寸及形状位置公差要求,能顺利地与其他相关零部件或设备相连接,并保持良好的受力状态。

(3) 焊缝及焊接构件要能够使用足够长的时间,即具有好的耐久性,并且安全可靠。在焊接件设计使用寿命期间,不会因产生附加塑性变形或开裂而失去使用价值。

这里需要特别强调指出的是裂纹和焊接变形问题。首先,裂纹是任何焊缝或构件都不允许存在的最严重的焊接缺欠。焊接时、焊后或使用过程中出现裂纹都是不允许的。因此,如何避免裂纹的产生是焊接要解决的最重要的问题。其次是焊接变形问题,焊接性较好的材料焊接时一般出现裂纹的可能性不大,这时对于大型或复杂的焊接构件来讲,如何防止或减小焊接变形,将焊接变形控制在所允许的范围内就成为焊接要解决的关键问题。由此可见,怎样既保证焊接接头质量又控制焊接变形,是焊接时要解决的主要问题。

1.1.2 焊接结构分类

焊接结构是指常见的最适宜于用焊接方法制造的金属结构。目前,世界主要工业国家每年生产的焊接结构约占钢材总量的45%。由于焊接结构的种类繁多,其分类方法也不尽相同。例如,按半成品的制造方法可分为板焊结构、冲焊结构等;按照结构的用途可分为车辆结构、船体结构、飞机结构等;根据焊件的材料厚度可分为薄壁结构、中壁结构和厚壁结构;根据焊件的材料种类可分为钢制结构、铝制结构、钛制结构,等等。

现在国内外对焊接结构通用的分类方法是根据焊接物体或结构的工作特性来分类,并将焊接结构分成下列几类:

(1) 梁及梁系结构。梁及梁系焊接结构的工作特点是组成梁系结构的元件受横向弯曲,当由多根梁通过刚性连接组成梁系结构(或称框架结构)时,各梁的受力情况将变得较为复杂。

(2) 柱类结构。柱类焊接结构的特点是承受压应力或在受压的同时承受纵向弯曲应力。结构的断面形状多为工字形、箱形或管式圆形断面。柱类焊接结构也常用各种型钢组合成所谓“虚腹虚壁式”组合截面。这些形式都可增大惯性矩,提高结构的稳定性,同时还可节约材料。

(3) 格架结构。格架结构由一系列受拉或受压杆件组合而成,各杆件以节点形式互相连接组成各类形状的结构,如桁架、网络刚架和骨架等。

(4) 壳体结构。壳体结构承受较大的内部压力,因而要求焊接接头具有良好的气密性,如容器、储器和管道等多用钢板焊制而成。

(5) 骨架结构。骨架焊接结构的外形如同人体骨架,多用于起重运输机械,通常承受动载荷,故而要求它具有最小的质量和较大的刚度。船体骨架、客车棚架及汽车车厢和驾驶室等均属此类结构。骨架和格架结构的原材料多为各种型钢,有时将两类结构统称为格架或桁架结构。

(6) 机器和仪器的焊接零件。这类结构最适宜于在交变载荷或多次重复性载荷下工作。对这类结构,要求其具有精确的尺寸,这样才能保证加工出的主要部件或仪表零件的质量。属于这类结构的有机座、机身、机床横梁及齿轮、飞轮和仪表枢轴等。这类结构采用钢板焊接或铸焊、锻焊联合工艺,可以解决铸锻设备能力不足的问题,同时还可大大缩短制造周期。

随着焊接技术的不断完善,一些高强度和高韧性钢铁在现代焊接结构中获得了广泛的应用。现代焊接结构在向大型化和高参数方向发展的同时,也出现了一些新的焊接结构。

1.1.3 焊接结构的主要特点

与机械连接(如铆接或螺栓连接)相比,焊接结构具有以下主要优点:

(1) 接头的强度较高。应用现代的焊接技术,不仅可以制造出与母材等强度的焊接接头,而且还可以制造出强度高于母材强度的接头。而铆接或螺栓连接接头的强度依赖于螺栓(或铆钉)的强度、直径及其间距,通常还由于母材承载截面的削弱,很难实现接头强度与母材的强度相等。一般来说,铆接或螺栓连接接头的强度大约可达到母材的80%。

(2) 焊接结构的应用场合比较广泛。采用焊接的方法可以制造任意几何形状的结构;在结构的焊接中,对被焊接材料的厚度并无特别限制,厚薄相差很大的材料也能通过焊接形成永久连接;采用焊接的方法可以制造任意外形的结构,并能实现现场安装。焊接结构应用的另外的一个重要方面是可以实现异种材料的连接,如异种金属的连接、金属与非金属的连接等。

(3) 适合于制备有密闭性要求的结构。对铆接结构来说,很难保证其服役过程中完全的水密性要求,但焊接结构很容易满足这一要求,如潜艇的舱体和储罐等通常采用焊接的方法进行制造。

(4) 接头形式简单。一般来说,焊接结构中的接头形式要比铆接结构的接头形式简单得多。在焊接结构中,被连接件可采用对接、角接、搭接等简单的接头形式焊接而成。对铆接结构来说,则要采用比较复杂的接头形式。

(5) 大型结构制造周期短、成本较低。对大型结构来说,通常的制造方法是工厂模块制造,现场部件组装。焊接是这一制造方式最理想的工艺方法。

虽然焊接结构具有上述优点,但在实际应用中,焊接结构中还存在许多问题需要考虑和解决,如:

(1) 焊接结构的止裂性较差。对焊接结构来说,一旦出现裂纹扩展,很难实现止裂。但对铆接结构来说,一个被连接件中的裂纹扩展通常不会扩展到与之连接的另外的一个构件中。

(2) 容易产生焊接缺欠。由于焊接工艺的特殊性,焊接结构中容易出现气孔、裂纹、夹杂物等焊接缺欠。这些缺欠对结构的性能往往产生严重的不利影响。

(3) 焊接结构制造中材料的敏感性。一些材料很容易实现无缺欠焊接,而另一些材料的焊接中往往出现焊接缺欠,如高强钢焊接中容易出现裂纹、铝合金焊接时容易出现气孔。

(4) 焊接应力和变形。由于焊接是一种局部的热过程,焊接过程中材料经历了复杂的热应力演变，焊后焊缝区的收缩将引起结构的各种变形和残余应力，这对结构的工作性能会产生一定的影响。一方面，焊接区的拉应力可能导致裂纹的产生，残余压应力和残余变形对结构的尺寸稳定性等存在不利影响；另一方面，过大的焊接变形会增加矫正和机械加工的工作量，增加结构制造的成本。

§1.2 焊接方法分类

焊接技术的诞生与发展经历了数千年的历史。根据金属焊接的物理化学过程，基本焊接方法通常分为熔化焊接、压力焊接和钎焊三大类，如图 1.2-1 所示。

近代焊接技术是从 1882 年出现碳弧焊开始的。由于焊接具有节省金属、生产率高、产品质量好和大大改善劳动条件等优点，所以在近半个世纪内得到了极为迅速的发展。20 世纪 40 年代初期出现了优质电焊条，使长期以来由于产品质量的问题让人们怀疑的焊接技术得到了一次历史性飞跃。20 世纪 40 年代后期，埋弧焊和电阻焊的应用使焊接过程的机械化和自动化成为现实。20 世纪 50 年代出现的电渣焊、各种气体保护焊、超声波焊，20 世纪 60 年代的等离子弧焊、电子束焊、激光焊等先进焊接方法的不断涌现，使焊接技术达到了一个新的水平，也使焊接技术进入了一个新的发展阶段。

目前，基本焊接方法已发展到 20 多种。同时，金属热切割、表面堆焊、热喷涂、碳弧气刨等也属于焊接技术领域。因此，当从不同角度考虑时，对焊接方法的分类也不尽相同。图 1.2-2 是美国焊接学会对焊接方法的分类。

1.2.1 熔化焊接

在焊接过程中，将焊件接头加热至熔化状态，不加压力而完成焊接的方法称为熔化焊接，简称熔焊。在熔焊时，通过热源将待焊两工件接口处迅速加热熔化，形成熔池。熔池随热源向前移动，冷却后形成连续焊缝而将两工件连为一体。由于熔化焊是通过局部加热使连接处达熔化状态，然后冷却结晶形成共同晶粒，因此它最有利于实现原子结合，是目前金属焊接的最主要方法。

为了实现熔化焊接，必须有一个能量集中且温度足够高的热源。按照热源形式的不同，熔化焊接方法可再分为：电弧焊——以气体导电时产生的电弧热为热源；电渣焊——以液态熔渣导电时产生的电阻热为热源；电子束焊——以高速运动的电子束流为热源；激光焊——以激光束为热源；气焊——以可燃气体的燃烧火焰为热源；铝热焊——以铝热剂的反应热为热源；等等。

另外，为防止熔化金属与空气接触而恶化焊缝的成分与性能，熔化焊接过程一般都必须采取有效隔离空气的保护措施。按照真空、气相和渣相等保护形式的不同，熔化焊接方法又可分为：埋弧焊——熔渣保护；气体保护焊（MIG 焊、CO_2 焊接）——气体保护；焊条电弧焊——渣-气联合保护；等等。

此外，根据电极形式的不同，熔化焊接方法还可分为熔化极焊接和非熔化极焊接。

常用熔化焊接方法的基本原理和主要特点见表 1.2-1。

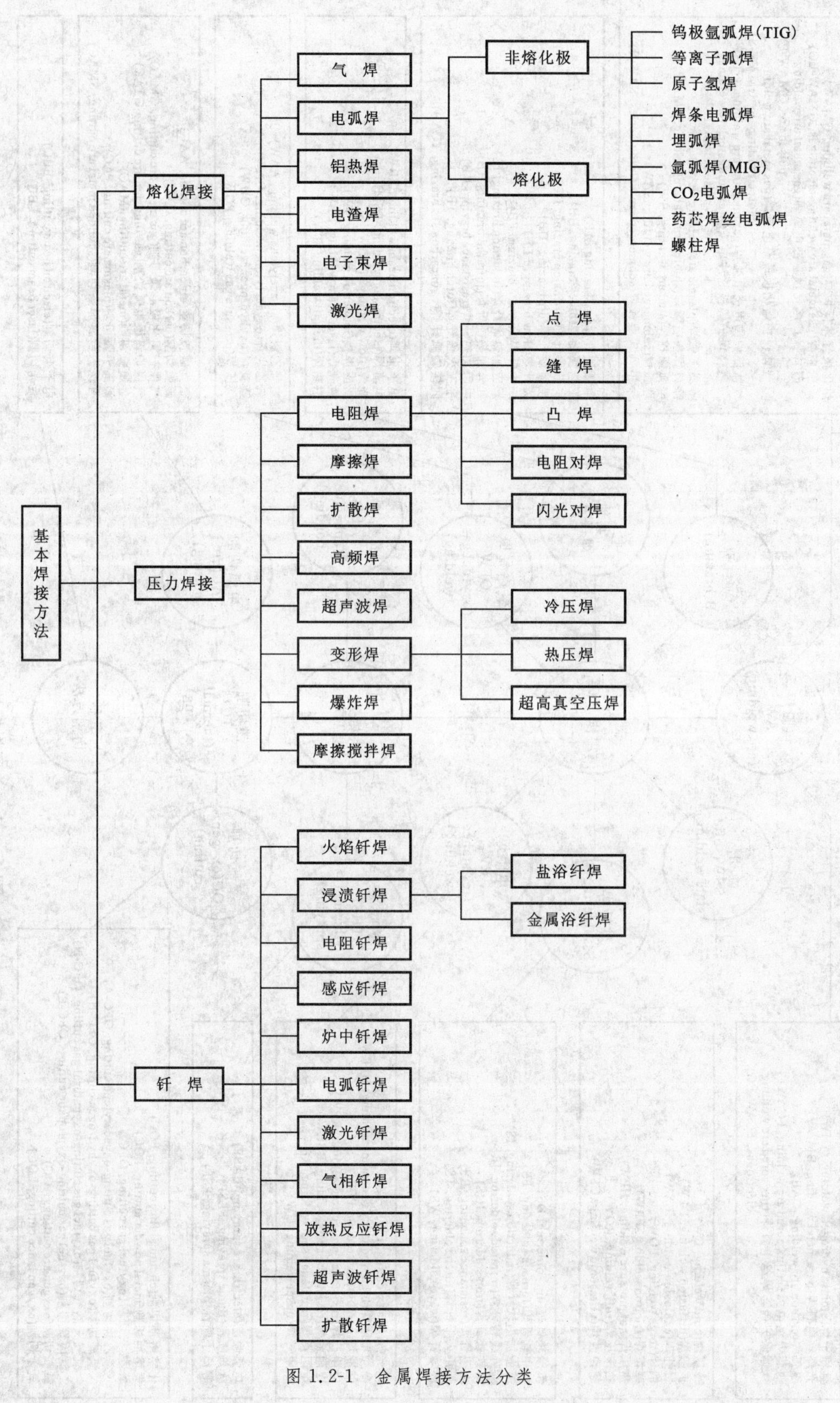

图 1.2-1　金属焊接方法分类

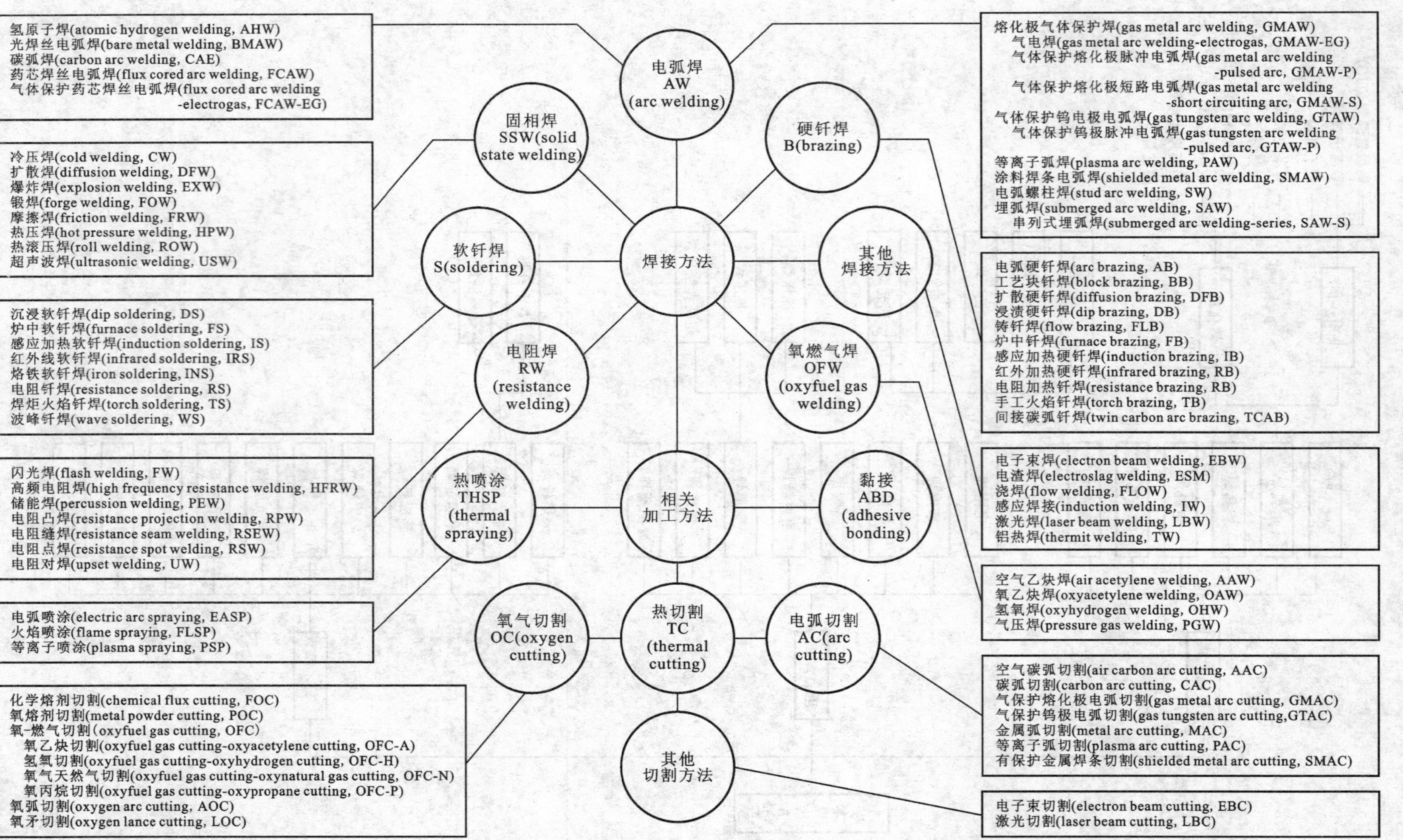

图 1.2-2 美国焊接学会使用的焊接方法分类

表 1.2-1 常用熔化焊接方法简介

<table>
<tr><th colspan="3">焊接方法</th><th>基本原理</th><th>主要特点</th><th>适用范围</th></tr>
<tr><td colspan="3">气 焊</td><td>利用可燃气体与氧气混合燃烧的火焰热熔化焊件和焊丝进行焊接</td><td>火焰温度和性质可调节，热量不够集中，热影响区较宽，生产率较低</td><td>用于薄板结构或小件的焊接。可焊钢、铸铁、铝、铜及其合金、硬质合金等</td></tr>
<tr><td rowspan="5">电弧焊</td><td colspan="2">焊条电弧焊</td><td>利用焊条与焊件间的电弧热熔化焊条和焊件进行手工焊接</td><td>机动、灵活、适应性强，可全位置焊接。设备简单耐用，维护费低。劳动强度大，焊接质量受工人技术水平影响，不稳定</td><td>在单件、小批生产和修理中最适用，可焊3 mm以上的碳钢、低合金钢、不锈钢和铜、铝等有色金属，以及铸铁的焊补</td></tr>
<tr><td colspan="2">埋弧焊</td><td>利用焊丝与焊件间的电弧热熔化焊丝和焊件进行机械化焊接，电弧被焊剂覆盖而与外界隔绝</td><td>焊丝的送进与移动依靠机械进行，生产率高，焊接质量好且稳定，不能仰焊和立焊，劳动条件好</td><td>适于批量中长直焊缝或环形焊缝的焊接，可焊碳钢、合金钢，某些铜合金等中厚板结构，只能平焊、横焊、水平角焊</td></tr>
<tr><td rowspan="3">气体保护焊</td><td>氩弧焊</td><td>用惰性气体氩(Ar)保护电弧进行焊接。若用钨棒作电极，则为钨极氩弧焊，即 TIG 焊；若用焊丝作电极，则为熔化极氩弧焊，即 MIG 焊</td><td>对电弧和焊接区保护充分，焊缝质量好，表面无焊渣。热量较集中，热影响区较窄，明弧操作，易实现自动焊接，焊时须挡风</td><td>最适于焊接易氧化的铝、铜、钛及其合金，锆、钼、钽等稀有金属以及不锈钢、耐热钢等，可焊厚度在 0.5 mm 以上</td></tr>
<tr><td>二氧化碳气体保护焊</td><td>用二氧化碳气体保护，用焊丝作电极的电弧焊，简称 CO_2 焊</td><td>热量较集中，热影响区小，变形小，成本低，生产率高，易于操作。飞溅较大，焊缝成形不够美观，余高大，设备较复杂，须避风</td><td>适用于板厚 1.6 mm 以上由低碳钢、低合金钢制造的各种金属结构</td></tr>
<tr><td>等离子弧焊</td><td>利用气体(多为 Ar)和特殊装置压缩电弧获得高能量密度的等离子弧进行焊接，电极有钨极和熔化极两种</td><td>具有氩弧焊的一些特点，但等离子弧温度很高，穿透能力强，可正面一次焊透双面成形，电弧挺度好，可压缩成束状焊接微型件</td><td>用氩弧焊能焊的金属均能用此方法焊接，一次焊透厚度在 0.025～6.4 mm，低碳钢 8 mm 以内，也适于焊接微小精密机件</td></tr>
<tr><td colspan="3">电渣焊</td><td>利用电流通过熔渣产生的电阻热熔化金属进行焊接，可熔化的金属电极有丝状和板状两种</td><td>直缝须立焊，任何厚度不开坡口一次焊成，生产率高，但热影响区宽、晶粒粗大，易生成过热组织，焊后须正火处理改善接头组织与性能</td><td>适于厚度 25 mm 以上的重大型机件的焊接，宜焊碳素钢、合金钢</td></tr>
<tr><td colspan="3">电子束焊</td><td>利用加速和聚焦的电子束轰击置于真空中或非真空中焊件所产生的热进行焊接</td><td>热能集中，熔深大，熔宽小，焊后几乎不变形，不需填充金属单面一次焊成，焊速快。需高压电源和防 X 射线辐射，设备复杂</td><td>主要用于要求高质量产品的焊接，还能焊易氧化、难熔金属和异种金属。可焊很薄精密器件和厚达 300 mm 的构件</td></tr>
</table>

续表

焊接方法	基本原理	主要特点	适用范围
激光焊	利用激光束聚焦后投射到焊件上使光能变为热能熔化金属进行焊接。有连续和脉冲两种激光源	热量高度集中，焊接时间短，热影响区小，熔深浅，能量可控制，光热转换效率低，设备功率小，可焊厚度有限	最适于进行精密微型器件的焊接，能焊很多金属，特别是能解决难焊金属和异种金属的焊接问题

1.2.2 压力焊接

压力焊接是利用加压、摩擦、扩散等物理作用克服连接表面的不平度，挤除氧化膜等污物，使其在固态条件下实现连接。为了更容易实现压力焊接，一般在加压的同时还伴随加热，但加热温度远低于母材的熔点，因此除加热温度较高的扩散焊外，都无需保护措施。根据加热的方式不同，压力焊接可再分为电阻对焊、摩擦焊、高频焊、扩散焊、爆炸焊、超声波焊等。另外需要指出的是，电阻点焊和缝焊也属于压力焊接，但在焊接接头形成过程中伴随出现有焊缝金属熔化结晶现象。

各种压焊方法的共同特点是在焊接过程中施加压力而不加填充材料。多数压焊方法（如扩散焊、高频焊、冷压焊等）都没有熔化过程，因而没有像熔焊那样的有益合金元素烧损以及有害元素侵入焊缝的问题，从而简化了焊接过程，也改善了焊接安全卫生条件。与此同时，由于加热温度比熔焊低、加热时间短，使得热影响区小，有利于提高焊接质量。

常用压力焊接方法的基本原理和主要特点见表 1.2-2。

表 1.2-2 常用压力焊接方法简介

焊接方法		基本原理	主要特点	适用范围
电阻焊	点焊	工件在电极压紧下通电使之产生电阻热，将工件间接触面熔化后凝成焊缝。 工件上下用棒状电极每通电一次得一焊点为点焊；用轮状电极滚压焊件，同时通电得一条连续焊缝为缝焊	工件须搭接，不需填充金属，用低电压、大电流，焊点在压力下快速熔化与凝固，生产率高，变形小，设备功率大，较复杂，易于自动化焊接，焊前焊接区须清理干净	最适于焊接低碳钢制的薄壁（<3 mm）冲压结构，钢筋、钢网等，也可焊铝、镁及其合金。适于大批量生产
	缝焊			主要用于焊接要求密封的薄壁容器，可焊碳钢、低合金钢、不锈钢、铝、镍、镁及其合金
	对焊	利用电流通过两对接工件产生的电阻热，使接触面达塑性状态后顶锻而完成的焊接。 先加压后通电的为电阻对焊；先通电使接触端面熔化闪光后加压为闪光对焊	对焊工件断面形状、大小要一致，最好为紧凑断面，如棒、管对接。电阻对焊的待焊端面清理要求高；闪光对焊的端面不需加工，但需留较大的闪光余量，焊后接头有毛刺需清除。 闪光对焊的接头质量优于电阻对焊	电阻对焊适于断面简单，直径较小（<20 mm）的碳钢、铜、铝对接。 闪光对焊的适用范围比电阻对焊大，大部分金属均可焊接，如碳钢、合金钢，有色金属等。对接断面从 0.1 mm² 到 100 000 mm²。如刀具、钢筋、钢管、钢轨等，异种钢也可焊接

续表

焊接方法	基本原理	主要特点	适用范围
摩擦焊	利用机械摩擦产生的热量加热工件结合面,加压顶锻后完成的焊接	工件须对接并可绕其对称轴旋转,设备简单,操作容易,不需填充材料,生产率高,耗电少	所有能热锻的金属均能焊接,最适合异种金属焊接,如铜和铝对接。广泛用于大批量的圆形工件对接
高频焊	利用高频(>100 kHz)电流使焊件接合面加热达塑性状态后加压而完成的焊接,分高频电阻焊和高频感应焊两种	热量集中,焊接速度达 30 m/min,生产率高,成本较低,焊缝质量稳定,变形小,但需按产品配备专用设备	适于高速连续生产、如焊有缝管的纵缝和螺旋缝。可焊碳钢、合金钢、铜、铝、钛、镍、异种金属
扩散焊	紧密贴合焊件在真空保护气氛中,在一定温度和压力下靠原子互相扩散完成焊接	不需填充材料,对接合面光洁贴合要求很高,须有真空或保护装置。焊后不须再加工,变形小,生产周期较长	可焊形状复杂、厚薄相差大的零部件,焊件厚度不受限制,可焊各种金属和非金属材料,以及难熔金属或异种金属
爆炸焊	利用炸药爆炸产生的能量使焊件以极高速度相互碰撞而完成的焊接	不需填充材料,不需复杂设备,工艺简单、成本低、接合强度高,只适于板与板、管与管、管与板焊接,须在野外露天进行,劳动条件差	最适于制造双层或多层复合材料,接合面积从 6 cm^2 到 28 m^2,基体厚度不限,覆盖层厚为 0.025～32 mm。能焊同种和异种金属
超声波焊	工件在较低压力下由声极发出的高频振动能使接合面产生强烈摩擦并加热到焊接温度而形成接头	工件需搭接,不需焊剂和填充材料。可以进行点焊和连续缝焊,后者声极为滚盘。可焊厚度受设备输出功率的限制	同种或异种金属均能焊接,韧性金属如铜、铝、金、银、铂等更易焊接,可焊0.004 mm箔片或直径为0.013 mm的细丝

1.2.3 钎 焊

在焊接过程中,采用比母材熔点低的金属材料作钎料,将焊件和钎料加热到高于钎料熔点、低于母材熔点的温度,利用液态钎料润湿母材,填充接头间隙并与母材相互扩散,从而实现连接焊件的方法称为钎焊。钎焊时使用熔点低于 450 ℃的钎料为软钎焊,使用熔点高于450 ℃的钎料为硬钎焊。钎焊是一种固液相兼有的焊接方法,为防止熔化的钎料与空气接触,必须采取保护措施。

钎焊可分为三个基本过程:

(1) 钎剂的熔化及填缝过程,即预置的钎剂在加热熔化后流入母材间隙,并与母材表面氧化物发生物理化学作用,以去除氧化膜,清洁母材表面,为钎料填缝创造条件。

(2) 钎料的熔化及填满钎缝的过程,即随着加热温度的继续升高,钎料开始熔化并润湿、铺展,同时排除钎剂残渣。

(3) 钎料与母材的相互作用过程,即在熔化的钎料作用下,小部分母材溶解于钎料,同时钎料扩散进入到母材当中，在固液界面还会发生一些复杂的化学反应。当钎料填满间隙并保温一定时间后，开始冷却凝固形成钎焊接头。

根据热源或加热方法的不同，钎焊可分为火焰钎焊、感应钎焊、炉中钎焊、浸渍钎焊、电阻钎焊等。

钎焊时由于加热温度比较低，故对工件材料的性能影响较小，焊件的应力变形也较小。不过，钎焊接头的强度一般比较低，耐热性能较差。钎焊可以用于焊接碳钢、不锈钢、高温合金、铝、铜等金属材料，还可以连接异种金属、金属与非金属、陶瓷与陶瓷。钎焊适于焊接受载不大或常温下工作的接头，对于精密的、微型的以及复杂的多钎缝焊件尤其适用。

常用钎焊方法的特点及适用范围见表 1.2-3。

表 1.2-3 常用钎焊方法简介

焊接方法	主要特点	适用范围
普通烙铁钎焊	温度低	(1) 适用于钎焊温度低于 300 ℃的软钎焊(用锡铅或铅基钎料)； (2) 钎焊薄件、小件需钎剂
火焰钎焊	设备简单、通用性好、生产率低(手工操作时)、要求操作技术高	(1) 适用于受焊件形状、尺寸及设备等的限制而不能用其他方法钎焊的焊件； (2) 可采用火焰自动钎焊； (3) 可焊接钢、不锈钢、硬质合金、铸铁、铜、银、铝及其合金等； (4) 常用的钎料有铜锌、铜磷、银基、铝基及锌铝钎料
电阻钎焊	加热快、生产率高、操作技术易掌握	(1) 可在焊件上通低电压，由焊件上产生的电阻热直接加热，也可用碳电极通电，由碳电极放出的电阻热间接加热焊件； (2) 当钎焊接头面积为 65～380 mm^2 时，经济效果最好； (3) 特别适用于钎焊某些不允许整体加热的焊件； (4) 最宜焊铜，使用铜磷钎料可不用钎剂，也可用于焊银合金、铜合金、钢、硬质合金等； (5) 使用的钎料有铜锌、铜磷、银基，常用于钎焊刀具、电器触头、电机定子线圈、仪表元件、导线端头等
感应钎焊	加热快，生产率高，可局部加热，零件变形小，接头洁净，易满足电子电器产品的要求，但受零件形状及大小的限制	(1) 钎料需预制，一般需用钎剂，否则应在保护气体或真空中钎焊； (2) 因加热时间短，宜采用熔化温度范围小的钎焊； (3) 适用于除铝、镁外的各种材料及导电材料的钎焊，特别适宜于焊接形状对称的管接头、法兰接头等； (4) 钎焊异种材料时应考虑不同磁性及膨胀系数的影响； (5) 常用的钎料有银基和铜基
浸渍钎焊	加热快、生产率高，当设备能力大时可同时焊多件、多缝，宜大量连续生产，如制氧机铝制大型板式热交换器、单件或非连续生产	(1) 在熔融的钎料槽中浸沾钎焊时，软钎料用于钎焊钢、铜和合金，特别适用于钎焊焊缝多的复杂焊件，如换热器、电机电枢导线等，而硬钎料主要用于焊小件，缺点是钎料消耗量大； (2) 在熔盐槽中浸沾钎焊时，焊件需预制钎料及钎剂，钎焊焊件浸入熔盐中预制钎料，在熔融的钎剂或含钎剂的熔盐中钎焊，所有的熔盐不仅起到钎剂的作用，还能在钎焊的同时向焊件渗碳、渗氮； (3) 适于焊钢、铜及其合金、铝及其合金，使用铜基、银基、铝基钎料

续表

焊接方法	主要特点	适用范围
炉中钎焊	炉内气氛可控，炉温易控制得准确、均匀，焊件整体加热，变形量小，可同时焊多件、多缝，适于大量生产，成本低，但焊件尺寸受设备大小的限制	(1) 在空气炉中钎焊，如用软钎料钎焊钢和铜合金，用铝基钎料钎焊铝合金，虽用钎剂，焊件氧化仍较严重，故很少应用； (2) 在还原性气体(如氢、分解氨)的保护气氛中不需焊剂，可用铜、银基钎料钎焊钢、不锈钢、无氧钢； (3) 在惰性气体(如氩)的保护气氛中钎焊时：不用钎剂，可用含锂的银基钎料焊钢、不锈钢，用铜钎料焊铜、镍；使用少量钎剂，可用银基钎料焊钢，用铜钎料焊不锈钢；使用钎剂，可用镍基钎料焊不锈钢、高温合金、钛合金，用铜钎料焊钢； (4) 在真空炉中钎焊时不需钎剂，用铜、镍基钎料焊不锈钢、高温合金(尤其是含钛、铝高的高温合金)为宜；用银铜钎料焊铜、镍、可伐合金、银钛合金；用铝基钎料焊铝合金、钛合金

§1.3 焊接技术的应用及发展

1.3.1 焊接技术的应用

焊接作为金属连接的主要方法，已经渗透到制造业的各个领域并发挥着重要的作用。近几十年来，科学技术以空前速度向前发展，如等离子物理、电子束、红外线、真空、超声、声学乃至计算机技术、微电子技术、自动控制技术、材料科学与工程断裂力学、检测技术等许多现代科学技术的新成就，都在焊接上获得了应用，从而进一步奠定了焊接技术发展的基础，增强了焊接技术的生命力，扩大了焊接技术的内涵和外延。焊接作为一门科学技术，无论理论上还是应用上都在日新月异地发展。

我国石油工业正处于稳步发展时期，但随着国民经济的快速增长，石油需求量也迅速增加，中国的石油工业将进入一个新的发展阶段。在石油工程建设领域，焊接是应用极为广泛的重要技术之一，油气储运设备、钻采机械、石油化工机械、海洋平台的制造都离不开焊接技术。

1. 焊接在油气储运中的应用

油气储运设备中的各种储油罐、油气管道、油槽车和油轮等都是以焊接为主要加工手段制造的。储罐是石油化工行业非常重要的储运设备，越来越多地用于原油、成品油等储运工程。焊接是储罐建造的主要工序，对储罐的施工质量具有决定性意义。在国内外大型浮顶储罐的建造中，罐体普遍采用自动焊工艺，技术已相当成熟。我国在20世纪80年代初就引进了大型储罐自动焊接技术及设备，部分技术装备也实现了国产化。目前，储罐施工应用最多的焊接方法是焊条电弧焊和埋弧自动焊(包括横焊、平焊、角焊)，其次是CO_2气电立焊。此外，实芯或药芯焊丝的CO_2/MAG气体保护自动焊和半自动焊也得到了应用。

油气输送管道正朝着大管径、高工作压力、远距离输送的方向发展。随着管道建设用钢管强度等级的提高，管径和壁厚的增大，在管道施工中逐渐开始应用自动焊技术。我国2003年在西气东输工程中开始正式采用长输管道的自动焊。西气东输一期工程管线总长 4 000 多 km 中大约有 650 km 采用了自动焊，其中国产装备占到了 1/3，技术水平与国际接近。国产自动化装备在西气东输的应用，标志着我国管线建设迈向国际先进水平。西气东输二线干线总长 7 000 多 km，大部分采用 X80 钢，其工程目标将引领世界管线建设的潮流。随着管线钢性能的不断提高，管道建设越来越趋于向长距离、高工作压力、大口径和厚壁化方向发展。

2. 焊接在海洋石油工程中的应用

随着对于能源的需求不断增加，海洋石油的开发越来越受到重视。开发海洋石油离不开海洋构筑物的建造和安装，包括海洋平台、导管架、海底管线及海洋管道铺设船等。目前世界上海洋石油天然气平台及其配套的海洋钢结构已经近万座。海洋工程的发展使焊接技术更显重要，海洋平台和海底管道等各种海洋结构物的制造和维修都离不开焊接技术。例如欧洲北海油田的平台架平均质量为 18 000 t，消耗埋弧焊丝近 4 500 kg、气体保护焊丝 73 000 kg，可以说是焊接出来的“人工岛屿”。

水下焊接技术已成为组装、维修诸如采油平台、输油管线以及海底仓等大型海洋结构的关键技术。早在 20 世纪 50 年代，水下湿法焊条电弧焊已得到应用。我国 20 世纪 60 年代自行开发了水下专用焊条。从 20 世纪 70 年代起，我国部分单位对水下焊条及其焊接冶金开展了大量的研究工作。20 世纪 70 年代后期，哈尔滨焊接研究所在上海海难救助打捞局和天津石油勘探局的协助下开发了水下局部排水气体 CO_2 保护焊技术，简称 LD-CO_2 焊接法，并采用 LD-CO_2 焊接法完成了多项水下施工任务。近年来，北京石油化工学院针对海底管道泄漏的水下维修问题，开展了水下局部干法焊接技术的研究，对 60 m 水深的 TIG 焊过程进行了系统深入的研究，取得了突破性进展，推动了我国水下焊接技术的实用化进程。

3. 焊接在石油钻采机械中的应用

在钻采机械方面，焊接主要用于架体、泵体、钻杆、抽油杆和钻头等各种金属结构的制造及安装修理。泵体的焊接有两种：一种是在泵体制作过程中的焊接；另一种是泵体缺欠的补焊。常用的焊接方法有焊条电弧焊、CO_2 气体保护焊、堆焊、摩擦焊以及扩散焊等。

石油钻杆是油气井钻探所用钻具的主要组成部分，石油钻杆工具接头与管体之间的对焊，从早期的电弧焊、闪光对焊逐步发展到当今的连续驱动摩擦焊接及惯性摩擦焊接，钻杆对焊的生产效率越来越高，焊缝的质量也越来越好。20 世纪 70 年代，哈尔滨焊接研究所首先研制成功了我国第一台 1 200 kN 石油钻杆摩擦焊机，开创了我国摩擦焊生产或修复石油钻杆的历史。为进一步提高接头性能，21 世纪初国内多家企业相继从国外引进了 CO_2 保护焊设备，利用药芯焊丝来实现对钻杆耐磨带的堆焊。海隆石油工业集团有限公司通过自主研发，成功研制出一种新型钻杆耐磨堆焊设备，利用药芯焊丝来实现对钻杆耐磨带的堆焊，进一步提高了钻杆使用寿命。

石油钻头是石油钻井的重要工具，其工作性能的好坏将直接影响钻井质量、钻井效率和钻井成本。石油钻头有牙轮钻头和 PDC 钻头两类。PDC 钻头用聚晶人造金刚石复合片作为切削元件，通过焊接的方法将复合片切削齿与钻头基体结合在一起。采用的焊接方法有焊条电弧焊、堆焊、钎焊、激光焊和扩散焊等。在美国大量采用激光焊接 PDC 钻头。激光焊接具有高能量密度、可聚焦、深穿透、高效率、适应性强和易于实现自动化等优点。美国桑迪亚实验室进行真空扩散焊，可使 PDC 复合片的硬质合金与刀柱基体的剪切强度达到 413.36～551.2 MPa。这为今后 PDC 钻头的焊接开辟了新的发展方向。

4. 焊接在石油化工机械中的应用

石油化工机械中各种化工容器、反应塔、加热炉和换热器的制造与安装等都需要进行大量的焊接工作。在化工容器生产中，常用的焊接方法有焊条电弧焊、埋弧自动焊、CO_2 气体保护焊、钨极氩弧焊等。焊条电弧焊适用于用中板制造的结构复杂的化工容器；埋弧自动焊适用于厚板制造的结构比较简单的化工容器；CO_2 气体保护焊适合于焊接中薄板的化工容器，也适合于焊接厚板容器，并且焊接同样的结构，其焊接后的变形要小于焊条电弧焊；钨极氩弧焊一般用于化工机械生产中的打底焊。

随着化工装备需求的延伸和对化工类容器使用寿命的提高，使得特材（如钛合金、锆合金、镍基合金、不锈钢等）的应用越来越多。采用等离子焊接工艺可以获得一次性连续稳定的焊接质量。随着制作条件的变化，大型容器壁厚的不断增加，窄间隙埋弧焊是减少焊接工作量，降低焊接成本的高效焊接技术，该技术在厚壁容器组焊领域发挥着越来越大的作用。中国石油天然气第七建设公司承接的哈萨克斯坦扎那诺尔第三油气处理厂脱硫装置的关键设备胺液吸收塔，公称直径为 3.8 m、塔体总高度为 38.8 m、主体壁厚为 124 mm，重达 521 t。现场采用窄间隙埋弧焊方法，焊接一次合格率为 99.9%。胺液吸收塔的现场组焊成功，填补了中国石油工程建设特大型压力容器现场制造的空白。

石油工程离不开钢铁材料，随着其使用条件的日趋严酷复杂，对钢铁材料的性能要求也越来越高。石油工业建设用钢正朝着高强度、高韧性方向发展，并要求焊接各种耐高、低温及耐各种腐蚀介质的压力容器，从而对新钢种和特殊性能材料（如高强钢、超高强钢、耐热钢、不锈钢、铝合金、钛合金、耐热合金及异种金属材料）的焊接问题提出更高要求。

1.3.2 焊接技术的展望

近几十年来，随着科技的日新月异，焊接设备和焊接方法也得到了长足的发展。目前，国外焊接设备的显著特点是高精度、高质量、高可靠性、数字化、智能化、大型化、集成化以及多功能化。国内无论从产量构成还是技术发展方向上看，焊接技术正在向高效、自动化、智能、节能、环保的方向上发展，自动化焊接技术及设备正以前所未有的速度发展。三峡工程、西气东输工程、航天工程、船舶工程等国家大型基础工程的发展和国内汽车工业的崛起，都大大促进了先进焊接工艺特别是焊接自动化技术的发展与进步。大力发展专用焊接成套设备、焊接机器人、辅助机具，加速控制技术科技新成果在焊接设备上的应用将是未来焊接技术的重要发展方向。

1.3.2.1 焊接自动化技术

近年来焊接自动控制技术在国内外发展很快，同时也受到高度的重视，已成为焊接技术的一个独立分支。现代焊接自动化的主要标志是焊接过程控制系统的智能化、焊接生产系统的柔性化以及焊接生产系统的集成化。电弧焊自动控制发展的基本方向是高效率和高质量，最终目标是达到完全自动化和获得没有缺欠的焊缝。

焊接自动化技术的主要发展趋势表现在以下几个方面：

1. 高性能化

由于焊接加工越来越向着“精细化”加工方向发展，因此焊接自动化系统也向着高精度、高速度、高质量、高可靠性等高性能化方向发展。这就要求系统的控制器(如计算机)以及软件有很高的信息处理速度,而且要求系统各运动部件和驱动控制具有高速响应特性,同时要求其机械装置具有很好的控制精度。如与焊接机器人配套的焊接变位机,最高的重复定位精度为±0.05 mm,机器人和焊接操作机行走机构的定位精度为±0.1 mm,移动速度的控制精度为±0.1%。

2. 集成化

焊接自动化系统的集成化技术包括硬件系统的结构集成、功能集成和控制技术的集成。现代焊接自动化系统的结构都采用模块化设计,根据不同用户对系统功能的要求进行模块的组合。另外,其控制功能也采用模块化设计,根据用户需要,可以提供不同的控制软件模块,实现不同的控制功能。模块化、集成化使系统功能的扩充、更新和升级变得极为方便。

3. 智能化

将先进的传感技术、计算机技术和智能控制技术应用于焊接自动化系统中,使其能在各种复杂环境、变化的焊接工况下实现高质量、高效率的自动焊接。

智能化的焊接自动化系统不仅可以根据指令完成自动焊接过程,还可以根据焊接的实际情况自动优化焊接工艺、焊接参数。例如,在焊接厚大工件时可以根据连续实测的焊接工件坡口宽度,确定每层焊缝的焊道数、每道焊缝的熔敷量及相应的焊接参数、盖面层位置等,且从坡口底部到盖面层的所有焊道均由焊机自动提升、变道,完成焊接。

4. 柔性化

大型自动化焊接装备或生产线的一次投资相对较高,在设计这种焊接装备时必须考虑柔性化,形成柔性控制系统,以充分发挥装备的效能,满足同类产品不同规格工件的生产需要。在焊接系统柔性化方面,广泛采用焊接机器人作为基本控制单元,组成焊接中心、焊接生产线、柔性制造系统和集成控制系统。

当代焊接自动化技术的发展将是微电子技术、传感器技术、半导体功率电子技术以及光纤、激光等技术和焊接工艺技术相互渗透、融合的过程。信息技术、计算机技术、自动控制技术的发展和应用,正在彻底改变传统焊接技术的面貌。焊接生产过程的自动化已成为一种迫切的需求,它不仅可以大大提高焊接生产率,更重要的是可以确保焊接质量,改善操作环境。自动化焊接专机、机器人工作站、生产线和柔性制造系统在工程中的应用已成为一种不可阻挡的趋势。

1.3.2.2 焊接技术的未来展望

现代焊接技术自诞生以来一直受到诸学科最新发展的直接影响与引导。受材料、信息学科新技术的影响,不仅导致了数十种焊接新工艺的问世,也使得焊接工艺操作正向自动焊、自动化、智能化方向发展。焊接技术的未来发展趋势主要表现在以下几个方面:

1. 焊接能源的研究与开发

目前,焊接热源已非常丰富,如火焰、电弧、电阻、超声、摩擦、等离子、电子束、激光束、微波等,但焊接热源的研究与开发并未终止,其新的发展可概括为三个方面:首先是对现有热源的改善,使它更为有效、方便和经济适用,在这方面,电子束和激光束焊接的发展较显著;其次是开发更好和更有效的热源,采用两种热源叠加以求获得更强的能量密度,如在电子束焊中加入激光束等;第三是节能技术,由于焊接所消耗的能源很大,所以出现了不少以节能为目标的新技术，如太阳能焊、电阻点焊、螺柱焊机中利用电子技术的发展来提高焊机的功率因数等。

2. 计算机在焊接中的应用

随着计算机技术的发展，计算机在焊接生产中的应用越来越广泛，20 世纪 90 年代初，国际焊接学会将这一类应用概括为计算机辅助焊接技术（computer aided welding，CAW）。现在，计算机辅助焊接技术不仅包括焊接结构和接头的计算机辅助设计、焊接工装的计算机辅助设计、焊接工艺的计算机辅助设计、焊接工艺过程的计算机辅助管理等，还涵盖了焊接过程模拟、焊接工艺过程控制、传感器及生产过程自动化等。弧焊设备微机控制系统可对焊接电流、焊接速度、弧长等多项参数进行分析和控制。以计算机为核心建立的各种控制系统包括焊接顺序控制系统、PID 调节系统、最佳控制及自适应控制系统等，这些系统均在电弧焊、压焊和钎焊等不同的焊接方法中得到了较好应用。计算机软件技术在焊接中的应用越来越受到人们的重视。目前，计算机模拟技术已用于焊接热过程、焊接冶金过程、焊接应力和变形等的模拟；数据库技术被用于建立焊工档案管理数据库、焊接符号检索数据库、焊接工艺评定数据库、焊接材料检索数据库等；在焊接领域中，CAD/CAM 的应用正处于不断开发阶段，焊接的柔性制造系统也已出现。

3. 焊接机器人和智能化

机器人作为现代制造技术发展的重要标志，在国内外发展很快。焊接机器人是焊接自动化的革命性进步，它突破了焊接刚性自动化的传统方式，开拓了一种柔性自动化新方式。焊接机器人的主要优点是：稳定和提高焊接质量，保证焊接产品的均一性；提高生产率，改善工人劳动条件；降低对工人操作技术要求；可实现小批量产品焊接自动化；为焊接柔性生产线提供技术基础。

智能化焊接的第一个发展重点是视觉系统，它的关键技术是传感器技术。虽然目前智能化还处在初级阶段，但却有着广阔应用前景，是一个重要的发展方向。将人工智能技术引入焊接设备形成了焊接设备的智能控制系统，这一领域具有代表性的是焊接过程的模糊控制系统、神经网络控制系统和焊接专家系统。其显著特点是：控制过程涉及领域专家的知识、经验，建立知识库及推理实现相应的决策，实现生产系统的智能化控制。随着以焊接机器人为核心的柔性智能焊接自动化技术的广泛应用，焊接专家系统的普及已是公认的发展方向。

4. 提高焊接生产率

提高焊接生产率是推动焊接技术发展的重要驱动力。提高焊接生产率的途径有两个方面。一方面，提高焊接熔敷率。焊条电弧焊中的铁粉焊、重力焊、躺焊等工艺，埋弧焊中的多丝焊、热丝焊均属此类，其效果显著。另一方面，减少坡口截面及熔敷金属量。窄间隙焊接以气体保护焊为基础，利用单丝、双丝或三丝进行焊接。电子束焊、激光束焊及等离子弧焊时，可采用对接接头，且不用开坡口，因此是理想的窄间隙焊接法，这也是它们受到广泛重视的重要原因之一。

焊接是一种低成本、高科技连接材料的可靠工艺方法。到目前为止，还没有其他任何一种工艺比焊接更为广泛地应用于材料间的连接，并对所焊产品产生更大的附加值。应该说，焊接已不再是一种单纯意义上的加工技艺，它已发展成为集多种学科为一体的工程工艺科学。随着科学技术的进步与发展，焊接在未来工业经济中的作用和地位更加突出，焊接技术的先进程度也就成为了一个国家工业先进程度的显著标志。

§1.4 本课程的目的和要求

1.4.1 课程特点

课程特点主要表现为多学科性和实践性强。

一方面，随着科学技术的飞速发展，焊接已经从一种传统的热加工工艺发展成集结构、材料、力学和电子等多门学科理论为一体的综合工程技术。金属焊接课程内容主要包括焊接电弧与弧焊电源、焊接方法与设备、焊接应力与变形、焊接冶金原理、典型金属材料的焊接和焊接质量检验六大知识模块。课程内容中各知识模块分别代表了焊接技术领域中的不同研究方向，其知识结构既表现出相对独立的特点，也存在密切联系。

另一方面，由于焊接概念的理解与工程技术人员的实践经验密切相关（如焊接电弧、弧焊电源的外特性调节、各种焊接方法的工艺特点、焊接冶金过程的特点、焊接应力与变形、典型金属材料的焊接性问题；各类碳钢、合金结构钢、不锈钢和耐热钢以及异种钢的焊接特点和焊接技术要点；常规无损检测方法的应用特点等），因此焊接技术具有实践性强的特点，只有通过严格的实践性训练，才能从事焊接技术工作。

1.4.2 课程目的

金属焊接是过程装备与控制工程、油气储运工程、建筑环境与设备、材料科学与工程等专业的技术基础课。通过本课程的学习，可使学生掌握焊接理论方面的基础知识，并使学生在从事石油化工设备设计、制造时能够正确地考虑焊接冶金、焊接热过程、焊接结构特点和具体施工中的各种因素，对石油石化工业中常用金属材料能根据其性能和使用条件制定焊接工艺。

1.4.3 课程要求

课程要求如下：

(1) 了解焊接电弧的基本概念，理解弧焊电源的种类和基本原理，掌握常用弧焊电源的主要特点和使用方法。

(2) 理解焊条电弧焊、埋弧自动焊、氩弧焊和 CO_2 焊等常用焊接方法的设备组成和工作原理、特点及应用，掌握常用焊接材料的主要性能和应用范围。

(3) 理解焊接应力与变形的产生原因，掌握防止和减小焊接变形的主要措施，熟悉矫正焊接残余变形的方法以及消除焊接残余应力的主要措施。

(4) 掌握焊接冶金过程及热作用过程的基础理论知识，理解焊缝中氮、氢、氧、硫、磷五大杂质元素的作用和焊缝一次结晶组织以及焊接热作用对接头（焊缝、热影响区）二次组织的影响，掌握焊接裂纹的特征、产生机理和防止措施。

(5) 理解金属焊接性的基本概念以及焊接性试验方法，掌握常用金属材料的焊接问题及工艺特点，会制定焊接工艺。

(6) 了解焊接质量和焊接缺欠的基本概念，熟悉焊接检验过程和检测内容，了解常用焊接检验方法的基本原理和应用特点。

思考题与习题

1-1. 什么是焊接? 什么叫焊接技术?

1-2. 简述焊接过程的物理实质。

1-3. 焊接解决的主要问题是什么?

1-4. 焊接结构有哪些类型?

1-5. 焊接结构的主要特点是什么?

1-6. 简述常用焊接方法的基本概念。

1-7. 熔化焊接的主要类型有哪些?

1-8. 压力焊接的主要类型有哪些?

1-9. 钎焊的基本工作原理是什么?

1-10. 论述焊接技术在石油工业中的应用。

1-11. 简述焊接技术的发展方向。

第2章 焊接电弧与弧焊电源

弧焊电源是用来为焊接电弧提供电能的一种专用设备，其电气性能的优劣在很大程度上决定了焊接过程的稳定性。不同性能的弧焊电源对电弧的燃烧有着不同的影响，从而影响整个焊接过程的进行和焊接质量。弧焊电源的影响是通过焊接电弧表现出来的。

目前常用的弧焊电源有弧焊变压器、硅弧焊整流器和弧焊逆变器等。弧焊变压器为交流弧焊电源，是一种具有下降外特性的特殊降压变压器。直流弧焊发电机是一种直流弧焊电源，在小电流焊接时焊接规范稳定，特别适用于重要的焊接结构。考虑到其效率低、耗能多、费材料和噪声大等原因，由电动机驱动的弧焊发电机已基本被淘汰，而由内燃机拖动的弧焊发电机在无电网施工时仍有一定的使用量。硅弧焊整流器也是一种直流弧焊电源，与直流弧焊发电机相比，制造工艺简单、质量轻、节省材料、效率高、空载损耗小、噪声小，使用控制方便。晶闸管式弧焊整流器是目前实际工程中应用最多的电子控制弧焊电源之一。晶体管式弧焊电源是继旋转式弧焊发电机、硅弧焊整流器、晶闸管弧焊整流器之后的第四代直流弧焊电源。逆变式弧焊电源是一种电子化和数字化的新型弧焊电源，近十几年来发展较为迅速，它具有更新换代的意义。

本章主要介绍焊接电弧、对弧焊电源的要求、弧焊变压器、直流弧焊发电机、硅弧焊整流器、电子弧焊电源、弧焊电源的使用及维修。

§2.1 焊接电弧

2.1.1 焊接电弧的物理本质和引燃

两电极间强烈而持久的放电现象称为电弧。电弧是一种空气导电的现象，它具有两个特性，即能产生强烈的光和放出大量的热。焊接电弧是指由焊接电源供给的、具有一定电压的，两电极间或电极与焊件间在气体介质中产生的强烈而持久的放电现象。

2.1.1.1 电弧的产生与维持

中性气体本来是不导电的，要使之导电，必须在其中产生带电粒子，且为了使电弧维持燃烧，还要不断地向电弧空间输送能量。因此，电弧的产生与维持需要具备两个条件，即气体电离和阴极电子发射。

1. 气体电离

气体电离就是使电子完全脱离原子核的束缚,形成离子和自由电子的过程。如果气体的原子得到了外加能量,原子中的电子就会跃向更高的能级。若外加能量足够大,则原子中的电子会跃出原子核的束缚圈而成为自由电子,同时气体原子变成带正荷的正离子。因此,气体的电离需要外加能量。按外加能量的来源不同,气体电离的方式可分为热电离、撞击电离和光电离三种形式。气体粒子获得热能而引起的电离称为热电离;在电场作用下使带电粒子与中性粒子碰撞而产生的电离称为撞击电离;中性气体粒子受到光辐射作用而产生的电离称为光电离。

2. 阴极电子发射

阴极表面的原子或分子接收外界的能量而释放自由电子的现象称为电子发射。按外加能量形式不同,电子发射可分为热发射、光电发射、重粒子撞击发射和场致发射等方式。金属表面承受热作用而产生电子发射的现象称为热发射;金属表面接收光辐射而释放出自由电子的现象称为光发射;能量大的重粒子(如正离子等)撞至阴极上引起电子逸出,称为重粒子撞击发射;当阴极附近有强电场存在时,由电场力将电子从阴极表面强行拉出来的现象称为场致发射。

2.1.1.2　焊接电弧的引燃

焊接电弧的引燃有两种方式,即接触引弧和非接触引弧。

1. 接触引弧

接触引弧是在弧焊电源接通后,电极(焊条或焊丝)与焊件接触短路,随后拉开,从而将电弧引燃。这是一种最常用的引弧方式。

电极和工件表面不是绝对平整的,在接触短路时只是一些凸点接触,如图 2.1-1 所示。这些接触点中通过的短路电流比正常的焊接电流大,且接触面积小,故电流密度极大,产生大量的电阻热使接触点发热、熔化甚至部分蒸发,引起强烈的热发射和热电离。随后在迅速拉开电极的瞬间,由于电弧间隙极小,在电源空载电压的作用下建立了强电场,因而又产生强烈的场致发射,并使已产生的带电粒子加速,在高温下进一步发生撞击电离、热电离和光电离。电离的结果使弧柱成为高度电离的气体,由正离子、电子和少数高温气体分子组成。在电离的同时也有部分正离子与电子重新复合为中性分子和原子,电离与复合形成一动平衡。由于弧焊电源也不断地向电弧输送能量,新的带电质点不断得到补充,弥补了消耗的能量和带电质点,从而维持了电弧的稳定燃烧。

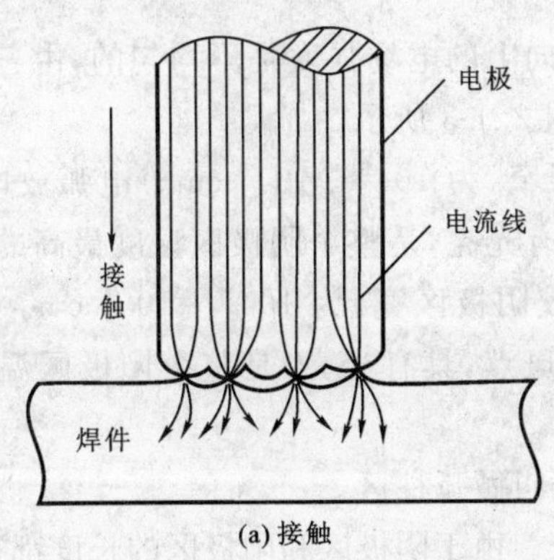

(a) 接触

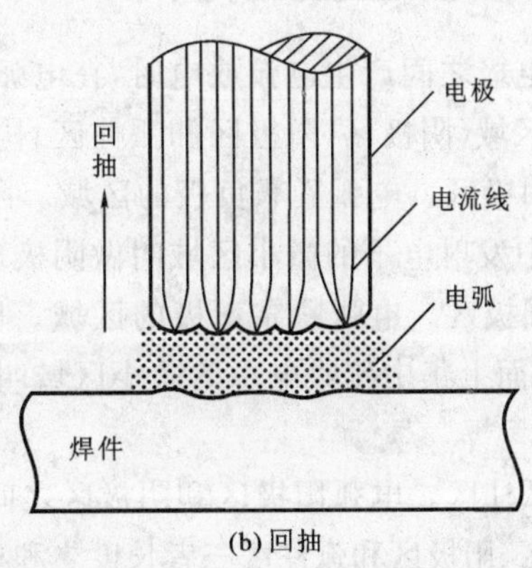

(b) 回抽

图 2.1-1　接触引弧示意图

2. 非接触引弧

非接触引弧是指在两电极间存在一定间隙，施以高电压击穿气体间隙而引燃电弧。可见，这是一种依靠高电压使电极表面产生场致发射，进而造成气体电离，将电弧引燃的方法。它一般用于钨极氩弧焊和等离子弧焊，因为引弧时电极不必与工件接触，这样不但不会污染焊件的引弧点，而且不会损坏电极端面的几何形状，还有利于电弧的稳定燃烧。

非接触引弧需采用引弧器来实现，它可分为高频高压引弧和高压脉冲引弧，如图 2.1-2 所示。

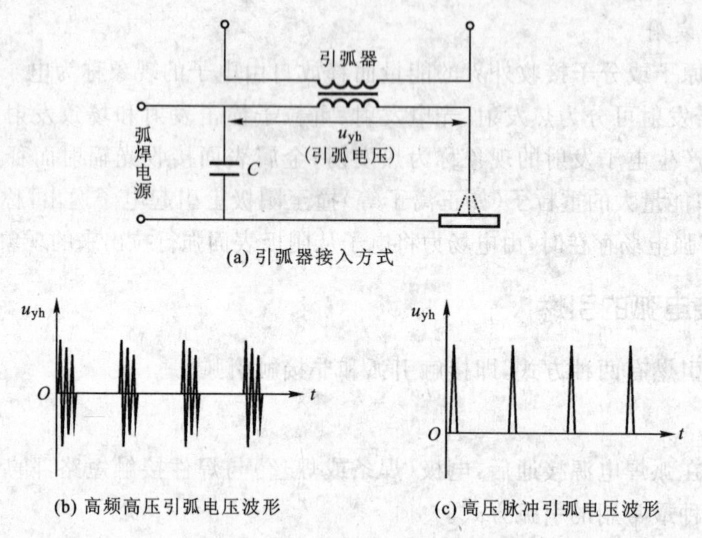

图 2.1-2 非接触引弧示意图

● 高压脉冲引弧的频率一般为 50 Hz 或 100 Hz，电压峰值为 3 000～5 000 V；

● 高频高压引弧需用高频振荡器，一般每秒振荡 100 次，每次振荡的频率为 150～260 kHz，电压峰值为 2 000～3 000 V。

2.1.2 焊接电弧的结构和静特性

2.1.2.1 焊接电弧的结构

当两电极之间产生电弧放电时，在电弧长度方向上的电场强度是不均匀的，由三个电场强度不同的区域(阴极区、阳极区和弧柱区)构成，如图 2.1-3 所示。

(1) 阴极区。电弧紧靠负极的区域。阴极区很窄，为 10^{-5}～10^{-6} cm。电弧放电时，阴极表面上集中发射电子的微小区域叫做阴极斑点，具有光亮，是整个阴极区温度最高的地方。

(2) 阳极区。电弧紧靠正极的区域。阳极区较阴极区宽，为 10^{-3}～10^{-4} cm。电弧放电时，阳极表面上集中接收电子的微小区域叫做阳极斑点，具有光亮，是整个阳极区温度最高的地方。

(3) 弧柱区。电弧阳极区和阴极区之间的部分叫做弧柱区。

阴极区、阳极区和弧柱区三者长度之和称为弧长。由于阴极区和阳极区的长度都很短，弧柱区的长度占据了弧长的绝大部分，故弧柱长度可以认为就是电弧长度。

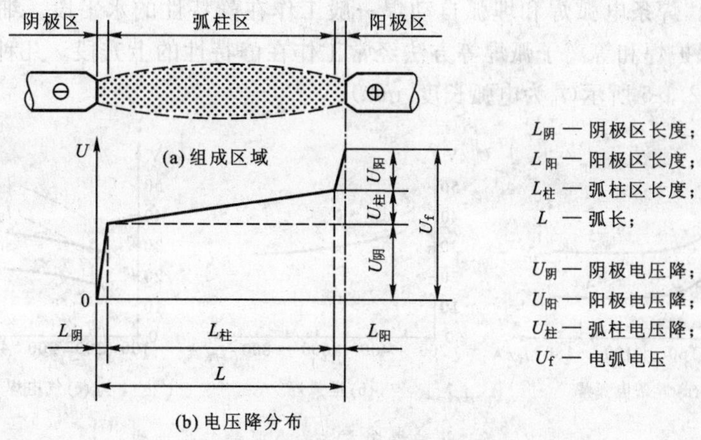

图 2.1-3　电弧结构及各区域电压降的分布

三个区域的电压降分别称为阴极压降 $U_阴$、阳极压降 $U_阳$ 和弧柱压降 $U_柱$。它们组成了总的电弧电压 U_f，可表示为：

$$U_f = U_阴 + U_阳 + U_柱 \tag{2.1-1}$$

由于阳极压降基本不变（可视为常数），而阴极压降在一定条件下（指的是电弧电流、电极材料和气体介质等）基本上也是定值，则弧柱压降在一定气体介质下与弧柱长度成正比。弧长不同，电弧电压也不同。

2.1.2.2　焊接电弧的静特性

一定长度的电弧在稳定的状态下，电弧电压 U_f 与电弧电流 I_f 之间的关系称为焊接电弧的静态伏安特性，简称伏安特性或静特性，通常用 $U_f = f(I_f)$ 表示。

焊接电弧电阻呈非线性，即电弧两端的电压与通过电弧的电流之间不是正比例关系。当电弧电流从小到大在很大范围内变化时，焊接电弧的静特性近似呈 U 形曲线，故也称为 U 形特性，如图 2.1-4 所示。

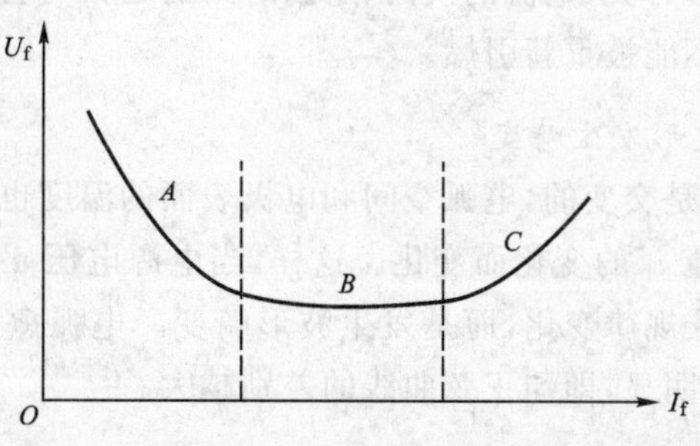

图 2.1-4　焊接电弧的静特性曲线

U 形静特性曲线可看成由三段组成。A 段为小电流密度区，随着电流的增加，电弧电压急剧下降，称为下降特性区。B 段是中等电流密度区，随着电流的增加，电弧电压基本不变，称为水平特性区。C 段是大电流密度区，随着电流的增加，电弧电压明显上升，称为上升特性区。

在正常电流范围内，不同焊接工艺方法的电弧静特性曲线只是整个电弧 U 形静特性曲线的某一部分。静特性的下降段由于电弧不稳而很少使用，仅在小电流的直流氩弧焊、钨极脉冲氩弧焊的维弧中应用。焊条电弧焊和埋弧自动焊一般工作在静特性的水平段。细丝大电流的埋弧焊、熔化极气体保护焊和等离子弧焊等方法经常工作在静特性的上升段。几种焊接方法的电弧静特性曲线如图 2.1-5 所示（l_h为电弧长度，mm）。

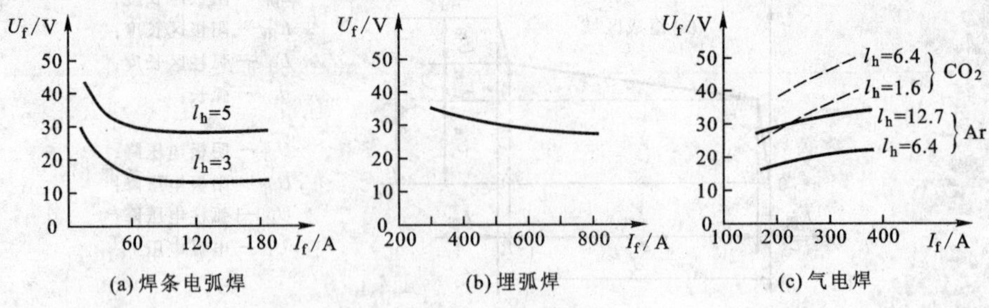

图 2.1-5 几种焊接方法的电弧静特性曲线

2.1.3 交流电弧

交流电弧燃烧的物理本质与直流电弧相同，其电阻也是非线性的，因此直流电弧的结论也适用于交流电弧，即交流电弧的伏安特性曲线 $U_f = f(I_f)$ 也为 U 形，其中 U_f 和 I_f 为有效值。

由于交流电弧放电的物理条件与直流电弧不同，从而导致交流电弧具有特殊的电和热的物理过程，因此当交流电弧作为弧焊电源负载时有其特殊性。

2.1.3.1 交流电弧的特点

交流电弧的特点主要是：

1. 电弧周期性的熄灭和引燃

由于供电的特点，交流电弧在燃烧中存在周期性熄灭、电流换向并重新引燃的过程。

电弧瞬时熄灭后，当供电电压升至大于重新引燃电压 U_{yh} 时才能重新被引燃。U_{yh} 与电弧气氛、空间温度等多个因素有关，电流的换向、熄弧时间的延长均会使 U_{yh} 升高。如果 U_{yh} 大于电源电压最大值，电弧就不能被重新引燃。

2. 电弧电压和电流波形发生畸变

由于电弧电压和电流是交变的，电弧空间和电极表面的温度也随时变化。因而，电弧电阻不是常数，也将随电弧电流 i_f 的变化而变化。这样，当电源电压 u 按正弦规律变化时，电弧电压 u_f 和电流 i_f 就不按正弦规律变化，而是发生波形畸变。电弧愈不稳定（U_{yh} 越大，熄弧时间越长），电流波形畸变就愈明显，即与正弦曲线的差别越大。

3. 热惯性作用较明显

由于电弧电压 u_f 和电弧电流 i_f 变化得较快，而电弧热的变化来不及达到稳定状态，使电弧温度的变化落后于电流的变化，即某一时刻的瞬时电流使电弧空间发生热电离的效应要推迟一定时间才能表现出来。电弧的动特性曲线可用 $u_f = f(i_f)$ 表明。

2.1.3.2 交流电弧连续稳定燃烧的条件

交流电弧燃烧时若有熄弧时间，则熄弧时间愈长，电弧就愈不稳定。交流电弧在电流换向后如能立即被重新引燃，电弧就能连续稳定燃烧。为此，希望熄弧时间减小至零。

常用的交流弧焊电源——弧焊变压器是增大回路的感抗或漏抗，形成电感性回路，使电流滞后于电源电压足够的相位，以保证电流换向时电源电压达到或超过 U_{yh} 而使电弧立即重新引燃，如图 2.1-6 所示。

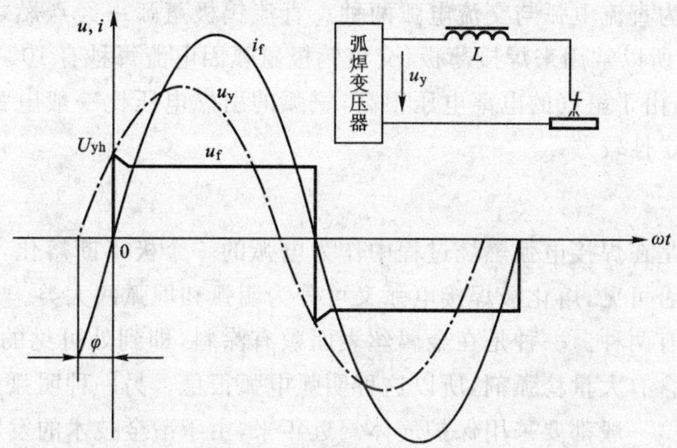

图 2.1-6　电感性回路的交流电弧的电压和电流波形

在此情况下，交流电弧连续稳定燃烧的条件可用下式表示：

$$\frac{U_0}{U_f} \geqslant \frac{1}{\sqrt{2}}\sqrt{\frac{U_{yh}^2}{U_f^2}+\frac{\pi^2}{4}} \tag{2.1-2}$$

式中，U_0 为电源空载电压（有效值）。

式（2.1-2）一般称为电弧连续稳定燃烧条件的方程式。它表明：为保证交流电弧连续燃烧，电源空载电压 U_0、电弧电压 U_f 及引弧电压 U_{yh} 之间必须保持一定的关系。

为了提高交流电弧的稳定性，在弧焊电源方面除了焊接回路中有足够大的电感外，还可以采用提高电源频率、适当提高电源空载电压、改善电弧电流波形（如矩形波交流电源）以及叠加稳弧脉冲等措施。

2.1.4　焊接电弧的分类

焊接电弧的性质与供电电源的种类、电弧的状态、电弧周围的介质以及电极材料有关。焊接电弧可按不同的方法进行分类。

按电流种类分为交流电弧、直流电弧和脉冲电弧；按电弧状态分为自由电弧和压缩电弧；按电极材料分为熔化极电弧和非熔化极电弧。

焊接电弧的主要特点是：

(1) 维持电弧放电的电压较低，一般为 10～50 V。

(2) 电弧中的电流很大，可从几 A 到几千 A。

(3) 具有很高的温度。弧柱中心温度一般可达 5 000～30 000 K，等离子弧温度可达 50 000 K以上。

2.1.4.1　自由电弧

自由电弧可分为非熔化极电弧和熔化极电弧两种。

1. 非熔化极电弧

电极本身在焊接过程中不熔化，没有金属熔滴过渡，通常都采用惰性气体（如氩气、氦气等）保护。在我国因氦气甚为昂贵，在大多数情况下都采用氩气保护，电极多采用钨极或钨极掺有少量稀土金属（如钍或铈），这种电弧通常称为钨极氩弧。

钨极氩弧又分为直流电弧与交流电弧两种。直流钨极氩弧一经点燃之后电弧非常稳定，最小电流可达 5 A，所以常用来焊接薄板；交流钨极氩弧因电流每秒有 100 次过零点，要有 100 次重新引弧。另外，由于氩气的电离电压很高，氩弧的引燃电压比一般电弧高得多，所以交流钨极氩弧的电弧稳定性较差。

2. 熔化极电弧

熔化极电弧就是在焊接电弧燃烧过程中作为电弧的一个极不断熔化，并过渡到焊接工件上去。根据电弧是否可见，熔化极焊接电弧又可分为明弧和埋弧两大类。

明弧的电极也有两种。一种是在金属丝表面敷有涂料，即到处可见的焊条电弧焊所用的焊条。由于涂料中含有大量稳弧剂，所以这种明弧电弧很稳。另一种明弧是采用光电极（光焊丝）。在这种情况下，一般都要采用保护气体。近年来，由于冶金技术的发展，也有在焊丝中掺入起保护作用的合金元素，而不必采用保护气体，这种电弧又称为自保护电弧。采用药芯焊丝焊的电弧就属此种。

采用光焊丝的电弧多数用直流电源，特别是采用活性气体保护焊的电弧必须采用直流电源，用惰性气体保护焊的电弧也可用脉冲电源、矩形波交流弧焊电源或普通交流弧焊电源。

埋弧焊也是采用光焊丝，但在焊接过程中要不断往电弧周围送给颗粒状焊剂，电弧在焊剂中燃烧，或者说电弧被埋在焊剂下。因为焊剂中也含有稳弧元素，所以电弧燃烧很稳定。这种电弧既可以是直流电弧，也可以是交流电弧。

在熔化极电弧焊中，电极不断地熔化并过渡到焊缝中去，这就要求电极连续不断地向电弧区送进，以维持弧长基本上不变。

2.1.4.2 压缩电弧

如果将自由电弧的弧柱强迫压缩，就可获得一种比一般电弧温度更高、能量更集中的热源，即压缩电弧。等离子弧就是一种典型的压缩电弧，它靠热压缩、磁压缩和机械压缩效应，使弧柱截面缩小，能量集中，从而提高电弧电离度，形成高温等离子弧。

等离子弧又可分为转移型等离子弧、非转移型等离子弧和混合型等离子弧三种形式。这三种形式的等离子弧均采用非熔化电极，因而它们除具有高能量密度的压缩电弧特点外，还具有非熔化极自由电弧的特点，即影响电弧稳定燃烧的主要因素是电弧电流和空载电压。要保持电弧的稳定燃烧，应尽可能使电弧电流不变，并采用较高的空载电压。

等离子弧通常是采用直流和脉冲电流，但也有采用交流的。20 世纪 70 年代还出现了熔化极等离子弧的新形式，这种方法可看成是等离子弧和熔化极电弧的结合。

2.1.4.3 脉冲电弧

电流为脉冲波形的电弧称为脉冲电弧。它可分为直流脉冲电弧和交流脉冲电弧。它与一般电弧的主要区别在于，电弧电流周期地从基本电流（维弧电流）幅值增至脉冲电流幅值。可以将它看成是由维持电弧和脉冲电弧两种电弧组成的。维持电弧用于在脉冲休止期间维持电弧的连续燃烧;脉冲电弧用于加热熔化工件和焊丝,并使熔滴从焊丝脱落和向工件过渡。

由于脉冲电弧的电流不是连续恒定的,而是周期性变化的,因此脉冲电弧的温度、电离状态以及弧柱尺寸的变化均滞后于电流的变化。

在焊接过程中,因为脉冲电弧的电流为脉冲波形,所以在同样平均电流下峰值电流较大,熔池处于周期性加热和冷却的循环之中,其可调焊接工艺参数较多。这样,它就可以在较大范围内调节和控制焊接线能量及焊接热循环,能有效地控制熔滴的过渡、熔池的形状和焊缝的结晶,从而在焊接过程中具有其独到之处。

§2.2　对弧焊电源的要求

弧焊电源是用来为焊接电弧提供电能的专用设备,它除了满足一些电力电源的要求外,还应满足弧焊工艺对电源的要求,即:

(1) 保证引弧容易,电弧燃烧稳定;

(2) 保证焊接规范稳定;

(3) 具有较宽的焊接规范调节范围。

根据上述工艺要求,对弧焊电源的电气性能提出了外特性、调节特性和动特性三方面的基本要求。

2.2.1　对弧焊电源外特性的要求

在电源内部参数一定的条件下,改变负载时,电源输出的电压稳定值与输出的电流稳定值之间的关系称为电源的外特性,亦称弧焊电源伏安特性。表示弧焊电源外特性的曲线称为弧焊电源的外特性曲线。弧焊电源的外特性曲线有若干种,如图 2.2-1 所示,可供不同的焊接方法及工作条件选用。

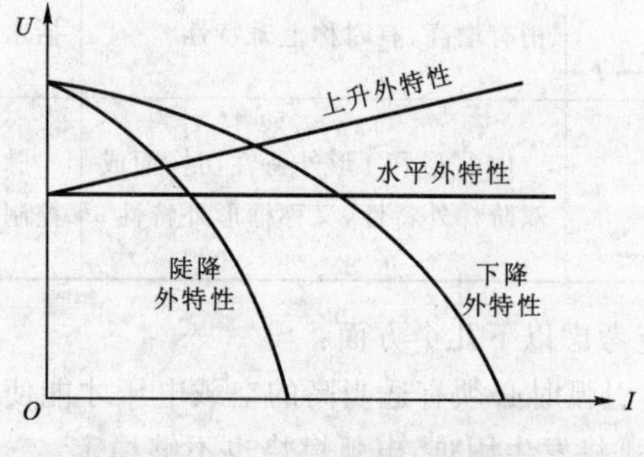

图 2.2-1　弧焊电源的外特性曲线

● 弧焊电源外特性曲线的形状对电弧及焊接工艺参数的稳定性有重要的影响。在弧焊时,弧焊电源起供电作用,电弧作为用电负载,弧焊电源与电弧构成一个供电和用电系统。为保证电源-电弧系统的稳定性,必须使弧焊电源外特性曲线的形状与电弧静特性曲线的形状满足适当的配合。

电弧静特性曲线与电源外特性曲线的交点就是电弧燃烧的工作点。焊条电弧焊时要选用具有陡降外特性的电源，这是因为焊条电弧焊时电弧的静特性曲线呈L形。当焊工由于手的抖动引起弧长变化时，焊接电流也随之变化。当采用陡降的外特性电源时，同样的弧长变化所引起的焊接电流变化比缓降外特性或平特性要小得多，有利于保持焊接电流的稳定，从而使焊接过程稳定。

表2.2-1列出了几种典型的弧焊电源外特性形状及其适用范围。

表2.2-1　典型的弧焊电源外特性形状及其适用范围

类型		图形	特征	一般适用范围
下降特性	恒流	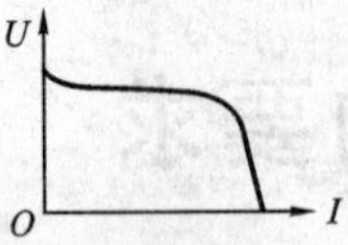	在运行范围内 I_f 约为常数，又称垂直下降特性或恒流特性	TIG焊、非熔化极等离子弧焊
	缓降	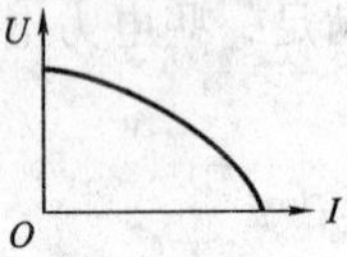	$U=f(I)$ 图形接近1/4椭圆，又称缓降特性，当弧长变化时，电流变化较恒流特性大	焊条电弧焊、变速送丝埋弧焊
	斜降	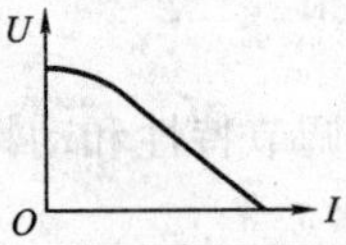	在运行范围内 $U=f(I)$ 图形接近一斜线，又称斜降特性	焊条电弧焊（尤其适合立焊、仰焊）、粗丝 CO_2 焊、埋弧焊
	恒流带外拖	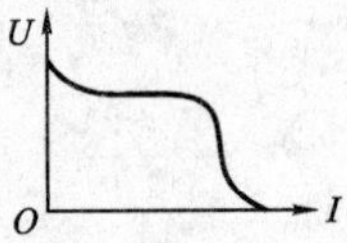	在运行范围内恒流带外拖，外拖的斜率和拐点可调节	焊条电弧焊
平特性	平或稍下降	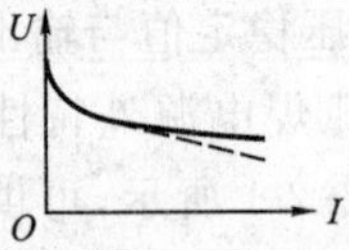	在运行范围内 U 约为常数，又称恒压特性，有时电压稍有下降	等速送丝的粗、细丝气体保护焊和细丝（直径<3 mm）埋弧焊
	上升	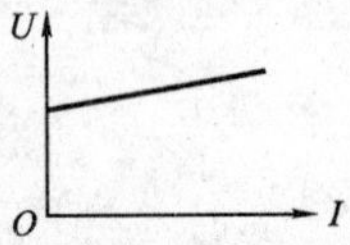	在运行范围内随电流增加电压稍有增高，有时称上升特性	等速送丝的细丝气体保护焊（包括水下焊）
双阶梯形特性		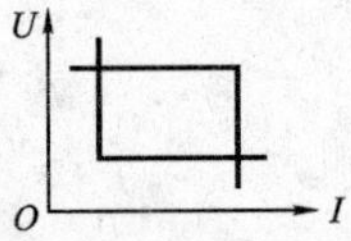	由L形和T形外特性切换而成双阶梯外特性，又称框形外特性	脉冲熔化极气体保护弧焊、微机控制的脉冲自动弧焊

● 对空载电压的要求应考虑以下几个方面：

（1）电弧的燃烧稳定。引弧时必须有适当高的空载电压才能使两电极间高电阻的接触处击穿。若空载电压太低，引弧将发生困难，电弧燃烧也不够稳定。

（2）保证电弧功率稳定。为了保证交流电弧功率稳定，一般要求：

$$1.25<\frac{U_0}{U_f}<2 \tag{2.2-1}$$

式中，U_f 为焊接工作电压，V；U_0 为电源空载电压有效值，V。

（3）经济性。电源的额定容量与空载电压成正比。空载电压越高，则电源容量越大，其制造成本就越高。

(4) 安全性。由于过高的空载电压将会危及焊工的安全,因此应对空载电压加以限制。

● 对短路电流的要求应考虑以下几个方面:

(1) 如果短路电流过大,电源将出现过载而有烧坏的危险,同时还会使焊条过热,药皮脱落,并使飞溅增加。

(2) 如果短路电流太小,则会使引弧和熔滴过渡同时发生困难。

基于此,短路电流值应满足以下要求:

$$1.25<\frac{I_{wd}}{I_f}<2 \tag{2.2-2}$$

式中,I_f 为焊接工作电流,A;I_{wd} 为稳态短路电流,A。

2.2.2　对弧焊电源调节特性的要求

焊接时须按焊件材质、厚度、坡口形式、焊接位置等选用不同的焊接电流、电弧电压。因此,要求弧焊电源能够通过调节获得不同的外特性曲线,以适应上述需要。

弧焊电源能够满足不同工作电压、电流的需求的可调性能称为弧焊电源的调节特性。弧焊电源的调节特性有三种类型,如图 2.2-2 所示。

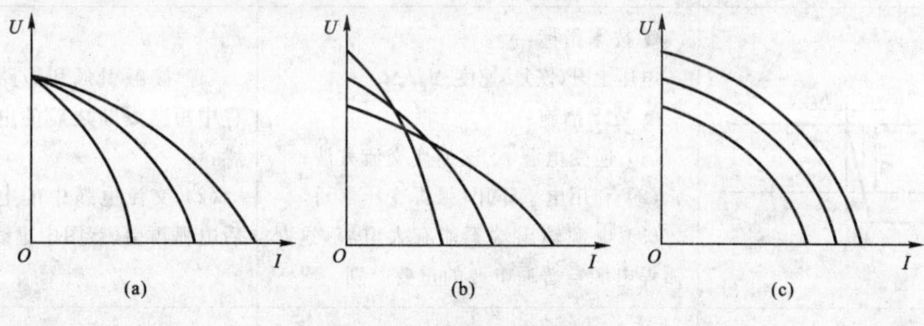

图 2.2-2　弧焊电源调节特性

(1) 当焊接电流改变时,空载电压保持不变。电流调节范围内能保证引弧容易和电弧燃烧稳定,如图 2.2-2(a)所示,多用于作为焊条电弧焊的电源。

(2) 焊接电流调小时,空载电压升高;焊接电流调大时,空载电压降低,如图2.2-2(b)所示。在使用小电流时,这种电源的电弧燃烧也十分稳定,是焊条电弧焊比较理想的调节特性。

(3) 焊接电流增加时,空载电压升高;焊接电流减小时,空载电压降低,如图2.2-2(c)所示。在使用小电流时,这种电源的电弧不够稳定,常用作埋弧焊的电源。

若能保证在所需的宽度范围内均匀而方便地调节工艺参数,并能满足电弧稳定、焊缝成形好等工艺要求,就认为该电源调节特性良好。

2.2.3　对弧焊电源动特性的要求

所谓弧焊电源动特性,是指电弧负载状态发生突然变化时,弧焊电源输出电压与电流的响应过程,可以用弧焊电源的输出电流和电压对时间的关系来表示,即 $u_y=f(t)$,$i_y=f(t)$。它说明弧焊电源对负载瞬变的适应能力。

当电弧燃烧时，受到某种因素干扰而发生振荡，此时弧焊电源输出电压、电流随时间变化的函数关系（弧焊电源的动特性）对电弧的稳定性、熔滴过渡、飞溅及焊缝成形等有很大影响。因此，对用于熔化极电弧焊的电源来说，必须考虑动特性要求；对非接触式引弧的非熔化极电弧焊，因焊接时电弧长度、电弧电压和电流基本不变，对弧焊电源可不考虑动特性要求。

弧焊电源动特性的指标因焊接方法、电源类型等而异。直流焊条电弧焊电源的动特性指标为瞬态短路冲击电流 I_{sd} 和恢复电压最低值 U_{min}；短路过渡细丝 CO_2 焊时则为短路电流峰值、短路电流增长速率和空载电压恢复速度。

有关弧焊电源动特性的基本问题见表 2.2-2。

表 2.2-2　弧焊电源动特性的基本问题

	波形图	主要技术指标和技术措施	应用对象及问题
电流动特性	I, Δt, ΔI, I_p, O, t	● 技术指标： (1) 短路电流上升速度 $\Delta I/\Delta t$； (2) 短路电流峰值 I_p。 ● 技术措施： (1) 直流电磁电抗器； (2) 逆变电源，波形控制——电子电抗器	用于控制熔化极气体保护焊短路熔滴过渡过程，控制焊接飞溅和焊缝成形。固定的电感值很难适应宽范围焊接电流。电子电抗器是理想的解决方法
电压动特性	U, Δt, ΔU, O, t	● 技术指标： 电压上升(恢复)速度 $\Delta U/\Delta t$。 ● 技术措施： (1) 逆变电源、二次逆变交流方波； (2) 利用电感作用(弧焊变压器)； (3) 电源输出端不能有大电容，这是弧焊电源与普通电源的重要差别	(1) 接触引弧和短路过渡过程中短路爆断之后的电弧再引燃； (2) 交流电弧中的电路过零后电弧再引燃(图中虚线所示)
热引弧特性	I, Δt_r, Δt_s, I_s, I_w, O, t	● 技术指标： (1) 电流上升速度 $\Delta I_s/\Delta t_r$； (2) 热引弧时间 t_r； (3) 引弧电流 I_s。 ● 技术措施： (1) 降低输出回路电感； (2) 逆变电源、电子电路(微处理器)	改善接触引弧，用于各种熔化极电弧焊。降低电感可以提高电流上升速度，但这可能与短路过多所要求的电流上升速度矛盾。电子电抗器是理想的解决方法
脉冲电流	I, PW_{ms}, I_{pk}, I_{bk}, O, t	● 技术指标： (1) 脉冲频率 PPS； (2) 脉冲宽度 PW_{ms}； (3) 脉冲电流 I_{pk}； (4) 基值电流 I_{bk}。 ● 技术措施： 晶闸管电源、逆变电源、电子电路(微处理器)	(1) 脉冲 TIG： PPS=0.1～10 Hz (2) 脉冲 MIG： PPS=30～350 Hz PW_{ms} 最小 1 ms。晶闸管电源只能满足脉冲 TIG

从表 2.2-2 中可以看出,一个具有高速响应能力的电源系统是解决弧焊电源动特性问题的良好基础。

§2.3　弧焊变压器

弧焊变压器为一交流弧焊电源,是一种具有下降外特性的特殊降压变压器。它与普通电力变压器的主要不同之处在于漏抗较大(或加串联电抗器),因而具有下降的外特性。此外,还需要满足一定的电流调节范围,并有合适的空载电压。

2.3.1　串联电抗器式弧焊变压器

串联电抗器式弧焊变压器由变压器和电抗器所组成。前者为正常漏磁的普通降压变压器,将电网电压降至焊接所要求的空载电压。变压器本身的外特性接近于平的,为了得到下降外特性以及调节电流,需要串联电抗器。根据电抗器与变压器配合方式的不同,又分为分体式和同体式两种。

2.3.1.1　分体式弧焊变压器

分体式弧焊变压器是变压器与电抗器串联(图 2.3-1),在结构上两者完全独立,它可作为单站和多站交流弧焊电源。这种弧焊变压器是依靠调节电抗器铁芯空气隙来调节电流的。BP-3×500 多站式弧焊变压器属这一类。

这种弧焊变压器的优点是易于搬动,可用一个主变压器附上若干个电抗器制成多头式焊条电弧焊机。缺点是电抗器铁芯有振动,小电流焊接时电弧稳定性差,结构不紧凑,消耗材料多。

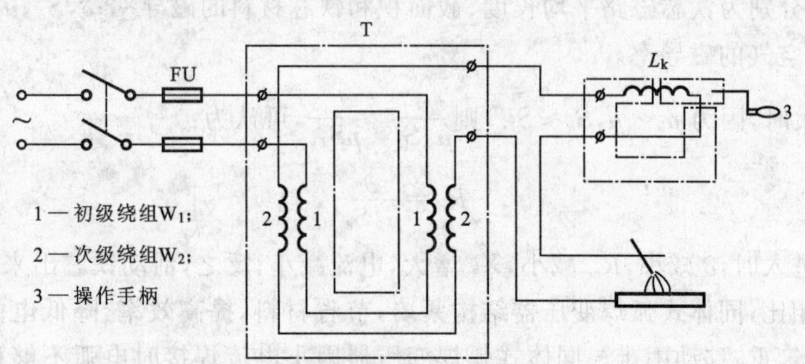

图 2.3-1　分体式弧焊变压器结构示意图

2.3.1.2　同体式弧焊变压器

同体式弧焊变压器是将电抗器叠于变压器之上(图 2.3-2),平特性变压器与电抗器组成一个整体,故称同体式。它们之间不仅有电的联系,还有磁的联系。BX2 系列弧焊变压器属于这一类。

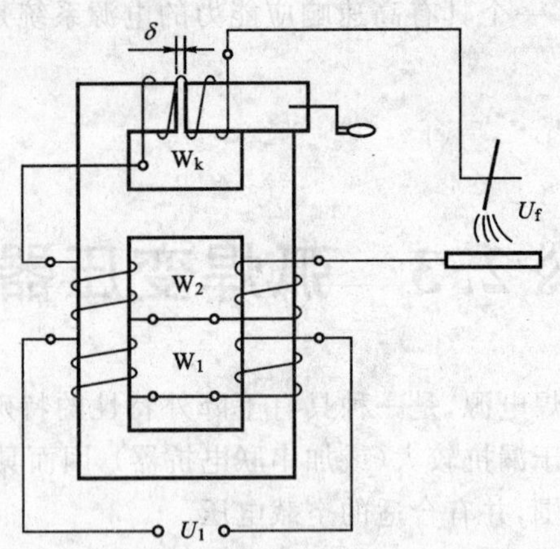

图 2.3-2　同体式弧焊变压器结构示意图

当次级绕组 W_2 与电抗绕组 W_k 以不同极性串联时，空载电压值和对铁芯中间公共磁轭尺寸的要求是不同的，通常是将 W_2 与 W_k 反向连接，即 $U_0=E_2-E_k$。

空载时，由于 E_k 数值甚小，所以对空载电压影响不大。负载时，由于感抗绕组上有焊接电流通过而产生感应电势，它与变压器次级电压方向相反，如同一负载产生感抗压降。焊接电流增大，感抗压降也增大，则电源电压随电流的增加而减小，因而得到下降的外特性。

为了调节电流，可调节感抗。其大小是通过调节感抗器铁芯的空气隙 δ，以改变感抗值 X_k 来实现的。

$$X_k=\omega L_k=\omega\frac{N_k^2}{R_m} \tag{2.3-1}$$

式中，ω 为角频率，$\omega=2\pi f$；L_k 为电抗器绕组的电感；N_k 为电抗器绕组的匝数；R_m 为磁路磁阻。

$$R_m=\frac{l_m}{\mu S_{Fe}}+\frac{\delta}{\mu_0 S_\delta}$$

式中，l_m，S_{Fe}，μ 分别为铁芯磁路平均长度、截面积和铁芯材料的磁导率；δ，S_δ，μ_0 分别为空气隙长度、截面积和空气的磁导率。

当 δ 足够大时，因为 $\mu_0\ll\mu$，$S_\delta\approx S_{Fe}$，则 $\frac{\delta}{\mu_0 S_\delta}\gg\frac{l_m}{\mu S_{Fe}}$，可认为：

$$R_m=\frac{\delta}{\mu_0 S_\delta}$$

活动铁芯进入时，δ 减小，R_m 减小，X_k 增大，电流减小；反之，活动铁芯出来时电流增大。

与分体式相比，同体式弧焊变压器结构紧凑，节省材料，提高效率，降低电能消耗，占地面积小，但设备较笨重，移动困难。同体式弧焊变压器因小电流焊接时电弧不够稳定，故宜做成大、中容量的电源，主要用于自动与半自动埋弧焊。

2.3.2　增强漏磁式弧焊变压器

普通变压器的漏磁很小，通常可以忽略不计。若人为增加变压器自身的漏抗，由于漏抗与电抗的性质相同，也就等效于增加次级回路的电抗。这种增强漏磁式弧焊变压器是靠增强其本身漏磁而获得下降外特性的。按照增强漏磁方法的不同，可分为动铁芯式、动圈式和抽头式三类。

2.3.2.1　动铁芯式弧焊变压器

动铁芯式弧焊变压器的结构如图 2.3-3 所示。为了增大漏磁，除了在设计上使初级绕组 W_1 和次级绕组 W_2 耦合得不紧密外，还在铁芯中间加一活动铁芯Ⅱ，它提供了一个可增大漏磁的磁分路。通过改变铁芯Ⅱ在变压器铁芯中的位置来调节电源的外特性。动铁芯Ⅱ进入时漏磁增大，电流减小；动铁芯Ⅱ移出时电流增大。

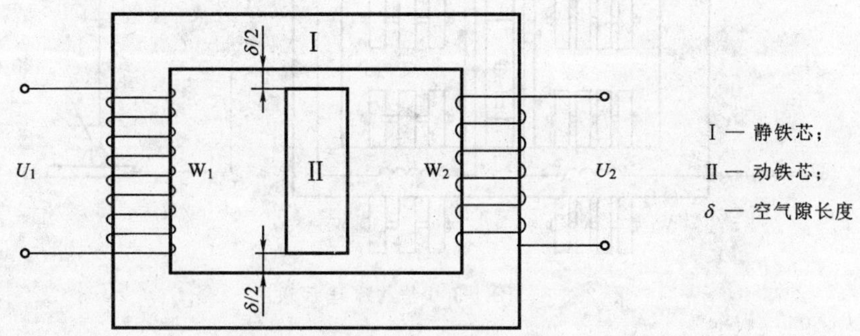

图 2.3-3　动铁芯式弧焊变压器结构示意图

动铁芯Ⅱ的形状有矩形和梯形两种，它们与静铁芯的配合如图 2.3-4 所示，外特性调节范围如图 2.3-5 所示。梯形的电流调节范围比矩形的宽而均匀，故目前多采用梯形结构。

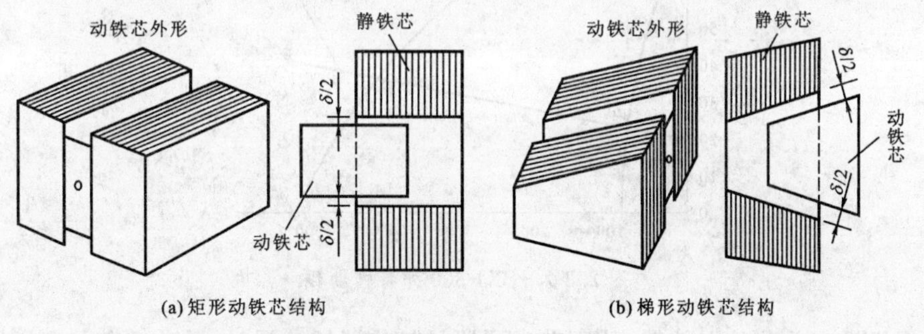

图 2.3-4　动铁芯与静铁芯的配合

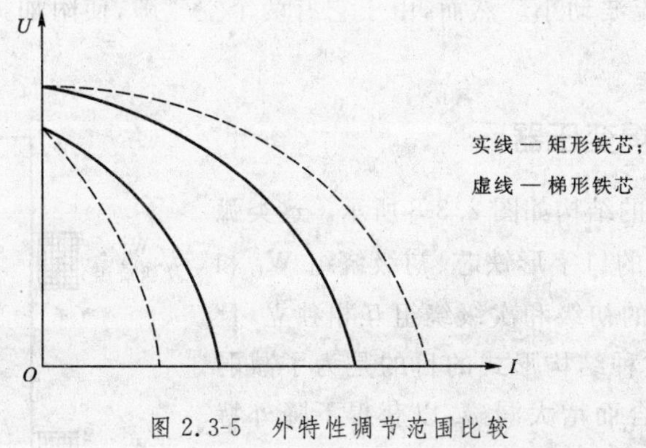

图 2.3-5　外特性调节范围比较

国产动铁芯式弧焊变压器目前有 BX1 系列，包括 BX1-135，BX1-300 和 BX1-500 型，它们的动铁芯是梯形的。

现以 BX1-300 型弧焊变压器为例进行说明，其结构及原理如图 2.3-6 所示，外特性及调节范围如图 2.3-7 所示。仅需移动动铁芯就可实现电流的调节。其电流调节范围颇为宽广，达到了 75～400 A，在整个范围内皆均匀可调，而且电流的变化与活动铁芯移动距离近似为线性关系。

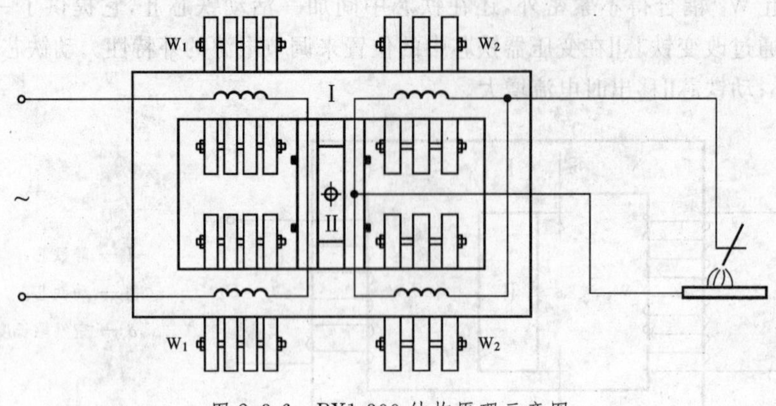

图 2.3-6　BX1-300 结构原理示意图

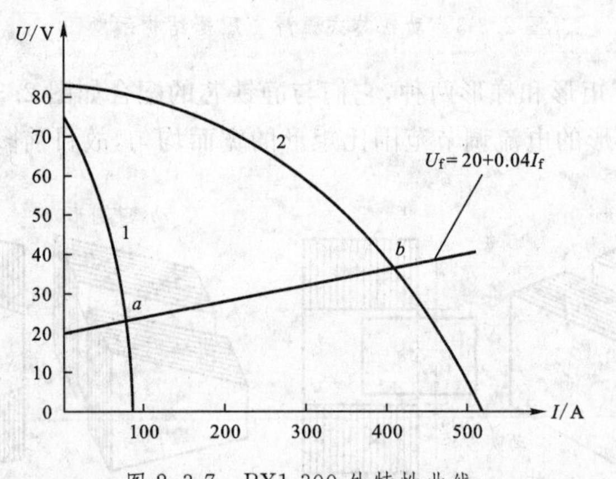

图 2.3-7　BX1-300 外特性曲线

这类焊机没有单独的电抗器，从而节省了原材料的消耗。同时，活动铁芯与变压器铁芯之间有上、下两个气隙，故电磁力的作用基本互相抵消，使振动减小。采用小电流焊接时由于振动轻微，电弧稳定且电流波动小。然而，由于它有两个空气隙，使附加损耗较大，故宜于做成中、小容量的产品。

2.3.2.2　动圈式弧焊变压器

动圈式弧焊变压器的结构如图 2.3-8 所示。这类弧焊变压器由一个高而窄的口字形铁芯、初级绕组 W_1 和次级绕组 W_2 组成。它的初级和次级绕组互相独立，且有较大的距离。采用这种结构形式的目的是为了减弱初、次级绕组间磁的耦合而增大漏磁，以获得下降外特性。次级绕组可以上下移动，以改变初、次级间的距离，使漏抗发生变化，从而调节焊接电流，故称为动圈式弧焊变压器。

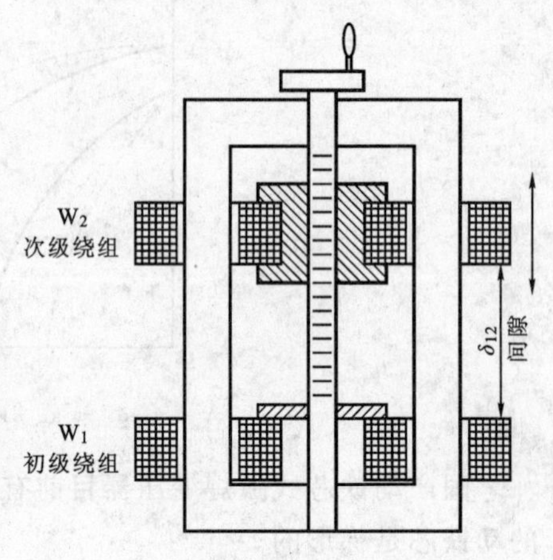

图 2.3-8　动圈式弧焊变压器结构示意图

国产动圈式弧焊变压器属 BX3 系列，有 BX3-120，BX3-300，BX3-500 和 BX3-1-500 等型号。现以 BX3-1-500 型（图 2.3-9）为例进行说明。图 2.3-9 中 0-9 和 7-8 是二次绕组；4-6 和 1-3是一次绕组，各有抽头 5 和 2。一次电流的大、小挡用转换开关换接。

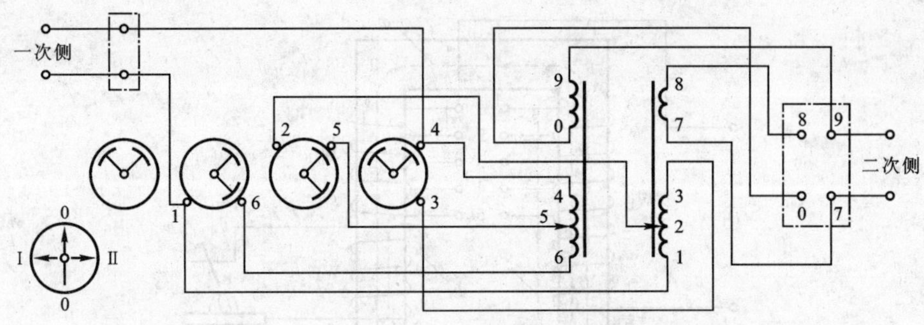

图 2.3-9　BX3-1-500 型弧焊变压器电路图

● 当转换开关处于“0”位时，则一次绕组从电网切除，弧焊变压器不工作。

● 当转换开关逆时针转过 90°到“Ⅰ”位——小电流挡时，它使 2 与 5 接通，这时一次电路通路是 4→5→2→1，即将 W_1 的 4-5 和 2-1 部分串接起来接到电网，而将其 5-6 和 2-3 部分甩掉不用。相应的，两盘二次绕组亦应串联，即应当用连接片将 0 与 8 点接通，则二次通路是 9→0→8→7。

● 当转换开关顺时针转 90°到“Ⅱ”位——大电流挡时，它使 3 与 4、1 与 6 相连，即两个一次绕组所有匝数全部并联使用。相应的，两盘二次绕组亦应并联，用金属连接片将 8 与 9、7 与 0 接通即可。

通过改变间隙 δ_{12}，两挡各自所得到的外特性调节范围如图 2.3-10 所示。

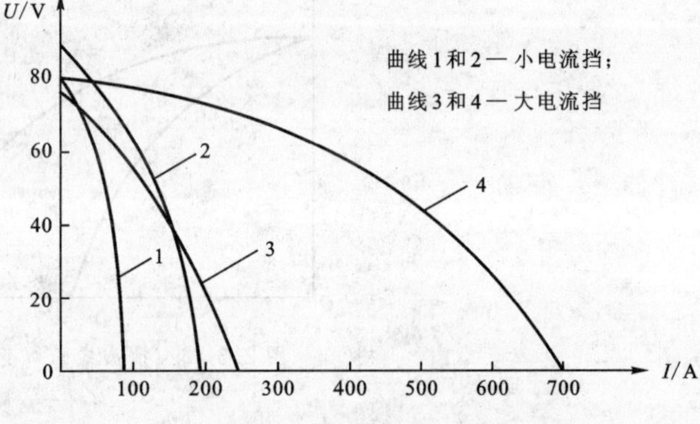

图 2.3-10　BX3-1-500 型弧焊变压器外特性

2.3.3.3　抽头式弧焊变压器

1. 两芯柱抽头式弧焊变压器

两芯柱抽头式弧焊变压器的结构如图 2.3-11 所示。在芯柱Ⅰ上绕有一次绕组的一部分 $W_{1\text{I}}$，在芯柱Ⅱ上绕有一次绕组的另一部分 $W_{1\text{II}}$ 和二次绕组 W_2。$W_{1\text{II}}$ 和 W_2 是同轴缠绕的，它们之间的漏磁可忽略不计。W_2 与 $W_{1\text{I}}$ 则分别绕在不同芯柱上，彼此间有较大的漏磁。抽头式弧焊变压器没有动铁芯，也没有可活动的绕组，而是利用一、二次绕组在铁芯上的分绕以及改变绕组抽头来改变一、二次耦合程度和漏抗。

调节一次绕组在两芯柱之间的分配而不改变绕组匝数之和，可以实现不改变电压而调节焊接电流的目的。调节电流时外特性的变化范围如图 2.3-12 所示。这种弧焊变压器电流调节范围不大，又只能做有级调节，有时为扩大焊接电流的调节范围，也辅以改变二次绕组的匝数作为粗调。

这种弧焊变压器结构简单，易于制造，无活动部分，避免了电磁力引起振动带来的弊病，因而电弧稳定、无噪声、使用可靠、成本低廉，但其调节性能欠佳。因此，抽头式弧焊变压器一般都做成小容量、轻便型的，适用于维修工作。国产产品有 BX6-120-1 型，其额定电流为 120 A，电流调节范围为 45～160 A，额定负载持续率为 20%，质量仅 25 kg 左右。

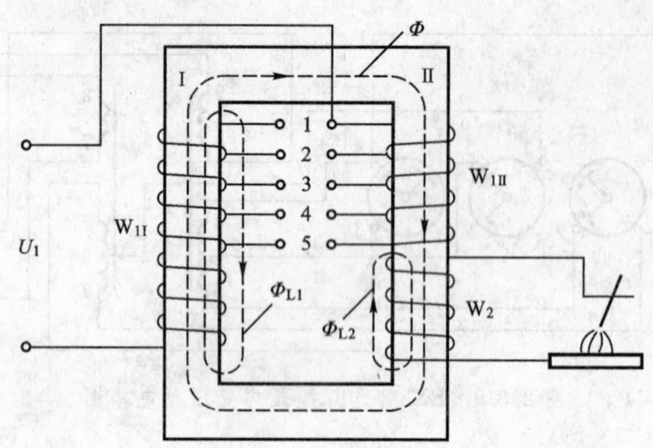

图 2.3-11　两芯柱抽头式弧焊变压器结构示意图

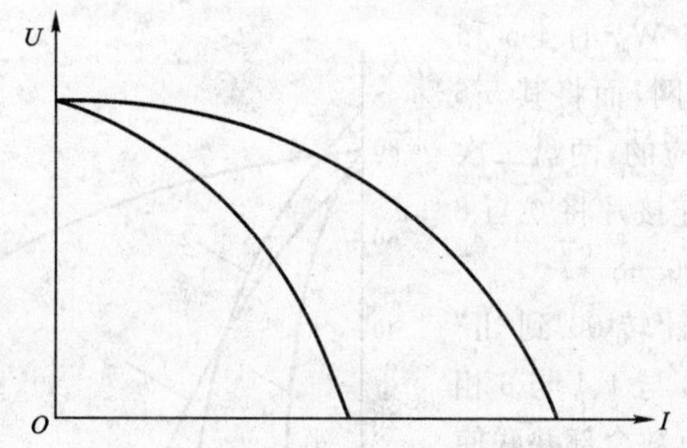

图 2.3-12　抽头式弧焊变压器外特性

2. 三芯柱抽头式弧焊变压器

为解决两芯柱抽头式弧焊变压器电流调节性能不好的问题，可采用三芯柱抽头式弧焊变压器，其结构如图 2.3-13 所示。它的铁芯类似于动铁芯式，在两侧芯柱Ⅰ和Ⅱ之间设有磁分路Ⅲ，但铁芯Ⅲ是固定不动的。一次绕组分为两部分：绕在芯柱Ⅰ上的 $W_{1Ⅰ}$ 和绕在芯柱Ⅲ上的 $W_{1Ⅲ}$。二次绕组 W_2 单独绕在芯柱Ⅱ上。由于一、二次绕组分别绕在不同芯柱上，且 W_2 与 $W_{1Ⅰ}$ 之间还有磁分路，因而增强了漏磁。此外，设置绕组 $W_{1Ⅲ}$ 对漏磁也有重要影响。

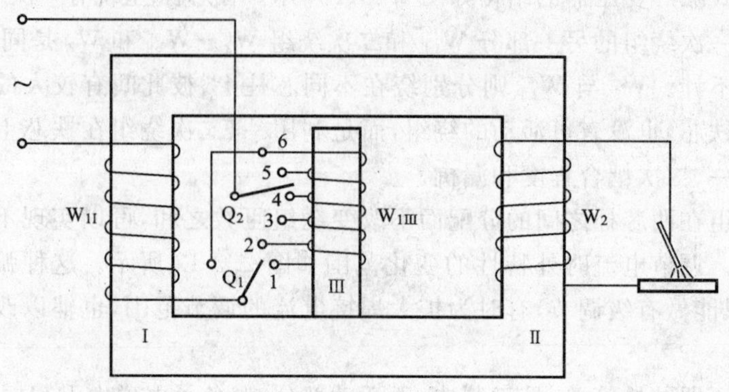

图 2.3-13　三芯柱抽头式弧焊变压器结构示意图

当 $W_{1Ⅰ}$ 与 $W_{1Ⅲ}$ 顺连时，Q_1 接通点 1，外特性变陡，降低了电流的调节下限。通过开关 Q_2 改变 $W_{1Ⅲ}$ 的匝数可调节电流，这相当于动铁芯式弧焊变压器中移动动铁芯所起的作用。若令 Q_1 接通点 6，令 $W_{1Ⅰ}$ 与 $W_{1Ⅲ}$ 反向串联，会使外特性变缓，电流增大。因此，只要通过 Q_1 和 Q_2 分别进行粗调和细调，就可充分拓宽电流的调节范围。

§2.4 直流弧焊发电机

直流弧焊发电机指直流弧焊电源与焊钳、电焊电缆组成的旋转直流弧焊机。按驱动方式的不同可分为：以电动机驱动组合成一体者，称为直流弧焊电动发电机；以柴(汽)油机驱动组合成一体者，称为直流弧焊柴(汽)油发电机。这种直流弧焊发电机因坚固耐用、不易出故障、工作电流稳定而深受用户欢迎，但由于它存在效率低、制造复杂、空载消耗多、噪声大等缺点，故由电动机驱动的弧焊发电机国内外已经淘汰，这种弧焊电源绝大部分可由弧焊整流器取代。不过柴(汽)油弧焊发电机是野外无电网处施工所必需的焊机，故仍有一定的需要量。

2.4.1 弧焊发电机的基本原理

直流弧焊发电机由一台电动机(或其他原动机)和弧焊发电机组成，其工作原理与一般的发电机相同，但有其独特的要求：下降的外特性、均匀宽广的调节特性和良好的动特性。

直流弧焊发电机也是依靠电枢上的导体切割磁极和电枢之间空气隙内的磁感线而感应出电动势 E：

$$E=K\Phi \tag{2.4-1}$$

式中，Φ 为每个主磁极磁通量；K 为常数，由电枢转速及结构确定。

发电机的电枢电压 U_a 为：

$$U_a=E-I_aR_a \tag{2.4-2}$$

式中，I_a 和 R_a 分别为电枢电流和电枢电阻。

由于系统内阻一般都很小，R_a 可以忽略，而发电机的 Φ 一般与 I_a 无关，所以发电机的外特性应当是平外特性。

为获得下降外特性，有以下几种办法：

1. *在电枢电路中串联镇定电阻*

由于发电机本身外特性近于平的，即 $U_a\approx E\approx U_0$，当在发电机电枢电路中串联镇定电阻 R_z 后，负载电压 U_f 与负载电流 I_f(即电枢电流 I_a)的关系是：

$$U_f=U_0-I_f(R_a+R_z) \tag{2.4-3}$$

这种方法是通过人为增大电源内阻来改变输出外特性的。由于这种方法使镇定电阻 R_z 上的能量被浪费了，所以效率较低，主要用于多站式直流发电机。

2. *改变磁极磁通*

电枢电动势 E 与 Φ 成正比，因而只要设法让 Φ 随 I_f 的增大而减小就可获得下降外特性，即令：

$$\Phi=\Phi_t-\Phi_c=\frac{I_tN_t}{R_{mt}}-\frac{I_fN_c}{R_{mc}} \tag{2.4-4}$$

式中，Φ_t和Φ_c分别为励磁、去磁磁通；I_t和N_t分别为励磁绕组的电流和匝数；R_{mt}为励磁磁路的磁阻；N_c为去磁绕组的匝数；R_{mc}为去磁磁路的磁阻。

于是有：

$$U_f=E-I_fR_a=K\left(\frac{I_tN_t}{R_{mt}}-\frac{I_fN_c}{R_{mc}}\right)-I_fR_a=\frac{KI_tN_T}{R_{mt}}-I_f\left(\frac{KN_c}{R_{mc}}+R_a\right) \tag{2.4-5}$$

由于$\frac{KI_tN_t}{R_{mt}}=U_0$，并令$\frac{KN_c}{R_{mc}}=R_c$（$R_c$是考虑去磁作用的等效电阻），而且在弧焊发电机中$R_a$很小，可以略去，所以有：

$$U_f=U_0-I_fR_c \tag{2.4-6}$$

与负载电流成正比的去磁作用可等效为在电枢串联了电阻。这样既可获得下降外特性又不增加能量损耗。式(2.4-6)又可写成：

$$I_f=\frac{U_0-U_f}{R_c} \tag{2.4-7}$$

由式(2.4-7)可知，改变U_0（即改变I_t）及R_c都可调节电流。

2.4.2 差复激式弧焊发电机

差复激式弧焊发电机主要用于焊条电弧焊，也可作为埋弧自动焊或半自动焊电源或碳弧气刨电源。这种弧焊发电机都是串联去磁绕组以获得下降外特性，但激磁绕组有他激与并激之分。

他激差复激式弧焊发电机工作原理如图 2.4-1 所示。图中，W_t为他激绕组，W_c为串联去磁绕组，两者产生的磁通Φ_t与Φ_c的方向是相反的。当接上负载时，它的工作磁通是他激磁通Φ_t与串激去磁磁通Φ_c之差，负载电压$U=K(\Phi_t-\Phi_c)$（其中K为常数），Φ_t恒定，Φ_c与负载电流I_f成正比，故I增加则U下降，输出为下降特性。这类产品有 AX5-500，AX7-500 和AX9-500等。

下面以 AX7-500 型产品为例进行介绍，它以三相异步电动机为原动机，发电机与电动机同轴并共壳，以此组成一体式结构。AX7-500 型弧焊发电机电磁系统如图 2.4-2 所示。它有四个主磁极，他激绕组和串联去磁绕组分别安置在两个主磁极上。另外，它还有两个换向磁极。两个主磁极上的他激绕组串联后经可变电阻R_t、转换开关 SC、整流桥 UR 接到异步电动机定子绕组的抽头上，以接通交流电源。在主电路中串联去磁绕组、换向绕组和电枢绕组。从端钮“—”和“300 A”输出时，串联去磁绕组全部接入电路，相当于小电流挡。配合以调节R_t，外特性从图 2.4-3 中的线 1 调至线 2，电流调节范围是 120～300 A。从端钮“—”和“600 A”输出时，串联去磁绕组只接入一半，相当于大电流挡。再配合以调节R_t，外特性从图 2.4-3 中的线 3 调至线 4，电流调节范围是 200～600 A。通过使用转换开关 SC 可改变输出端电压极性。

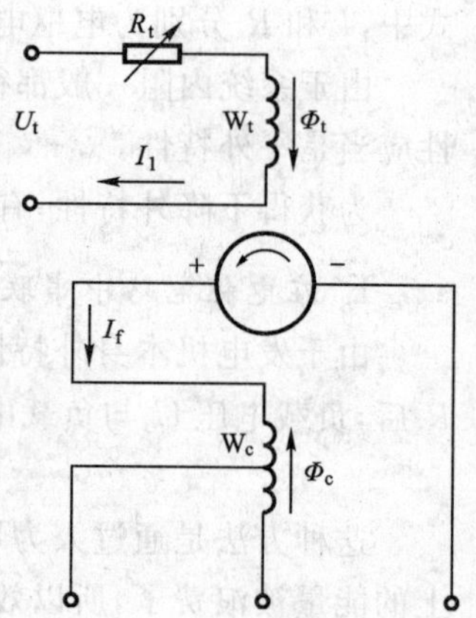

图 2.4-1 他激差复激式弧焊发电机原理图

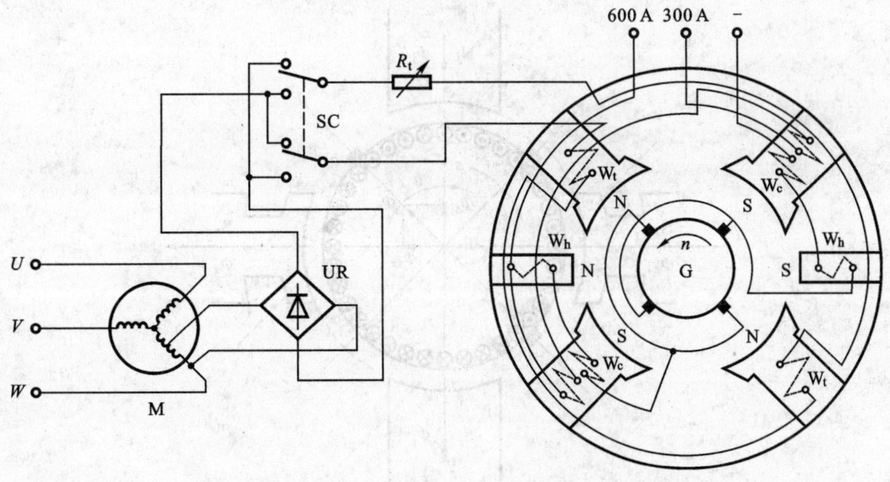

图 2.4-2　AX7-500 型弧焊发电机电磁系统图

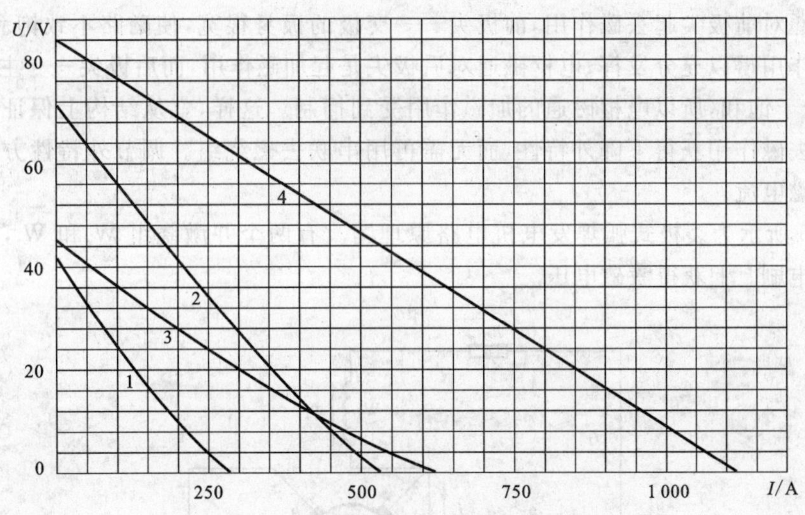

图 2.4-3　AX7-500 型弧焊发电机外特性曲线

这种弧焊发电机将串联去磁绕组和激磁绕组分置在不同的磁极上，减小了它们之间的互感。此外，与并激机相比，这种发电机采取他激，激磁电压与电枢电压无关，因此其动特性较好。

2.4.3　裂极式弧焊发电机

裂极式弧焊发电机是由并激绕组激磁，依靠增强电枢反应获得陡降外特性，其结构如图 2.4-4 所示，垂直方向的 N_j 和 S_j 称为交极，其上绕有 W_j 绕组，产生磁通 Φ_j。水平方向的 N_z 和 S_z 称为主极，其上绕有 W_z 绕组，产生磁通 Φ_z。从表面上看，好像有两对磁极，但四个磁极的排列顺序却是 N—N—S—S，而不同于一般 N—S—N—S 的顺序。从实质上看，相当于只有一对磁极，如图中虚线所示，即交极为前极尖，主极为后极尖，只是前、后极尖之间分裂开了而已，故称之为裂极式。

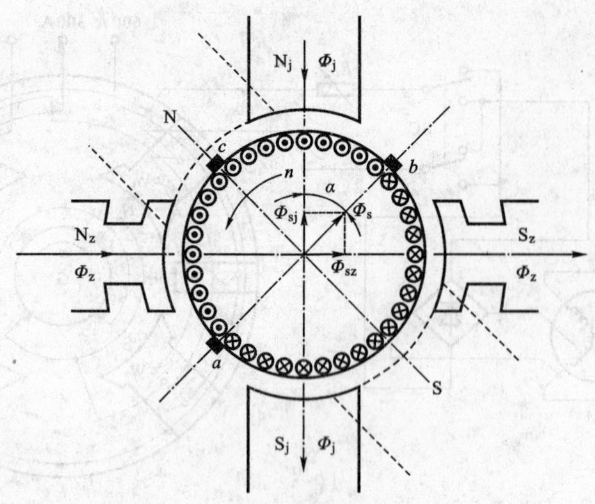

图 2.4-4　裂极式弧焊发电机结构示意图

电枢磁通对前极尖起去磁作用，前极尖——交极的极身很宽，使磁路不致饱和，即让电枢反应的去磁作用得以充分发挥；电枢磁通对后极尖是起加磁作用，而后极尖——主极的极身很窄，使磁路处于饱和，所以电枢磁通的加磁作用受到抑制。这样，就从结构上保证了能够利用电枢反应的去磁作用获得下降外特性，而无需再用串联去磁绕组。调节外特性方法是移动电刷及调节激磁电流。

图 2.4-5 所示为裂极式弧焊发电机电路原理图。有两个并激绕组 W_z 和 W_j，它们从主电刷 a 和辅助电刷 c 上获得激磁电压。

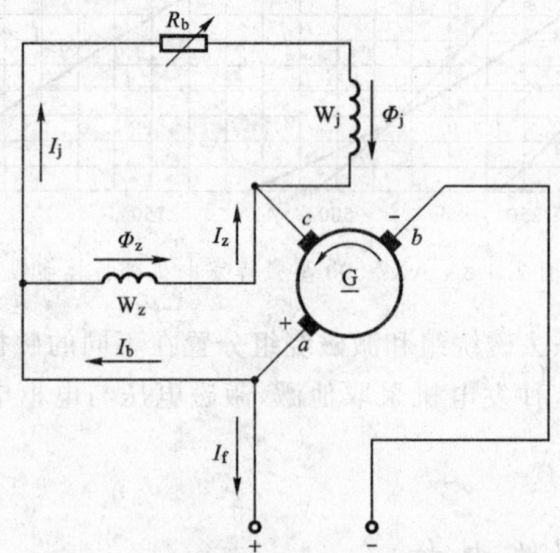

图 2.4-5　裂极式弧焊发电机电路原理图

裂极式弧焊发电机也是自激式的，故电枢不能反转。由于没有串联去磁绕组，电枢绕组与激磁绕组不是绕在同一磁极上，所以它们之间的互感大大减小，从而动特性比较好，适于小电流焊接。

裂极式弧焊发电机主要用于焊条电弧焊。它具有结构简单、动特性好等优点，其主要缺点是体积大、消耗材料多、效率低。这类弧焊发电机产品有 AX-320 和 AXD-320 型。

§2.5　硅弧焊整流器

硅弧焊整流器是一种直流弧焊电源，它以硅二极管作为整流元件，将交流电整流成直流电。与直流弧焊发电机相比，这种直流弧焊电源的制造工艺简单、质量轻、节省材料、效率高、空载损耗少、噪声小、使用控制方便。硅弧焊整流器目前已成为我国普及推广的一种直流弧焊电源，除了作为焊条电弧焊电源外，还可以作为钨极氩弧焊、熔化极氩弧焊、CO_2气体保护焊及埋弧焊电源。

2.5.1　硅弧焊整流器的组成

硅弧焊整流器采用的是 50 Hz 的工频单相或三相交流电网电压，利用降压变压器将电网高电压降至焊接时所需的低电压，经整流器整流和输出电抗器滤波后获得直流电，对焊接电弧提供电能。为了获得脉动小、较平稳的直流电，并使电网三相负荷均衡，通常采用三相整流电路。硅弧焊整流器的主电路一般由主变压器、电抗器、整流器和输出电抗器组成，如图 2.5-1 所示。

(1) 主变压器。主要作用是降压，将三相 380 V 电压降至所需要的空载电压。

(2) 电抗器。可以是交流电抗器，也可以是磁放大器(磁饱和电抗器)。当主变压器为增强漏磁式或当要求得到平外特性时，可不用电抗器。它是用于控制外特性形状并调节焊接规范的。

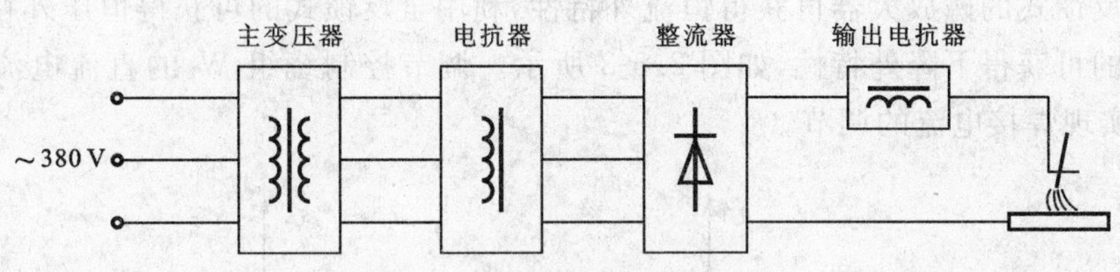

图 2.5-1　硅弧焊整流器组成框图

(3) 整流器。作用是将三相交流电变换成直流，常采用三相桥式电路。

(4) 输出电抗器。它是一个接在直流焊接回路电路中的带铁芯并有气隙的电感线圈，其作用主要是滤波和改善弧焊整流器的动特性。

2.5.2　磁放大器式弧焊整流器

磁放大器式弧焊整流器包括无反馈式、全部反馈式和部分反馈式三种基本形式，其主电路如图 2.5-2 所示。

磁放大器式弧焊整流器由三相正常漏磁降压主变压器 T、三相磁放大器 AM、三相桥式全波整流器 UR 和输出电抗器 L_K组成。磁放大器可单独位于变压器和整流器之间或与降压变压器做成一体，大多为三芯柱式，在铁芯上绕有交流绕组(工作绕组)W_j和控制绕组(直流线组)W_c。引入不同反馈控制系统以获得所需各种外特性。m 和 n 两点短接为无反馈式，m 和 n 不接线为全部内反馈式，m 和 n 两点间接一电阻为部分内反馈式(又称内桥内反馈式)。

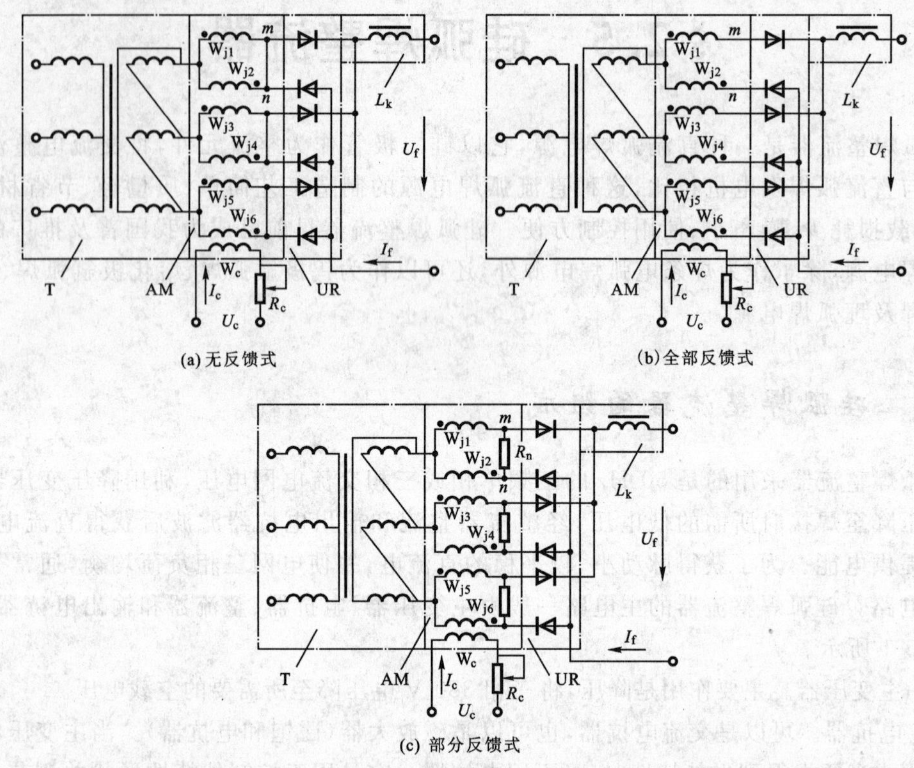

图 2.5-2　磁放大器式弧焊整流器主电路图

利用无反馈式的磁放大器可获得恒流外特性，利用全反馈式的可获得恒压外特性，利用部分内反馈式的可获得下降外特性，如图 2.5-3 所示。调节控制绕组 W_k 的直流电流大小(通过改变 R_c)可实现焊接电流的调节。

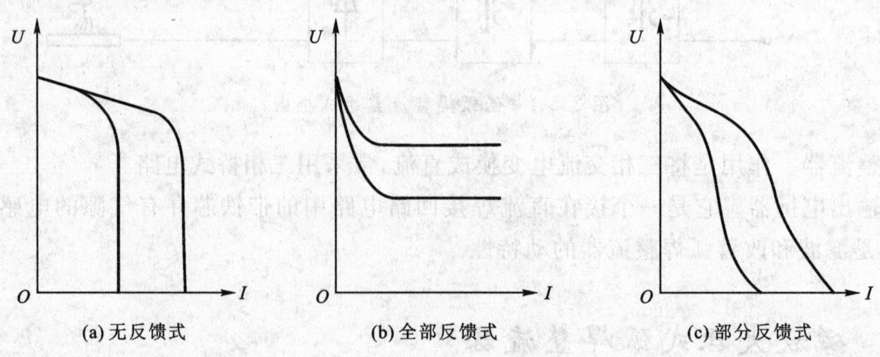

图 2.5-3　磁放大器式弧焊整流器外特性曲线图

通过改变 I_c 可达到调节 I_f 的目的，I_c 与 I_f 的关系曲线就是磁放大器式弧焊整流器的调节特性，如图 2.5-4 所示。

磁放大器式弧焊整流器的突出优点是可用较小的控制电流来控制大的输出功率，因而容易实现遥控，调节方便，并使焊接规范参数自动稳定。另外，在磁放大器中只要对接线方式稍加改变就可改变电源的外特性，以适应不同焊接工艺方法的需要，便于实现焊机的多用途。

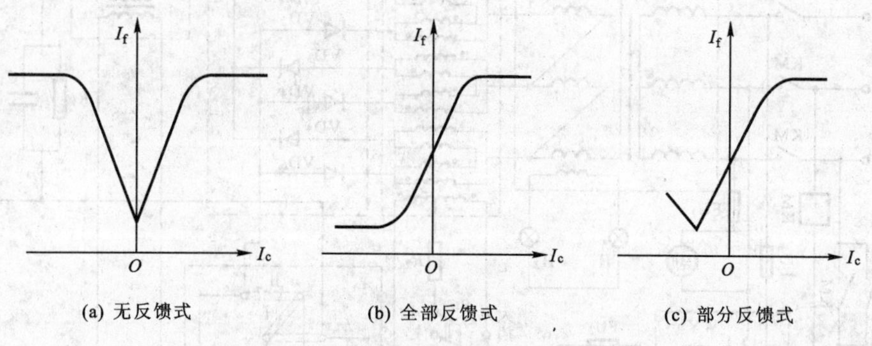

(a) 无反馈式　(b) 全部反馈式　(c) 部分反馈式

图 2.5-4　磁放大器式弧焊整流器的调节特性

磁放大器式弧焊整流器在动特性方面曾存在以下问题：短路电流上升率和峰值较大，而衰减较慢，造成引弧冲击大和熔滴飞溅严重；此外，从短路到负载时瞬态负载电流最小值较低，从而降低了电弧稳定性，并减弱了电弧的"挺度"和穿透力。

为此需采取措施加以改善，其中最主要的措施是在主回路中串接直流输出电抗器，用它抑制电流的变化以减小上述电流的冲击和下跌；再加上精心设计，使上述问题得到缓解，这种电源的动特性可以满足一般焊接工艺的要求。

磁放大器式弧焊整流器在我国应用较为广泛，其定型产品有 ZXG-400，ZXG7-300-1，ZPG1-500 和 ZPG7-1000 等。现以 ZXG-400 型为例说明其结构原理，电路如图 2.5-5 所示，主要由三相降压变压器、磁放大器、硅整流器、输出电抗器、控制绕组、稳压装置和通风机组等组成。三相降压变压器的作用是将三相 380 V 电压降至所要求的空载电压。初次级绕组采用 Y/△接法，即初级绕组接成星形，其相电压是线电压的 $1/\sqrt{3}$，相绕组的匝数可以减小，绝缘要求可以降低。次级绕组电流比较大，采用三角形接法时相电流只是线电流的 $1/\sqrt{3}$，可以减少绕组导线的截面积。磁放大器 AM 采用内桥反馈法，其目的在于使弧焊整流器获得下降的外特性和调节焊接电流。磁放大器的饱和电抗器有很大的电感，空载时焊机输出端可以获得较高的空载电压，焊接时负载电流在饱和电抗器上将产生很大的电压降。电流越大，电压下降越多，获得下降外特性。改变控制绕组中电流的大小将改变饱和电抗的饱和程度，即改变其电感值，从而使焊接电流得到调节。控制绕组电路由铁磁谐振式稳压器 WY、电抗器 L_2 的次级绕组、硅整流管 $VD_{7\sim10}$、控制转换开关 SC 和磁放大器直流控制绕组所组成。调节电位器 R 的阻值可改变控制电流，从而实现焊接电流的细调。通过转换开关 SC 可实现焊接电流的粗调。输出电抗器 L_1 串联于焊接回路，其作用是滤波以减小电流波动的脉动程度，并改善焊机的动特性，限制短路冲击电流，减少焊条金属的飞溅和弧飘现象。MF 是冷却硅整流管及其他电气元件的风扇电动机。

ZXG-400 型弧焊整流器的工作过程如下：

● 启动时，按下启动按钮 ST，交流接触器 KM 线圈通电，主触头闭合，电源指示灯 H_1 和 H_2 亮，风扇 MF 转动，使变压器 T 与稳压器 WY 接通电网，便可进行焊接。

● 停止时，按下停止按钮 SP，接触器断电，电风扇及各部件都断电。

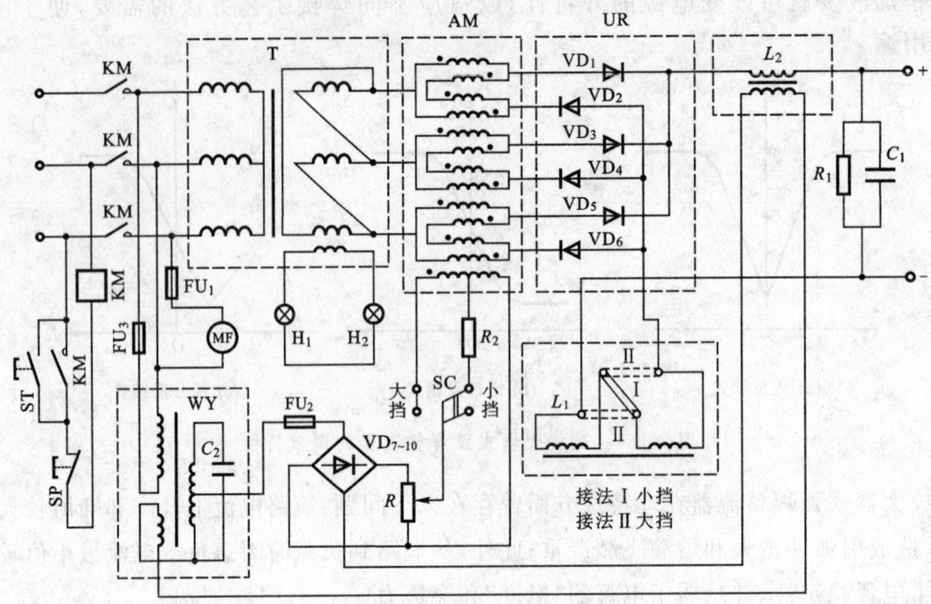

图 2.5-5 ZXG-400 型弧焊整流器电路原理图

2.5.3 动圈式硅弧焊整流器

动圈式硅弧焊整流器是我国生产较多的一种焊条电弧焊的弧焊整流器，它主要由增强漏磁的三相动圈式弧焊变压器 T 和三相桥式整流器 UR 组成，其基本电路如图 2.5-6 所示。变压器铁芯由三个芯柱和上下轭构成三棱柱形。每相二次线圈安置在芯柱下方，固定不动。一次线圈安置在芯柱上方并通过手动的螺栓传动机构使其沿螺杆上下移动。

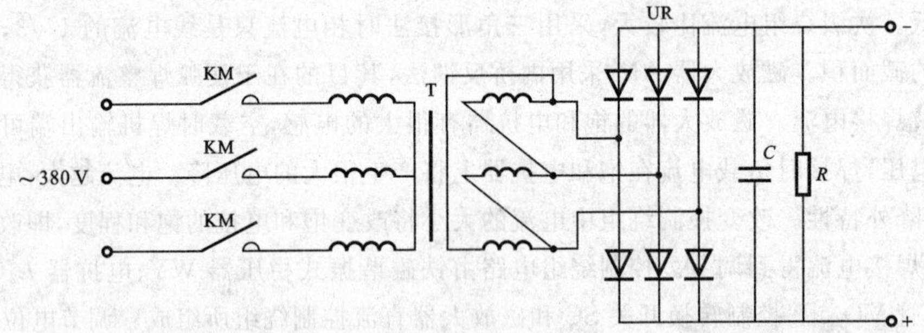

图 2.5-6 三相动圈式硅弧焊整流器基本电路图

动圈式变压器由于一、二次线圈耦合不紧密，漏抗很大，故可获得下降外特性。动圈式硅弧焊整流器外特性曲线如图 2.5-7 所示。调节一、二次线圈的距离即可改变漏抗大小，从而调节电流。当距离增加时，漏抗也增加，导致电流减少。

与磁放大器式相比，动圈式硅弧焊整流器的结构及线路简单、节省原材料、质量较轻。其电磁惯性与弧焊变压器相近，动特性较好，飞溅较少，因而一般可不用输出电抗器。输出的电流和电压受电网电压和温升的影响也较小。它的缺点是：由于线圈可动，使用时有轻微的振动和噪音，不易于实现远距离调节，不便于进行电网电压补偿。它适于不需远距离调节焊接工艺参数场合下的焊条电弧焊、TIG 焊和等离子弧焊。

国产动圈式弧焊整流器有 ZXG1-160，ZXG1-250，ZXG1-300 和 ZXG1-400 型等。现以 ZXG1-300 型为例进行介绍，其电路如图 2.5-8 所示。当将一、二次绕组靠近而调到大电流时，可让二次绕组套入初级绕组。这样既可扩大电流调节范围而不必分挡，又可减小绕组之间的最大推斥力。该弧焊电源装有独特的“浪涌电路”，由变压器的绕组Ⅲ、二极管 VD_7 和电阻 R_2 组成，并联在焊机的输出端。绕组Ⅲ两端的交流电压有效值约为 14 V，低于焊机的空载电压和工作时的电弧电压，故在空载和焊接时 VD_7 由于反向偏置而关断，使该电路对焊接无影响。当引弧和熔滴过渡而使弧隙短路时，VD_7 导通，绕组Ⅲ向弧隙输出浪涌电流，以助引弧和熔滴过渡。浪涌电流分强、弱两挡，供不同焊接位置、不同焊条直径时选用。

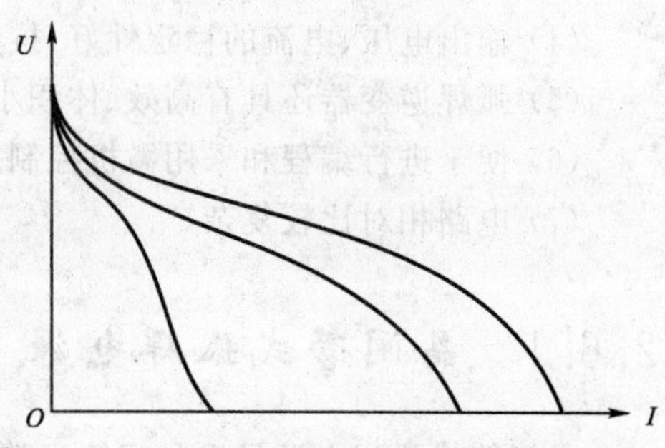

图 2.5-7　动圈式硅弧焊整流器外特性曲线图

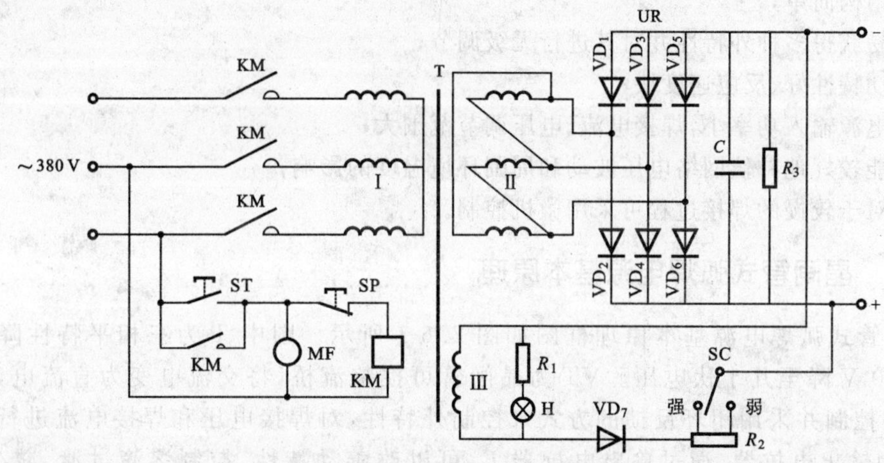

图 2.5-8　ZXG1-300 型弧焊整流器电路图

§ 2.6　电子弧焊电源

电子控制的弧焊电源简称为电子弧焊电源。它无论是外特性还是动特性，都完全借助于电子线路(含反馈电路)来进行控制，包括对输出电流、电压波形的任意控制。此外还有一种电子弧焊电源，其外特性用电子控制，而动特性取决于焊接回路的感抗或所用主变压器的一次侧和二次侧的感抗或漏抗，即取决于本身结构。

电子弧焊电源(特别是全电子控制的弧焊电源)充分体现了电子技术和电子功率器件的优越性，其主要特点如下：

(1) 可以对外特性进行任意的控制，满足各种弧焊方法的需要；

(2) 具有良好的动特性，反应时间短；

(3) 可调节参数多,特别是脉冲式电子弧焊电源可以对电弧功率进行精密的控制和遥控;

(4) 输出电压、电流的稳定性好,抗干扰能力强,不易受网路电压波动和温度变化的影响;

(5) 弧焊逆变器还具有高效、体积小的特点;

(6) 便于进行编程和采用微机控制,是全位置自动焊和弧焊机器人的理想弧焊电源;

(7) 电路相对比较复杂。

2.6.1 晶闸管式弧焊电源

晶闸管式弧焊电源是以晶闸管为整流元件的直流弧焊电源。由于晶闸管本身具有良好可控性,所以对外特性的控制、焊接工艺参数的调节,都可通过改变晶闸管的导通角来实现。可见,晶闸管式弧焊电源实质上是由晶闸管代替了磁放大器和硅二极管的整流器,属于电子控制型的弧焊电源。

晶闸管式弧焊电源具有以下主要特点:

(1) 结构简单;

(2) 易获得多种外特性并对其进行无级调节;

(3) 动特性好、反应速度快;

(4) 电源输入功率小,焊接电流、电压调节范围大;

(5) 能较好地补偿网络电压波动和周围环境温度的影响;

(6) 对于较慢的焊接过程可采用微机控制。

2.6.1.1 晶闸管式弧焊电源基本原理

晶闸管式弧焊电源基本原理框图如图 2.6-1 所示。图中 T 为三相平特性降压变压器,将 380 V 降至几十伏电压。VT 为晶闸管可控整流桥,将交流电变为直流电,用电子触发电路控制并采用闭环反馈的方式来控制外特性,对焊接电压和焊接电流进行无级调节。L_{dc}为输出电抗器,通过输出电抗器 L_{dc} 可以改善动特性、控制熔滴过渡、减少飞溅。由电流、电压检测和反馈电路 JC 获取的反馈信号与来自给定电路 G 的给定信号比较后,经运算放大器 A 放大送至脉冲移相电路,控制 VT 的导通角,实现对外特性的控制和工艺参数电流、电压的调节。

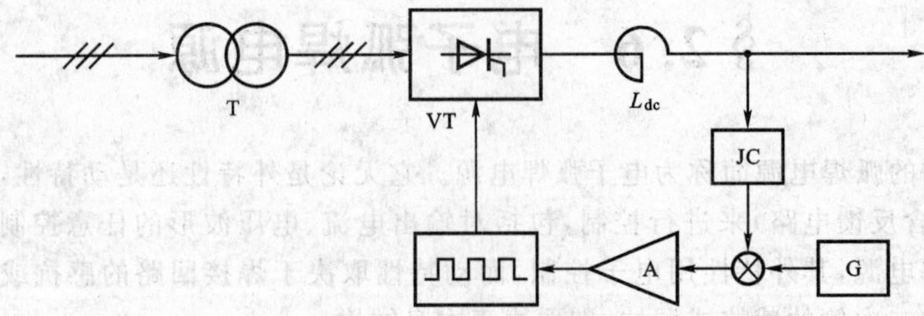

图 2.6-1 晶闸管弧焊电源基本原理框图

2.6.1.2 晶闸管式弧焊电源的主电路

晶闸管式弧焊电源主电路常用的有三相桥式全控整流和带有平衡电抗器的双反星可控整

流两种基本形式。

图 2.6-2 所示为三相桥式全控晶闸管式弧焊电源主电路原理图。它由三相降压主变压器 T、晶闸管整流器 $VT_{1\sim6}$、维弧电路 $VD_{1\sim6}$、R_1、R_2、电抗器 L_{dc} 和控制电路 G 组成。外特性和工艺参数调节通过对晶闸管整流器 $VT_{1\sim6}$ 的控制而获得。输出电压每个周期有 6 个波峰，脉动较小，所需配用的输出电感量也较小。不过三相桥式全控晶闸管式弧焊电源需用 6 只晶闸管和 6 套触发电路，电路相对复杂，同时也增加了调试和维修难度。

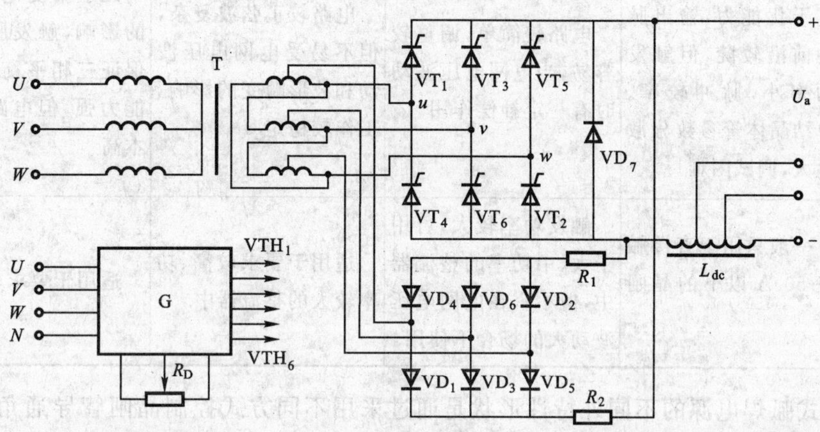

图 2.6-2　三相桥式全控晶闸管式弧焊电源主电路原理图

图 2.6-3 所示为带平衡电抗器双反星形晶闸管式弧焊电源主电路原理图。T_{11}/T_{12} 为三相降压主变压器，二次侧有两组绕组，各以相反极性接成星形，故称“双反星形”。它们和 6 个晶闸管连接组成正极性和反极性两组三相半波整流电路，通过平衡电抗器 PDK 并联一起。PDK 的作用是维持两组三相半波电路互不干扰，各自正常工作，在 PDK 上有中心抽头，抽头两侧线圈匝数相等。这种整流电路的整流变压器和整流元件利用率较高，触发电路比三相桥式全控整流电路简单，输出电压每个周期也为 6 个波峰，脉动小。不过，它需使用平衡电抗器，且两组整流电路的参数要求对称，这给变压器制造和元件的挑选增加了困难。

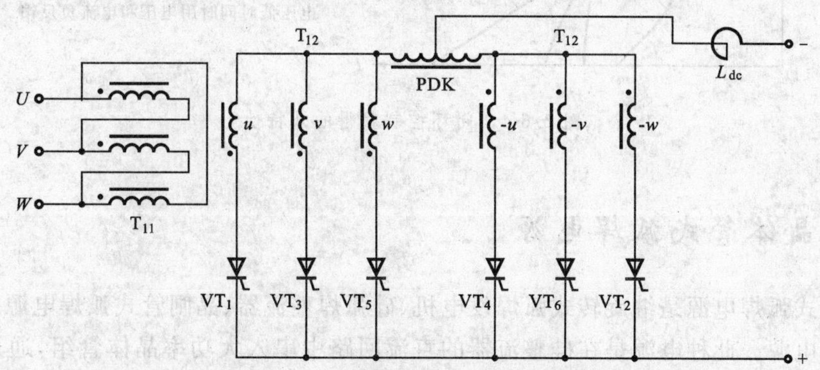

图 2.6-3　带平衡电抗器双反星形晶闸管式弧焊电源主电路原理图

2.6.1.3　晶闸管式弧焊电源的触发电路

晶闸管需要触发才能导通，触发电路不仅须保证其触发脉冲具有足够的功率，还要与加于晶闸管的电源电压同步，并且能够移相。晶闸管有多种触发电路类型，表 2.6-1 列出了常用触发电路的主要特点和适用范围。

表 2.6-1　晶闸管常用触发电路的特点和适用范围

电路名称	单晶体管式触发电路	晶体管式触发电路		数字式触发电路
		同步电压为正弦波	同步电压为锯齿波	
主要特点	结构简单，有一定抗干扰能力，输出脉冲前沿较陡，但触发功率小，脉冲较窄。单结晶体管参数分散性大，调试困难	电路较简单，调整较容易，当电网电压波动时有一定补偿作用	电路较正弦波复杂，但不易受电网电压波动和波形畸变的影响，工作较稳定	几乎不受电网电压波动的影响，触发脉冲对称，易保证三相平衡而且抗干扰能力强，但电路较复杂，成本高
适用范围	一般只用于直接触发 50 A 以下的晶闸管	触发功率较大，可用于大、中功率的整流器中，但不宜在电网电压波动大的场合下使用	适用于要求较高、功率较大的整流器中	适用于要求较高的场合

晶闸管式弧焊电源的不同外特性形状是通过采用不同方式控制晶闸管导通角来实现的，而导通角的大小又由触发电路的输入电压 U_k 值确定，故只要以不同方式确定 U_k，则可获得不同形状的外特性。通常是采用电压、电流反馈闭环控制系统来实现。图 2.6-4 所示为用闭环控制系统以不同的反馈方式而获得的各种外特性。

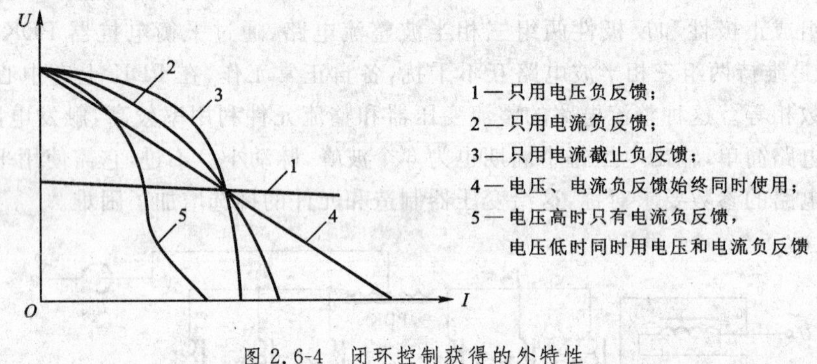

图 2.6-4　闭环控制获得的外特性

2.6.2　晶体管式弧焊电源

晶体管式弧焊电源是继旋转式弧焊发电机、硅弧焊整流器、晶闸管式弧焊电源之后的第四代直流弧焊电源。此种电源是在硅整流器的直流回路中串入大功率晶体管组，通过电子控制电路、电弧反馈电路获得所需的外特性，并对它进行精密的控制，形成任意形状的外特性曲线，以适应不同焊接工艺方法的要求。

晶体管式弧焊电源是一种焊接性能十分优良的弧焊电源，可以适应多种弧焊工艺方法的需要。其中，开关式晶体管弧焊电源的输出电流有一定纹波，最适用于 TIG 焊和等离子弧焊；而模拟式晶体管弧焊电源的输出电流没有纹波，反应速度特别快，最适用于熔化极气体保护焊。但由于耗电大，只能在质量要求高的场合采用，一般用作高合金钢、管道自动焊、特种材料和复杂构件的脉冲弧焊、微机控制弧焊和机器人弧焊电源。

与晶闸管式弧焊电源比较，晶体管式弧焊电源有如下突出特点：

（1）晶体管通断速度快、控制灵活、精度高，模拟式输出电压无脉动，可以获得任意的电流输出波形。

（2）可以对外特性曲线形状任意进行调节。

（3）可调参数多，调节范围宽，特别是晶体管式脉冲弧焊电源的脉冲电压幅值、脉冲宽度、脉冲频率、基值电流等均可精密控制，无级调节，对电弧能量能够准确控制，适用于不同焊接方法、不同材质和不同形体工件的焊接。

（4）回路时间常数小，动态反应速度快。一般来说，模拟式的反应速度仅为 30～50 μs，开关式的反应速度为 300～500 μs。借助于电子电抗器和脉冲波形的控制，可以实现无飞溅和少飞溅焊接。

（5）抗干扰能力强，可以对网路电压波动、环境温度变化和其他因素变化进行有效的补偿，保证输出电压、电流的稳定性。

（6）脉冲频率高，可达 20～30 kHz，开关式晶体管弧焊电源可以通过调节脉冲占空比，获得所需的规范参数和外特性曲线形状。

（7）控制性能好，便于实现无级调节、遥控和微机控制。

（8）设备质量大、功耗大、效率低、成本高、维修较困难。

2.6.2.1　晶体管式弧焊电源的工作原理

晶体管式弧焊电源的工作原理框图如图 2.6-5 所示。晶体管在主电路中起“电子开关”或“线性放大调节器”的作用，以“开关式”或“模拟式”晶体管组和闭环反馈对外特性及输出电流进行控制。

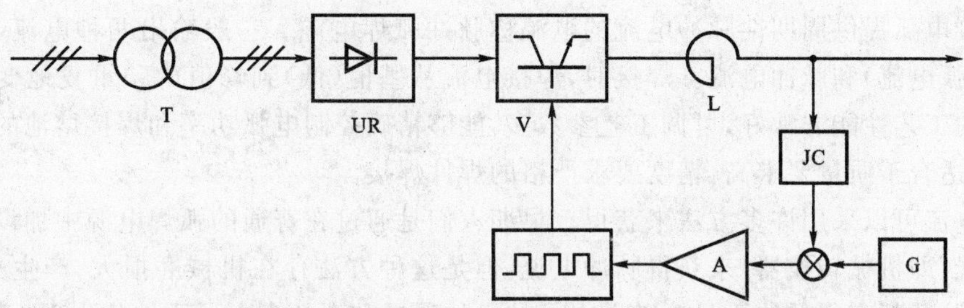

T—降压变压器；UR—整流器；V—晶体管组；L—电抗器；
JC—电流、电压反馈检测电路；G—给定电压电路；A—运算放大器

图 2.6-5　晶体管式弧焊电源的工作原理框图

2.6.2.2　晶体管式弧焊电源的主电路

晶体管式弧焊电源的主电路如图 2.6-6 所示。

三相交流电经主变压器 T 降压和整流器 UR 整流变成直流电。输出电压和电流的大小及变化规律取决于大功率晶体管组 V 所起的作用，而 V 又受控于电压给定值 U_{gu}、电流给定值 U_{gi}、反馈电压 mU_a 和反馈电流 nI_a。当给定值 U_{gu} 和 U_{gi} 为直流或脉冲形式（低频），而 V 工

作在线性放大状态时,相应输出直流电或脉冲电,这就构成模拟式晶体管弧焊电源或脉冲晶体管弧焊电源。若给定值以开关量形式出现,V起电子开关作用,则相应输出中频脉冲,经滤波后成为直流电,这就构成开关式晶体管弧焊电源。

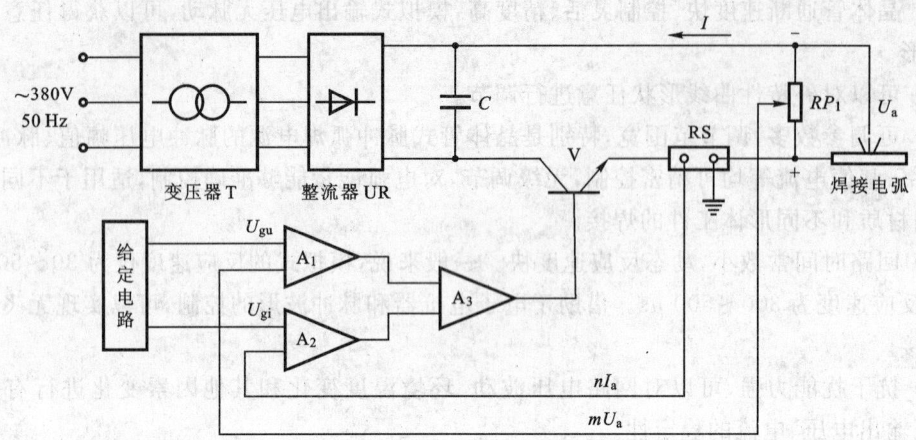

图 2.6-6 晶体管式弧焊电源的主电路原理图

2.6.3 脉冲弧焊电源

在焊接生产中,对薄板和热输入敏感性大的金属材料的焊接以及全位置施焊等,若采用一般电流波形进行焊接,则在熔滴过渡、焊缝成形、接头质量以及工件变形方面往往是不够理想的。然而,采用脉冲电流进行焊接,由于可以用低于射流过渡临界电流的平均电流来达到射流过渡,因此不仅缩小了熔池体积,易于实现全位置焊接,改善焊缝成形,还缩小了热影响区,改善了接头组织,减小了形成裂纹和出现变形的倾向。

为焊接电弧提供周期性脉冲电流的电源称脉冲弧焊电源。一般输出两种电流,即基本电流(又称维弧电流)和脉冲电流。焊接时,焊接电流从基值(低)到峰值(高)重复地变化。脉冲弧焊电源的工艺性能非常好,可调工艺参数多,能够精确控制电弧功率和焊接熔池的形状及尺寸,故特别适合于质量要求高、精度要求严格的焊件焊接。

脉冲电流可以采用许多方法来获得。早期人们是通过在普通的弧焊电源中加设限流电阻和短路装置(即机械转换器)来获得脉冲电流,但是这种方法存在机械磨损大、产生火花、使用寿命不长、脉冲频率很低的不足。随着电子技术的发展和大功率电子元件的出现,已普遍采用大功率电子开关元件,通过阻抗变换和脉冲给定值来获得脉冲电流。

按获得脉冲电流的主要器件分,脉冲弧焊电源可分为单相整流式脉冲弧焊电源、磁放大器式脉冲弧焊电源、晶闸管式脉冲弧焊电源、晶体管式脉冲弧焊电源和逆变器式脉冲弧焊电源。按脉冲电源和基本电源的组合分,可分为单电源(或一体)式脉冲弧焊电源和双电源(或并联)式脉冲弧焊电源。

1. 基本原理

图 2.6-7 所示为采用电子开关获得脉冲电流的基本原理图。在直流弧焊电源的交流侧或直流侧接上大功率晶闸管,分别组成晶闸管交流断续器或直流断续器 Q,借助它们作为电子开关获得脉冲电流。

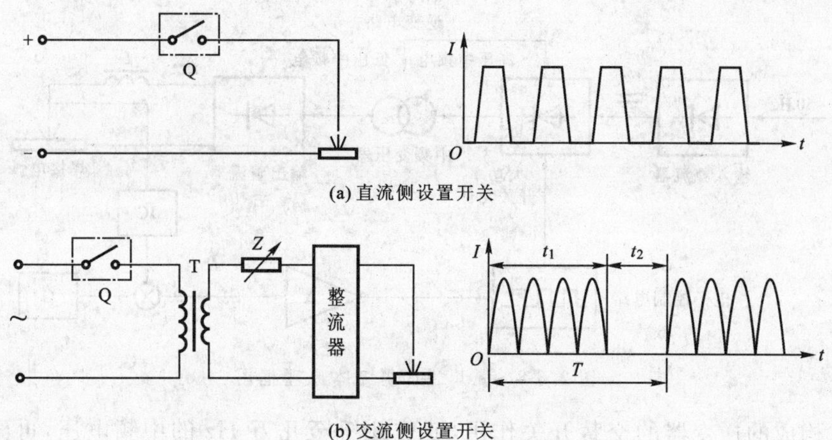

(a) 直流侧设置开关

(b) 交流侧设置开关

图 2.6-7　用电子开关获得脉冲电流

2. 主要特点

脉冲弧焊电源的主要特点是：

(1) 提供周期性变化的脉冲式焊接电流，可精确控制电弧功率和焊接熔池的形状及尺寸。

(2) 可调节的焊接工艺参数多，如基值电流的大小、脉冲电流的幅值、脉冲频率、脉冲电流的宽度、电流的上升速度和下降速度等，且均可无级调节。

(3) 可以利用普通弧焊电源改造而成。

3. 应用范围

脉冲弧焊电源的应用范围为：

(1) 适用于各种气体保护焊、等离子弧焊、焊条电弧焊等。

(2) 适宜不同厚度板材的焊接：用小脉冲电流可以焊接 0.1 mm 以下的超薄板；用窄间隙脉冲气体保护焊可焊接 150 mm 以上的厚板。

(3) 可焊接多种材料，如焊接碳钢、低合金钢、高合金钢、热敏感材料和稀有金属。

(4) 适宜全位置焊接、单面焊双面成形、封底焊和管道自动焊等。

(5) 晶闸管、晶体管、逆变式脉冲弧焊电源便于实现微机控制，可用作弧焊机器人的电源。

2.6.4　新型弧焊电源

2.6.4.1　弧焊逆变器

直流→交流的变换称为逆变，实现这种变换的装置称为逆变器。为焊接电弧提供电能，并具有弧焊方法所要求电气性能的逆变器称为弧焊逆变器。

1. 基本原理

弧焊逆变器的基本原理框图如图 2.6-8 所示。

单相或三相 50 Hz 的交流网路电压经输入整流器整流和电抗器滤波之后，通过大功率开

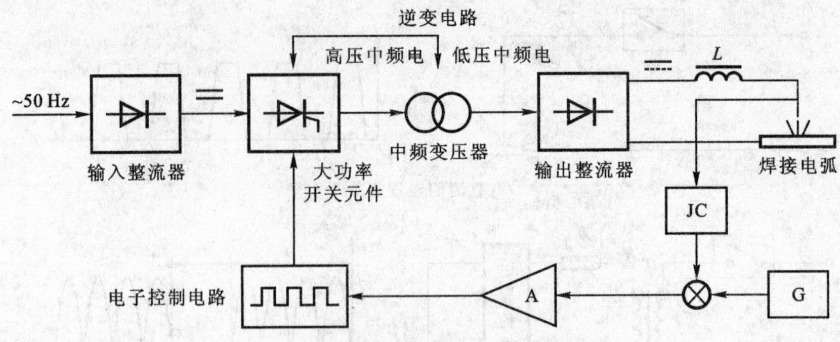

图 2.6-8　弧焊逆变器基本原理框图

关电子元件构成的逆变器的交替开关作用，变成几千至几万 Hz 的中频电压，再经中频变压器、输出整流器和电抗器的降压、整流与滤波就得到所需要的焊接电压和电流。输出电流可以是直流或交流。弧焊逆变器可采用两种逆变体制：

(1)“AC—DC—AC”；

(2)“AC—DC—AC—DC”。

目前常采用后一种逆变体制，并常将其称为逆变式弧焊整流器。它主要由输入整流器、电抗器、大功率电子开关、中频变压器、输出整流器及电子控制电路等组成。为适应各种弧焊工艺方法的需要，借助电子电路和电弧电压、电流反馈信号的配合，改变大功率开关电子元件的开关时间和频率随输出电流变化的规律，可实现对弧焊逆变器的外特性进行任意的控制。

弧焊逆变器根据其采用的大功率快速开关电子元件的不同，可分为晶闸管式弧焊逆变器、晶体管式弧焊逆变器、场效应管式弧焊逆变器和 IGBT 式弧焊逆变器四类。根据其输出电流种类的不同，又可分为交流式弧焊逆变器、直流式弧焊逆变器和脉冲式弧焊逆变器(含高频脉冲弧焊逆变器)等。

2. 主要特点

与弧焊变压器、直流弧焊发电机、弧焊整流器等传统的弧焊电源相比较，弧焊逆变器具有如下优点：

(1) 高效节能。功率因数可达 0.99，空载损耗极小。逆变弧焊电源效率达 85%～90%。

(2) 质量轻、体积小。逆变弧焊机的质量仅为变压器式弧焊整流焊机的 1/6～1/7。

(3) 调节性能好。调节速度快，规范参数均可无级均匀调节。规范调节方式有三种：定脉宽调频率、定频率调脉宽与频率混合调节。

(4) 动特性好。工艺性能好，适应性强，可在各种焊接方法的设备中使用。

(5) 频率特性宽。在焊接过程中，电流、电弧强度稳定，飞溅小，焊缝美观，且对网络电压波动和电弧长度均无明显的影响。

(6) 可采用微机控制或单旋钮调节，易于实现自动化生产。

2.6.4.2　矩形波交流弧焊电源

矩形波交流弧焊电源又称方波交流弧焊电源。矩形波交流弧焊电源输出交流电的波形是矩形，其主要特点是电流过零点时上升与下降的速率高，通过电子控制电路可以自由调节正、负半波通电时间比和电流比值。因此，将它用于铝及其合金的钨极氩弧焊接时，在弧焊工艺上具有以下特点：电弧稳定，电流过零点时重新引弧容易，不必加稳弧器；通过调节正、负半波通电时间比，在保证阴极雾化作用的条件下增大正极性电流，从而可获得最佳的熔深，提高生产率并延长钨极的寿命；可以不必采用消除直流分量的措施等。

矩形波交流弧焊电源还可以应用于碱性焊条电弧焊，可使电弧稳定、飞溅小。将它用于埋弧自动焊时，焊接过程稳定，焊缝成形良好，可提高焊接接头的力学性能。基于此，近几年来矩形波交流弧焊电源的研制和生产有了很大的发展，应用范围日益广泛。

1. 逆变器式矩形波交流弧焊电源

如图 2.6-9 所示，逆变器式矩形波交流弧焊电源主电路由变压器、晶闸管整流器、晶闸管逆变器等组成。工频正弦波交流电压经主变压器降压和晶闸管整流器的整流，变成为几十伏的直流电压，再通过晶闸管逆变器的开关转换，成为矩形波交流电流。

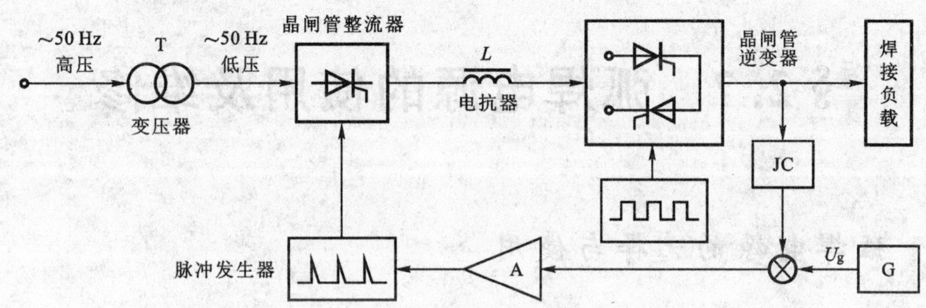

图 2.6-9　逆变器式矩形波交流弧焊电源基本原理方框图

这种类型的矩形波交流弧焊电源实质上是由直流弧焊电源与矩形波交流发生器（即晶闸管式逆变器）所组成的。其外特性形状的控制和矩形波交流电流幅值的调节，是通过直流弧焊电源来实现的。

直流弧焊电源可以采用磁放大器式硅弧焊整流器和晶闸管式弧焊整流器等。从控制性能和弧焊性能来看，最好采用晶闸管式弧焊整流器。该电源的外特性形状是由晶闸管式弧焊整流器的闭环反馈电路来控制的，改变晶闸管的导通角即可调节由逆变器输出的矩形波交流电流的幅值。正、负半波通电时间比和频率则是通过改变逆变器中晶闸管导通的时间来调节的。

2. 电抗器式矩形波交流弧焊电源

如图 2.6-10 所示，晶闸管电抗器式矩形波交流弧焊电源主电路由变压器、晶闸管桥及直流电抗器组成。通过晶闸管桥的开关和直流电抗器的储能作用，将正弦波交流电流转变成矩形波交流电流。因此，有时又将其称为晶闸管桥直流电感式矩形波交流弧焊电源。

晶闸管电抗器式矩形波交流弧焊电源具有接近恒流的外特性，还可以采用不同反馈控制获得所需的其他形状的外特性。改变给定电路 G 的电压值便可得到一族外特性曲线，以满足焊接工艺参数调节的要求。如果同时将正负半波的触发脉冲提前，则晶闸管组的导通角增大，可使负载电流增加；反之，可使负载电流减小。若改变两组晶闸管导通角的比值，可实现正负半波电流比的调节，这对于焊缝成形有重要影响。这种弧焊电源输出矩形波的频率恒定为工频 50 Hz。

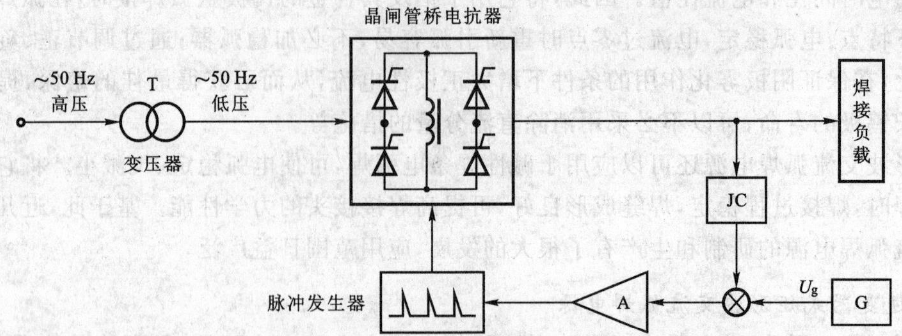

图 2.6-10　晶闸管电抗器式矩形波交流弧焊电源基本原理方框图

§2.7　弧焊电源的使用及维修

2.7.1　弧焊电源的选择与使用

2.7.1.1　弧焊电源的选择原则

1. 必须满足焊接工艺与技术提出的要求

每一种弧焊方法都有其工艺特点，对电源的空载电压、输出电流的类型、外特性形状、动特性和工艺参数的调节范围等有着不同的要求，只有满足这些要求才能确保焊接过程的顺利进行并取得好的焊接质量。

2. 应能获得好的经济效果

在满足工艺要求的前提下应选择高效节能、结构轻巧、维修容易、造价低廉的弧焊电源。

3. 应符合现场的使用条件

所选用的弧焊电源必须能适应现场的工作条件、水与电供应条件、机械化与自动化水平、操作人员的技术素质等情况。

2.7.1.2　弧焊电源的选择方法

选择弧焊电源通常是在焊接方法确定之后进行，选择者事先应充分掌握各种弧焊方法对电源的基本要求以及各类弧焊电源的基本特点（主要是输出特点和运行特点），务必使供求协调一致。此外，还要综合考虑焊件的材料与结构特点以及焊接质量的要求。下面按焊接方法简述弧焊电源的选择。

根据各种焊接方法的特点再结合各类弧焊电源的输出特性，各种弧焊电源的应用范围见表 2.7-1，可供选择弧焊电源时参考。各焊接生产厂家的产品样本也是选择弧焊电源的主要依据。

表 2.7-1　弧焊电源种类及其应用范围一览表

弧焊电源			弧焊方法								弧焊机器人	
类型		外特性	焊条电弧焊		钨极氩弧焊		熔化极气体保护弧焊		埋弧焊			
			电流	要求	电流	要求	电流	要求	电流	要求	电流	要求
机械控制型	抽头式弧焊变压器、弧焊整流器	下降	≂	低	≂	低			≂	低		
		平					=	低				
	动铁芯式、动圈式弧焊变压器,弧焊整流器	下降	≂	低	≂	低			≂	低		
		平										
电磁控制型	磁放大器式弧焊整流器	下降	=	中	(1)	中	=	中	=	中		
		平					=	中	=	中		
	弧焊发电机	下降	=	中	=	中	=	中	=	中		
		平					=	中	=	中		
电子控制型	晶闸管式弧焊电源	下降	=	高	(1)	高	(1)	高	=	高	(1)	高
		平					(1)	高	=	高	(1)	高
	晶体管式弧焊电源	下降	=	高	(1)	高	(1)	高	=	高	(1)	高
		平					(1)	高	=	高	(1)	高
	晶闸管、晶体管、场效应管式弧焊逆变器	下降	=	高	≂	高	(1)	高	=	高	(1)	高
		平					(1)	高			(1)	高
	矩形波交流弧焊电源	下降	(2)	高	(2)	高	(2)	高	(2)	高	(2)	高
		平					(2)	高	(2)	高	(2)	高

注:1. 电流:“=”为直流;“≂”为交直流两用;“(1)”为直流或脉冲;“(2)”为直流或交流矩形波。

2. 要求:高、中、低分别表示对焊接工作要求高、中、低的不同场合。

3. 下降特性包括缓降、恒流加外拖与恒流特性。

2.7.1.3　弧焊电源的使用与维护

只有正确使用和经常维护弧焊电源,才能正常发挥其工作性能并延长其使用寿命。弧焊电源的使用与维护一般包括以下几个方面:

(1) 使用前必须按产品说明书或有关标准对弧焊电源进行检查,了解设备的工作原理和操作方法,从而为正确使用设备建立一定的理论知识基础。

(2) 每次操作前都应检查动力线和焊接电缆线有无异常、所有接线柱是否良好和紧固、机壳是否接地等。

(3) 注意弧焊电源的工作环境,气温一般不得超过 40 ℃,相对湿度不得超过 85%。

(4) 应在空载下启动、调节焊接电流和变换极性。

(5) 弧焊电源启动后空载运行时,应观、听有无异常现象,正常后再操作使用。例如,弧焊整流器的冷却风扇是否转动、转动速度和转动方向是否正常等。

(6) 使用时焊接电流和连续工作时间应符合弧焊电源规范要求,通常按照相应的负载持续率来确定。焊接过程中不能长时间短路或过载运行,发现过热时应及时停歇,待冷却后再继续使用。弧焊电源的工作电压应符合规定负载的要求,如焊条电弧焊 $U=20+0.04I$ (V),其中 I 为焊接电流。当一台电源的焊接电流不够用时,可将多台电源并联使用。

(7) 弧焊电源应在通风、干燥、不靠近高温和空气中粉尘多的地方运行;若露天使用,要注意防雨防晒;对设备进行移动时,不应使电源受剧烈振动,特别对弧焊整流器更要当心;严防铁屑、螺钉、螺母、焊剂、焊条头等落入弧焊电源内部;在工作过程中不得随意移动或打开外壳顶盖等。

(8) 弧焊电源应建立操作规程和定期维修制度,重要的或复杂的弧焊电源应有专人管理和使用。经常保持各接头或接线柱接触良好紧固,经常检查易磨损件,经常保持弧焊电源的清洁,定期用干燥的压缩空气吹净内部的灰尘,工作完毕或暂时离开工作场地时必须及时切断电源,下班时应整理和打扫工作场地,保护环境的整洁。

(9) 发现故障应立即切断电源,分析原因并及时排除或修理。

2.7.2 常用弧焊电源的故障与检修

2.7.2.1 弧焊变压器常见故障的排除

使用新弧焊变压器或使用长期停用的弧焊变压器时,应用兆欧表检查绕组间及绕组与铁芯间的绝缘电阻,其值应不低于 0.5 MΩ。若低于此值,必须进行干燥处理。可将弧焊变压器置于干燥场所或靠近热的烘炉边。使用期间应经常清洁其内部。对采用风扇的弧焊变压器,应对风扇及时维护保养,一般一年检修一次,更换黄油。弧焊变压器的活动部分应保持整洁、灵活且无松动。如弧焊变压器发生故障,要及时排除。

弧焊变压器常见故障的排除见表 2.7-2。

表 2.7-2 弧焊变压器常见故障的排除

故障特征	可能产生的原因	排除方法
变压器过热	变压器过载	注意负载持续率,按规定的负载持续率下的焊接电流值使用
	变压器线圈短路	重绕线圈或更换绝缘材料
焊机铁芯过热	电源电压超过额定值	检查电源电压并对照焊机铭牌上的规定数值
	铁芯硅钢片短路	清洗硅钢片,重刷绝缘漆
	夹紧铁芯的螺杆等的绝缘损坏	更换绝缘材料
熔丝经常烧断	电源线有短路或接地	检查电源线,消除短路
	初级线圈与次级线圈短路	检查线圈情况,更换绝缘材料或重绕线圈
焊机外壳带电	电源线或焊接电缆碰到外壳	检查电源引线和电缆与接线板连接情况
	线圈碰外壳	用兆欧表检查线圈的绝缘电阻
	焊机外壳没接地或接触不良	接妥地线

续表

故障特征	可能产生的原因	排除方法
焊机振动和响声过大，可动铁芯在焊接时发出“嗡嗡”响声	传动铁芯或传动线圈的机构有故障	检修传动机构
	动铁芯上的螺杆和拉紧弹簧松动或脱落	加固动铁芯及拉紧弹簧
	线圈短路	更换绝缘，重绕线圈
焊接电流过小	焊接电缆太长，压降太大	减小电缆长度或加大电缆直径
	焊接电缆卷成盘状，电抗大	散开电缆，不使它成盘状
焊接电流不稳定	焊接回路连接处接触不良	检查焊接回路接触处，使其接触良好
	可动铁芯随焊机振动而移动	加强可动铁芯，使其不发生移动
	电路中起感抗作用的线圈由于绝缘损坏而引起电流过大，或铁芯磁回路中由于绝缘损坏而产生涡流，引起电流变小	详细检查电路或磁路中的绝缘状况，排除故障

2.7.2.2　弧焊发电机常见故障的排除

弧焊发电机常见故障及排除见表 2.7-3。

表 2.7-3　弧焊发电机常见故障的排除

故障特征	产生原因	排除方法
焊机启动后电动机反转	三相电动机与电网接线错误	将三相线中任意两线调换接线
电动机启动后，转速低并发出“嗡嗡”响声	三相中某一相熔丝断路	更换熔丝
	电动机定子线圈断路	排除断路处故障
焊机过热	焊机过载	减小焊接电流
	电枢线圈短路，换向器短路	排除短路
	换向器脏污	去除换向器污垢
焊接过程中电流忽大忽小	电缆线与焊件接触不良	使电缆线与焊件接触良好
	电流调节器可动部分松动	使电流调节器的松动部分固定好
	电刷与铜头接触不良	使电刷与铜头接触良好
电刷下有火花，个别换向片有炭迹	换向器分离，即个别换向片突出或凹下	如故障不显著，可用细浮石研磨。若研磨后仍无效，则送车床车削
一组电刷中个别电刷跳火	接触不良	观察接触表面并松开接线，仔细清除污物
	在无火花电刷的刷绳线间接触不良，引起相邻电刷过载并跳火	更换不正常的电刷，排除故障

续表

故障特征	产生原因	排除方法
电刷有火花，引起全部换向片发热	电刷没磨好，与换向器接触不良；换向片间的云母突出	研磨电刷，使其接触良好，在更换新电刷时不可同时换去总数的1/3
	电刷盒的弹簧压力弱，电刷被卡住或松动	调整好弹簧压力，必要时可调换架框
	电刷在刷盒中跳动或摆动	检查电刷在刷盒中的情况，电刷与刷盒间隙应不超过0.3 mm
	电刷架歪曲，超过容差范围或未旋紧	检修电刷架，并固定好
	电刷边未与换向片边对准	校正好每组电刷，应与换向片成直线并对准；去除突出的云母，拉伸云母槽，使云母低于换向器表面

2.7.2.3 弧焊整流器常见故障的排除

弧焊整流器常见故障的排除见表2.7-4。

表 2.7-4 弧焊整流器常见故障的排除

故障特征	产生原因	排除方法
整流器外壳带电	电源线误碰罩壳；变压器、控制线路元件等碰罩壳	排除碰罩壳现象
	接触不良或未接地线	接妥接地线
风扇电动机不转	熔丝烧断	调换熔丝
	电动机绕组断路	接妥或修复电动机
	按钮开关接触不良	恢复良好接触
空载电压太低	网路电压过低	调整电压至额定值
	变压器绕组短路	排除短路
	磁力启动器接触不良	更换元件
施焊时焊接电压突然降低	主回路部分或全部短路	修复线路
	三相熔丝断了一相	更换熔丝
	整流元件击穿	更换整流元件
	控制回路断路	检修控制回路
焊接电流不稳定	主回路接触器抖动	排除抖动
	风压开关抖动	检修控制回路
	控制回路接触不良	检查各连接点和活动触点
	稳压器补偿绕组匝数不合适	调整补偿绕组匝数

续表

故障特征	产生原因	排除方法
焊接电流调节失灵	控制绕组短路	排除短路
	控制回路接触不良	保持接触良好
	控制整流回路元件击穿	更换击穿的元件

2.7.2.4　晶闸管式弧焊电源常见故障的排除

晶闸管式弧焊电源常见故障的排除见表 2.7-5。

表 2.7-5　晶闸管式弧焊电源常见故障的排除

故障现象	产生原因	排除方法
风扇不转或风力过小	熔断器熔滴	更换熔断器
	风扇电动机绕组断线	修复或更换电动机
	风扇电动机启动电容接触不良或损坏	使接触良好或更换电容
	三相输入其中一相开路	检查并修复
焊机外壳带电	电源线误碰机壳	检查并消除碰壳处
	变压器、电抗器、电源开关及其他电器元件或接线碰箱壳	消除碰壳处
	未接接地线或接触不良	检查接地线并保持接触良好
不能起弧，即无焊接电流	焊机的输出端与工件连接不可靠	使输出端与工件连接
	变压器次级线圈匝间短路	消除短路处
	主回路晶闸管其中几个不触发导通	检查控制线路触发部分及其引线并修复
	无输出电压	检查并修复
焊接电流调节失灵	三相输入电源其中一相开路	检查并修复
	近、远控选择与电位器不相对应	使其对应
	主回路晶闸管不触发或击穿	检查并修复
	焊接电流调节电位器无输出电压	检查控制线路给定电压部分及引出线
	控制线路有故障	检查并修复
焊接时焊接电弧不稳定，性能明显变差	线路中某处接触不良	使接触良好
	滤波电抗器匝间短路	消除短路处
	分流器到控制箱的两根引线断开	应重新接上
	主回路晶闸管其中一个或几个不导通	检查控制线路及主回路晶闸管，并修复
	三相输入电源其中一相开路	检查并修复

续表

故障现象	产生原因	排除方法
无输出电流	熔断器熔滴	更换熔断器
	风扇不转或长期超载使整流器内温升过高，从而使温度继电器动作	修复风扇，使整流器不超载运行
	温度继电器损坏	更换温度继电器
噪声变大，振动变大	风扇风叶碰风圈	整理风扇支架使其不碰
	风扇轴承松动或损坏	修理或更换
	主回路晶闸管不导通或击穿	检查控制线路并修复
	固定箱壳或内部的某紧固件松动	拧紧紧固件
	两组晶闸管输出不平衡	调整触发脉冲，使其平衡
焊机内出现焦味或主电源熔断器熔断	主线路部分或全部短路	修复线路
	主回路有晶闸管击穿短路	检查阻容保护电路接触是否良好，更换晶闸管元件
	风扇不转或风力小	修复风扇

思考题与习题

2-1. 焊接电弧的主要特点是什么?

2-2. 焊接电弧是如何分类的?

2-3. 引燃电弧的方式有哪几种?

2-4. 焊接电弧的结构由哪几部分组成? 各部分的特点是什么?

2-5. 什么是焊接电弧的静特性和动特性?

2-6. 交流电弧燃烧过程中有哪些特点?

2-7. 焊接电弧有哪几种类型? 试说明其主要特点。

2-8. 弧焊电源一般分为哪几大类?

2-9. 什么叫弧焊电源的外特性?

2-10. 什么叫弧焊电源的动特性?

2-11. 什么叫弧焊电源的调节特性?

2-12. 对弧焊电源的基本要求有哪些?

2-13. 常用弧焊变压器有哪几类?

2-14. 分体式弧焊变压器构造怎样? 简述其原理。

2-15. 同体式弧焊变压器构造怎样? 简述其原理。

2-16. 动圈式弧焊变压器构造怎样? 简述其原理。

2-17. 简述各种类型直流弧焊发电机工作原理。

2-18. 硅弧焊整流器由哪几部分组成?

2-19. 硅弧焊整流器的工作原理是什么?

2-20. 晶闸管式弧焊电源的工作原理是什么?

2-21. 晶闸管式弧焊电源有什么特点?

2-22. 晶体管式弧焊电源的工作原理是什么?

2-23. 晶体管式弧焊电源有什么特点?

2-24. 脉冲弧焊电源的原理是什么? 它有哪些类型?

2-25. 脉冲弧焊电源有什么特点? 它的应用范围如何?

2-26. 逆变弧焊电源的基本原理是什么?

2-27. 逆变弧焊电源的特点是什么?

第3章 常用电弧焊方法

随着工业生产的应用及工业技术的发展，焊接技术不断进步。就焊接方法而言，目前已达数十种。面对如此众多的焊接方法，在选择时不仅需要考虑产品、材料的特点及要求，更要对各种焊接方法的特点、原理及适用范围有深入地了解。基于此，本章重点介绍石油石化行业中应用最为广泛的电弧焊方法。

以电弧为热源的电弧焊方法又分为熔化极电弧焊和非熔化极电弧焊两大类。熔化极电弧焊的电极为焊丝且在焊接过程中熔化，如焊条电弧焊、埋弧焊、熔化极氩弧焊等；非熔化极电弧焊通常以钨(或钨合金)棒为电极且不熔化，如钨极氩弧焊等。

本章主要阐述焊条电弧焊、埋弧自动焊、钨极氩弧焊、熔化极氩弧焊和 CO_2 气体保护焊等焊接方法的原理、特点及应用，同时对适应各种焊接方法的焊接材料的分类及选用原则进行介绍。

§3.1 焊条电弧焊

3.1.1 焊条电弧焊的基本原理及特点

焊条电弧焊是各种电弧焊方法中发展最早、目前应用最为广泛的焊接方法。它利用焊条与母材之间产生的电弧加热焊条和局部母材，焊条端部熔化后的熔滴和熔化的母材熔合在一起形成熔池，随着电弧沿焊接方向的移动，熔池液态金属逐步冷却结晶，从而形成焊缝以达到连接的目的。焊条电弧焊的原理图如图 3.1-1 所示。

焊条电弧焊具有如下特点：

(1) 操作灵活、方便。焊条电弧焊几乎可用于焊接各种位置、厚度和形状的焊件；与其他电弧焊设备相比，所需焊接设备简单经济，便于携带。

(2) 待焊接头装配要求低。由于焊接过程由焊工手工控制，可以适时调整电弧位置和运条姿势，修正焊接参数，以保证跟踪接缝和均匀熔透，因此对焊接接头的装配精度要求相对降低。

(3) 可焊金属材料广。焊条品种齐全，可供焊接不同钢材时选用。

(4) 焊接质量不易保障，焊接成本较高。

(5) 焊接生产率低。与其他电弧焊相比，由于焊条电弧焊所用焊接电流小，且需频繁更换焊条(焊条长度有限)及清渣等，使得熔敷速度慢，生产效率低下。

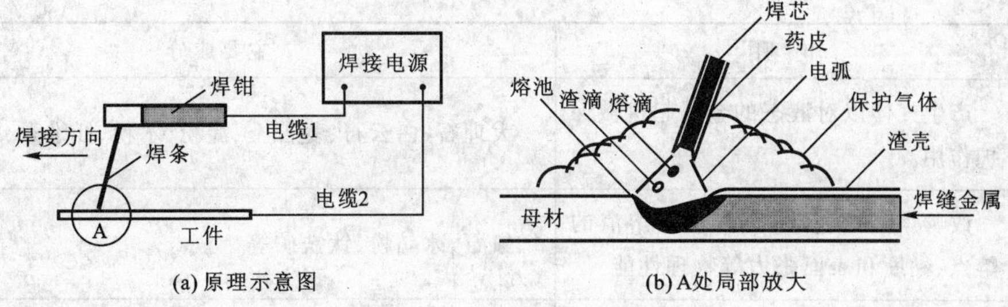

图 3.1-1　焊条电弧焊原理示意图

为了克服焊条电弧焊间断、低效率的致命弱点，我国研制成功了连续涂层焊条。连续涂层焊条是一种长度大于 500 mm，甚至长达百米以上的药皮焊条，其表面等距离地开有平行的或环形的电接点，采用连续多点动态输电法，以实现机械化焊接。

3.1.2　焊　条

焊条电弧焊以外部涂有药皮的焊条作为电极和填充金属。焊条是由焊芯及药皮两部分构成的。

焊芯是焊条中的金属芯部，其作用是：一方面作为电极产生电弧；另一方面，作为填充金属，在电弧高温作用下熔化，与焊件金属形成焊缝，是熔敷金属中各种合金成分的主要过渡方式。焊条的规格都是以焊芯直径来确定的。

焊条药皮是指涂在焊芯表面的涂料层。药皮在电弧的热作用下，一方面可以产生大量的保护气体并围绕在电弧周围，达到保护电弧的目的；另一方面，药皮熔化后形成的熔渣从熔池中浮起并覆盖在熔池表面，可以防止熔化金属与周围气体相互作用。覆盖在焊缝表面的熔渣冷却后成为固态渣壳，它们可起到特殊的作用。渣壳导热性差，可减缓焊缝的冷却、减少产生气孔的可能性。熔渣的另一重要作用是与熔化金属产生物理化学反应或添加合金元素，改善焊缝金属性能。此外，药皮还具有提高电弧燃烧稳定性的作用。焊条药皮中一般含有钾、钠、钙等电离电位低的物质，这可以提高电弧的稳定性，保证焊接过程持续进行，从而达到改善焊接工艺性能的目的。

为了保证药皮在焊接过程中发挥以上作用，药皮中常含有稳弧剂、脱氧剂、造渣剂、造气剂、合金剂、黏结剂、稀渣剂、增塑剂等，见表 3.1-1。

表 3.1-1　药皮主要原料及作用

原料种类	作　用	主要成分
稳弧剂	使焊条在引弧和焊接过程中起着改善引弧性能和稳定电弧燃烧的作用	水玻璃、钾长石、纤维素、钛酸钾、金红石、还原钛铁矿、淀粉等
造渣剂	焊接时产生熔渣保护液态金属和改善焊缝成形	大理石、白云石、菱苦土、氟石、硅砂、长石、白泥、白土、云母、钛白粉、金红石、还原钛铁矿等
脱氧剂	用于脱除熔化金属中的氧，以提高焊缝性能	锰铁、硅铁、钛铁、铝铁、铝粉、石墨等

续表

原料种类	作 用	主要成分
造气剂	产生气体以对液态的金属起机械保护作用	大理石、白云石、菱苦土、淀粉、木粉、纤维素、树脂等
稀渣剂	改善熔渣的流动性能，包括熔渣的熔点、黏度和表面张力等物理性能	氟石、冰晶粉、钛铁矿等
合金剂	补偿焊接过程中的合金烧损和向焊缝过渡必需的合金元素	锰铁、硅铁、钼铁、钒铁、铬粉、镍粉、钨粉、硼铁等
黏结剂	用于黏结药皮涂料，使其能够牢固地压涂在焊芯上	钠水玻璃、钾水玻璃和钾钠水玻璃
增塑剂	为改善药皮的压涂性能而加入的物质	云母、白泥、氧化钛粉、滑石粉、石棉等

3.1.2.1 焊条的分类

焊条可按用途、药皮的主要化学成分和药皮熔化后熔渣的特性进行分类。

按焊条的用途可以分为结构钢焊条、耐热钢焊条、不锈钢焊条、堆焊焊条、低温钢焊条、铸铁焊条、镍及镍合金焊条、铜及铜合金焊条、铝及铝合金焊条以及特殊用途焊条。

按焊条药皮的主要化学成分可以分为氧化钛型焊条、氧化钛钙型焊条、钛铁矿型焊条、氧化铁型焊条、纤维素型焊条、低氢型焊条、石墨型焊条及盐基型焊条。

按焊条药皮熔化后熔渣的特性可以将电焊条分为酸性焊条和碱性焊条。酸性焊条药皮中含有较多的酸性氧化物（如 TiO_2，SiO_2 等），能交直流两用，焊接工艺性能较好，但焊缝的力学性能，特别是冲击韧度较差，适用于一般低碳钢和强度较低的低合金结构钢的焊接。碱性焊条药皮中含有较多的碱性氧化物（如 CaO，Na_2O 等），焊接接头含氢量低，焊缝具有良好的抗裂性和力学性能，但工艺性能较差，一般采用直流电源施焊，主要用于重要结构（如锅炉、压力容器和合金结构钢等）的焊接。

3.1.2.2 焊条的型号

为了使用方便，对焊条必须进行统一的分类编号。目前同时存在两种方法：一是焊条型号，指的是国家规定的各类标准焊条；二是焊条牌号，指的是有关部门或厂家实际生产的焊条产品样本上的编号。

焊条型号是为了适应焊条的国际标准而编定的焊条代号。目前国标中焊条型号有八大类，分别为铸铁焊条、堆焊焊条、铝及铝合金焊条、不锈钢焊条、低合金钢焊条、碳钢焊条、铜及铜合金焊条、镍及镍合金焊条。本书仅以工程中最常用的碳钢焊条、低合金钢焊条、不锈钢焊条来说明焊条型号的编制方法，其他可参阅相关国家标准。

1. *碳钢焊条*

碳钢焊条根据熔敷金属的力学性能、药皮类型、焊接位置和焊接电流种类划分，其编制方法是：字母“E”表示焊条；前两位数字表示熔敷金属抗拉强度的最小值（kgf/mm^2）；第三位数字表示焊条的焊接位置,“0”及“1”表示焊条适用于全位置焊接(平、立、仰、横),“2”表示焊条适用于平焊及平角焊,“4”表示焊条适用于向下立焊;第三位和第四位数字组合时表示焊接电流种类及药皮类型。在第四位数字后附加“R”表示耐吸潮焊条;附加“M”表示耐吸潮和力学性能有特殊规定的焊条;附加“－1”表示冲击性能有特殊规定的焊条。举例如下:

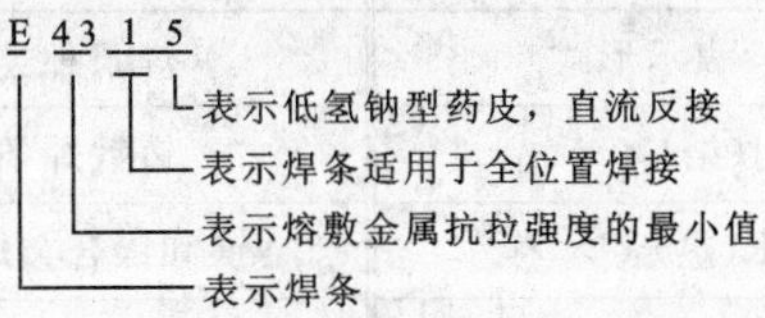

2. 低合金钢焊条

低合金钢焊条根据熔敷金属的力学性能、化学成分、药皮类型、焊接位置和焊接电流种类划分,其编制方法与碳钢焊条相同,只是在碳钢焊条的基础上附加了一个后缀字母来表示熔敷金属化学成分分类的代号,并以短划“-”与前面数字分开。例如,A1 表示碳钼钢焊条;B1,B2,B3,B4,B5 表示铬钼钢焊条;C1,C2,C3 表示镍钢焊条;D1,D2,D3 表示锰钼钢焊条;G,M,W 表示所有其他合金钢焊条。当还具有附加化学成分时,附加化学成分直接用元素表示,并以短划“-”与前面的后缀字母分开。在 E50××-×,E55××-×,E60××-×型低氢焊条的熔敷金属化学成分分类后缀字母或附加化学成分后面加字母“R”时,表示耐吸潮焊条。举例如下:

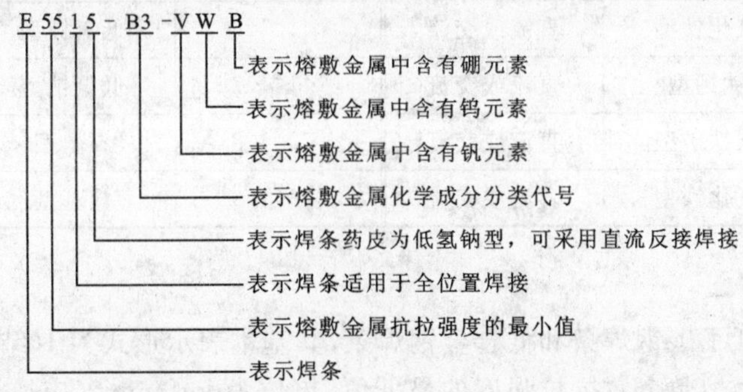

3. 不锈钢焊条

不锈钢焊条根据熔敷金属的化学成分、药皮类型、焊接位置和焊接电流种类划分,其编制方法是:字母“E”表示焊条,“E”后面的数字表示熔敷金属化学成分分类代号,如有特殊要求的化学成分,该化学成分用元素符号表示并放在数字的后面。短划“-”后面的两位数字表示焊条药皮类型、焊接位置及焊接电流种类。举例如下:

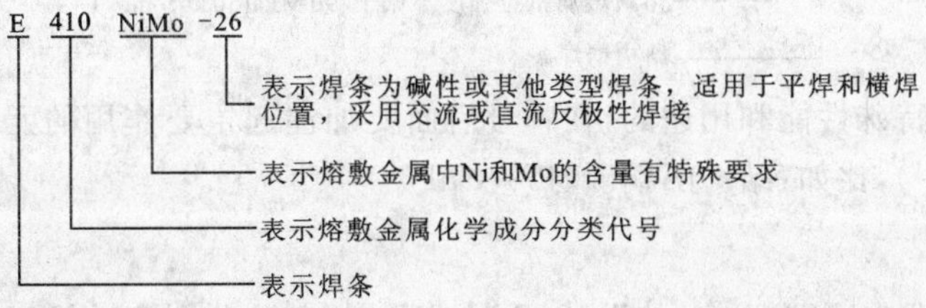

3.1.2.3　焊条的牌号

焊条牌号是根据焊条的主要用途及性能特点对焊条产品的具体命名,并由焊条厂制定。

焊条牌号一般由一个汉语拼音字母或汉字与三位数字来表示。其中，汉语拼音字母或汉字表示焊条各大类(表 3.1-2)，后面的三位数字中，前两位数字表示各大类中的若干小类，第三位数字表示各种焊条牌号的药皮类型及焊接电源种类(表 3.1-3)。

表 3.1-2　焊条牌号的分类

焊条种类	表示形式	焊条种类	表示形式
结构钢焊条	J(结)×××	铸铁焊条	Z(铸)×××
钼和铬钼钢耐热焊条	R(热)×××	镍和镍合金焊条	Ni(镍)×××
低温钢焊条	W(温)×××	铜和铜合金焊条	T(铜)×××
不锈钢焊条	A(奥)××× G(铬)×××	铝和铝合金焊条	L(铝)×××
堆焊焊条	D(堆)×××	特殊用途焊条	TS(特)×××

表 3.1-3　焊条牌号中第三位数字的含义

焊条牌号	药皮类型	焊接电源种类	焊条牌号	药皮类型	焊接电源种类
×××0	未规定	未规定	×××5	纤维素型	直流或交流
×××1	氧化钛型	直流或交流	×××6	低氢钾型	直流或交流
×××2	钛钙型	直流或交流	×××7	低氢钠型	直　流
×××3	钛铁矿型	直流或交流	×××8	石墨型	直流或交流
×××4	氧化铁型	直流或交流	×××9	盐基型	直　流

1. 结构钢焊条

结构钢焊条包括了碳钢焊条和低合金钢焊条，其基本表示形式为 J(结)×××。其中，第一和第二位数字代表熔敷金属抗拉强度的最低值，单位为 kgf/mm²(应换算成相应的 MPa)，共分 10 个等级:42,50,55,60,70,80,85,90,10(100)。第三位数字代表药皮类型、焊接电流要求。第三位数字后的符号表示某种特殊用途，如“Fe”表示铁粉焊条、“X”表示立向下焊专用焊条、“G”表示管道焊接专用焊条，等等。示例如下：

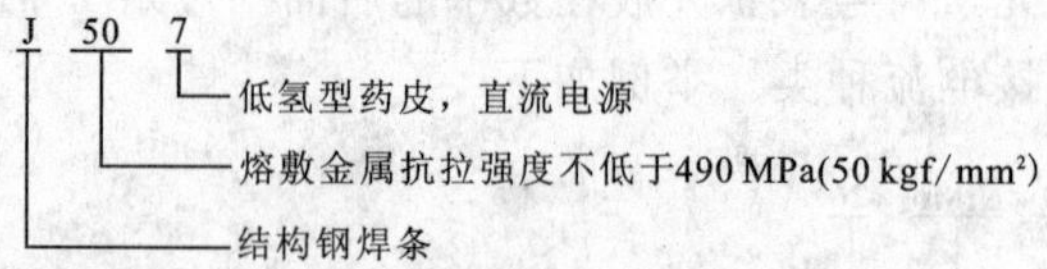

结构钢焊条有特殊性能和用途的，在牌号后面要加注起主要作用的元素或主要用途的汉字(一般不超过两个)，比如:结 507 铜磷(J507CuP)。

2. 不锈钢焊条

焊条牌号首字母“G”(或汉字“铬”)或“A”(或汉字“奥”)分别表示铬不锈钢焊条或奥氏体铬镍不锈钢焊条。牌号中的第一位数字表示熔敷金属主要化学成分组成(表 3.1-4)，第二位数字表示同一熔敷金属主要化学成分组成等级中的不同牌号，第三位数字表示药皮类型和焊接电源种类。

表 3.1-4　不锈钢焊条熔敷金属主要化学成分组成等级

焊条牌号	熔敷金属主要化学成分组成等级
G2××	w(Cr)约 13%
G3××	w(Cr)约 17%
A0××	w(C)≤0.04%
A1××	w(Cr)约 19%,w(Ni)约 10%
A2××	w(Cr)约 18%,w(Ni)约 12%
A3××	w(Cr)约 23%,w(Ni)约 13%
A4××	w(Cr)约 26%,w(Ni)约 21%
A5××	w(Cr)约 16%,w(Ni)约 25%
A6××	w(Cr)约 16%,w(Ni)约 35%
A7××	铬锰氮不锈钢
A8××	w(Cr)约 18%,w(Ni)约 18%
A9××	w(Cr)约 20%,w(Ni)约 34%

3.1.2.4　焊条的选用原则

焊条选用的总原则是:尽可能使接头的使用性能与母材的使用性能保持一致。

1. 根据母材的物理、机械性能和化学成分

(1) 等强原则、低强原则。理论上认为,与母材强度相比,焊缝强度不能过高,这是因为一般强度越高,塑韧性越差,所以低碳钢、中碳钢、低合金等结构钢可以按等强原则(也就是母材和焊条强度一致)来选取相匹配的焊条。不过,当母材结构刚性大,受力又复杂时,在设计条件允许下,也可以选用比母材强度级别稍低的焊条。这样,有利于焊接接头受力时,不会因接头的塑性不足而导致接头受力破坏。

(2) 合金结构钢与不锈钢焊接时(属异种金属焊接),应选用适于异种材料焊接的焊条,或采用过渡层的方法来匹配焊条。

(3) 母材中 C,S,P 等杂质含量高时,应选用抗裂性、抗气孔性好的低氢型焊条。

(4) 凡要求焊缝金属具有高塑性、高韧性,并有响应强度指标时,应选用碱性低氢焊条。

(5) 强度不相同的异种材料进行焊接,应该根据强度级别低的母材来选配焊条,以便保证焊缝有相应的塑性和抗裂性。

(6) 焊接强度级别高的高强钢时,应在保证韧性的条件下等强,一般采用低强匹配的原则来保证接头的韧性。

2. 根据母材的工作条件和使用要求

(1) 对于工作环境有特定要求的焊接结构,要选用与其相匹配的特殊焊条。比如,在高温或低温条件下工作的焊件,应选用相应的耐热钢或低温钢焊条。

(2) 在腐蚀介质中工作的焊件,应根据介质的类别、浓度、工作温度、工作压力、工作期限及腐蚀特征等选用相应的不锈钢焊条或其他耐腐蚀焊条。

(3) 堆焊焊件时,应根据焊件具体的耐磨性、耐蚀性要求来选配堆焊焊条。

(4) 珠光体耐热钢通常选用与母材成分相似的耐热钢焊条。

(5) 对承受动载荷和冲击载荷的焊件,除满足强度要求外,还要保证焊缝具有较高的韧性和塑性,应选用塑性和韧性指标较高的低氢型焊条。

3. 根据焊接结构的特点

(1) 对于立焊、仰焊较多的焊件,应选用立向下等专用焊条。对受条件限制不能翻转的焊件,有些焊缝处于非平焊位置,应选用全位置焊接的焊条。

(2) 对于几何形状复杂且厚度及刚性大的焊件,由于焊接过程中产生很大的应力,容易使焊缝产生裂纹,应选用抗裂性能好的低氢型焊条。

(3) 对于因受某种条件限制,焊件坡口无法进行清理,或在坡口处存在油污、锈迹的,应选用抗油污、铁锈能力强的酸性焊条。

4. 根据焊接现场设备条件

(1) 当焊件焊前焊后需要热处理而现场条件又不具备时,应选用特殊焊条。比如,Cr5Mo钢可选用Cr25Ni13型不锈钢焊条。

(2) 现场设备中,如果缺少交流弧焊机或直流弧焊机,则只能根据已有的焊机来选配相应的焊条(有的焊条只能用直流,而有的焊条交直流都能用)。

5. 根据劳动条件和生产效益

(1) 当酸性和碱性焊条都能满足设计要求时,应尽量选用电弧稳定、飞溅少、焊缝成形均匀整齐、容易脱渣、工艺性能好的酸性焊条。当必须采用碱性焊条时,应考虑通风和相应的劳动保护措施。

(2) 当几种焊条都能满足产品设计要求时,应选用价格低的焊条,以降低产品成本。

(3) 在满足使用性能和操作工艺性的条件下,尽量选用成本低、效率高的焊条。对于焊接工作量大的结构,应尽量采用高效率焊条,如铁粉焊条、高效率不锈钢焊条及重力焊条等,以提高焊接生产率。

3.1.3 焊条电弧焊设备

焊条电弧焊的主要设备是弧焊机。按供给焊接电弧的电流是直流电还是交流电,弧焊机分为直流弧焊机和交流弧焊机。直流弧焊机具有电弧燃烧稳定、焊接质量较好的优点,但结构复杂、成本高、维修困难、噪声大、损耗大,适于焊接较重要的工件。交流弧焊机效率较高、结构简单、制造方便、成本较低、使用可靠、维护保养容易、噪声小,但电弧不够稳定。

3.1.4 焊条电弧焊的焊接工艺

焊接工艺包括焊前准备(坡口的加工、工件的清理及装配、焊条的烘干、预热等)、焊接方法及材料的选择、焊接规范参数(焊接电流、电弧电压、焊接速度等)、工艺措施(预热、焊后缓冷、焊后热处理)和焊接操作要求等。

3.1.4.1 焊接坡口

坡口是根据设计或工艺需要,在焊件的待焊部位加工的具有一定几何形状的沟槽。开坡口是为了保证电弧能深入焊缝根部,使根部焊透,以及便于清除熔渣,获得较好的焊缝成形。

另外，坡口还能起到调节基本金属和填充金属比例的作用。焊条电弧焊常采用的坡口形式有 Y 形坡口、X 形坡口和 U 形坡口等，如图 3.1-2 所示。

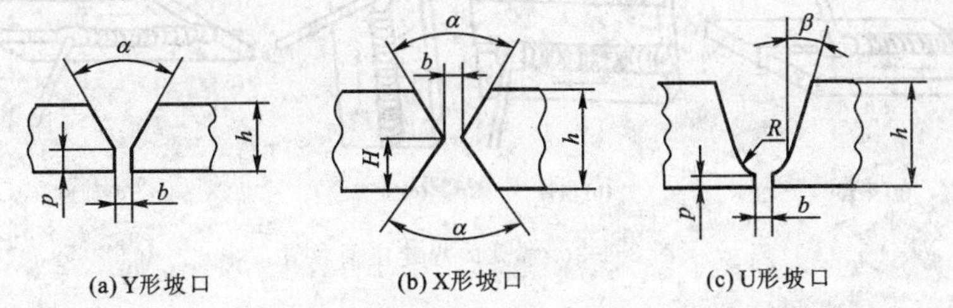

图 3.1-2　常见的坡口形式

坡口的基本尺寸参数包括坡口角度 α、钝边高度 p 和根部间隙 b 等(图 3.1-2)。坡口的钝边是为了防止烧穿，但钝边的尺寸要能保证第一层焊缝焊透。坡口角度、钝边高度与根部间隙之间存在着某种关系。坡口角度减小时，根部间隙必须加大。同样，根部间隙较小时，钝边高度不能过大，坡口角度不能太小。这是为了焊条能达到根部附近，使运条方便，不致造成熔合不好等焊接缺陷。

焊条电弧焊进行板厚 6 mm 以上的对接时，一般要开设坡口；对于重要结构，板厚超过 3 mm就要开设坡口。坡口形式的选择主要根据板厚和采用的焊接方法确定，同时兼顾以下主要因素：能保证焊透；坡口形式容易加工；尽可能减少填充金属，节省焊条，提高焊接生产率；焊后焊接变形尽可能小。

3.1.4.2　焊接接头形式

常见的焊接接头形式有对接接头、搭接接头、角接接头、T 形接头等。

对接接头是将同一平面上的两被焊工件相对焊接起来而形成的接头。对接接头是各种焊接结构中采用最多的接头形式，应力集中相对较小，能承受较大的静载荷和动载荷，是焊接结构中最完善和最常用的结构形式。

搭接接头是将两被焊工件部分地重叠在一起，以角焊缝连接，或加上塞焊缝、槽焊缝连接起来的接头。搭接接头应力分布不均、承载能力低，适用于被焊结构狭小处及密封的焊接结构。

角接接头是两被焊工件端面间构成大于 30°、小于 150°夹角的接头。角接接头承载能力不强，一般用在不重要的结构件中，如箱形构件。

T 形接头是将互相垂直的被焊工件用角焊缝连接起来的接头。T 形接头可承受各种方向的力和力矩。T 形接头整个接头承受载荷，承载能力强，在生产中应用也很普遍。

搭接接头、角接接头、T 形接头等所形成的焊缝都是角焊缝。受力后，角焊缝及其附近应力状态比较复杂。

3.1.4.3　焊缝空间位置

焊缝按空间位置可分为平焊缝、立焊缝、横焊缝及仰焊缝等四种形式，如图 3.1-3 所示。其中，平焊的应用最为普遍，焊接时液体金属不会外流，容易操作，焊缝质量容易保证，操作方便，劳动条件好，生产效率高，一般应尽可能将工件放在平焊位置进行施焊。立焊时熔滴易向下流淌，成形较困难，不易操作。横焊时熔滴易偏向焊缝的下边，产生熔化不良、焊瘤、未焊透等缺陷。仰焊时熔滴最易下滴，焊缝成形困难，操作更难。

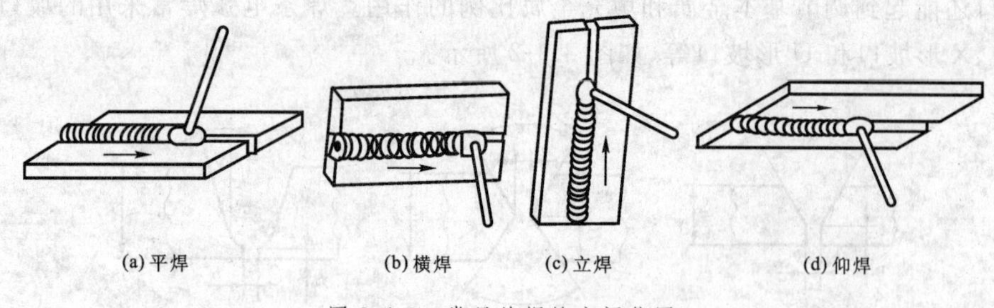

图 3.1-3 常见的焊缝空间位置

3.1.4.4 焊接规范参数的选择

1. 焊条直径的选择

焊条直径主要取决于工件厚度、接头形式、焊缝位置、焊接层数等因素。厚度大的工件,应选用直径较大的焊条。当用细焊条焊厚度大的工件时,常会出现焊不透缺陷;而用粗焊条焊厚度小的工件时,则容易出现烧穿缺陷。在保证焊接质量的前提下,尽量采用大直径焊条。T形接头、搭接接头的散热条件比对接接头好,可选用较粗直径的焊条。平焊时所用焊条直径可大一些,横焊、立焊位置焊接时很少使用直径大于5 mm的焊条,仰焊时焊条直径不超过4 mm。多层焊时,为防止焊不透,第一层焊道应采用较小直径焊条进行焊接,其余各层可根据工件厚度,选用较大直径焊条。

2. 焊接电流的选择

焊接电流是焊条电弧焊的主要焊接参数。由于焊接电流越大,熔深越大,焊条熔化越快,焊接效率也越高,因此选择焊接电流首先应在保证焊接质量的前提下,尽量选用较大的电流,以提高劳动生产率。但是,焊接电流太大,飞溅和烟雾大,焊条尾部易发红,部分药皮的涂层可能失效或脱落,机械保护效果变差,容易产生气孔、咬边、烧穿等焊接缺陷,还会使接头热影响区晶粒粗大,焊接接头的韧性降低,并增大焊件变形。焊接电流太小时,引弧困难,焊条容易粘连在工件上,电弧不稳定,易产生未焊透、未熔合、气孔和夹渣等缺陷,且生产率低。

焊接电流可根据焊条直径进行粗选,然后再根据板厚、接头形式、工件材质、焊接位置等因素进行选择。

3. 电弧电压的选择

电弧电压主要由电弧长度决定。电弧越长,电弧电压越高。焊接过程中若电弧太长,电弧燃烧不稳定,飞溅大,熔深浅,易产生咬边、气孔等缺陷;若电弧太短,则容易粘焊条。一般情况下,电弧长度以等于焊条直径的0.5～1倍为好,相应的电弧电压为16～25 V。碱性焊条的电弧长度不超过焊条的直径,为焊条直径的一半较好,尽可能选择短弧焊;酸性焊条的电弧长度应等于焊条直径。

4. 焊接速度的选择

焊接速度是指单位时间内完成的焊缝长度。焊接速度过快,单位体积金属吸收的热量减小,焊缝窄,熔深浅,容易产生夹渣和焊不透等缺陷,焊接接头的组织细化,但易产生马氏体等淬硬组织。焊接速度过慢,高温停留时间增长,薄件容易产生烧穿,焊接接头的晶粒较粗大,力学性能降低,焊件变形量增大。因此,焊接速度的选择要根据工件厚度、焊接电流及焊工的熟练程度,在保证焊接质量的前提下尽量提高焊接速度,以减少焊件的受热程度,提高生产率。

5. 焊接层数的选择

厚板焊接时一般要开坡口并采用多层焊或多层多道焊。多层焊和多层多道焊接接头的显微组织较细，热影响区较窄。前一条焊道对后一条焊道起预热作用，而后一条焊道对前一条焊道起热处理作用。因此，接头的延性和韧性都比较好。特别是对于易淬火钢，后焊道对前焊道的回火作用可改善接头组织和性能。

对于低合金高强钢等钢种，焊缝层数对接头性能有明显影响。当焊缝层数少，每层焊缝厚度太大时，由于晶粒粗化，将导致焊接接头的延性和韧性下降。

6. 预热温度

预热是焊接开始前对被焊工件的全部或局部进行适当加热的工艺措施。预热可以减小接头焊后冷却速度，避免产生淬硬组织，减小焊接应力及变形。预热是防止产生裂纹的有效措施。对于刚性不大的低碳钢和强度级别较低的低合金高强钢的一般结构，一般不必预热；对于刚性大或焊接性差、容易产生裂纹的结构，焊前需要预热。

预热温度根据母材的化学成分、焊件的性能和厚度、焊接接头的拘束程度、施焊环境温度以及有关产品的技术标准等条件综合考虑，重要的结构要通过裂纹试验确定不产生裂纹的最低预热温度。预热温度选得越高，防止裂纹产生的效果越好，但超过必需的预热温度会使熔合区附近的金属晶粒粗化，降低焊接接头质量，劳动条件也会更加恶化。

7. 后热与焊后热处理

焊后立即对焊件的全部（或局部）进行加热或保温，使其缓冷的工艺措施称为后热。后热的目的是避免形成硬脆组织，以及使扩散氢逸出焊缝表面，从而防止产生裂纹。

焊后为改善焊接接头的显微组织和性能或消除焊接残余应力而进行的热处理称为焊后热处理。焊后热处理的主要作用是消除焊件的焊接残余应力，降低焊接区的硬度，促使扩散氢逸出，稳定组织及改善力学性能、高温性能等。选择热处理温度时要根据钢材的性能、显微组织、接头的工作温度、结构形式、热处理目的综合考虑，并通过显微金相和硬度试验来确定。

§3.2　埋弧自动焊

随着生产的发展，焊接技术的应用范围日益扩大，焊接工作量大大增加，手工方式的焊接已经远远不能满足要求，于是就出现了一种机械化的电弧焊——埋弧自动焊。埋弧自动焊采用盘状焊丝配合焊剂，以代替焊条电弧焊时的焊条。焊接过程中，焊剂不断撒在焊件接缝和接缝附近区域。焊丝末端伸入焊剂内并与焊件之间产生电弧。由于电弧被厚为 30～50 mm 的焊剂层所覆盖，看不见电弧，所以称为埋弧焊。

3.2.1　埋弧自动焊的基本原理及特点

3.2.1.1　埋弧自动焊的基本原理

图 3.2-1 所示为埋弧自动焊的过程示意图。电弧的引燃和移动，金属熔池、液态熔渣和气

体的形成，液态金属与熔渣和气体之间的相互作用，以及焊缝金属和熔渣的凝固等过程都与焊条电弧焊基本相同。两者的主要不同之处在于：用颗粒状焊剂取代焊条药皮；用连续自动送进的焊丝取代焊芯；用自动焊机取代焊工的手工操作。

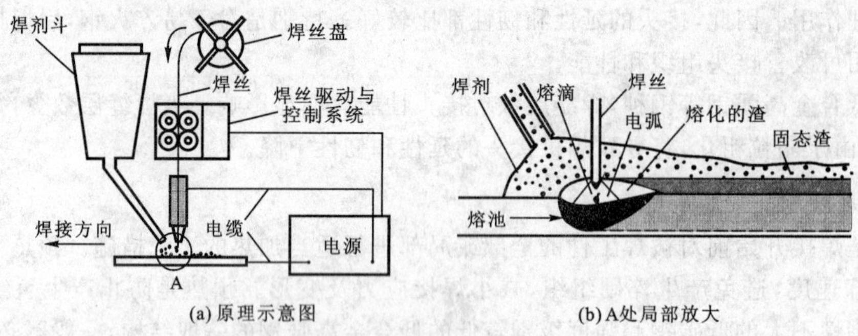

图 3.2-1 埋弧自动焊原理示意图

焊接时，装在焊丝盘内的盘状焊丝经过焊接机头上的送丝滚轮和导电嘴送入电弧区进行焊接；焊剂依靠自重经焊剂漏斗下面的软管下落到电弧前面焊件的待焊接缝上；电弧的热量使焊丝、工件和焊剂熔化，形成金属熔池；焊接小车载着焊丝、焊剂等以设定的速度沿焊缝前进。焊接规范的焊前调整和设备的启动、停车等由焊工操纵小车上的操纵盘实现。

3.2.1.2 埋弧自动焊的特点

1. 埋弧自动焊的优点

埋弧自动焊的优点主要是：

(1) 生产效率高。埋弧自动焊焊丝导电部分比焊条电弧焊的焊条短得多（导电嘴到电弧端的长度一般为50 mm左右），电流密度高（表 3.2-1），电弧的熔深能力大大提高，一般开 I 形坡口，单面一次焊熔深可达 20 mm。

表 3.2-1 焊条电弧焊与埋弧焊的焊接电流、电流密度比较

焊条或焊丝直径/mm	手工电弧焊		埋弧自动焊	
	焊接电流/A	电流密度/(A·mm^{-2})	焊接电流/A	电流密度/(A·mm^{-2})
2	50～65	16～25	200～400	63～125
3	80～130	11～18	350～600	50～85
4	125～200	10～16	500～800	40～63
5	190～250	10～18	700～1 000	30～50

由于焊剂和熔渣的隔热作用，电弧基本上没有辐射热散失，飞溅也小，虽然用于熔化焊剂的热量损耗有所增大，但总的热效率仍然大大增加，因而厚件的焊接层数减少，焊接速度得以提高。例如，厚度 8～10 mm 钢板对接焊，单丝埋弧焊速度可达 30～50 m/h，双丝或多丝埋弧焊还可提高 1 倍以上，而焊条电弧焊则不超过 6～8 m/h。由于可以连续送丝，所以长焊缝可以一次连续焊完而没有焊条电弧焊更换焊条的麻烦，生产率比焊条电弧焊可提高 5～10 倍。

(2) 焊接质量好。由于熔渣隔绝空气的效果好，熔池能得到良好的保护，焊缝金属中氮、

氧含量大大降低，尤其在有风的环境中焊接时，埋弧焊的保护效果胜过其他焊接方法；焊接过程中焊接规范可自动调节，对焊工技术水平要求不高，焊缝成形美观；由于焊接电流大及渣和焊剂的覆盖作用，使得高温停留时间较长，熔池金属与渣反应充分，减少了气孔等缺陷的产生，因而焊缝成分均匀稳定且力学性能好；焊丝连续送进，这也是焊接质量提高的一个原因，因为焊接过程中引弧和熄弧处容易出现缺陷。

(3) 焊接成本低。由于熔深大，所以焊接比较厚的金属可以不开坡口或开小角度坡口，减少焊丝的消耗及开坡口的金属损耗和加工工时；由于熔渣保护可靠，金属的烧损和飞溅大大减少，焊丝可以连续送进，没有焊丝残头(焊条电弧焊有焊条头损失)，所以可以节约焊丝；热能利用率高，电能消耗也大大降低。

(4) 劳动条件好。埋弧自动焊的机械化焊接过程减轻了焊工的体力消耗，而且操作技能容易掌握；放出的烟尘和有害气体较少，而且没有弧光辐射，有利于焊工的身体健康。

2. 埋弧自动焊的缺点

由于埋弧焊是依靠颗粒状焊剂堆积形成保护条件，因此主要适用于水平位置焊缝焊接。若采用特殊机械装置，保证焊剂堆覆在焊接区而不落下来，也可实现埋弧横焊、立焊和仰焊，还有用磁性焊剂的埋弧横焊和仰焊。由于埋弧自动焊焊剂的成分主要是 MnO 和 SiO_2 等金属及非金属氧化物，与焊条电弧焊一样，难以用来焊接铝、钛等氧化性强的金属及其合金。埋弧自动焊只适于长焊缝的焊接；由于机动灵活性差，焊接设备也比焊条电弧焊复杂，短焊缝显不出生产效率高的特点。由于电弧电场强度较大，电流小于 100 A 时，电弧的稳定性不好，因此不适合焊接厚度小于 1 mm 的薄板。由于焊工不能直接观察电弧和坡口的对中，故应采用焊缝自动跟踪系统，否则容易焊偏。

目前埋弧焊主要用于焊接各种钢板结构，其可焊接的钢种包括碳素结构钢、不锈钢、耐热钢及其复合钢材等。此外，用埋弧焊堆焊耐磨耐蚀合金或用于焊接镍基合金、铜合金也是较理想的。埋弧焊适用于焊接比较大而长的直焊缝和大直径圆筒的环焊缝，尤其适用于大批量生产。它广泛应用于锅炉、石油化工中的压力容器、造船、机车车辆、起重机等金属结构的制造中。

3.2.2　埋弧自动焊焊接材料

埋弧自动焊所用的焊丝和焊剂在焊接时的作用分别与焊条电弧焊的焊芯、焊条药皮相对应，焊剂和焊丝配合使用。

3.2.2.1　焊剂

在焊接过程中，焊剂起着与焊条药皮类似的作用，即机械保护、冶金处理和改善焊接工艺性能。

1. 焊剂的类型

按制造方法不同，焊剂分为熔炼焊剂和非熔炼焊剂。

熔炼焊剂是将粉料按配比混合后放到电炉或火焰炉中经高温熔炼和急冷粒化而成。由于经过了高温熔炼，所以它相当于造好的渣，在焊接过程中只起机械保护和改善工艺性能的作用。熔炼焊剂又可分为高硅焊剂(又分为无锰、中锰、高锰)、中硅焊剂、低硅焊剂三类。其中，高硅高锰焊剂配合低碳钢焊丝或含锰焊丝是国内目前应用最广的方式，多用于焊接低碳钢和某些低合金钢。

非熔炼焊剂是将粉料按配比混合，然后加水玻璃制成。它与焊条药皮没有本质区别，可以灵活调整焊剂的合金成分。非熔炼焊剂又可进一步分为黏结焊剂和烧结焊剂，两者的区别在于烘干温度的不同。黏结焊剂的烘干温度是 400～500 ℃，又称低温烧结焊剂；烧结焊剂的烘干温度是 700～900 ℃。由于黏结焊剂又称低温烧结焊剂，所以非熔炼焊剂也可统称为烧结焊剂。

与熔炼焊剂相比，烧结焊剂的特点是：烧结焊剂中可以加脱氧剂，脱氧充分，而熔炼焊剂中不能加脱氧剂；可以加合金剂，合金化作用强；抗气孔能力比熔炼焊剂好；对焊接参数变动敏感，会引起焊缝化学成分不均匀；吸湿性大，易增加焊缝含氢量，必须焊前烘干；生产成本低，节能，生产效率高。

2. 焊剂牌号

焊剂牌号按制造方法和成分进行编制。

熔炼焊剂的牌号用 HJ×××表示，其中×××是三个数字，第一位数字表示焊剂中 MnO 的含量(表 3.2-2)，第二位数字表示焊剂中 SiO_2 和 CaF_2 的含量(表 3.2-3)，第三位数字表示同一类型中的不同牌号。我国生产的熔炼焊剂中应用最广的是高硅高锰低氟焊剂 HJ431。

表 3.2-2　焊剂牌号第一位数字含义

焊剂牌号	焊剂类型	$w(MnO)/\%$
HJ1××	无　锰	<2
HJ2××	低　锰	2～15
HJ3××	中　锰	15～30
HJ4××	高　锰	>30

表 3.2-3　焊剂牌号第二位数字含义

焊剂牌号	焊剂类型	$w(SiO_2)/\%$	$w(CaF_2)/\%$
HJ×1×	低硅低氟	<10	<10
HJ×2×	中硅低氟	10～30	<10
HJ×3×	高硅低氟	>30	<10
HJ×4×	低硅中氟	<10	10～30
HJ×5×	中硅中氟	10～30	10～30
HJ×6×	高硅中氟	>30	10～30
HJ×7×	低硅高氟	<10	>30
HJ×8×	中硅高氟	10～30	>30
HJ×9×	其　他		

烧结焊剂的牌号用 SJ×××表示，其中第一位表示渣系，第二和第三位表示同一渣系中的不同牌号，见表 3.2-4。

表 3.2-4　烧结焊剂牌号第一位数字含义

焊剂牌号	渣系类型	主要化学成分
SJ1××	氟碱型	$w(CaF_2)\geqslant 15\%$，$w(CaO+MgO+CaF_2)>50\%$，$w(SiO_2)\leqslant 20\%$
SJ2××	高铝型	$w(Al_2O_3)\geqslant 20\%$，$w(Al_2O_3+CaO+MgO)>45\%$
SJ3××	硅钙型	$w(CaO+MgO+SiO_2)>60\%$
SJ4××	硅锰型	$w(MnO+SiO_2)>50\%$
SJ5××	铝钛型	$w(Al_2O_3+TiO_2)>45\%$

3.2.2.2　焊丝

埋弧自动焊焊丝的作用与焊条电弧焊中焊芯的作用类似，也是起电极引弧、填充金属、渗合金和冶金处理的作用。埋弧焊使用的焊丝有实芯焊丝和药芯焊丝两类。生产中普遍使用的是实芯焊丝，药芯焊丝只在某些特殊场合应用。焊丝品种随所焊金属的不同而不同，目前已有碳素结构钢、低合金钢、高碳钢、特殊合金钢、不锈钢、镍基合金钢焊丝，以及堆焊用的特殊合金焊丝。

焊丝牌号中的字母"H"表示焊接实芯焊丝，字母"H"后面的数字表示焊丝中碳的质量分数。化学元素符号及后面的数字表示该元素大致的质量分数值。当元素的含量小于 1%时，元素符号后面的 1 省略。有些结构钢焊丝牌号尾部标有字母"A"或"E"，这是用来表示焊丝级别的。其中，"A"为优质级，即焊丝的硫、磷含量比普通焊丝低；"E"为高级优质级，其硫、磷含量更低。

3.2.2.3　焊丝及焊剂的选配

焊剂和焊丝的正确选用及两者之间的合理配合是获得优质焊缝的关键，也是埋弧焊工艺过程的重要环节。

焊丝选配原则如下：

(1) 对于碳素钢和普通低合金钢，应保证焊缝的机械性能；

(2) 对于 CrMo 钢和不锈耐酸钢等合金钢，应尽可能保证焊缝的化学成分与焊件相近，同时满足力学性能和抗裂性能等方面的要求；

(3) 对于碳素钢与普通低合金钢或不同强度级的普通低合金钢之间的异种钢焊接接头，一般可按强度级较低的钢材选用抗裂性较好的焊接材料；

(4) 焊接低合金高强度钢时，除要使焊缝与母材等强度外，还要特别注意提高焊缝的塑性和韧性。

焊剂选配原则如下：

(1) 采用高锰高硅焊剂与低锰或含锰焊丝相配合，常用于普通低碳钢的焊接；

(2) 采用低锰或无锰高硅焊剂与高锰焊丝相配合，用于低碳钢和普通低碳钢的焊接；

(3) 强度级别较高的低合金钢要选用中锰中硅或低锰中硅型焊剂；

(4) 低温钢、耐热钢、耐腐蚀钢等要选用中硅型或低硅型焊剂；

(5) 铁素体、半铁素体、奥氏体等高合金钢，一般选用碱度较高的熔炼焊剂及烧结、陶质型焊剂，以降低合金元素烧损及掺加较多的合金元素。

3.2.3 埋弧自动焊设备的组成

埋弧焊设备由焊接电源、控制系统、机械系统和辅助设备组成。其每个部分都十分重要，只有配合好才能充分发挥埋弧焊的优势。

1. 焊接电源

埋弧焊电源的外特性一般采用下降特性，细焊丝时宜采用平特性电源。埋弧自动焊可配用交流、直流或交直流两用焊接电源。直流电源一般适用于小电流范围、快速引弧、焊缝较短、高速焊接、焊剂的稳定性较差及对规范参数要求较高的场合，电弧稳定，成形美观。直流正接时焊丝的熔敷效率高，直流反接时熔深大。采用交流电源时，焊丝熔敷效率及熔深介于直流正接与反接之间，而且电弧的磁偏吹较小，适用于大电流焊接及采用直流时磁偏吹严重的场合。

2. 控制系统

常用的埋弧焊控制系统包括送丝拖动系统、行走拖动系统、引弧和熄弧的自动控制等。大型专用焊机还包括横臂升降、收缩、主柱旋转、焊剂回收等控制系统。

3. 机械系统

机械系统主要包括送丝机构、焊接小车行走机构等。送丝机构包括电动机、传动系统、送丝滚轮和矫直滚轮等，它能可靠地送进焊丝并具有较宽的调速范围，以保证电弧稳定。焊接小车行走机构包括行走电动机、传动系统、行走轮及离合器等。

4. 辅助设备

埋弧焊还有相应的辅助设备与焊机相配合，如焊接夹具、工件变位设备、焊机变位设备、焊缝成形设备和焊剂输送回收设备等，此外还有导电嘴、焊丝盘、焊剂漏斗、电缆滑动支承架等易损件。

3.2.4 埋弧自动焊工艺

与焊条电弧焊相似，埋弧焊工艺也包括焊前准备、焊接材料的选择、焊接规范参数的选择、工艺措施等。

3.2.4.1 焊前准备

1. 接头形式和坡口加工

埋弧自动焊接头的基本形式与焊条电弧焊一样，只是基本尺寸有所差别。由于可以使用大电流焊接，熔透深度大，一般厚度小于 14 mm 时可以不开坡口，这样能够大大节约焊丝用量和坡口加工费用；厚度为 14～22 mm 时，可开 V 形坡口；厚度为 22～50 mm 时，可开 X 形坡口，重要件开 U 形坡口。具体的坡口形式和尺寸选择可参照国家标准《埋弧焊的推荐坡口》(GB/T 985.2—2008)。

2. 焊前清理

焊前必须将焊缝两侧 50～60 mm 内的油污、铁锈、氧化皮等清除干净，可以采取机械喷丸、喷砂方法，也可以用钢丝刷、砂轮等手工清除。去油时，可以用氧乙炔火焰烘烤。焊剂焊前要进行烘干，随取随用。

3. 装配

装配时要用优质焊条进行点固，必须保证装配间隙均匀、平整。单面焊双面成形时要求更为严格。为保证接头始端和末端获得正常尺寸的焊缝截面，焊前在接缝两端需焊上引弧板和熄弧板，焊接从引弧板上开始并在熄弧板上结束，焊后将它们去掉。

3.2.4.2　焊接参数对焊缝成形的影响

焊缝成形对焊接质量有较大的影响。焊接中表示对接焊缝几何形状的参数有焊缝宽度、余高和熔深。焊缝表面两焊趾之间的距离称为焊缝宽度。超出母材表面连线上的那部分焊缝金属的最大高度称为余高。余高可避免熔池金属凝固收缩时形成缺陷，并增大焊缝截面承受静载荷的能力。但余高的存在使焊缝与母材连接处不能平滑过渡，过大将引起应力集中或疲劳寿命下降，因此要限制余高的尺寸。当焊件承受动载荷或疲劳寿命是主要问题时，焊后应将余高去除。在焊接接头横截面上，母材金属或前道焊缝熔化的深度称为熔深。一定的熔深值可保证焊缝金属与母材金属的结合强度。当填充金属材料一定时，熔深的大小决定了焊缝金属的化学成分。

生产中常用余高系数和焊缝成形系数来表征焊缝成形的特点。余高系数是指焊缝宽度和余高值之比，平焊位置的余高系数通常为 4～8。焊缝成形系数是指熔化焊时，在单道焊缝横截面上焊缝宽度 B 与焊缝计算厚度 H（设计焊缝时使用的焊缝厚度，对接焊缝焊透时等于焊件的厚度；角焊缝时等于在角焊缝横截面内画出的最大直角等腰三角形中，从直角的顶点到斜边的垂线长度）之比，即焊缝成形系数 $=B/H$。焊缝宽度和焊缝计算厚度在各种接头中的表示如图 3.2-2 所示。焊缝成形系数小时形成窄而深的焊缝，在焊缝中心由于区域偏析会聚集较多的杂质，抗热裂纹性能差，所以成形系数值不能太小。例如，埋弧焊自动焊焊缝的成形系数要大于 1.3，即焊缝的宽度至少为焊缝计算厚度的 1.3 倍。

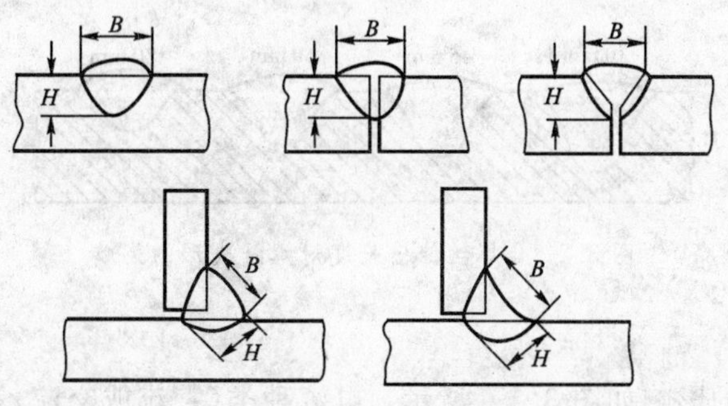

图 3.2-2　焊缝成形系数

影响焊缝成形的因素很多，包括电流种类及极性、焊接电流、电弧电压、焊件倾角、焊丝倾角、焊丝伸出长度、焊接速度等。

1. 焊接电流

焊接电流对焊缝成形的影响如图 3.2-3 所示。当其他条件不变时，增加焊接电流，焊缝熔深和余高都增加，而熔宽则几乎保持不变（或略有增加）。焊接电流增加，电弧的热功率和电弧力增加，熔池体积和弧坑深度随电流增加而增加。实验证明，在焊丝直径、保护条件、熔滴过渡形式确定后，熔深与焊接电流成正比。熔化极电弧焊中焊接电流增加时，焊丝熔化量增加，因此余高也随之增加。电流增加时，一方面是电弧截面略有增加，成为导致熔宽增加的因素；另一方面是电弧电压不变时，弧长略有缩短，电弧挺度增加，电弧潜入工件深度增大，使电弧斑点扫动范围缩小，导致熔宽减小。因此，熔宽随电流的变化不大。

2. 电弧电压

电弧电压对焊缝成形的影响如图 3.2-4 所示。当其他条件不变时，电弧电压增大，焊缝熔宽显著增加而熔深和余高则略有减小。这是因为电弧电压增加就意味着电弧长度的增加，使电弧斑点飘动范围扩大而导致熔宽增加。从能量角度来看，电弧电压增加所带来的电弧功率提高主要用于熔宽增加和弧柱的热量散失，电弧对熔池作用力因熔宽增加而分散，故熔深和余高略有减小。

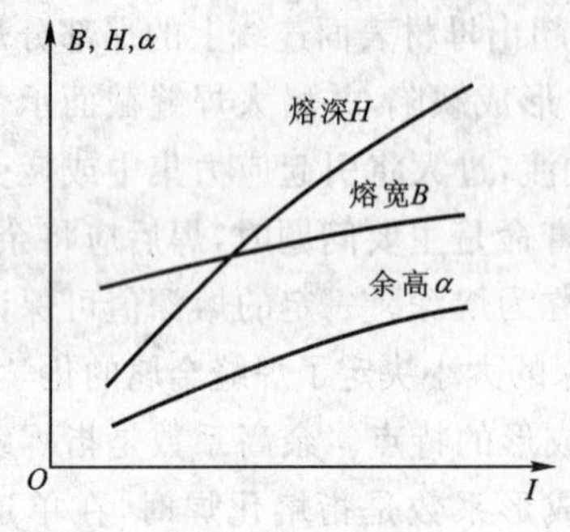

图 3.2-3　焊接电流对焊缝成形的影响

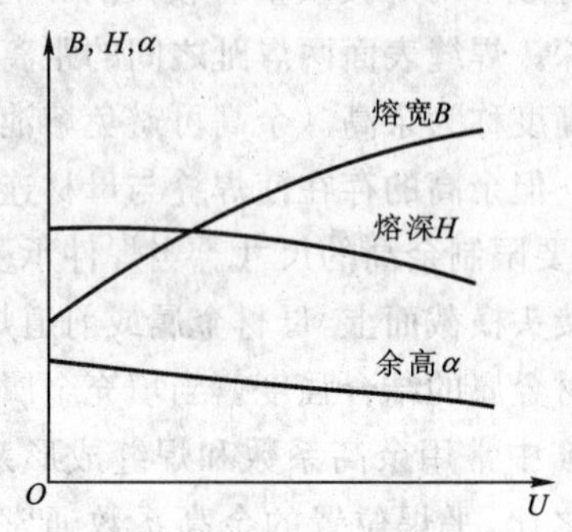

图 3.2-4　电弧电压对焊缝成形的影响

3. 焊丝伸出长度

焊丝伸出长度对焊缝成形的影响如图 3.2-5 所示。焊丝伸长对焊缝成形，特别是焊缝余高有很大影响。焊丝伸出长度增加，电阻热增加，使焊丝熔化加快，余高增加，熔合比(被熔化的母材部分在焊道金属中所占的比例)减小，而熔深略有下降。当焊丝直径愈小或材料电阻率愈大时，这种影响愈明显。

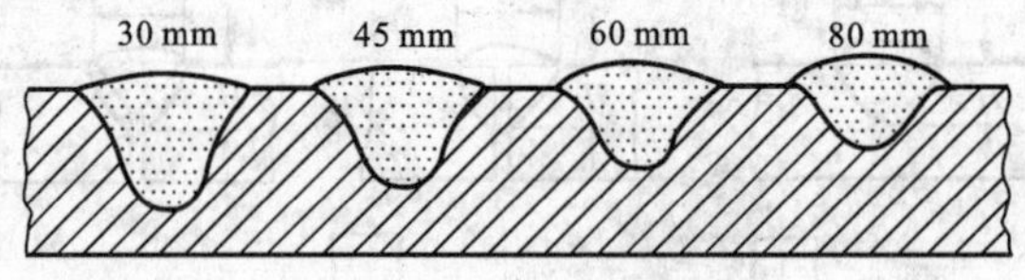

图 3.2-5　焊丝伸出长度对焊缝成形的影响

4. 极性

极性对焊缝成形的影响如图 3.2-6 所示。电流种类(直流或交流)和极性不同时，熔池处于电弧的阳极或阴极，或交变着极性，熔池温度及熔池形状有明显差别。对于熔化极电弧焊，直流反极性时熔深、熔宽均要比直流正极性时大。当采用交流焊接时，则介于两者之间。

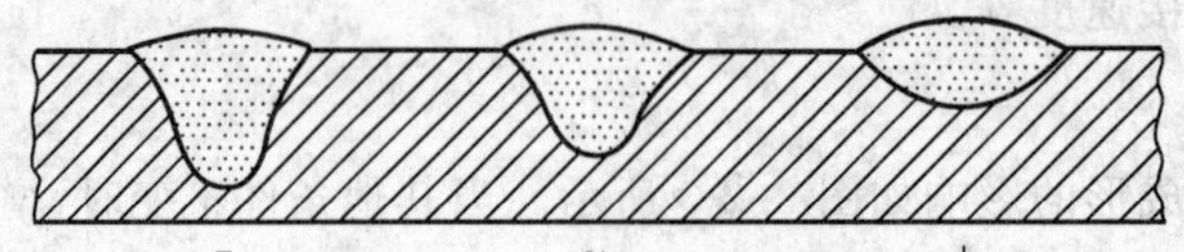

图 3.2-6　极性对焊缝成形的影响

5. 焊丝直径

焊丝直径对焊缝成形的影响如图 3.2-7 所示。当其他条件不变时，减小电极(焊丝)直径不仅使电弧截面减小，电流和功率密度提高，而且减小了电弧斑点飘动范围，因此熔深增加而熔宽减小。

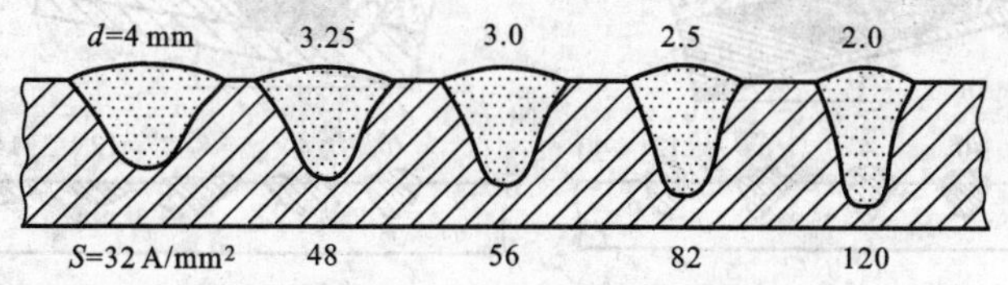

图 3.2-7　焊丝直径对焊缝成形的影响

6. 焊接速度

焊接速度对熔深和熔宽均有明显的影响。当焊速小于 40 m/h 时，随着焊速的增加，弧柱倾斜程度增大，有利于熔池金属向后流动，故熔深略有增加。但焊速＞40 m/h 后，由于线能量减小的影响增大，熔深和熔宽均明显减小。焊速的这种影响可以从电弧的热和力作用两方面来加以解释：

(1) 焊速较小时，电弧力的作用方向几乎是垂直向下的，随着焊速增大，弧柱后倾，有利于熔池液体金属在电弧力作用下向尾部流动，使熔池底部暴露，因而有利于熔深的增加。

(2) 焊速增加时，从焊缝的热输入和热传导角度来看，焊缝的熔深和熔宽都要减小。

以上两方面因素综合的结果是，低焊速时前者起主导作用，熔深随焊速增加而略有增加；当焊速超过一定值时，后者起主导作用，熔深就随焊速增加而减小。熔宽及余高则总是随焊速增加而减小。

实际生产中为提高生产率，增大焊速的同时必须加大电弧功率，以保持一定的线能量，从而保证一定的熔深和熔宽。

7. 焊丝倾角

当焊丝(电极)的倾角顺着焊接方向时叫后倾，逆着焊接方向时叫前倾，如图 3.2-8 所示。焊丝前倾时，电弧力对熔池液体金属后排作用减弱，熔池底部液体金属层增厚，阻碍了电弧对熔池底部母材的加热，故熔深减小。同时，电弧对熔池前部未熔化母材预热作用加强，因此熔宽增加，余高减小。前倾角度愈小，这一影响愈明显。焊丝后倾时，情况与上述相反。

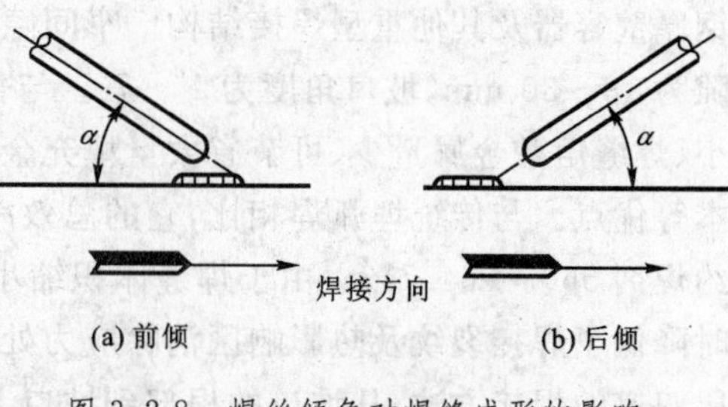

图 3.2-8　焊丝倾角对焊缝成形的影响

8. 焊件倾斜

焊件倾斜对焊缝成形的影响如图 3.2-9 所示。工件倾斜对焊缝成形可因焊接方向不同而有明显不同。当进行上坡焊时，熔池液体金属在重力和电弧力作用下流向熔池尾部，电弧能深入地加热熔池底部的金属，因而使熔深和余高都增加。同时，熔池前部加热作用减弱，电弧斑点飘动范围减小，熔宽减小。上坡角度愈大，影响愈明显。上坡焊时，焊缝会因余高过大，两侧出现咬边而明显恶化，因此在自动电弧焊中，实际上总是尽量避免采用上坡焊方法的。

下坡焊时的情况与上述相反，即熔深和余高略有减少，而熔宽将略有增加。可见，倾角的下坡焊可使焊缝表面成形得到改善，但如果倾角过大，则会导致未焊透和焊缝流溢等缺陷。

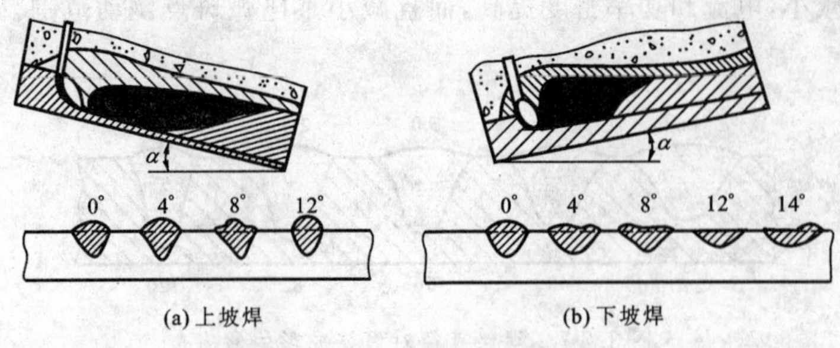

(a) 上坡焊　　(b) 下坡焊

图 3.2-9　焊件斜度对焊缝成形的影响

3.2.5　埋弧自动焊的发展

3.2.5.1　窄间隙埋弧焊

"窄间隙焊接"自 20 世纪 60 年代被提出之后，立即受到了世界各国焊接专家的高度关注，并相继投入了大量的研究。窄间隙焊接具有如下特征：

(1) 是利用了现有弧焊方法的一种特别技术；

(2) 多数采用 I 形坡口，坡口角度大小视焊接中的变形量而定；

(3) 一般采用多层焊接；

(4) 自下而上的各层焊道数目相同(通常为 1 或 2 道)；

(5) 采用小或中等热输入进行焊接；

(6) 有全位置焊接的可能性。

窄间隙埋弧焊出现于 20 世纪 80 年代，很快被应用于工业生产，其主要应用领域是低合金钢厚壁容器及其他重型焊接结构。窄间隙埋弧焊通常采用 I 形或者 U 形窄间隙坡口，坡口间隙为 18～30 mm，坡口角度为 1°～7°。与普通埋弧焊相比，它具有焊缝区域窄、焊缝断面面积小、焊缝熔敷金属量少、可节省大量填充金属和焊接时间、提高焊接效率，以及显著降低焊接成本等优点。与传统埋弧焊相比，它的总效率可提高 50%～80%，可节约焊丝 38%～50%，可节约焊剂 56%～64.7%。由于焊缝体积缩小，大大降低了焊接残余应力和被焊工件的变形，同时降低了焊接裂纹及热影响区消除应力处理裂纹的可能性。为保证根部和侧壁熔透，采用每层双道的焊接方法，从坡口的根部到坡口上表面，多层双道焊道彼此重叠，并且后一焊道的焊接热量对前一道焊道具有回火的作用，从而保证了各焊道的质量均匀，焊缝的金相组织及力学性能均能达到要求。窄间隙埋弧焊的焊接接头具有较高的抗延迟冷裂能力，其强度性能和冲击韧性优于传统宽坡口埋弧焊接头。不过，其坡口间隙窄，层间清渣困难，对焊剂的脱渣性能要求很高。

3.2.5.2　多丝埋弧焊

多丝埋弧焊是一种既能保证合理的焊缝成形和良好的焊接质量，又可提高焊接速度的有效方法。多丝焊目前采用最多的是双丝焊。双丝焊可以用一个电源或两个独立电源。前者设备简单，但每一个电弧功率要单独调节，较困难；后者设备复杂，但两个电源可以独立调节功率，并且可以采用不同电流种类和极性以获得更理想的焊缝成形。

1. 多电源串列双(多)丝埋弧焊

多电源串列双丝埋弧焊中每一根焊丝由一个电源独立供电，根据两根焊丝间距的不同，其方法有共熔池法和分离电弧法两种。前者特别适合焊丝掺合金堆焊或焊接合金钢；后者能起前弧预热、后弧填丝及后热作用，以达到堆焊或焊接合金不出裂纹和改善接头性能的目的。在双丝埋弧焊中多用后一种方法。

2. 单电源并列双(多)丝埋弧焊

单电源并列双(多)丝埋弧焊实际是用两根较细的焊丝代替一根较粗的焊丝，两根焊丝共用一个导电嘴，以同一速度且同时通过导电嘴向外送出，在焊剂覆盖的坡口中熔化。这些焊丝的直径可以相同也可以不相同；焊丝的化学成分可以相同也可以不相同。焊丝的排列以及焊丝之间的距离影响焊缝的形成及焊接质量，焊丝之间的距离及排列方式取决于焊丝的直径和焊接参数。由于两丝靠得比较近，两焊丝形成的电弧共熔池，并且两电弧互相影响，这也正是并列双丝埋弧焊优于单丝埋弧焊的原因。交直流电源均可使用，但直流反接能得到最好的结果。

对于并列双丝焊的优点，首先是能获得更高质量的焊缝，这是因为两电弧对母材的加热区变宽，焊缝金属的过热倾向减弱；其次，平均焊接速度比单丝焊提高150%；第三，焊接设备简单，这种焊接方法在很多方面可以和串列双丝埋弧焊的焊速和熔敷率相比，而设备的投资费用仅为串列双丝埋弧焊设备的一半，并且这种工艺很容易推广到多丝焊，焊丝在导电嘴中有多种排列方式。

3. 单电源串联双丝埋弧焊

单电源串联双丝埋弧焊方法是两丝通过导电嘴分接电源的正负两极，母材不通电，电弧在两焊丝之间产生，即两焊丝是串联的。两焊丝既可横向排置，也可纵向排置。两丝之间夹角最好为45°。焊接电流和两焊丝与工件之间的距离是最重要的控制焊缝成形及熔敷金属质量的因素。焊接电流越大，则熔深越大；增大两丝与工件之间的距离，可获得最小的熔深和热输入。另外，电弧周围的磁场和电弧电压也影响焊缝成形，这是因为两焊丝中的电流方向是相反的，电弧自身磁场产生的力使电弧铺展。焊接电压在20～25 V时，电弧稳定性和焊缝成形均较好。根据实际应用，既可用直流电源，也可用交流电源。

这种焊接工艺的熔敷速度是普通单丝埋弧焊的2倍，对母材热输入少，熔深浅，熔敷金属的稀释率低于10%，最小可达1.5%(普通单丝埋弧焊最小稀释率为20%)。因此，它特别适合在需要耐磨耐蚀的表面堆焊不锈钢、硬质合金或有色金属等材料。

4. 热丝填丝埋弧焊

热丝填充方法最早是为了提高TIG焊的效率，随着在TIG焊上的成功应用，后来又发展到埋弧焊中。热丝填丝埋弧焊可以只用一个电源，也可以用两个电源。双电源热丝填丝埋弧焊工艺是在普通的埋弧焊基础上附加一套送丝机构，将另外一根焊丝由预热电源加热至接近熔化状态后，均匀地送入埋弧自动焊所形成的熔池内，用熔池的热量熔化热丝。

热丝填丝埋弧焊具有以下优点：

(1) 由于热丝被加热到近于熔点温度而熔入埋弧焊熔池，故可大幅度提高埋弧焊效率；

(2) 热丝先靠电阻热加热，加热范围小，能耗少；

(3) 热丝的填充相对降低了熔池的温度，故焊缝热影响区小，接头力学性能优良。

3.2.5.3　带极埋弧焊

带极埋弧焊采用矩形截面的钢带取代圆形截面的焊丝作电极。它不仅可提高填充金属的熔化量,提高焊接生产率,还可增大焊缝成形系数,即在熔深较小的条件下大增加焊道宽度。该焊接方法很适合于多层焊时表层焊缝的焊接,尤其适合于埋弧堆焊。

§3.3 钨极氩弧焊

钨极氩弧焊简称 GTAW(gas tungsten arc welding)或 TIG(tungsten inert gas)焊,是非熔化极气体保护焊的一种。它是在氩气(Ar)的保护下,利用钨电极与工件间产生的电弧热熔化母材和填充焊丝(如果使用填充焊丝)的一种焊接方法。其优点是电弧和熔池可见性好,操作方便,焊接质量高;焊接时不产生熔渣或有很少熔渣,无需焊后清渣处理。它适用于各种位置的焊接。

3.3.1 钨极氩弧焊的基本原理及特点

3.3.1.1 钨极氩弧焊的基本原理

钨极氩弧焊工作原理如图 3.3-1 所示。焊枪的前面有一个喷嘴,钨极夹持在其中并伸出一定长度。电流经导电嘴输入并在钨极和焊件之间产生电弧。与此同时,氩气从焊枪的喷嘴中连续喷向焊接区,在电弧周围形成气体保护层隔绝空气,以保护钨极、电弧及熔池,防止其对钨极、熔池及邻近热影响区的有害影响,从而获得优质的焊缝。焊接过程中,根据工件的具体要求可以添加或者不加填充焊丝。

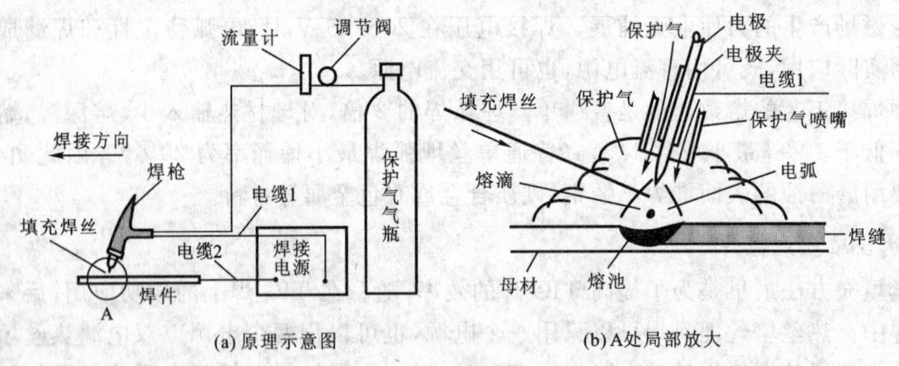

图 3.3-1 钨极氩弧焊示意图

由于钨的熔点很高(3 653 K),电弧燃烧过程中钨极不熔化,易于维持恒定的电弧长度,所以焊接过程稳定。

3.3.1.2 钨极氩弧焊的特点

钨极氩弧焊具有如下特点:

(1) 钨极不熔化,只起导电和产生电弧作用,比较容易维持电弧的长度,焊接过程稳定,易实现机械化,保护效果好,焊缝质量高。

(2) 适用于焊接厚度为 6 mm 以下的薄板。为了减少钨极烧损,焊接电流不宜过大。

(3) 一般不采用直流反接。钨极熔点高、温度高、发射电子能力强,所需的阴极电压小。当钨极作阴极时,发热量小,钨极烧损小;当钨极作阳极时,发热量大,钨极烧损严重,电弧不稳定,焊缝易产生夹钨缺陷。焊接铝、镁及其合金时,由于"阴极破碎"作用而采用交流电源或直流反接。

(4) 钨极氩弧焊需加填充金属时,填充金属可为焊丝,也可为填充金属条,或者采用卷边接头等。填充金属可采用与母材相同的同种金属,也可根据需要增加一些合金元素,在熔池中进行冶金处理,以防气孔等。

(5) 由于钨极的承载电流能力有限,使钨极氩弧焊的功率密度受到制约,致使熔深浅,熔敷速度小,生产率低。

由于氩气的保护,隔离了空气对熔化金属的有害作用,所以钨极氩弧焊广泛用于焊接容易氧化的有色金属铝、镁等及其合金、不锈钢、高温合金、钛以及钛合金,还有难熔的活性金属(如钼、铌、锆等),而一般碳钢、低合金钢等普通材料,除了对焊接质量要求很高的场合,一般不采用钨极氩弧焊。表 3.3-1 为钨极氩弧焊的适用范围。

表 3.3-1　钨极氩弧焊的适用范围

被焊材质	碳钢、合金钢、不锈钢、耐热钢、耐热合金钢、难熔金属、铝合金、铜合金及钛合金等
被焊板厚	适宜于焊接薄板,可以焊接的最小板厚为 0.15 mm
焊接位置	全位置
焊件形状	手工焊适宜于焊接形状复杂的焊件、难以接近的部位或间断短焊缝;自动焊适宜于焊接有规则的长焊缝,如纵缝、环缝或曲线焊缝

3.3.2　钨极氩弧焊的电流种类和极性

3.3.2.1　直流正接

直流正接时,钨极是阴极,具有很强的热电子发射能力,同时由于阴极斑点集中,电弧稳定。焊件作阳极,产生的热量大,熔深大,生产率高;钨极上产生的热量少,不易过热,允许通过的焊接电流较大。除铝、镁合金及铝青铜外,一般金属焊接均采用此种连接方法。

采用直流正接有如下优点:

(1) 工件为阳极,接收电子轰击放出的全部动能和逸出功,电弧比较集中,阳极加热面积比较小,可获得窄而深的焊缝。

(2) 由于钨极的热电子发射能力强,所以正接时电弧非常稳定。

(3) 由于钨极发射电子的同时具有很强的冷却作用,所以钨极不易过热,这样采用正接法时钨极允许通过的电流要比反接时大很多。

3.3.2.2　直流反接

直流反接时,钨极是阳极,电子流撞击钨极,放出大量热量,使得钨极具有很高的温度而过热，使钨极熔化，无法使电弧保持长期稳定燃烧，且熔化的钨极一旦进入焊缝，还会形成夹钨，影响焊缝质量，所以反接时钨极允许承受的焊接电流很小。此时，焊件为阴极，阴极斑点活动范围大，易散热，电子发射困难，电弧稳定性差，熔池浅而宽，生产率低，因此一般不推荐使用。不过，焊件为阴极时，质量较大的氩离子撞击熔池表面，使熔池表面极易形成的高熔点氧化膜破碎，有利于焊接熔合和保证质量，此现象称为“阴极破碎”（也叫阴极雾化）作用（图 3.3-2）。

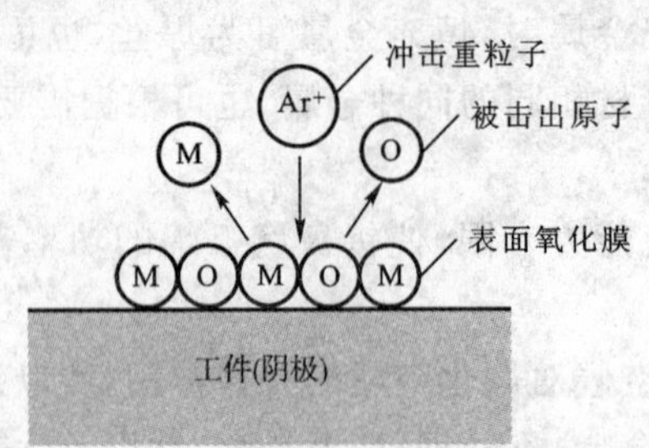

图 3.3-2 “阴极破碎”作用示意图

焊接铝、镁及其合金时，“阴极破碎”作用是保证焊接过程顺利进行的关键。这是因为存在一层致密难熔的氧化膜覆盖在这些金属的熔池表面及坡口边缘，如不及时清除，焊接时会产生未熔合、气孔、夹渣等缺陷，对焊缝质量造成影响。由于直流反接的热作用对焊接是不利的，所以采用钨极氩弧焊焊铝、镁及其合金，铝青铜时一般都采用交流电源。

3.3.2.3 交流

交流电流的极性周期性变换，相当于在每个周期中半波为直流正接，半波为直流反接。正接的半波期间，钨极为负极，此时相当于直流正接，钨极可以发射足够的电子而又不至于过热，有利于电弧的稳定；反接的半波期间，钨极为正极，相当于直流反接，具有“阴极破碎”作用，可以清除熔池表面的氧化膜，获得表面光亮美观、成形良好的焊缝。这样，同时兼顾了阴极清理作用和钨极烧损少、电弧稳定性好的效果。对于活性强的铝、镁、铝青铜等金属及其合金，一般都选用交流氩弧焊。

但采用交流焊接时存在如下问题：

（1）由于正负半周的电子发射能力不同，焊接电流的大小也不同，会产生直流分量。

（2）必须采取稳弧措施。由于交流焊机中存在电流不断换向的问题，当电流改变方向时，都有一极短时间内没有电流流过，导致电弧不稳，甚至熄弧，所以交流电弧没有直流电弧稳定。

1. 直流分量

交流电焊接铝、镁等金属时，钨极和铝、镁等工件的电子发射能力是不同的，钨极作阴极时发射电子的能力比较强。正半周时钨极作阴极，电弧空间电子数目增多，导电容易，相当于电弧的等效电阻减小，所以在相同电源电压下，电弧电流就增大；反之，负半周时，电弧电流比较小（图 3.3-3）。由于两半周的电流不对称，所以交流电弧的电流可以看成由两部分构成：一部分是交流电，另一部分是叠加在交流部分上的直流电，这部分直流电流就称为直流分量，它的方向与正半周内的电流方向相同，由母材流向钨极。这种交流电弧中产生直流分量的现象称为钨极交流氩弧焊的“整流作用”。一般来说，两种电极材料的物理性能差别越大，直流分量就越大。直流分量的出现会使阴极破碎作用减弱，影响焊接变压器的正常工作，所以有必要消除直流分量。

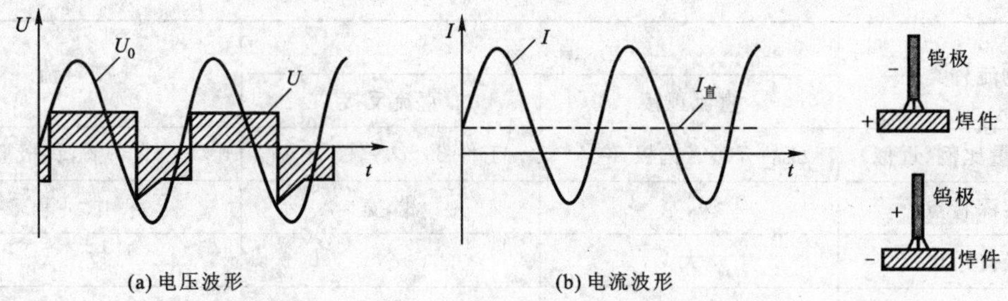

图 3.3-3　交流钨极氩弧焊时电弧电压和电流波形及直流分量示意图

U_0—电源空载电压；I—电流；U—电弧电压

在焊接回路中串入反极性电池和隔离电容可以消除直流分量。反极性电池产生的电流方向与直流分量方向相反，电容则只允许交流通过而直流电不能通过。

2. 稳弧措施

由于交流氩弧焊的电压和电流随时间的延续，其幅值和极性在不断变化，每秒有 100 次过零，因此电弧的能量也是在不断变化，电弧空间温度亦随之改变。电流过零时，电弧熄灭，下半周必须重新引燃，重新引燃所需的电压值与电弧空间气体残余电离度、电极发射电子能力及反向电源电压上升速度有关，因此焊接参数、电弧空间气体介质、电极材料、电源的动态特性等影响交流氩弧的引弧和稳弧性，必须要采取相应的措施。一般采用高频振荡器引弧或采用高压脉冲来引弧和稳弧。

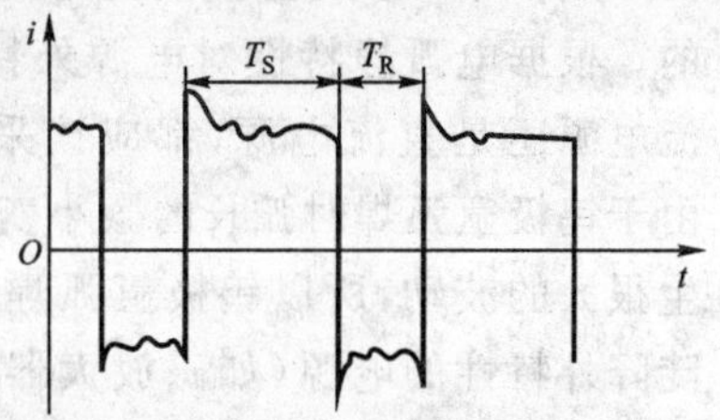

图 3.3-4　方波电源焊接电流波形图

最近发展的方波交流电源(图 3.3-4)不仅能很好地改善交流电弧的稳定性，还能合理地分配钨极和工件之间的热量，在满足阴极清理的条件下，最大限度地减少钨极烧损和获得大的熔透深度。

方波电源的优点是：

(1) 方波过零后电流增长快，再引燃容易，与一般正弦波相比，大大提高了稳定性能。

(2) 由于可根据焊接条件选择最小而必要的反转比(交流方波正负半周宽度可调值)，使其既能满足清理氧化膜的需要，又能获得最大的熔深和最小的钨极损耗。

(3) 由于采用电子电路控制，正、负半周电流幅值可调，焊接铝、镁及其合金时，无需另加消除直流分量的装置。

表 3.3-2 为各种电流钨极氩弧焊特点。

表 3.3-2　各种电流钨极氩弧焊特点

电流种类	直流		交流
	直流正接	直流反接	
示意图	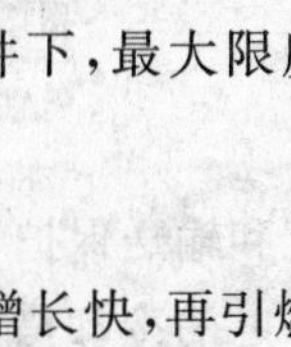	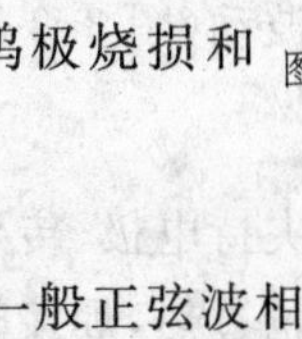	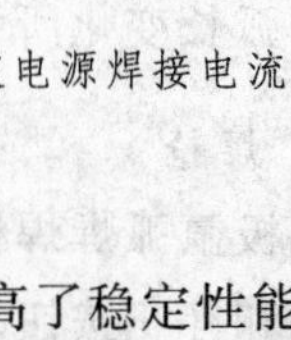

续表

电流种类	直流		交流
	直流正接	直流反接	
两极热量比例(近似)	工件70%,钨极30%	工件30%,钨极70%	工件50%,钨极50%
熔深特点	深,窄	浅,宽	中等
钨极许用电流	大	小	较大
阴极破碎作用	无	有	有
适用材料	除铝、镁及其合金,铝青铜外的其他金属	一般不采用	铝、镁及其合金,铝青铜等

3.3.3 钨极氩弧焊设备及焊接材料

1. 焊接电源

钨极氩弧焊时,由于使用的电流密度较小以及氩气的导热率小,电弧基本不受压缩,电弧的静特性是水平的。根据电弧静特性对电源外特性的要求,无论采用交流电源还是直流电源,都应该采用下降外特性的电源。由于钨极氩弧焊时弧长的微小变化都会引起焊接电流发生很大的波动,所以钨极氩弧焊时最理想的是采用垂直陡降外特性的电源(如磁放大器式硅弧焊整流器),以消除由于弧长变化所引起的电流波动(图3.3-5)。

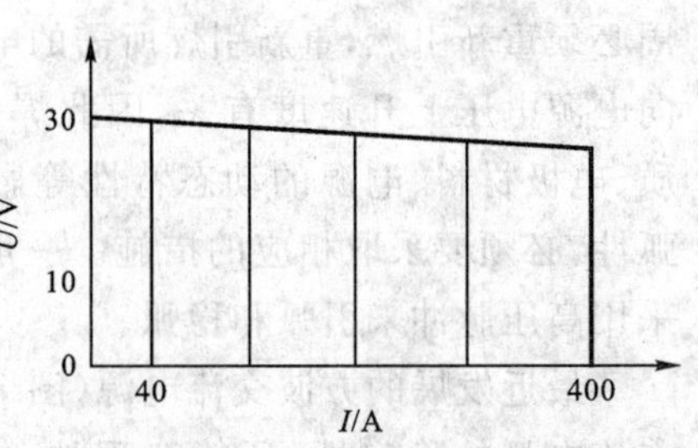

图3.3-5 垂直陡降外特性

2. 焊枪

钨极氩弧焊焊枪的作用是夹持电极、传导焊接电流和输送保护气体。手工焊焊枪手把上装有启动和停止按钮。为防止焊枪过热,焊接时要采取一定的冷却措施。焊枪可以用气冷,也可以用水冷。气冷焊枪适合于进行小电流(一般≤150 A)焊接,而水冷焊枪建议在焊接电流较大(一般大于150 A)时使用。为控制保护气体的方向和分布,焊枪端部都装有喷嘴,安装时一定要保证钨极和喷嘴间的同心度,否则会降低气体的保护效果。

3. 电极

TIG焊时,电极可以是纯钨,也可以是钨合金,这是因为它们满足非熔化极气体保护焊时电极材料要满足的三个要求:

(1) 耐高温、焊接过程中不发生损耗。

(2) 电流容量大。如果焊接电流超过电极许用电流,电极端部就容易熔化。钨和钨合金的电流容量都比较大。

(3) 引弧和稳弧性好。电极的引弧和稳弧性能取决于电极材料的逸出功。逸出功越低,电极发射电子的能力越强,引弧和稳弧性能越好。

一般来说,用纯钨极效果比不上用钨合金极。实践证明,加入一定含量ThO_2,Y_2O_3,ZrO_2,CeO_2的钨合金极性能较好。

钍钨极由于加入氧化钍可以增大电极的电流容量和电子发射能力，在给定电流下使电极尖端保持较低温度并使起弧更为容易，一般用于直流正接焊接，而直流反接或交流焊接时效果不明显，且钍钨极具有微量放射性，影响人体健康。与钍钨极相比，铈钨极在相同参数下的弧束较细长，温度更集中，其在直流焊接时阴极压降低，更易引弧，稳弧性也好，且放射剂量比钍钨极要低，因此在国内正在推广应用，但它不适合大电流焊接。锆钨电极在特别需要防止电极对母材产生污染时选用。

使用钨极时，要合理选择钨极的直径和电极形状。选择电极直径时，要根据焊接电流来定。电弧焊时，电流可以是直流，也可以是交流，而直流弧焊时又分为直流正接和直流反接。由于直流反接时钨极发热量比正接时大，所以反接时钨极直径要大于正接时的直径，交流时钨极发热情况处于直流正接和反接之间，所以钨极直径也居中。当然，TIG 焊一般都采用直流正接，既能防止钨极烧损，又能节省钨极材料。

为了产生好的焊缝，钨极还必须具有一定的形状（图 3.3-6）。为了使电弧集中，钨极端部以锥形最好。但是电流大时，锥尖容易熔化和烧损，电弧斑点会扩展到钨极前端的锥面上，使弧柱明显扩散漂移而影响焊缝成形（图 3.3-7），所以钨极端部一般磨成平底锥形。小电流焊接时可以直接用锥形端部的钨极。

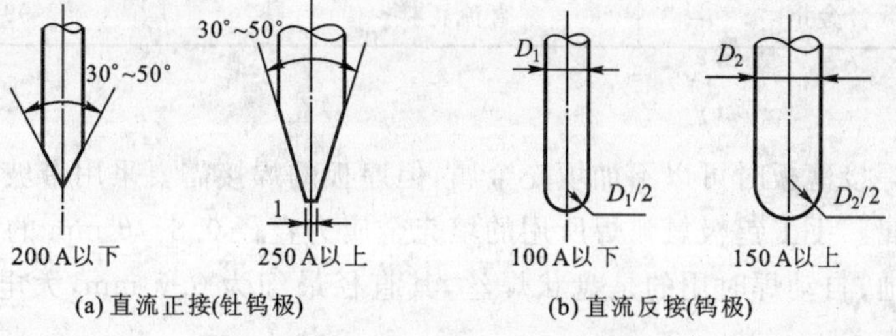

图 3.3-6　钨极端部的形状

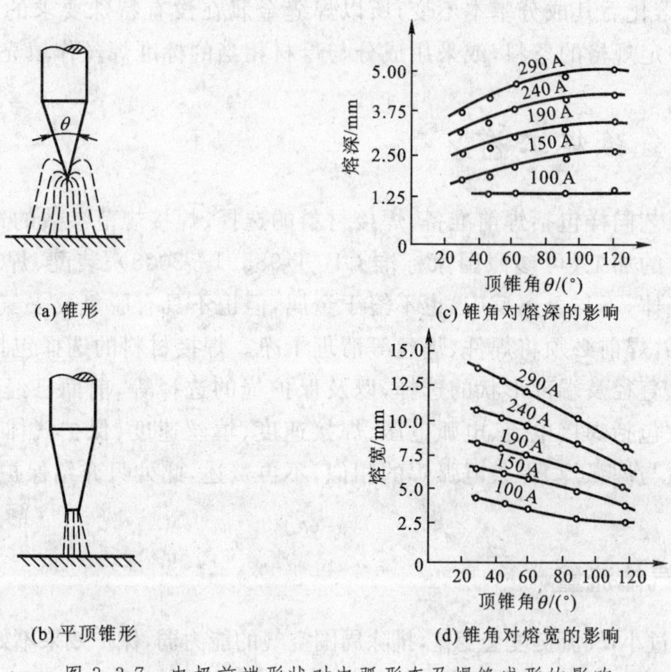

图 3.3-7　电极前端形状对电弧形态及焊缝成形的影响

4. 保护气体

TIG焊的保护气体可以是氩气、氦气或氩气和氦气的混合气体。因为氩气比氦气便宜、容易引弧，而且在一定的焊速下能得到比较窄的焊缝，热影响区也小，所以氩气使用更为普遍。

氩气是惰性气体，保护效果极好，可以获得优质焊缝。但由于氩气没有脱氧作用，所以TIG焊中对氩气的纯度要求很高，否则会严重影响焊接质量。一般来说，氩气的纯度应不低于99.7%，氧和其他气体及水分的含量应极小。表3.3-3为不同金属焊接时对氩气纯度的要求。

表3.3-3　不同金属焊接时对氩气纯度的要求

被焊母材	电流种类	氩气纯度(体积分数)/%
钛及其合金	直流正接	99.99
镁及其合金	交　流	99.9
铝及其合金	交　流	99.9
铜及其合金	直流正接	99.8
不锈钢、耐热钢	直流正接	99.7
低碳钢、低合金钢	直流正接	99.7

5. 焊丝

钨极氩弧焊焊接薄板时可以不加填充金属，但厚板的焊接需要采用带坡口的接头，因此焊接时需用填充金属。手工钨极氩弧焊所用的填充金属为直径0.8～6 mm的直棒(条)，焊接时用手送向焊接熔池；自动焊时用的是盘状焊丝，其直径最细为0.5 mm，大电流或堆焊用的焊丝直径可达5 mm。

焊丝的化学成分一般要求与母材相同。由于在惰性气体保护下焊接时不会发生金属元素的烧损，填充金属熔化后其成分基本不变，所以焊缝金属在没有特殊要求的情况下，可以采用从母材上剪下的一定规格的条料，或采用成分与母材相当的标准焊丝作填充金属材料。

3.3.4　钨极氩弧焊工艺

钨极氩弧焊工艺同样包括焊前准备、焊接材料的选择、焊接规范参数的选择、工艺措施等。焊前准备包括坡口的加工(可参照国家标准GB/T 985.1—2008)、装配、焊件焊丝的清理等。由于氩气为惰性气体，不与金属反应，也不溶于金属，但也不具有脱氧及去氢能力，因此对焊件上的油污比较敏感，焊前必须将焊件、焊丝等清理干净。焊接材料的选择包括焊丝直径及材料的选择，钨极材料、直径及端部形状的选择，以及保护气的选择等，前面已经介绍，在此不再复述。焊接规范参数包括焊接电流、电弧电压、焊接速度、填丝速度、保护气体流量、钨极伸出长度等。前几个参数与埋弧焊、焊条电弧焊的相似，不再赘述，此处只介绍保护气体流量、钨极伸出长度的影响。

3.3.4.1　保护气体流量

保护气体流量过小，气流挺度会变差，排除周围空气的能力弱，保护效果不好。但流量过大，容易形成湍流，导致空气卷入，保护效果也不好。只有流量合适时喷出的气流是层流，保护效果好。

流量的选择通常先要考虑所需保护的范围、焊枪喷嘴尺寸以及所使用焊接电流的大小。对于一定孔径的喷嘴，随着焊接速度和弧长的增加，气体流量也应增加；喷嘴直径、钨极伸出长度增加时，气体流量也应相应增加。可按下式计算氩气流量：

$$Q=(0.8\sim1.2)D \tag{3.3-1}$$

式中，Q 为氩气流量，L/min；D 为喷嘴直径，mm。

式(3.3-1)中，D 小时 Q 取下限，D 大时 Q 取上限。

选择保护气体流量时还要考虑外界气流、焊接速度和焊接接头形式等因素的影响。焊接速度越大，保护气流遇到的空气阻力越大，使保护气体偏向运动的反方向；若焊接速度过大，将失去保护(图3.3-8)。因此，在增加焊接速度的同时，应相应增加气体流量。在有风的地方焊接时，应适当增加氢气流量。一般最好在避风的地方焊接。

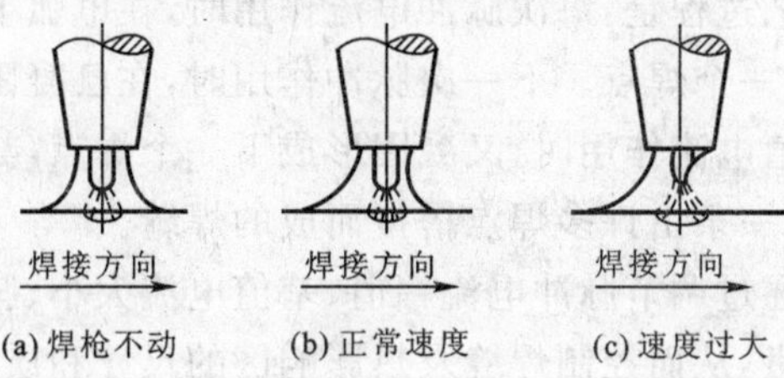

图3.3-8　焊接速度对保护气体保护效果的影响

采用不同的接头形式时，氩气流的保护作用也不同。对接接头和T形接头焊接时，具有良好的保护效果，如图3.3-9(a)和(b)所示，不必采取其他工艺措施；进行端头焊及端头角焊时，保护效果最差，如图3.3-9(c)和(d)所示，在焊接这类接头时，除增加氩气流量外，为了改进保护效果，可采用加挡板的方法，如图3.3-9(e)和(f)所示。

此外，焊接电流、电压、焊枪倾斜角度、填充丝送入情况对保护气体层也有一定影响。

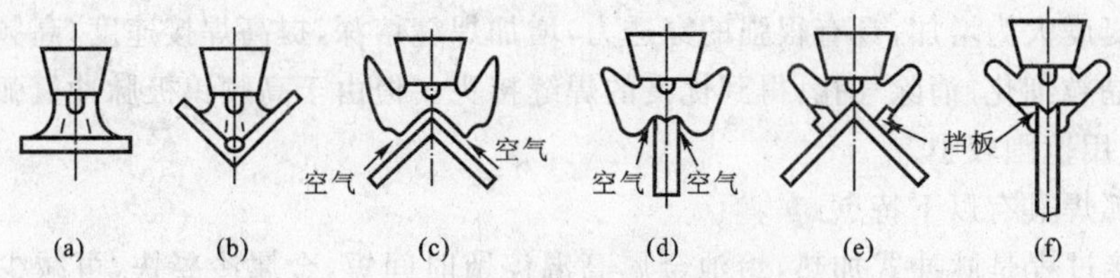

图3.3-9　接头形式对氩气保护效果的影响

3.3.4.2　钨极伸出长度

为了防止电弧热烧坏喷嘴，钨极应伸出喷嘴一定长度。钨极从喷嘴端部伸出的距离称为钨极伸出长度，它对焊接保护效果及焊接操作性均有影响。钨极伸出长度越小，喷嘴与工件的距离越近，保护效果越好，但过近会妨碍对熔池的观察。

钨极伸出长度通常取决于焊接接头的外形。对接焊时，钨极伸出长度以5～6 mm为好，角焊缝时以7～8 mm为好。

实际焊接时，确定各焊接参数的顺序是：根据被焊材料确定焊接电流的种类、极性和大小，然后选定钨极的种类和直径，再选定焊枪喷嘴直径和保护气体流量，最后确定焊接速度。在施焊的过程中，根据情况适当调整钨极伸出长度和焊枪与焊件的相对位置。

3.3.5 钨极氩弧焊的进展

为了克服钨极氩弧焊生产效率低的弱点，扩大其应用范围，发展了很多新的工艺方法，如钨极脉冲氩弧焊、热丝钨极氩弧焊、钨极氩弧点焊、双弧或多弧钨极氩弧焊等。

3.3.5.1 钨极脉冲氩弧焊

利用基值电流保持主电弧的电离通道，并周期性地加一同极性高峰值脉冲电流产生脉冲电弧，以熔化金属并控制熔滴过渡的氩弧焊叫做脉冲氩弧焊。利用钨极的脉冲氩弧焊叫做钨极脉冲氩弧焊。

钨极脉冲氩弧焊的工艺过程是：每次脉冲电流作用时，在电弧下面产生一个熔池。基值电流作用时，熔池凝固而形成一个焊点。下一次脉冲作用时，在已凝固焊点的部分面积和母材金属上产生一个新熔池。基值电流作用时，又凝固形成下一个焊点，与前一个焊点搭接。如此周而复始地重复下去，就形成一条由许多焊点搭接而成的焊缝。

钨极脉冲氩弧焊可以通过调节脉冲电流幅值、基值电流大小、脉冲电流持续时间和基值电流持续时间来控制热输入量，从而控制焊缝及热影响区的尺寸和质量。

钨极脉冲氩弧焊使用的焊接电流可以是直流或交流。交流钨极脉冲氩弧焊用于焊接铝、镁及其合金；直流钨极脉冲氩弧焊用于焊接除铝、镁及其合金以外的其他金属材料，目前应用广泛。

直流钨极脉冲氩弧焊按照脉冲频率可分为低频(0.1～15 Hz)、中频(100～500 Hz)和高频(10～20 kHz)三种，其中低频钨极脉冲氩弧焊应用最广泛。中频钨极脉冲氩弧焊可在一定程度上增加熔深，细化晶粒，可提高钛、锆等材料焊缝金属的韧性，主要用于航空、航天重要部件的焊接。当脉冲电流频率超过 5 kHz 后，电弧具有强烈的电磁收缩效果，使得高频电弧的能量密度和挺度大为增加，具有很强的穿透力，增加焊缝熔深，提高焊接速度；高频电弧的振荡作用有利于晶粒细化、消除气孔，得到优良的焊缝接头。但由于高频钨极脉冲氩弧焊电源的造价很高，故应用范围较小。

脉冲氩弧焊具有以下特点：

(1) 焊接过程是脉冲式加热，熔池金属高温停留时间短，金属冷凝快，可减少热敏感材料生产裂纹的倾向性。

(2) 焊件热输入少，电弧能量集中且挺度高，接头热影响区和变形小，有利于薄板、超薄板焊接，可以焊接 0.1 mm 厚不锈钢薄片。

(3) 可以精确地控制热输入和熔池尺寸，得到均匀的熔深，适合单面焊双面成形和全位置管道焊接。

(4) 高频电弧振荡作用有利于获得细晶粒的金相组织，消除气孔，提高接头的力学性能。

(5) 高频电弧挺度大、指向性强，适合高速焊，焊接速度最高可达 3 m/min，大大提高生产率。

3.3.5.2 热丝钨极氩弧焊

热丝钨极氩弧焊的填充焊丝在进入熔池之前约100 mm处开始由加热电源通过导电块对其供电，依靠电阻热将焊丝加热至预定温度(650～850 ℃)，然后再进入熔池，熔敷速度可比通常所用的冷丝提高 2～3 倍，如图 3.3-10 所示。

热丝钨极氩弧焊的优点在于不仅提高了焊接效率，还由于减少了焊接热输入而提高了接头的质量，如今热丝焊接已成功用于碳钢、低合金钢、不锈钢、镍和钛等的焊接。铝和铜的焊接不推荐采用热丝焊接，这是因为热丝钨极氩弧焊时，由于流过焊丝的电流所产生磁场的影响，电弧产生磁偏吹而沿焊缝作纵向偏摆。铝、铜的电阻率小，要求很大的加热电流，从而造成过大的电弧磁偏吹和熔化不均匀。为此，用交流电源加热填充焊丝，以减少磁偏吹。

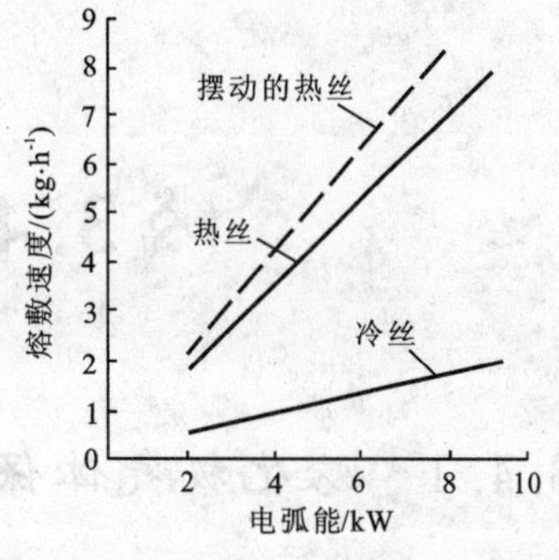

图 3.3-10　热丝与冷丝熔敷速度比较

3.3.5.3　钨极氩弧点焊

钨极氩弧点焊的原理如图 3.3-11 所示，焊枪端部的喷嘴将被焊的两块母材压紧，保证连接面密合，然后靠钨极和母材之间的电弧使钨极下方金属局部熔化形成焊点。它主要用于焊接各种薄板结构以及薄板与较厚材料的连接，所焊材料目前主要为不锈钢、低合金钢等。

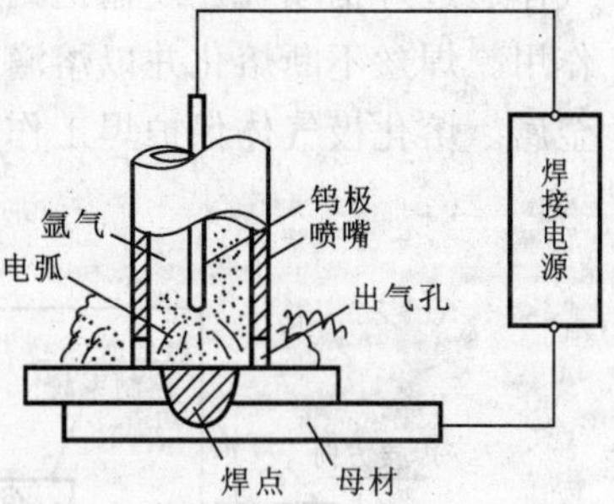

图 3.3-11　钨极氩弧点焊示意图

钨极氩弧点焊有如下特点：

(1) 可从一面进行点焊，方便灵活，对于那些无法从两面操作的构件有特殊的意义；

(2) 更易于点焊厚度相差悬殊的工件，且可将多层板材点焊；

(3) 焊点尺寸容易控制，焊点强度可在很大范围内调节；

(4) 需施加的压力小，无需加压装置；

(5) 设备费用低廉，耗电量少；

(6) 焊接速度不如电阻点焊高；

(7) 焊接费用较高。

3.3.5.4　双弧或多弧钨极氩弧焊

双弧或多弧钨极氩弧焊的采用是为了提高钨极氩弧焊的效率。图 3.3-12 所示为一种双弧钨极氩弧焊系统示意图，为了消除两个电弧的相互干扰，采用了对两个电弧交替供电的方式，以消除磁偏吹现象。由于双弧交替对同一熔池加热，输入热量增加，焊接效率明显提高。

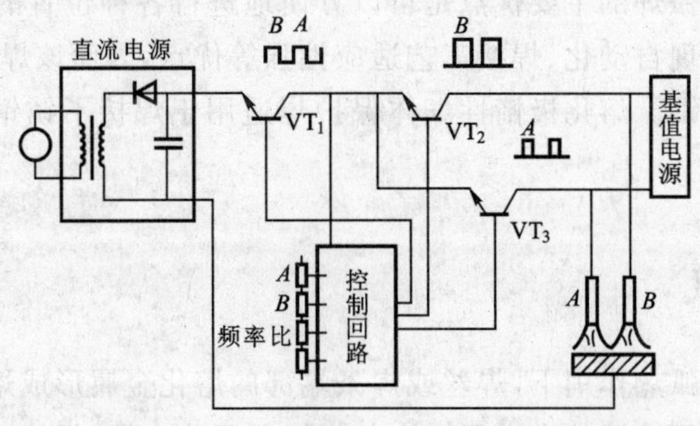

图 3.3-12　双弧钨极氩弧焊系统示意图

§3.4 熔化极气体保护焊

3.4.1 熔化极气体保护焊的基本原理及特点

熔化极气体保护焊(gas metal arc welding,GMAW)利用可熔化的焊丝作电极,以连续送进的焊丝与被焊工件之间燃烧的电弧作为热源来熔化焊丝和母材金属。在焊接过程中,保护气体通过焊枪喷嘴连续输送到焊接区,使电弧、熔池及其附近的母材金属免受周围空气的有害作用。焊丝不断熔化并以熔滴的形式过渡到熔池中,与熔化的母材金属熔合、冷凝后形成焊缝金属。熔化极气体保护焊工作原理如图 3.4-1 所示。

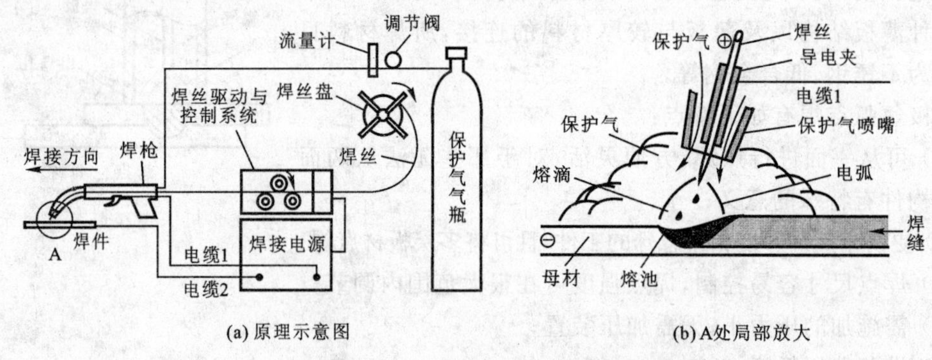

图 3.4-1　熔化极气体保护焊工作原理示意图

常用的保护气体包括氩气、氦气、二氧化碳气体,以及这些气体的混合气。当以氩气或氦气为保护气时,称为熔化极惰性气体保护电弧焊,在国际上简称为 MIG 焊(metal inert gas welding);当以惰性气体与氧化性气体(O_2,CO_2)的混合气为保护气或以 CO_2气体、CO_2+O_2混合气为保护气时,统称为熔化极活性气体保护电弧焊,在国际上简称为 MAG 焊(metal active gas welding);当以 CO_2为保护气体时,称为 CO_2气体保护电弧焊(carbon-dioxide arc welding)。

熔化极气体保护电弧焊的主要优点是可以方便地进行各种位置的焊接,同时具有速度较快、熔敷率较高、易于实现自动化、焊接工艺适应性强等优点,因而该焊接方法适用于焊接大部分金属,包括碳钢、合金钢。熔化极惰性气体保护焊适用于焊接不锈钢、铝、镁、铜、钛、锆及镍合金。

3.4.2 熔滴过渡

熔滴过渡是指在电弧热作用下,焊丝或焊条端部的熔化金属形成熔滴,受到各种力的作用从焊丝端部脱离并过渡到熔池的全过程。它与焊接过程稳定性、焊缝成形、飞溅大小等有直接关系,并最终影响焊接质量和生产效率。

3.4.2.1　影响熔滴过渡的力

焊丝端部熔化金属形成的熔滴受到各种力的作用,各种力对熔滴过渡的影响是不同的。作用在熔滴上的力主要有重力、表面张力、电磁力、等离子流力、斑点压力等。

1. 重力

重力对熔滴过渡的影响取决于焊缝的空间位置。平焊位置,重力方向和熔滴过渡的方向相同,促使熔滴脱离焊丝末端,有利于熔滴过渡;立焊和仰焊位置,重力阻碍熔滴脱离焊丝末端,不利于熔滴过渡。

2. 表面张力

如图 3.4-2 所示,表面张力垂直作用于焊丝末端与熔滴相交并且相切的圆周面上,是在焊丝端头上保持熔滴的主要作用力,其大小为 $F_\delta = 2\pi R\sigma$(σ 为表面张力系数,R 为熔滴半径)。表面张力可以分解为径向分力 $F_{\delta r}$ 和轴向分力 $F_{\delta a}$(图 3.4-2)。其中,径向分力使熔滴在焊丝末端产生缩颈;轴向分力使熔滴保持在焊丝末端,阻碍熔滴过渡。因此,通常情况下(如平焊位置),表面张力是阻碍熔滴过渡的。焊丝越细,表面张力越小,越有利于熔滴过渡。但在仰焊、立焊、横焊时,由于熔滴与熔池接触时表面张力有将熔滴拉入熔池的作用,且使熔滴或熔池不易流淌,有利于熔滴过渡。

表面张力是促进熔滴过渡还是阻止过渡,应根据不同的焊接方法、不同的熔滴过渡形式来分析。在长弧焊时,表面张力总是阻碍熔滴从焊丝端部脱离。在短弧焊过程中,当熔滴与熔池金属短路并形成液体金属过桥时,由于与熔池接触界面很大,表面张力有助于将液体金属拉进熔池,从而促进熔滴过渡(图 3.4-3)。若熔滴上含有少量活化物质(如 O_2,S 等)或熔滴温度升高,都会减小表面张力系数,有利于形成细颗粒熔滴过渡。

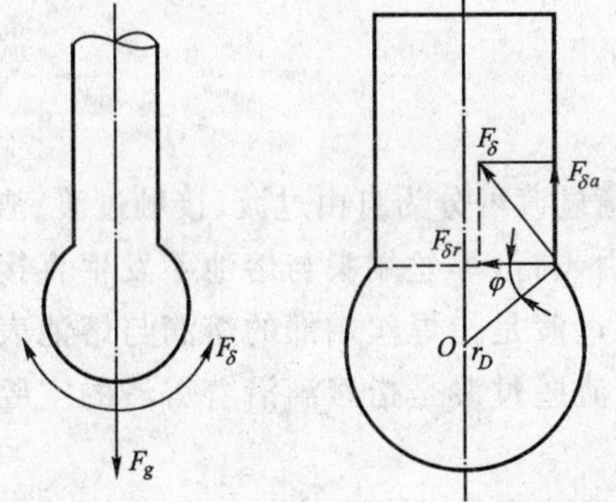

图 3.4-2　熔滴受重力和表面张力示意图

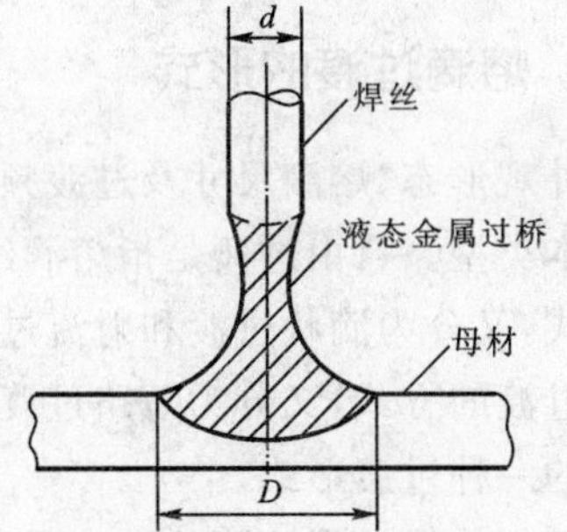

图 3.4-3　表面张力对熔滴过渡的影响

3. 电磁力

导体本身磁场所产生的力称为电磁力。熔化极电弧焊时,电流通过焊丝、熔滴、电极斑点及弧柱的导电截面是变化的,电磁力轴向分力的方向也是变化的,但总是由小截面指向大截面(图 3.4-4a)。

电磁力对熔滴过渡的影响取决于电弧形态。若弧根面积笼罩整个熔滴,此处的电磁力合力向下,促进熔滴过渡(图 3.4-4b)。若弧根面积小于熔滴直径,此处的电磁力合力向上,阻碍熔滴过渡(图 3.4-4c)。若熔滴短路使电流线呈发散形,电磁力也会促进液态小桥金属向熔池过渡(图 3.4-4d)。

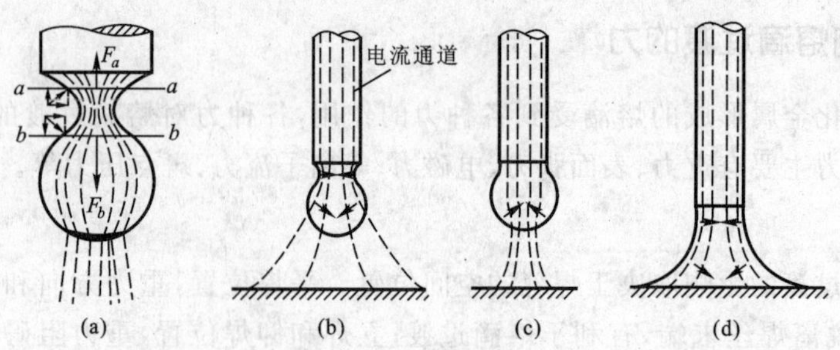

图 3.4-4 作用在熔滴上的电磁力及其对熔滴过渡的影响

4. 等离子流力

在电磁力的收缩作用下，电弧等离子体在电弧轴线方向产生的流体静压力称为等离子流力，其大小与弧柱截面积成反比，即从焊丝末端向熔池表面逐渐减小。等离子流力随等离子流从焊丝末端侧面切入，然后流向熔池，有助于熔滴脱离焊丝，促进熔滴过渡。焊丝直径越细，焊接电流越大，产生的等离子流力越大。

5. 斑点压力

在电场作用下，弧柱中的电子或正离子以极高的速度向焊丝端部的熔滴撞击时所产生的力称为斑点压力。无论电源极性是正接还是反接，它的方向和熔滴过渡的方向总是相反的，是阻碍熔滴过渡的力。当然，正离子的质量要高于电子的质量，所以正离子撞击熔滴时斑点压力较大。由于直流正接时，焊丝作阴极，熔滴受正离子的撞击，所以斑点压力的阻碍作用大，对熔滴过渡的阻碍作用较强。

熔滴过渡是上面所说的各种力综合作用的结果。当然，焊丝尺寸、电弧电压和焊接电流等也影响熔滴过渡的形式。

3.4.2.2 熔滴过渡的形式

根据外观形态、熔滴尺寸及过渡频率等特征，熔滴过渡可分为自由过渡、接触过渡、渣壁过渡三种基本类型。自由过渡是指熔滴经电弧空间自由飞行，焊丝端头与熔池不发生直接接触的过渡方式，又分为滴状过渡和射流过渡两种。接触过渡是指焊丝端部的熔滴与熔池表面通过接触而过渡的方式，又分为短路过渡和搭桥过渡。渣壁过渡是指熔滴沿着熔渣的空腔壁面流入熔池的一种过渡形式。

熔化极气体保护焊熔滴的过渡形式主要是短路过渡、滴状过渡和射流过渡三种，下面分别对其形成条件、形成原因及焊接特点进行介绍。

1. 短路过渡

形成条件：小电流，低电压。

形成原因：细丝气体保护焊(直径 0.8～1.6 mm)时，焊丝端部在电弧热作用下形成熔滴，在小电流、低电压情况下，由于弧长短，熔滴还没有完全长大就接触到了熔池，导致电路短路并产生熄弧，然后在重力、表面张力、电磁力等的作用下，熔滴离开焊丝，使电路短路中断，电弧重新引燃。随着焊丝继续送进和熔化，不断重复上面的过程，实现稳定的短路过渡。

焊接特点：由于短路过渡时熔滴还没有长大就进入熔池，所以熔滴过渡频率高，电弧稳定，飞溅少，熔深浅，焊缝成形美观。又由于短路过渡有一个熄弧复燃过程，所以电弧的有效热小，结果是能得到一个面积小且温度低的熔池，因而短路过渡焊件不容易烧穿。短路过渡适合于薄件的全位置焊接。

2. 滴状过渡

形成条件：电弧电压较高，电流较小。

形成原因：由于电弧电压较高，电弧弧长较长，熔滴形成后不易短路；电流较小使得弧柱和熔滴间的斑点面积小，表面张力、电磁力、斑点压力都是阻力，等离子流力又小，所以熔滴过渡主要靠重力。随熔滴长大，重力加大，只有当大到一定程度后，它才会克服表面张力等阻碍熔滴过渡的力而形成大滴过渡。

焊接特点：因为熔滴只有充分长大才能过渡，所以它的过渡频率低。又由于有的时候也有短路发生，所以电弧不稳定，熔深浅，飞溅多，焊缝表面粗糙。另外，它主要是靠熔滴的重力作用实现过渡，所以只适合于平焊位置。滴状过渡形式一般很少采用。

3. 射流过渡

形成条件：电弧电压较高，电流较大，直流反接且氩气或富氩混合气作保护气。

形成原因：在采用直流反接的情况下，如果焊丝中流过的电流大于焊丝的临界电流（焊丝由滴状过渡转变为射流过渡的电流），而且采用长弧焊时，就会出现射流过渡，如图 3.4-5 所示。这是由于电流很大，熔滴和弧柱之间斑点的面积增大，使电磁力的轴向分力急剧增大，且成为促进熔滴过渡的力，此时促进过渡的等离子流力也增大，同时采用反接又减小了阻碍熔滴过渡的斑点压力，所以熔滴在直径等于或小于焊丝直径时就可以从焊丝末端沿焊丝轴向迅速通过电弧空间进入熔池。

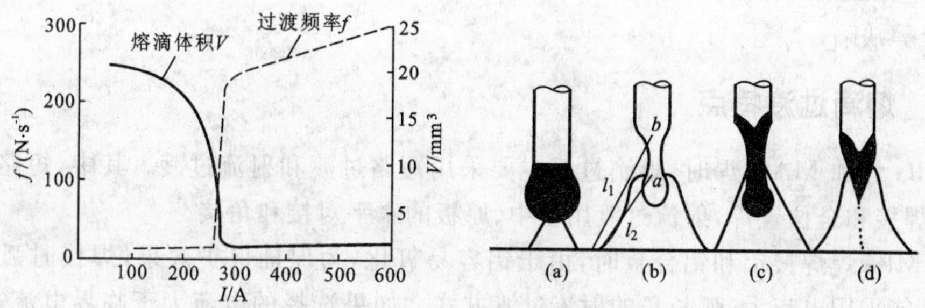

图 3.4-5　射流过渡的临界电流值及射流过渡示意图

射流过渡必须使用氩气或富氩混合气体作保护气，因为氩促使焊丝的熔化端产生收缩效应，其结果是在焊接过程中只允许很小的熔滴形成和过渡。

焊接特点：焊丝端部的熔化金属呈“铅笔尖”状，熔滴很小，过渡频率高，电弧稳定，飞溅少，焊缝成形好。另外，由于电流大，粗焊丝易于熔化，于是可得到深的焊缝熔深，所以射流过渡适合于焊接厚大尺寸的金属。射流过渡不适合于焊接薄板，因为它会引起烧穿。由于金属过渡是由比重力强的轴向力产生的，所以射流过渡熔滴轴向性好，对于非平焊位置的焊接是有效的，适合于全位置焊接。

3.4.3　熔化极氩弧焊

熔化极氩弧焊（metal argon arc welding）是采用氩气或富氩混合气作为保护气体，以焊丝为熔化电极的一种电弧焊方法。按保护气的不同,它又分为 MIG 焊和 MAG 焊。

3.4.3.1 熔化极氩弧焊特点

熔化极氩弧焊的特点主要是:

(1) 与 TIG 焊一样,熔化极氩弧焊几乎可以焊接所有的金属,尤其适合于焊接铝及铝合金、铜及铜合金以及不锈钢等材料。焊接过程中几乎没有氧化烧损,只有少量的蒸发损失,冶金过程比较简单。

(2) 劳动生产率高。由于不用再担心电极熔化污染焊缝,所以熔化极氩弧焊可采用高密度电流,因而母材熔深大、填充金属熔敷速度快,在焊接比较厚的铝、铜等金属时生产率高。

(3) 由于不用再担心电极过热,所以熔化极氩弧焊可直流反接,焊接铝、镁等金属时有良好的阴极雾化作用,可有效去除氧化膜,提高接头的焊接质量。

(4) 不采用钨极,成本比 TIG 焊低。基于此,熔化极氩弧焊不仅用于焊接活泼金属和难焊金属,现在也广泛用于焊接低合金钢以及黑色金属。

(5) 有可能取代 TIG 焊。因为 TIG 焊用的电流低,所以原来一直认为焊接薄板时 TIG 焊最合适。但是,随着短路过渡技术的发展,用熔化极氩弧焊焊薄板已有可能获得与 TIG 焊相同的效果,再加上熔化极氩弧焊采用直流反接,有阴极破碎作用,成本又低,所以熔化极氩弧焊将来有可能会取代 TIG 焊。

(6) 熔化极氩弧焊焊接铝及铝合金时,可以采取亚射流熔滴过渡方式提高焊接接头的质量。

(7) 由于氩为惰性气体,不与任何物质发生化学反应,所以氩弧焊对材料的表面质量要求较高,对焊丝及母材表面的油污、铁锈等杂质较为敏感,焊前必须清理,否则容易产生气孔、夹杂、未熔合等缺陷。

3.4.3.2 熔滴过渡特点

在 MIG 焊和 MAG 焊时,熔滴过渡主要采用短路过渡和射流过渡。其中,短路过渡用于薄板高速焊接和全位置焊,射流过渡用于中、厚板的水平对接和角接。

采用 MIG 焊焊接铝和铝合金时,由于铝容易氧化,为保证保护效果,焊接时弧长不能太长,从而不能采用电流大、弧长长的射流过渡方式。如果选择的电流大于临界电流,而弧长控制在射流过渡和短路过渡之间,就会形成亚射流过渡(图 3.4-6)。

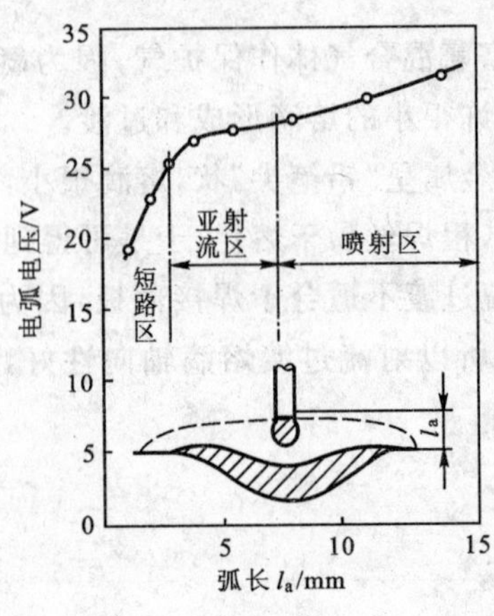

图 3.4-6 铝合金 MIG 焊熔滴过渡形式与电弧电压及弧长的关系

亚射流过渡只在铝、镁及其合金 MIG 焊时才出现，特征介于短路过渡和射流过渡之间，其形成条件是焊接电流较大（与射流过渡时的相近或相等）、电弧电压较低（但略高于短路过渡时的电压）。由于弧长较短，故存在短路过程。但与短路过渡不同的是，短路过渡先短路后缩颈，而亚射流过渡是先缩颈后短路，并且熔滴在短路之前形成并达到临界脱落状态，短路时间很短。亚射流过渡电弧稳定，飞溅小，成形美观，熔池保护效果好，阴极破碎能力强，广泛用于焊接铝和铝合金。

3.4.3.3　熔化极氩弧焊设备

1. 焊接电源

熔化极氩弧焊基本上都用直流电源，且极性为直流反接。这是因为反接时可实现细射流过渡，而正接时是正离子撞击熔滴，产生很大的斑点压力，阻碍熔滴过渡，使得正接时基本上都是不规则的滴状过渡。反接可以得到稳定的焊接过程和稳定的熔滴过渡过程，焊接铝、镁及其合金时还具有阴极破碎作用。MIG 焊不适用交流电源，因为在每一个半周上焊丝的熔化情况不相等。

MIG/MAG 焊电源常用的有硅整流式、晶闸管式、逆变式等，电源外特性一般应具有水平或下降外特性。当所采用的焊丝直径较小（0.8～2.4 mm）时，一般采用等速送丝与平外特性或略微下降外特性焊接电源。焊丝直径较大时，焊接电流密度较小，电弧长度靠电流变化而自调节的作用较弱，需采用电弧电压反馈自动调节作用来调节弧长，采用下降外特性电源并匹配变速送丝方式。

2. 送丝系统及焊枪

送丝机构通常由送丝机构（包括电动机、减速器、校直机构、压紧机构和送丝轮等）、送丝软管、焊丝盘及控制器等组成。按送丝方式不同，可分为推丝式、拉丝式和推拉丝式三种。

MIG/MAG 焊枪按用途可分为半自动焊枪和自动焊枪。半自动焊枪又分为水冷式和空冷式；自动焊枪由于连续工作时间长，一般采用水冷式焊枪。

3. 供气系统

供气系统由气源、气体减压阀、气体流量计、电磁气阀和送气软管等组成。如采用富氩混合气体保护，供气系统中需安装气体配比器，CO_2 供气系统中还需安装预热器、高压干燥器、低压干燥器等。

3.4.3.4　熔化极氩弧焊用材料

1. 焊丝

熔化极氩弧焊焊丝的化学成分应与母材的化学成分相匹配，且具有良好的焊接工艺性能和焊缝力学性能。具体的焊丝牌号可参考相关国家标准，如《低合金钢药芯焊丝》（GB/T 17493—2008）、《气体保护电弧焊用碳钢、低合金钢焊丝》（GB/T 8110—2008）、《镍及镍合金焊丝》（GB/T 15620—2008）、《铜及铜合金焊丝》（GB/T 9460—2008）、《铝及铝合金焊丝》（GB/T 10858—2008）等。

2. 保护气体

常用的保护气体有 Ar，Ar＋He，Ar＋O_2，Ar＋CO_2，Ar＋CO_2＋O_2 等。保护气体不同，焊

接工艺特性也不同，主要表现为影响电弧特性、熔滴过渡形式、熔深、焊缝金属的力学性能等。表 3.4-1 和表 3.4-2 为不同金属焊接时常用的保护气体及其特性。

表 3.4-1 熔化极氩弧焊射流过渡保护气体

被焊材料	保护气体（体积分数）	工件板厚/mm	特点
低碳钢	Ar+(3%～5%)O_2	—	改善电弧稳定性，可用于射流过渡或脉冲射滴过渡，能够较好地控制熔池，焊道形状良好，最小的咬边，允许比纯氩的焊接速度更高
	Ar+(10%～20%)O_2	—	电弧稳定，可用于射流过渡或脉冲射滴过渡，焊道成形良好，可高速焊接，飞溅较小
	80%Ar+15%CO_2+5%O_2	—	电弧稳定，可用于射流过渡或脉冲射滴过渡，焊道成形良好，熔深较大
低合金高强钢	65%Ar+26.5%He+8%CO_2+0.5%O_2	—	电弧稳定，尤其在大电流时可得到稳定的射流过渡，能实现大电流下的高熔敷率，焊缝冲击韧性好
	98%Ar+2%O_2	—	可用于射流过渡或脉冲射滴过渡，最小的咬边和良好的韧性
不锈钢	99%Ar+1%O_2	—	改善电弧稳定性，用于射流过渡或脉冲射滴过渡，能够较好地控制熔池，焊道形状良好，在焊较厚的材料时产生咬边较小
	98%Ar+2%O_2	—	较好的电弧稳定性，可用于射流过渡或脉冲射滴过渡，焊道形状良好，焊接较薄件，比1%O_2混合气体可用更高的速度
铝及铝合金	100%Ar	0～25	较好的熔滴过渡，电弧稳定，极小的飞溅
	35%Ar+65%He	25～76	热输入比纯氩大，改善铝合金的熔化特性，减少气孔
	25%Ar+75%He	>76	热输入高，增加熔深，减少气孔，适合焊接厚铝板
铜及铜合金	100%Ar	≤3.2	能产生稳定的射流过渡，良好的润湿性
	Ar+(50%～70%)He	—	热输入比纯氩大，可以减少预热温度
镍及镍合金	100%Ar		能产生稳定的射流过渡、脉冲射滴过渡、短路过渡
	Ar+(15%～20%)He		热输入比纯氩大
镁	100%Ar		良好的清理作用
钛	100%Ar		良好的电弧稳定性，焊缝污染少，在焊缝区域的背面要求惰性气体保护，以防止空气污染

表 3.4-2　熔化极氩弧焊短路过渡保护气体

被焊材料	保护气体（体积分数）	工件板厚/mm	特　点
低碳钢	Ar+8%CO_2 Ar+15%CO_2	—	熔敷率高，烟尘和飞溅少，间隙搭桥性好，空间位置熔池易控制，焊缝成形美观，冲击韧性好
	Ar+20%CO_2 Ar+25%CO_2	—	焊速高，熔深较大，易控制熔池，适于全位置焊，飞溅较小，冲击韧性较好，焊道成形美观
低合金钢	98%Ar+2%O_2	—	较好的冲击韧性，良好的电弧稳定性和焊道成形，较小的飞溅
	He+(25%～35%)Ar+4.5%CO_2		氧化性弱，冲击韧性好，良好的电弧稳定性和焊道成形，较小的飞溅
不锈钢	99%Ar+1%O_2	—	电弧稳定，飞溅小，焊道形状良好
	98%Ar+2%O_2	—	对抗腐蚀性无影响，热影响区小，不咬边，烟尘小
铝、铜、镁、镍和其他合金	Ar或Ar+He	>3.2	氩适合于薄金属；Ar-He为基本气体

3.4.3.5　熔化极氩弧焊的进展

1. 脉冲熔化极氩弧焊

熔化极氩弧焊的主要熔滴过渡形式为射流过渡和短路过渡。射流过渡要求较大的电流，而短路过渡的焊接参数区间窄。为了克服以上缺点，实现良好的焊接过程，可采用脉冲电流控制熔滴过渡，这就是脉冲熔化极氩弧焊。实现脉冲熔化极氩弧焊的必要条件是采用超过80%的富氩混合气体和直流脉冲焊接电源。

脉冲熔化极氩弧焊的优点是可以在低于临界电流的平均电流下实现射流过渡，其工作电流范围包括了从短路过渡到射流过渡所有的电流区域。该方法既能焊接薄板，又能焊接厚板，而且焊接薄板时可以采用粗焊丝，送丝容易。由于平均焊接电流较小，焊接热输入小，熔池体积较小，所以易于实现全位置焊接；焊接飞溅大大降低，改善了焊缝成形，焊接接头韧性良好。

2. 多丝熔化极氩弧焊

多丝熔化极氩弧焊采用两根或两根以上的焊丝进行焊接，其目的是提高焊接效率和焊接速度，改善焊缝成形。图3.4-7所示为双丝焊接时采用的两种工艺方案。3.4-7(a)为送丝机向同一个焊嘴同时送两根焊丝，而由同一个电源供电；3.4-7(b)为两台送丝机分别向两个独立的焊嘴送丝，并由两台电源分别供电。前者两根焊丝的焊接参数基本一样，对焊接设备的要求较低。后者每根焊丝的焊接参数均可独立调整，通常前置焊丝采用较高的送给速度，焊接电流较大，电弧较短，熔深较大，而后置焊丝采用较低的送给速度，电弧较长，焊缝表面平坦。两根焊丝之间的间距在4～9 mm之间。

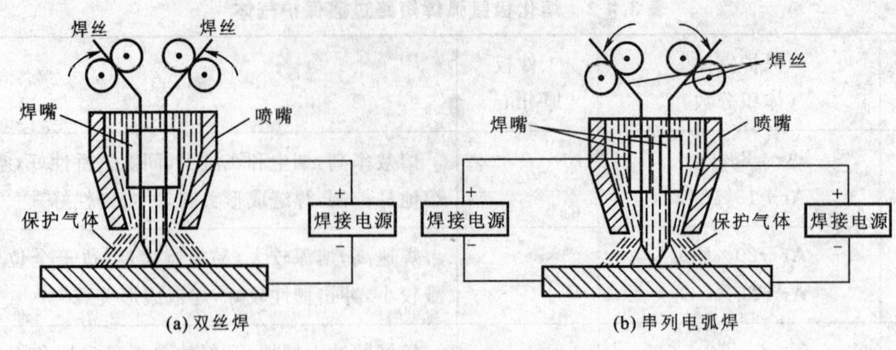

图 3.4-7 双丝熔化极氩弧焊

3. 窄间隙熔化极氩弧焊

窄间隙熔化极氩弧焊是在比较小的间隙内(通常为 10～14 mm)连续自动完成厚壁接头焊接的方法。它具有优质、高效、节材的特点。与窄间隙埋弧焊相比,窄间隙熔化极氩弧焊使用的间隙宽度更窄,焊接热输入更低,适用于不锈钢、耐热钢和高强钢厚壁接头的焊接。

4. TIME 焊

TIME(transferred ionized molten energy)焊采用单焊丝单电弧焊接,保护气体为四元混合气体($Ar+He+CO_2+O_2$),焊接过程中保持大的焊丝伸出长度和大的送丝速度,熔敷速度可比常规的熔化极氩弧焊提高 2～3 倍(表 3.4-3)。TIME 焊具有焊接效率高、成本低、焊接质量好等优点,主要用于焊接低碳钢和低合金钢,还可焊接细晶结构钢(σ_b 达到 890 N/mm^2)、耐热钢、低温钢等,已经应用于机械制造、造船、汽车制造等行业。

表 3.4-3 TIME 焊与传统熔化极氩弧焊的比较

焊接方法		TIME 焊	传统熔化极氩弧焊
保护气体		$65\%Ar+26.5\%He+8\%CO_2+0.5\%O_2$	$Ar+CO_2+O_2$
焊丝干伸长/mm		20～35	10～15
送丝速度/(m·min^{-1})		5～50	5～16
焊丝直径 1.2 mm 时	许用最大电流/A	700	400
	最高送丝速度/(m·min^{-1})	50	16
	最大熔敷速度/(g·min^{-1})	450	144

3.4.4 CO_2 气体保护焊

氩弧焊焊接质量虽好,但成本高,所以目前在对焊缝成形要求不十分高,而对熔深要求高的场合下大量使用纯 CO_2 气体保护焊(carbon-dioxide arc welding)。CO_2 气体保护焊是 20 世纪 50 年代发展起来的焊接技术,是目前国内外广泛采用的一种焊接方法,主要用于焊接低碳钢和普通低合金钢,在汽车、机车、造船、起重机、化工设备、油管以及航空工业都得到了普遍应用。它采用焊丝作电极,并兼作填充金属,除保护气体不同外,进行的过程和方式与熔化极氩弧焊大体相同，也分为自动焊和半自动焊，常用的是半自动焊。

3.4.4.1　CO_2气体保护焊的特点

1. CO_2气体保护焊的优点

(1) 生产效率高。CO_2电弧的穿透力强，熔深大，电流密度大，电弧热量集中，焊丝的熔化率高，生产率可比手弧焊高1～3倍。

(2) 节省能源，焊接成本低。CO_2来源广，价格低，焊前对焊件的清理工作简单。它还是一种节能的焊接方法，其电能耗费仅为焊条电弧焊的40％～70％，综合生产成本仅为埋弧焊和焊条电弧焊的40％～50％。

(3) 适用范围广。可全位置焊接；薄板可焊到0.5 mm，最厚几乎不受限制(采用多层焊)。焊接薄板时，与气焊相比，其速度快、变形小。

(4) 焊缝质量高。CO_2具有氧化性，抗锈能力强，焊缝含氢量低，抗裂性好，也不容易产生氢气孔。

(5) 焊后不用清渣，又是明弧，便于监视和控制。

(6) 焊接变形小。电弧热量集中、线能量低，CO_2气体具有较强的冷却作用，使焊件受热面积小，特别是焊薄板时变形很小。

2. CO_2气体保护焊的缺点

(1) 飞溅大，焊缝成形差。这是CO_2焊存在的主要问题，无论从电源、材料，还是工艺上采取何种措施，都只能减小飞溅而不能消除。焊缝成形有待改善，特别应注意减小应力集中的可能性。

(2) 电弧气氛具有较强的氧化性，必须采用含有脱氧剂的焊丝。

3.4.4.2　CO_2气体保护焊需要克服的问题

要将CO_2作为保护气体用于熔化极气体保护电弧焊，并使CO_2电弧焊成为一种常用的焊接工艺，必须首先要解决三个问题，即氧化、气孔和飞溅。

1. 氧化问题

1) 合金元素的氧化

电弧高温下，CO_2气体进行如下分解：

$$CO_2 = CO + \frac{1}{2}O_2 \tag{3.4-1}$$

$$O_2 = 2O \tag{3.4-2}$$

因此，在电弧气氛中同时有CO_2，CO，O_2和O存在，其中原子态氧的氧化性最强。在这种电弧气氛下，铁和其他合金元素会与其中的CO_2，O_2和O发生下列化学反应而使金属烧损：

$$Fe + CO_2 = FeO + CO \tag{3.4-3}$$

$$Fe + \frac{1}{2}O_2 = FeO \tag{3.4-4}$$

$$Si + 2O = SiO_2 \tag{3.4-5}$$

$$Mn + O = MnO \tag{3.4-6}$$

$$C + O = CO \tag{3.4-7}$$

合金元素与CO_2或O反应,结果是生成氧化物和CO。硅和锰的氧化物成为熔渣,而铁的氧化物一部分进入熔渣,一部分溶入液态金属可以继续氧化熔滴和熔池中的合金元素(硅、锰、碳等):

$$2FeO+Si=2Fe+SiO_2 \tag{3.4-8}$$

$$FeO+Mn=Fe+MnO \tag{3.4-9}$$

$$FeO+C=Fe+CO \tag{3.4-10}$$

氧化反应的结果使得合金元素大量烧损,导致焊缝金属力学性能下降。

溶入熔池的FeO与碳元素作用,产生CO气体。如果此气体不能逸出熔池,便在焊缝中形成气孔。溶入熔滴中的FeO与碳元素作用产生的CO气体则在电弧高温下急剧膨胀,使熔滴爆破而引起金属飞溅。

合金元素烧损、CO气孔、金属飞溅是CO_2气体保护焊的三个主要问题。这三方面的问题都与CO_2气体在高温时的氧化性有关。

2) 脱氧措施

在CO_2电弧焊中,为了防止生成大量的FeO和合金元素烧损,避免产生气孔和降低机械性能,通常采用脱氧剂(与氧的亲和力比Fe大的合金元素)进行脱氧,使FeO中的Fe还原。脱氧剂在完成脱氧任务之外,还可以作为合金元素留在焊缝中,起到提高焊缝机械性能的作用。实践表明,Si和Mn联合脱氧(如应用H08Mn2SiA焊丝)具有满意的效果,可以得到高质量的焊缝。

2. 气孔问题

CO_2气体保护焊时,由于熔池暴露,且CO_2气流对其有附加的冷却作用,熔池凝固比较快,熔池内的气体(H_2,N_2和CO)来不及逸出,所以产生气孔的可能性很大。

正常情况下,如果工艺参数选择合适,不会产生氮气孔,除非由于CO_2气流量很小、弧长太长、侧向风太大或飞溅堵塞喷嘴等原因导致气体保护作用变差。当焊丝或焊件表面存在铁锈、油污、水分或CO_2气体中所含的水分过多时,就可能产生氢气孔;但由于CO_2具有氧化性,抗氢能力强,所以产生氢气孔的可能性也不大。CO_2焊接时最容易出现的是CO气孔,因为钢中或多或少会存在C,它与FeO或CO_2反应会生成CO,CO又不溶于液态金属,一旦不能逸出就会产生气孔。

通过选择合适的焊接工艺参数(气流量、弧长等)可以控制氮气孔,通过控制焊丝和母材表面的铁锈、油污、水分或CO_2气体中的水分可以控制氢气孔。目前,CO_2焊丝都含有足够的硅、锰脱氧元素,焊丝含碳量也得到控制,所以CO_2焊接时的气孔问题基本可以得到解决。

3. 飞溅问题

1) 金属飞溅

CO_2气体保护焊时容易产生飞溅。CO_2焊过程中,金属飞溅损失一般要占焊丝熔化金属的10%左右,严重时可以达到30%~40%,使焊接过程不能正常进行、焊缝成形差。同时,飞溅使焊丝的熔敷系数降低,也会增加焊接材料以及电能消耗;飞溅还会堵塞喷嘴,降低气体保护效果。

产生飞溅的主要原因有两个:

(1) 熔滴、熔池区的冶金反应生成的大量CO气体急剧膨胀,CO气体压力逐渐增大,最终形成剧烈爆破而产生飞溅;

(2) CO_2焊一般用短弧焊接,短路过渡后电弧再引燃时对熔池产生的巨大冲击力使金属溅出。

其他还包括焊接参数选择不当、斑点压力、非轴向熔滴过渡等原因。

2）减小金属飞溅的措施

目前，减少飞溅的措施主要有以下几方面：

（1）正确选择工艺参数：

① 焊接电流和电压。CO_2焊通常按采用的焊丝直径来进行分类。对于每种直径的焊丝，它的飞溅率与焊接电流有直接关系，在小电流区（短路过渡区）和大电流区（细颗粒过渡区）飞溅都少，中等电流区飞溅率最大。选择电流时要尽可能避开飞溅率高的电流区域，电流确定后再匹配适当的电压。

② 焊枪角度。焊枪垂直时，焊接产生的飞溅最小。焊接时，焊枪前倾或后倾角度最好不超过20°。

③ 焊丝伸出长度。焊丝伸出导电嘴的长度越小，飞溅越少。焊接时，焊丝伸出长度应尽可能缩短。

（2）采用混合气体（＋Ar）。CO_2焊飞溅率高的最根本原因是，CO_2气体在电弧空间导热性好，散热快，加上它在高温时分解吸热，消耗电弧大量热能，从而使弧柱和电弧斑点强烈收缩，熔滴不容易过渡，导致熔滴长大。熔滴大，冶金反应产生的CO气体就不容易逸出，在熔滴内部膨胀，会产生飞溅。短路过渡时，熔滴大，再引弧时液体小桥爆断产生的飞溅也多。所以说，CO_2焊飞溅大是由于CO_2气体本身物理性质决定的。通过合理选择工艺参数以及采用潜弧方法等可以降低飞溅率，但飞溅仍然很大。

在CO_2中加入一定量的氩气是减少较大颗粒过渡时金属飞溅最有效的方法。混合气体的成本虽然比纯CO_2焊高，但是由于材料损失降低，节省清理飞溅的辅助时间，提高生产率，所以颗粒过渡时推荐采用混合气体。

当然，并不是混合气体保护效果就一定比纯CO_2保护好。在细丝小电流短路过渡焊接时飞溅并不严重，再在CO_2中添加氩气意义不大，而且纯CO_2焊缝熔深比混合气体时大，对保证焊缝熔透有利，所以细丝小电流短路过渡焊接时不推荐采用混合气体保护。

（3）串联电抗、电阻，增大电源变压器阻抗。当熔滴与熔池接触形成短路时，短路电流强烈产热，并产生强烈的电磁收缩作用，使液体过桥缩颈。在短路的初期，缩颈发生在熔滴与熔池之间，过桥过热爆炸时爆炸力将熔滴金属抛向四方，常常产生较大颗粒的飞溅；在短路的后期，缩颈发生在焊丝与熔滴之间，过桥过热爆炸时大量液体被推向熔池，只有少量细小的熔滴形成飞溅。短路电流峰值较大，飞溅亦较大。在焊接回路中串联电抗、电阻，增大电源变压器阻抗等方法可以减小短路电流的增大幅度，从而限制液体过桥爆断的能量，减小飞溅。

（4）采用直流反接。采用直流正接时，质量较大的正离子飞向焊丝末端，机械冲击力大，容易产生大颗粒飞溅。而采用直流反接时，主要是电子撞击熔滴，斑点压力小，促进熔滴细颗粒过渡，飞溅较少。

（5）采用低飞溅率焊丝。在短路过渡或细颗粒过渡的CO_2焊中，采用超低碳的合金钢焊丝能够减少由CO气体引起的飞溅。在焊丝表面涂上极薄的活化涂料（如K_2CO_3与$CaCO_3$的混合物），可以提高焊丝金属发射电子的能力，从而改善CO_2电弧的特性，使飞溅大大减少。还可以采用药芯焊丝来代替实芯焊丝。

在20世纪50年代初期，上面的问题曾经使CO_2焊的应用受到了阻碍，但是随着这些问题的解决，目前这种工艺已经成为最流行的焊接钢材的半自动化方法。

3.4.4.3 熔滴过渡特点

CO_2气体保护焊焊接规范参数根据焊丝熔滴过渡的方式来定。CO_2焊的熔滴过渡形式有短路过渡、滴状过渡和潜弧射滴过渡三种。其中，滴状过渡焊接电流小、弧长长，熔滴受到的斑点力大，不容易过渡，焊接时电弧不稳、飞溅严重、焊缝成形不好，所以生产中基本不用。常用的是短路过渡(细丝小电流)和潜弧射滴过渡(粗丝大电流)。

1. 短路过渡

短路过渡的特点是电流小，电压低(短弧)。电流太小会降低生产率，同时焊缝成形变差，所以在保证飞溅不太大的条件下尽量采用较大的电流。焊接电压影响焊接过程稳定性。电压太高时会变成滴状过渡，电压太小时焊丝直接接触熔池，会产生固体短路，所以电压的大小也有一个范围。具体的焊接电压和电流要根据焊丝直径来定(图 3.4-8)。

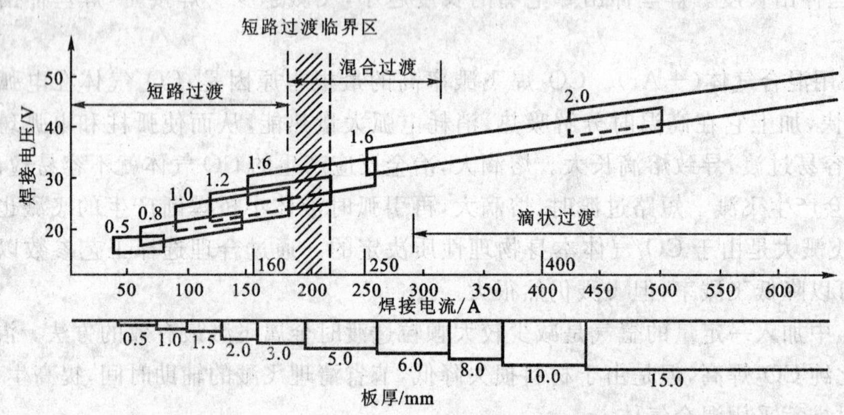

图 3.4-8 CO_2焊适用的焊接电流和电弧电压范围

2. 潜弧射滴过渡

潜弧过渡采用的电弧电压和焊接电流要比短路过渡高。CO_2焊中，对于一定直径的焊丝，当电流增大到一定数值并匹配适当的电弧电压后，焊丝金属熔滴可以较小的尺寸自由飞落进入熔池，这种熔滴过渡形式称为射滴过渡(细颗粒过渡)。射滴过渡时，电弧穿透力强，电弧可以在焊件表面以下燃烧形成潜弧，焊丝端部和熔池并不短路。潜弧射滴过渡焊接过程稳定，适合于焊接中等厚度和大厚度工件。

3.4.4.4 焊接设备

CO_2气体保护焊的焊接设备主要由供气系统、送丝系统、焊枪、焊接电源以及控制系统组成。

1. 焊接电源

1) 电流种类和极性的选择

二氧化碳气流对电弧的冷却作用比较强，为保证电弧稳定燃烧，采用直流电源，而且一般情况下用直流反接，可以减小斑点压力，提高电弧稳定性，熔滴过渡平稳，飞溅小，焊缝成形良好，且焊缝的氢含量小，有利于减小裂纹、气孔等缺陷。直流正接由于金属飞溅较大，只在堆焊和铸件补焊时采用，这是因为此时阴极发热量大，焊丝熔化快，可提高生产率。

2）对外特性的要求

CO_2电弧的静特性是微升的(图3.4-9)，所以电弧-电源系统要稳定工作，平特性和下降外特性电源都能满足要求。一般等速送丝时，为加大电弧的自身调节作用，焊机应配用平或缓降外特性的电源；变速送丝系统(电弧弧压反馈送丝)配用下降外特性电源。

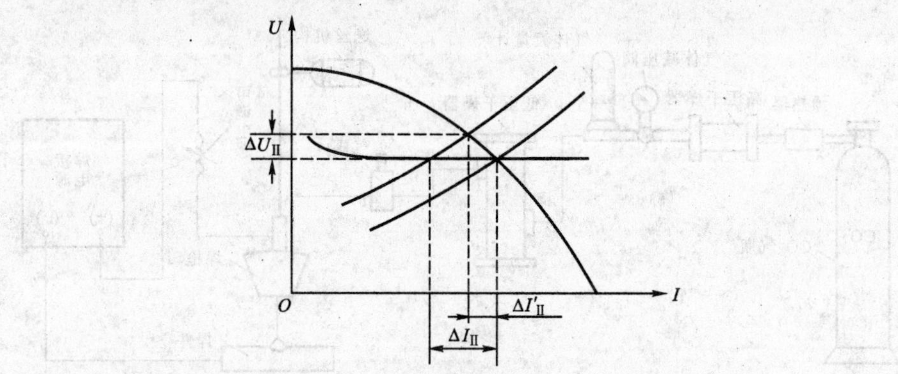

图3.4-9　弧长变化时电源外特性曲线对电流变化的影响

短路过渡焊接一般采用平特性电源，因为采用平特性电源有以下好处：

(1) 弧长变化时引起较大的电流变化，因而电弧自调节作用强。另外，平特性电源的短路电流大，引弧比较容易。

(2) 规范调节比较方便，可以对焊接电流和电压单独进行调节。通过改变送丝速度来调节电流，改变电源外特性来调节电压，两者之间相互影响不大。

(3) 焊接电压基本不受焊丝伸出长度的影响。干伸长变化时，电压变化基本为0。

(4) 平特性电源对防止黏丝和回烧导电嘴有利。CO_2焊结束时先停止送丝再停止送电，在停电前焊丝要返烧。采用平特性电源焊丝返烧时，随电弧拉长，电弧电流迅速减小，使得电弧在未烧到导电嘴前已经熄灭。焊丝黏结在工件上时，平特性电源有足够大的短路电流使黏结处爆开，从而避免黏丝。

3）对动特性的要求

射滴过渡时对电源动特性没有什么要求，而短路过渡时则要求焊接电源具有良好的动特性。动特性好有两方面的含义：一是要有足够大的短路电流增长速度di/dt、短路峰值电流I_{max}和焊接电压恢复速度du/dt，也就是短路时电流增长要快、电流最大值要大，短路后熔滴要能很快过渡，使液态小桥断开；二是焊丝成分和焊丝直径不同时，短路电流增长速度要能进行调节。

2. 控制系统

CO_2气体保护焊设备的控制系统应完成下列工作：

(1) 空载时，可手动调节焊接电流、电弧电压、焊接速度(自动焊设备)、保护气体流量及焊丝的送进与回抽等。

(2) 焊接时，实现程序自动控制：提前送气、滞后停气；自动送进焊丝，进行引弧和焊接；焊接结束时，先停丝后断电。

3. 供气系统

与氩弧焊不同的是，CO_2气体保护焊气路中一般要接有预热器和干燥器，整个系统如图

3.4-10所示。接干燥器是为了吸收CO_2气体含有的水分，如果不进行干燥，焊缝中可能会出现气孔，焊缝金属含氢量也会增加，影响焊缝质量。一般是在减压阀前安装高压干燥器，如果要求高，在减压阀后还要安装低压干燥器。当然，如果CO_2含水量比较少或对焊接质量要求不高，气路中也可以不加干燥器。

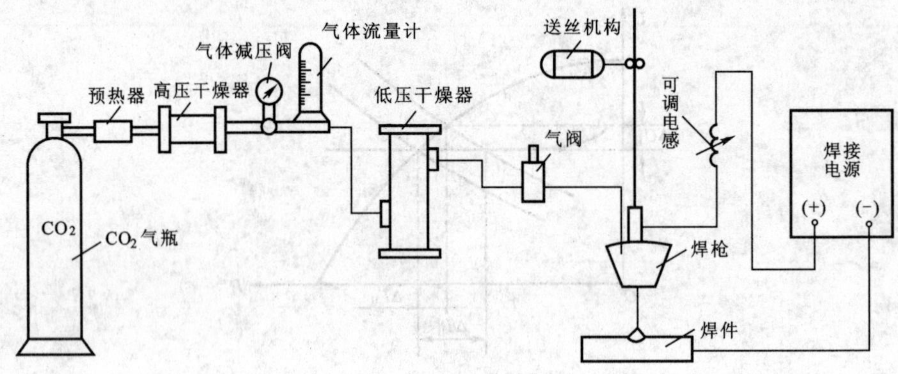

图 3.4-10　CO_2焊焊接设备示意图

接预热器是因为钢瓶内的液态CO_2汽化需要吸收大量的热，高压CO_2经减压阀减压后气体体积膨胀也会使气体温度下降。为了防止CO_2气体中的水分在钢瓶出口处以及减压表中结冰而使气路堵塞，在减压之前要将CO_2气体通过预热器进行预热。显然，预热器应尽量装在靠近钢瓶出气口附近。

3.4.4.5　CO_2气体保护焊新进展

1. 药芯焊丝CO_2气体保护焊

药芯焊丝CO_2气体保护电弧焊的实质是用药芯焊丝代替实芯焊丝。药芯焊丝是采用薄钢带卷制成圆形或异型截面钢管作包壳，其中再填充一定成分的药粉而成(图 3.4-11)。

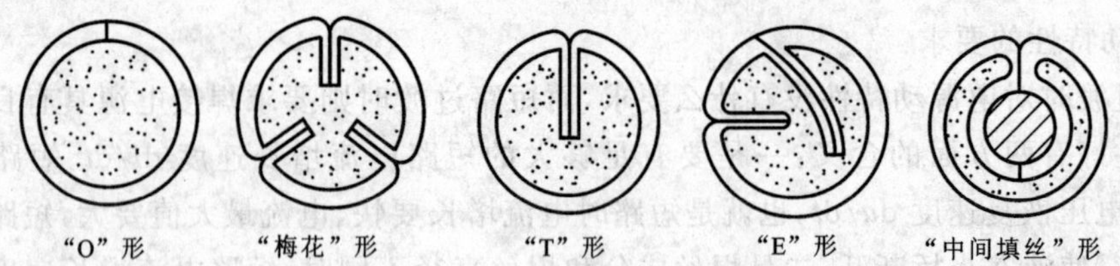

图 3.4-11　药芯焊丝的截面形状

焊接时，在气体保护的同时，焊丝的药芯(成分、作用与焊条药皮相似，有合金剂、稳弧剂、造渣剂等，具有冶金处理、机械保护和改善焊接工艺性能的作用)受热熔化，在焊缝表面形成一层薄薄的熔渣(同样可起到保护作用)。可见，这是一种气渣联合保护的方法，其原理如图3.4-12所示。

与实芯焊丝相比，药芯焊丝具有很多优点：既有熔渣的保护和冶金作用，又能实现自动化焊接，生产效率高，焊接过程中金属飞溅少，焊接电弧稳定，焊缝成形美观，调节焊缝合金成分方便，焊接工艺适应性强，焊接成本低。但与实芯焊丝相比，药芯焊丝也有烟尘量高、送丝困难、容易吸潮等缺点。

药芯焊丝气体保护焊在国内外已获得广泛应用，既可用于半自动焊，又可用于自动焊。近年来，在造船、石油石化、发电设备等方面均得到了推广应用。

药芯焊丝气体保护焊除了使用二氧化碳气体外，还可使用 Ar+25%CO_2 或 Ar+2%O_2 等混合气体作保护气。纯 CO_2 保护气体通常用于碳钢和低合金钢药芯焊丝，富氩混合气体多用于不锈钢和耐热钢药芯焊丝。

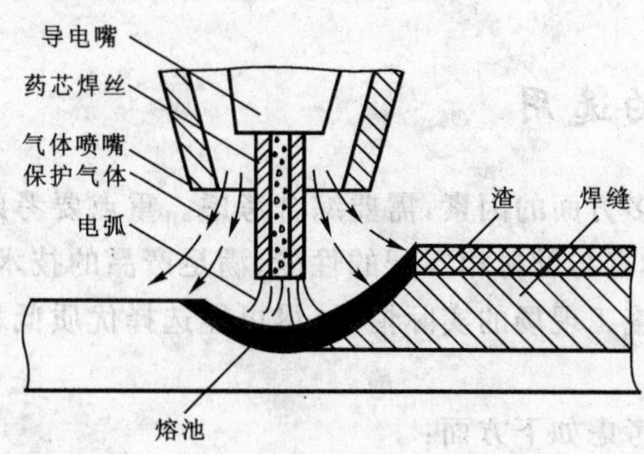

图 3.4-12　药芯焊丝气体保护焊原理

2. 波形控制 CO_2 气体保护焊

CO_2 气体保护电弧焊的一个重要问题就是飞溅问题。前苏联学者乒丘克提出影响飞溅的主要原因是小桥爆炸，且短路峰值电流越大，飞溅越大。其后，人们对 CO_2 焊接短路过渡的飞溅问题进行了深入研究，发现 CO_2 的短路有正常短路过渡和瞬时短路过渡两种形式。瞬时短路一般短路时间很短(低于 2 ms)，但极易产生大颗粒飞溅；正常短路过渡可以通过限制短路峰值电流来控制飞溅，在合适的短路峰值电流下只产生细颗粒飞溅。在此研究的基础上，波形控制 CO_2 气体保护焊应运而生。

波形控制是指在焊接过程中根据焊接过程的不同阶段、不同情况采用不同的给定量，对弧焊电源的输出电流、电压及电流或电压的变化率进行控制。其基本思路是在短路过程中的不同时刻向焊接电弧施加负脉冲，改变电弧的瞬时功率，从而减小飞溅。波形控制的波形种类很多，比较典型的是表面张力过渡控制技术，即 STT(surface tension transfer)技术。

利用 STT 技术可以精确控制焊接过程的各个阶段，从而实现熔滴的顺利过渡。使用 STT 焊接方法进行焊接时，当电源感应到熔滴将要与熔池短路时，电源输出电流及电压降到最小值，利用熔滴的惯性过渡；当熔滴与熔池短路后，施加电流使熔滴长大，利用电磁力过渡，直至缩颈产生；缩颈阶段，由电磁力、等离子流力等推动熔滴加速与焊丝脱离，当熔滴将要脱离焊丝端部时，电源输出电流及电压再次降到最小值，利用此时的熔滴惯性和熔滴表面张力过渡。

STT 气体保护焊具有如下优点：

(1) 引弧容易，电弧燃烧稳定；

(2) 飞溅极小，焊接烟尘少；

(3) 焊缝成形美观，焊接质量好；

(4) 精确的热输入控制可以减少焊接变形和烧穿；

(5) 焊接速度快，生产效率高，焊接成本低。

但是，STT 焊的焊接设备比较贵重，且仅限于对短路过渡的改进。

§3.5 焊接方法的选用及应用举例

3.5.1 焊接方法的选用

焊接方法的选择涉及多方面的因素，需要综合考虑。重点要考虑母材的种类和焊接结构的特点，以保证焊接接头具有与母材相匹配的性能，满足产品的技术要求和质量要求。另外，焊接方法的选择还要考虑施工现场的实际情况，尽可能选择优质低耗、劳动强度低、生产效率高的焊接方法。

选择焊接方法时主要考虑如下方面：

1. 产品结构类型

产品结构不同，焊缝的长短、形状及焊接位置各不相同，采用的焊接方法也会随之不同。例如，石油石化容器、桥梁、建筑等结构，规则的长焊缝和环缝宜采用埋弧焊，打底焊和短焊缝的焊接宜采用焊条电弧焊、气体保护焊等方法。

2. 被焊工件厚度

每种焊接方法均有其适用的厚度范围，在此范围内质量容易得以控制。例如，在 3 mm 以下的范围内，钨极氩弧焊可以获得高质量接头。

3. 接头形式和焊接位置

焊接接头的形式和焊接的空间位置也对焊接方法的选择具有重要作用。例如，对焊和平焊基本适用于各种焊接方法，而立焊、仰焊、横焊等位置不宜采用埋弧焊。

4. 母材性能

所焊材料的物理化学性能对于焊接方法的选取尤为重要。例如，铝、镁及其合金比较活泼，因此不宜选用 CO_2 气体保护焊和埋弧焊，而应采用钨极氩弧焊或熔化极氩弧焊。表 3.5-1 为在焊接各种金属时推荐选用的焊接方法。

除了上面所述的几个因素之外，制造企业及焊工的技术水平、焊接设备及焊接材料等因素均与焊接方法的选取有一定的关系，因此选择时要多方考虑，力争达到高质、节能、高效的效果。

表 3.5-1 常用电弧焊方法的选择

材料	厚度/mm	焊接方法							
		焊条电弧焊	埋弧焊	熔化极气体保护电弧焊				药芯焊丝电弧焊	钨极氩弧焊
				射流过渡	潜弧	脉冲弧	短路电弧		
碳钢	～3	▲	▲			▲	▲		▲
	3～6	▲	▲	▲	▲	▲	▲	▲	▲

续表

材料	厚度/mm	焊接方法							
		焊条电弧焊	埋弧焊	熔化极气体保护电弧焊				药芯焊丝电弧焊	钨极氩弧焊
				射流过渡	潜弧	脉冲弧	短路电弧		
碳钢	6～19	▲	▲	▲	▲	▲		▲	
	＞19	▲	▲	▲	▲	▲		▲	
低合金钢	～3	▲	▲			▲	▲		▲
	3～6	▲	▲	▲		▲	▲	▲	▲
	6～19	▲	▲	▲		▲		▲	
	＞19	▲	▲	▲		▲		▲	
不锈钢	～3	▲	▲			▲	▲		▲
	3～6	▲	▲	▲		▲	▲	▲	▲
	6～19	▲	▲	▲		▲		▲	
	＞19	▲	▲	▲		▲		▲	
镍及镍合金	～3	▲				▲	▲		▲
	3～6	▲	▲	▲		▲	▲		▲
	6～19	▲	▲	▲		▲			
	＞19	▲		▲		▲			
铸铁	～3	▲							
	3～6	▲	▲	▲				▲	
	6～19	▲	▲	▲				▲	
	＞19								
铝及铝合金	～3			▲		▲			▲
	3～6			▲		▲			▲
	6～19			▲		▲			▲
	＞19			▲					
钛及钛合金	～3					▲			▲
	3～6			▲		▲			▲
	6～19			▲		▲			▲
	＞19			▲		▲			
铜及铜合金	～3					▲			▲
	3～6			▲		▲			
	6～19			▲					
	＞19			▲					

续表

材料	厚度/mm	焊接方法							
		焊条电弧焊	埋弧焊	熔化极气体保护电弧焊				药芯焊丝电弧焊	钨极氩弧焊
				射流过渡	潜弧	脉冲弧	短路电弧		
镁及镁合金	～3					▲			▲
	3～6			▲		▲			▲
	6～19			▲		▲			
	＞19			▲		▲			
难熔合金	～3					▲			▲
	3～6			▲		▲			
	6～19								
	＞19								

注：▲表示推荐使用。

3.5.2 应用举例

3.5.2.1 低合金高强钢压力容器焊接实例

某缓冲罐直径为2 000 mm，壁厚32 mm（图3.5-1），壳体材质为16MnR。壳体纵、环缝焊接条件好，考虑到板厚因素，从提高效率、保证焊接质量出发，选用双面埋弧焊，焊丝按等强原则选用。考虑到设备因素，进行大合拢焊缝时，内焊缝采用埋弧焊较困难，故内侧采用焊条电弧焊、外侧采用碳弧气刨清根后再进行外环缝埋弧焊。B2焊缝距人孔较近，故将其作为大合拢焊缝。对于人孔接管与人孔法兰环缝，由于人孔直径较大，故采用焊条电弧焊进行双面焊。对于人孔、小接管与壳体角焊缝，鉴于此部位的焊缝形状和焊接条件，一般选用焊条电弧焊进行双面焊。对于小直径接管环缝，由于只能单面焊，又要保证质量，选用钨极氩弧焊打底是保证焊缝质量最有效的方法。鞍座与壳体焊接角焊缝属非承压焊缝，采用熔化极气体保护焊（保护气体为纯CO_2）的效率高，焊缝成形好。表3.5-2为缓冲罐焊接工艺。

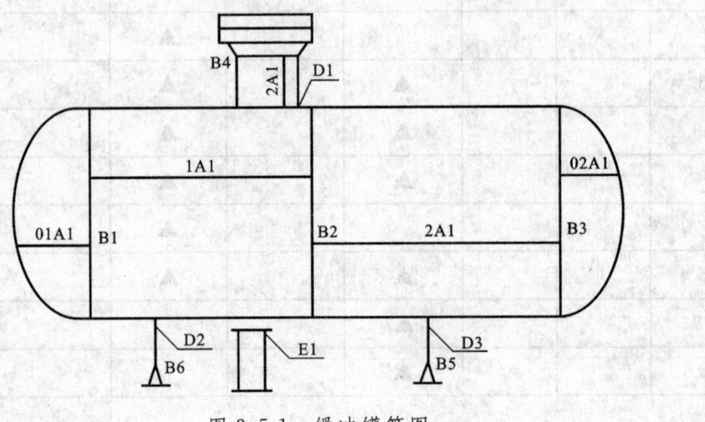

图3.5-1 缓冲罐简图

表 3.5-2　缓冲罐焊接工艺

焊缝编号	焊缝位置	焊接方法	焊接材料
01A1,02A1	封头拼缝	双面 SAW	H08MnMo＋HJ431
1A1,2A1,B1,B3	壳体纵缝、环缝	双面 SAW	H10Mn2＋HJ431
B2	壳体环缝(大合拢)	内 SMAW 外 SAW	J507 H10Mn2＋HJ431
B4 D1～D3	人孔接管与对应法兰环缝 人孔、小接管与壳体角焊缝	双面 SMAW	J507
B5,B6	小接管与对接法兰环缝	GTAW 打底 SMAW 盖面	TIG-50 J507
E1	鞍座与壳体焊接角焊缝	GMAW(CO_2焊)	TWE-711

3.5.2.2　加氢反应器的焊接

图 3.5-2 所示为某石化总厂一台直径 1 800 mm、壁厚 108 mm、长度 30 869 mm 的热壁加氢反应器，主壳体包括筒体、封头，全部采用 2.25Cr-1Mo 钢板制造，接管法兰、弯管、直管全部采用 2.25Cr-1Mo 锻件制造，所有部件内壁堆焊双层不锈钢(309L＋347L)耐蚀层。表 3.5-3 为热壁加氢反应器焊接工艺。

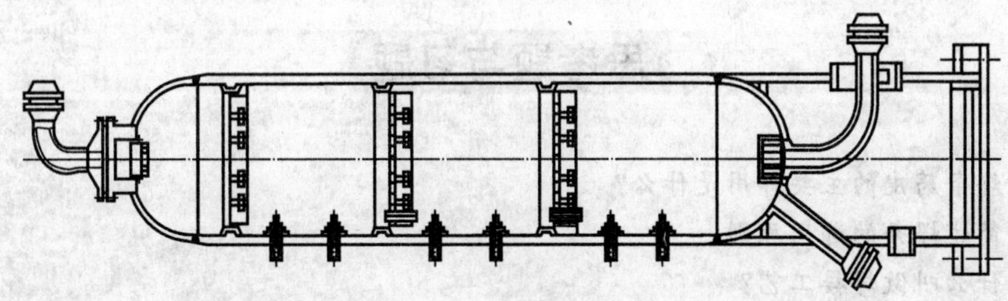

图 3.5-2　热壁加氢反应器简图

表 3.5-3　热壁加氢反应器焊接工艺

<table>
<tr><th colspan="2">焊缝部位</th><th>焊接位置</th><th>焊接方法</th><th>焊接材料</th></tr>
<tr><td colspan="2">筒体纵缝、环缝</td><td>平　焊</td><td>SAW</td><td>US-521S＋PF-200(日本神钢)</td></tr>
<tr><td colspan="2">接管与法兰</td><td>水平转动</td><td>手动 GTAW 打底
SMAW 盖面</td><td>TGS-2CM(日本神钢)
CMA-106N(日本神钢)</td></tr>
<tr><td rowspan="2">接管法兰与封头</td><td>接管与下封头</td><td>平　焊</td><td>SMAW</td><td>CMA-106N</td></tr>
<tr><td>大法兰接管与上封头</td><td>平　焊</td><td>SAW＋SMAW</td><td>US-521S＋PF-200
CMA-106N</td></tr>
<tr><td rowspan="2">接管法兰与筒体</td><td>大法兰接管与筒体</td><td>平　焊</td><td>SAW＋SMAW</td><td>US-521S＋PF-200
CMA-106N</td></tr>
<tr><td>小口径接管法兰与筒体</td><td>平　焊</td><td>SMAW</td><td>CMA-106N</td></tr>
</table>

续表

<table>
<tr><th colspan="2">焊缝部位</th><th>焊接位置</th><th>焊接方法</th><th>焊接材料</th></tr>
<tr><td colspan="2">90°弯管间环缝</td><td>水平转动</td><td>手动 GTAW 打底
SMAW 盖面</td><td>TGS-2CM
CMA-106N</td></tr>
<tr><td rowspan="5">内壁耐蚀层堆焊</td><td>封头内壁</td><td>平　焊</td><td>SAW 带极堆焊</td><td>309L＋HJ107(过渡)
347L＋HJ107Nb(盖面)</td></tr>
<tr><td>筒体内壁</td><td>平　焊</td><td>SAW 带极堆焊</td><td>309L＋PFB-1(过渡)
347L＋PFB-1FK(盖面)</td></tr>
<tr><td>小口径接管内壁</td><td>平　焊</td><td>自动 GTAW 堆焊</td><td>309L(过渡)
347L(盖面)</td></tr>
<tr><td>90°弯管内壁</td><td>平　焊</td><td>自动 GTAW 堆焊</td><td>309L(过渡)
347L(盖面)</td></tr>
<tr><td>直管内壁</td><td>平　焊</td><td>自动药芯焊丝
CO_2气体保护堆焊</td><td>WELFCW309L(过渡)
WELFCW347L(盖面)</td></tr>
</table>

思考题与习题

3-1. 焊条药皮的主要作用是什么？

3-2. 简述焊条的选用原则。

3-3. 什么叫做焊接工艺？

3-4. 焊接时开坡口的目的是什么？

3-5. 简述埋弧焊的工作原理及应用范围。

3-6. 简述电弧自身调节原理和电弧电压自动调节原理。

3-7. 什么叫焊缝成形系数？其对焊接质量有何影响？影响焊缝成形系数的因素有哪些？

3-8. 钨极氩弧焊有哪些特点？其应用范围如何？

3-9. 什么叫做“阴极破碎”作用？TIG 焊焊接铝、镁及其合金时，为何采用直流反接？

3-10. 直流分量是如何产生的？如何消除？

3-11. 什么叫做熔滴过渡？影响熔滴过渡的力有哪些？熔滴过渡的主要形式有哪些？试分析其形成原因及焊接特点。

3-12. 熔化极氩弧焊为何通常采用直流反接？

3-13. CO_2气体保护焊主要存在哪些问题？如何解决？

3-14. 药芯焊丝 CO_2气体保护焊有哪些特点？

3-15. 波形控制的工作原理是什么？STT 技术有哪些优点和缺点？

3-16. 若用下列板材制作圆筒形低压容器，各应采用哪种焊接方法？

(1) Q215-A 钢板,厚 20 mm,批量生产;

(2) 45 钢板,厚 6 mm,单件生产;

(3) 紫铜板,厚 4 mm,单件生产;

(4) 铝合金板,厚 20 mm,单件生产;

(5) 16Mn,厚 20 mm,单件生产;

(6) 不锈钢板,厚 10 mm,小批生产。

第 4 章　焊接应力与变形

焊接时一般采用移动热源局部加热，从而在焊件上形成不均匀温度场，导致金属结构内部产生焊接应力与变形。金属结构经过焊接后，内部产生焊接残余应力，其峰值可能达到甚至超过材料的屈服强度。当焊接结构服役时，工作应力与内部的焊接残余应力叠加，将导致焊接构件产生二次变形和焊接残余应力的重新分布。焊接应力是形成各种焊接裂纹的主要原因，也是影响焊接结构脆性断裂与疲劳强度的主要因素。在焊接残余应力、工作温度和工作介质共同作用下，将严重影响焊接结构的抗应力腐蚀开裂和高温蠕变开裂能力。

焊接结构中的残余变形和残余应力是同时存在的。焊接残余变形对焊接结构的质量及使用性能都有较大影响，它改变了焊件或部件的尺寸及精度，降低了整个构件的稳定性和承受载荷，使矫正工作量增加，甚至导致产品报废。因此，在制造焊接结构时，必须充分了解焊接时内应力的产生机理和焊后决定工件变形的基本规律，以控制和减小其危害性。

§4.1　焊接应力与变形的产生

4.1.1　应力和变形的基本概念

物体在外力或温度等因素的作用下，其形状和尺寸发生变化，这种变化称为物体的变形，变形具有一定的规律性。如果物体的变形是没有受到外界的任何阻碍而自由进行的，则这种变形称为自由变形；反之，变形受到阻碍的称为非自由变形。

以一根金属杆件为例(图 4.1-1)，当温度为 T_0时，其长度为 L_0；均匀加热，当温度由 T_0升到 T_1时，如果金属杆件不受阻碍，其长度将由 L_0增长至 L_1，其长度的改变为 $\Delta L_T = L_1 - L_0$，ΔL_T 就是自由变形。

自由变形率是指单位长度上的自由变形量，用 ε_T 表示：

$$\varepsilon_T = \Delta L_T / L_0 = \alpha(T_1 - T_0)$$

式中，α 为金属的线膨胀系数，其数值随材料及温度的不同而变化。

如果金属杆件的变形受到阻碍，则杆件不能完全地自由变形，只能够部分地表现出来，这就是非自由变形。其中，将能表现出来的变形称为外观变形，用 ΔL_e 表示，外观变形率 ε_e 为：

$$\varepsilon_e = \Delta L_e / L_0$$

未表现出来的变形称为内部变形，用 ΔL 表示。数值上是自由变形与外观变形之差，因为受压，故为负值，可用公式表示为：

$$\Delta L = -(\Delta L_T - \Delta L_e) = \Delta L_e - \Delta L_T$$

内部变形率 ε 为：

$$\varepsilon = \Delta L / L_0$$

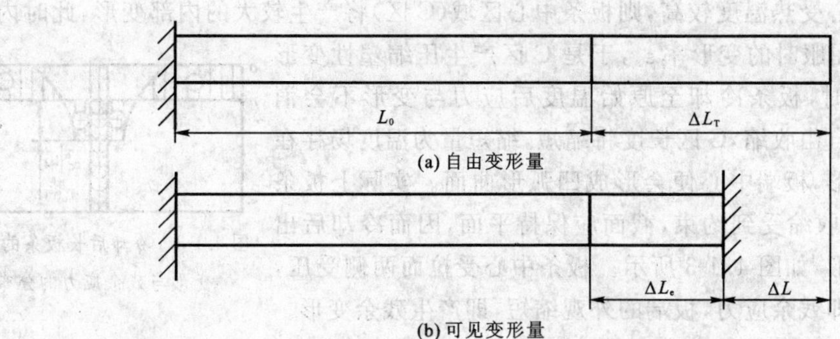

图 4.1-1　金属杆件的变形

4.1.2　平板中心加热时的纵向应力与变形

纵向应力与变形是指与平板长度方向平行的应力与变形。

前面分析的是一根金属杆件在均匀加热过程中受到约束而发生应力和变形的情况，下面分析长板条中心加热时的应力与变形情况。长板条的长度比宽度大很多，可用材料力学中的平面假设原理来分析。图 4.1-2 所示为单位厚度的长板条，在长板条中心沿长度方向用电阻丝间接加热，则在板条横截面上将出现中间高、两边低的不均匀温度场。板条长度方向的温度可看成是均匀的，可从板条中截取单位长度的一小段进行分析。

假设板条由若干互不相连的小窄条组成，则各窄条都可按本身被加热的温度自由膨胀，结果每单位长度板条端面会出现图 4.1-2(a)中所示的变形曲线 $\varepsilon_T = \alpha T$。

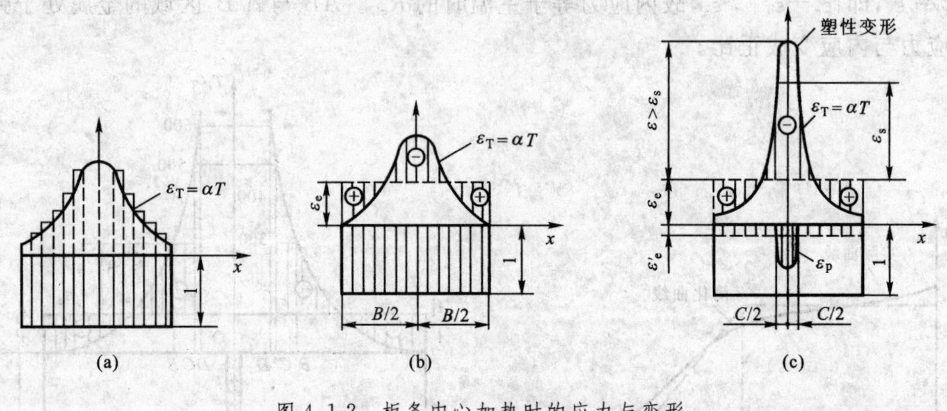

图 4.1-2　板条中心加热时的应力与变形

实际上，组成板条的小窄条之间是相互约束的整体，不能自由膨胀，截面必须保持平面。由于板条上的温度场对称分布，故端面只作平移，如图 4.1-2(b)所示。端面向外平移的距离为 ε_e，称外观变形率。未表现出的那部分变形称内部变形，曲线 ε_T 与 ε_e 之差即为内部变形率。平行线以上的 ε 为负值，产生压应力；平行线以下的 ε 为正值，产生拉应力。因此，板条中心加热时中部受压而两侧受拉(图 4.1-2b),三个区域的应力相互平衡。如果不均匀温度场在金属板条上引起的内应力小于材料的屈服极限 R_{eL},则断开加热电源,板条逐渐冷却至原始温度后,板条将恢复原始长度,应力也将消失。

假设板条中心受热温度较高,则板条中心区域(C 区)将产生较大的内部变形,此时内部变形率 ε 大于金属屈服时的变形率 ε_s,于是 C 区产生压缩塑性变形(图 4.1-2c)。此时,板条冷却至原始温度后应力与变形不会消失。假设板条能自由收缩,C 区长度将缩短,缩短量为温度场存在时的压缩塑性变形,板端中心便会形成凹弧形曲面。实际上板条为一整体,C 区的收缩受到约束,截面应保持平面,因而冷却后出现新的应力与变形,如图 4.1-3 所示。板条中心受拉而两侧受压,此平衡应力系统即残余应力,板端的外观缩短,即产生残余变形。

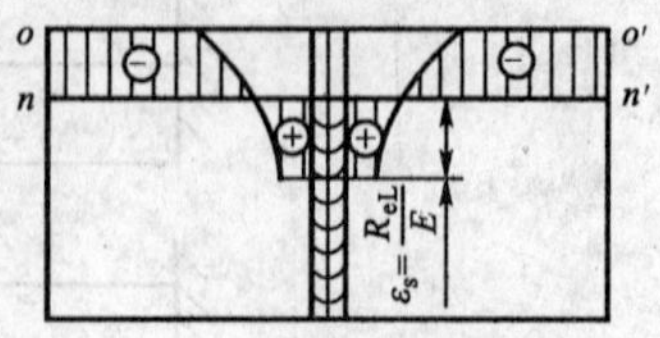

图 4.1-3 冷却后长板条的残余变形与残余应力的分布

4.1.3 平板对接焊时的纵向应力与变形

焊接时温度的变化范围很大,热影响区的温差变化也很大,最高可达金属熔点,而离热源稍远的母材温度急降至室温。其物理性能和力学性能都随温度的变化而变化。低碳钢 R_{eL}-T 的实际关系曲线如图 4.1-4 实线所示,为便于分析,将其简化为图中虚线。在 500~600 ℃之间,屈服点迅速下降;600 ℃以上时呈全塑性状态,即屈服点为零。将屈服点为零的温度称为塑性温度,将塑性温度范围内产生的塑性变形区域称为塑性变形区。

平板对接焊时,沿垂直焊缝方向横截面的峰值温度分布如图 4.1-5 所示。按照前面的分析方法,找出近热源处单位长度板条端的自由变形率 ε_T 和外观变形率 ε_e,其中 ε_e 等于端面移动的距离 AA_1。在 DD' 区域内,温度超过 600 ℃,$R_{eL}=0$,不产生应力,所以该区域不参加内应力的平衡。DC 与 $D'C'$ 区域的温度范围为 500~600 ℃,R_{eL} 由零迅速增至室温时的数值,故这两个区域的内应力随 R_{eL} 的增大而增大。CB 与 $C'B'$ 区域的内部变形率大于金属屈服点时的变形率 ε_s,即 $|\varepsilon_e-\varepsilon_T|>\varepsilon_s$,故内应力等于室温时的 R_{eL}。AB 与 $A'B'$ 区域的金属处于弹性状态,内应力与内应变成正比。

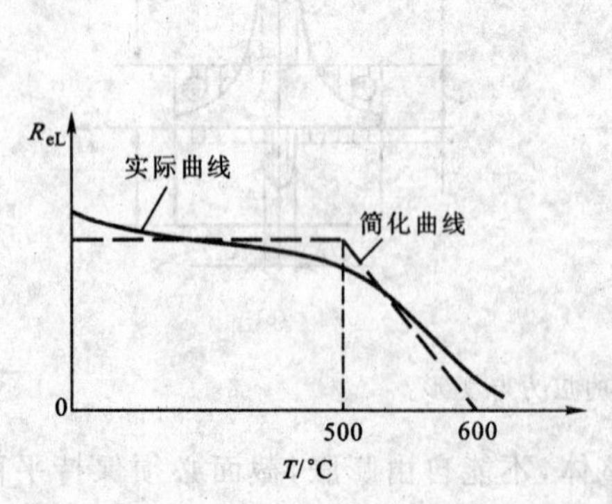

图 4.1-4 低碳钢的屈服点与温度的关系

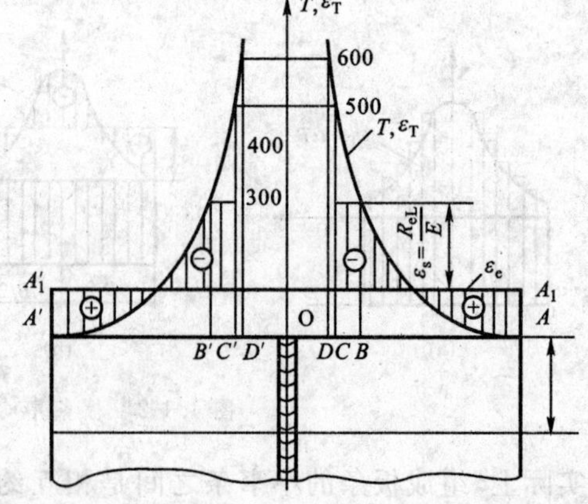

图 4.1-5 平板对接焊加热时的纵向应力与变形

根据上面的分析可知:平板对接焊加热时,平板中产生的纵向应力是塑性区以外的中部区域受压,两侧受拉,同时板端向外伸长 ε_e。

由于加热时 DD' 区域（焊缝及其两侧）的内部变形全部为压缩塑性变形，所以焊后冷却至室温后，DD' 区域的长度必然要缩短，但是因受邻近金属的制约而不能自由缩短。此时，DD' 区域的金属已处于弹性状态，出现压缩塑性变形引起的残余应力，如图 4.1-6 所示，焊缝及其近缝区受拉，数值一般达 R_{eL}，两侧受压；同时，板端向内平移 ε'_e，即产生残余纵向收缩变形。

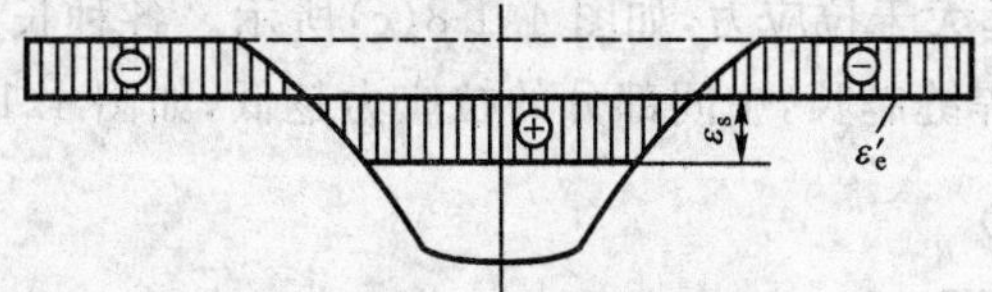

图 4.1-6　平板对接焊时的纵向残余应力与变形

4.1.4　平板对接焊时的横向应力与变形

横向应力与变形为构件焊后在垂直焊缝方向产生的应力与变形。

4.1.4.1　平板对接焊时的横向收缩

两板对接时留有一定的间隙，随着焊接热源的移动，平板被逐步加热膨胀，使间隙减小。单位厚度的线能量越大，热膨胀越大，间隙的减小越显著。冷却过程中焊缝由于迅速凝固后即恢复弹性，因此阻碍平板的焊接边收缩至原来位置。这样，冷却后就产生了横向收缩 Δy，如图 4.1-7 所示。

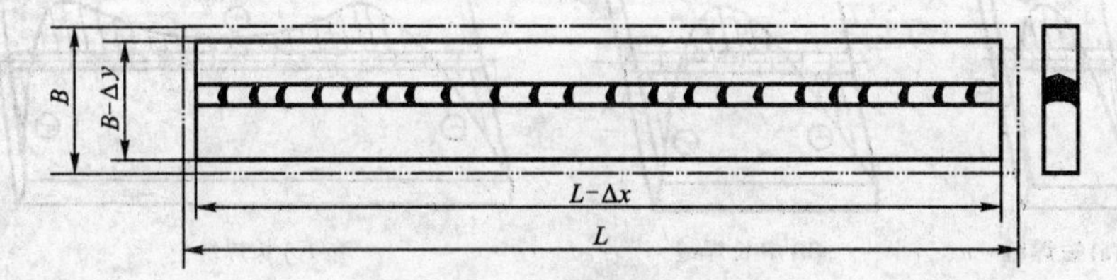

图 4.1-7　横向收缩 Δy

横向收缩 Δy 与焊接线能量、坡口形式、焊缝截面积、金属的热膨胀系数等焊接工艺有关。单道焊对接接头的 Δy 取决于坡口形式。焊缝截面积随坡口角度与间隙的加大而增加，且 Δy 也因线能量的增大而增大。多层或多道焊的对接接头，还需考虑焊缝的层数或道数及每层每道的线能量。一般第一层焊缝的 Δy 最大，以后逐层递减，至第 5 层后，横向收缩就很小了。厚板对接接头的 Δy 基本上由最初几层决定，这是由于随着层数的增加，构件的刚度也增加，每层焊道所引起的横向收缩随之减小。

4.1.4.2　平板对接焊时的横向应力

垂直于焊缝的横向应力 R_y 的分布情况比较复杂，它可以分为两部分：一是由于焊缝及其附近塑性变形区的纵向收缩所引起的，用 R'_y 表示；二是由焊缝及其附近塑性变形区横向收缩的不同时性所引起，用 R''_y 表示。横向应力 R_y 是两者的合成。

1. 焊缝及其附近塑性变形区的纵向收缩所引起的横向应力 R'_y

图 4.1-8(a)所示为由两块平板对接后的构件。若沿焊缝中心线切开，则相当于两块板条的板边堆焊，焊缝的收缩将引起板的挠曲，将出现图 4.1-8(b)所示的弯曲变形。在焊缝中部加上横向拉应力，在焊缝两端加上横向压应力，才能使两板条恢复到原来位置。由此可以推断，两板条能连在一起形成一条平直的焊缝，是有横向应力作用的。焊缝中部受拉应力而两端受压应力，且最大压应力远大于拉应力，如图 4.1-8(c)所示。各种长度的平板条对接焊时，其 R'_y的分布规律基本相同，焊缝越长，中间部分的拉应力越低，如图 4.1-9 所示。

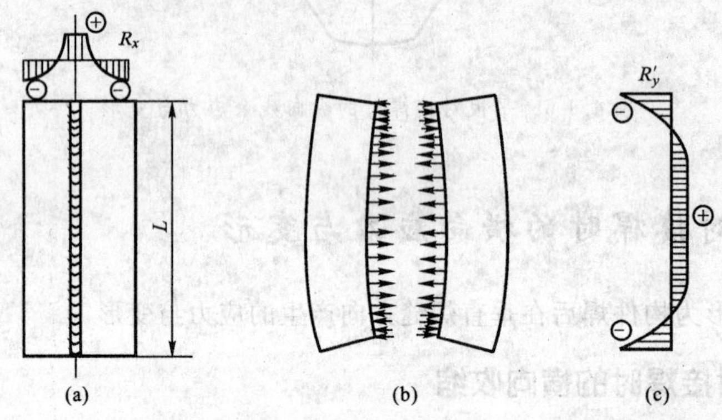

图 4.1-8　纵向收缩引起的横向应力 R'_y的分布

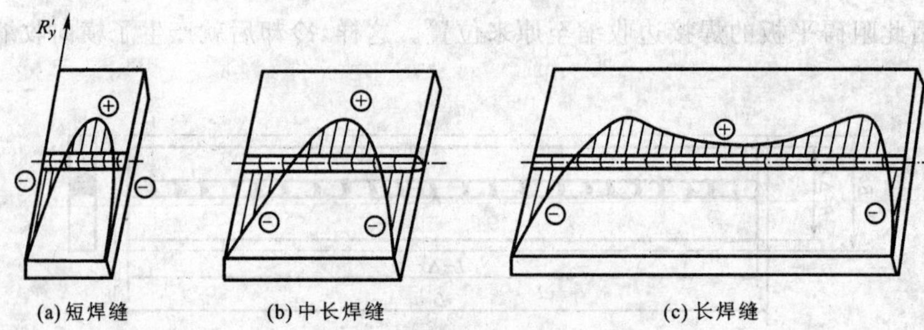

图 4.1-9　不同长度平板对接焊时 R'_y的分布

2. 横向收缩所引起的横向残余应力 R''_y

焊缝不是同时完成的，总有先焊和后焊之分。先焊的部分先冷却，后焊的部分后冷却。先冷却的部分会限制后冷却部分的横向收缩，这种限制和反限制就构成了横向 R''_y。R''_y的分布与焊接方向、分段方法及焊接顺序等有关。图 4.1-10 所示为不同焊接方向时 R''_y的分布。如果将一条长焊缝分两段焊接，当从中间向两端焊接时，中间部分先焊先收缩，两端部分后焊后收缩，则两端部分的横向收缩受到中间部分的限制，因此 R''_y的分布是中间部分为压应力，两端部分为拉应力，如图 4.1-10(a) 所示；反之，当从两端向中间部分焊接时，中间部分为拉应力，两端部分为压应力，如图 4.1-10(b)所示。

总之，横向残余应力的两个组成部分 R'_y和 R''_y同时存在，焊件中的横向残余应力 R_y是R'_y和 R''_y的合成。比较图 4.1-8 和图 4.1-10 可以看出，从两端向中心焊时应力叠加，使拉压应力都大大增加，而从中心向两端焊时，大部分应力可相互抵消，构件中的 R_y最小。因此，实际生产中较长的焊缝都是由中间向两端焊接。

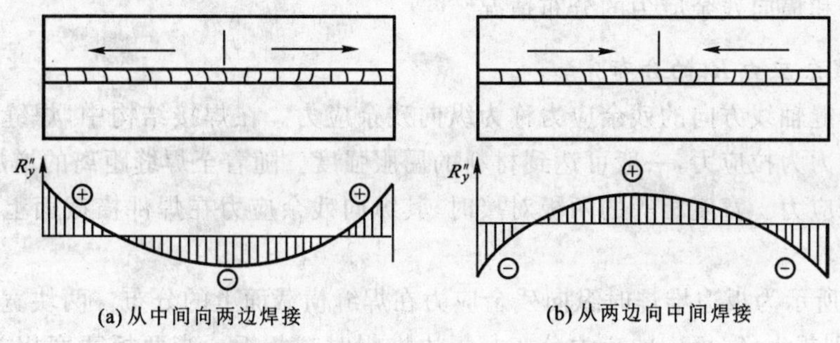

图 4.1-10　不同方向焊接时 R''_y 的分布

§4.2　焊接残余应力

4.2.1　焊接残余应力的分类

1. 按应力在焊件内的空间位置分类

(1) 单向应力。指焊件中只沿一个方向产生的应力。

(2) 双向应力。指焊件中的一个平面内不同方向上产生的应力，常用平面直角坐标系表示，如 R_x，R_y。

(3) 三向应力。指在焊件中沿空间三个方向（直角坐标）产生的应力，常用三维空间直角坐标系表示，如 R_x，R_y，R_z。

厚板焊接时发生的焊接应力是三向的。随着板厚减小，沿厚度方向的应力 R_z 相对 R_x，R_y 而言较小，可将其忽略而看成双向应力。薄长板条对接焊时，因垂直焊缝方向的应力较小而忽略 R_y，主要考虑平行于焊缝轴线方向的纵向应力 R_x。

2. 按产生应力的原因分类

(1) 热应力。指在焊接过程中，焊件内部温度有差异，各处变形不一致而互相约束引起的应力。热应力是引起热裂纹的力学原因之一。

(2) 组织应力。指焊接过程中局部金属组织发生转变，其比体积增大或减小不均匀而引起的应力。

(3) 塑变应力。指金属局部发生拉伸或压缩塑性变形后所引起的内应力。焊接过程中，在近缝高温区的金属热胀或冷缩受阻时便产生塑性变形，从而引起的焊接内应力。

4.2.2　焊接残余应力的分布

在厚度不超过 20 mm 的焊接结构中，残余应力基本上是双轴的，厚度方向的残余应力很小。只有在大厚度的焊接结构中，厚度方向的残余应力才有较高的数值。因此，本节重点讨论纵向残余应力和横向残余应力的分布情况。

1. 纵向残余应力 R_x 的分布

平行于焊缝轴线方向的残余应力称为纵向残余应力。在焊接结构中，焊缝及其附近区域的纵向残余应力为拉应力，一般可达到材料的屈服强度。随着至焊缝距离的增加，拉应力急剧下降并转为压应力。宽度相等的两板对接时，其纵向残余应力在焊件横截面上的分布情况如图 4.2-1 所示。

图 4.2-2 所示为板边堆焊时纵向残余应力在焊缝横截面上的分布。两块宽度不同的板对接时，宽度差别越大，宽板中的应力分布与板边堆焊时越相近。当两板宽度相差不大时，其应力分布近似于等宽板对接时的情况。

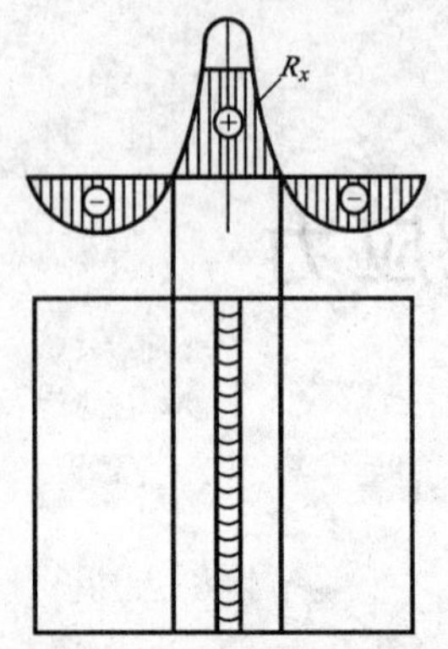

图 4.2-1 纵向残余应力在焊缝横截面上的分布

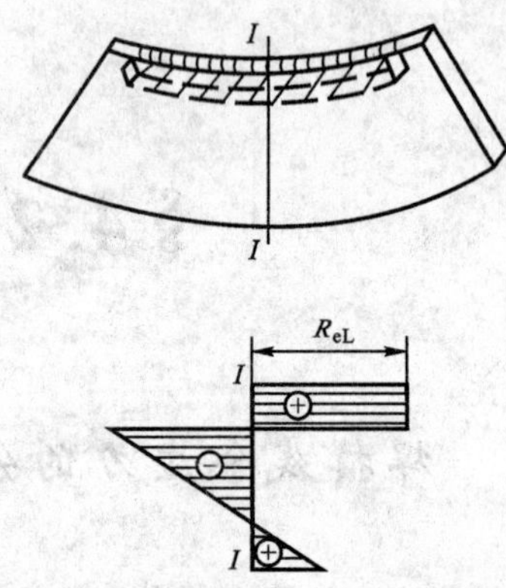

图 4.2-2 板边堆焊时的纵向残余应力与变形

焊缝纵截面上纵向残余应力的分布情况如图 4.2-3 所示。在焊缝纵截面端头，纵向应力为零，焊缝端部存在一个残余应力过渡区，焊缝中段是残余应力稳定区。当焊缝较短时，不存在稳定区，R_{eL} 随焊缝长度的减小而减小。

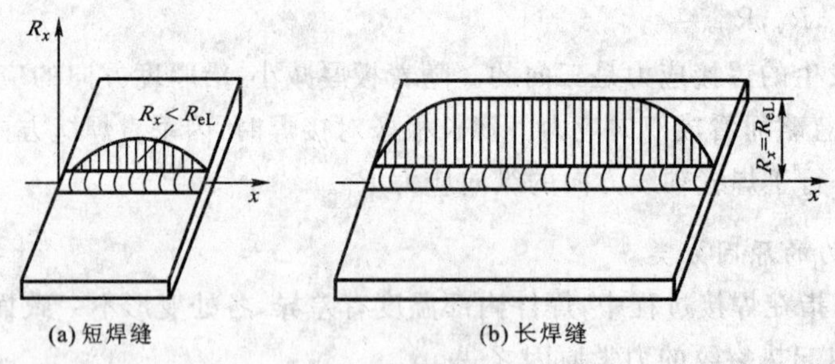

图 4.2-3 不同长度焊缝纵截面上纵向残余应力的分布

2. 横向残余应力 R_y 的分布

横向残余应力 R_y 在与焊缝平行的各截面上的分布与焊缝截面上大体类似，但是随着至焊缝距离的增加，应力值变低，到边缘上应力为零。从图 4.2-4 中可以看出，离开焊缝，R_y 迅速衰减。

值得注意的是，厚板 V 形坡口对接接头多层焊时，焊缝根部的 R_y 远大于材料的 R_{eL}。这是由于每焊一层，接头都要产生一次角变形，使根部发生拉伸塑性变形。多次塑变的积累使得根部金属应变硬化，应力不断升高，甚至因塑性耗竭而导致根部开裂。如果焊接接头的角变形受阻，则可能在焊缝根部产生压应力。

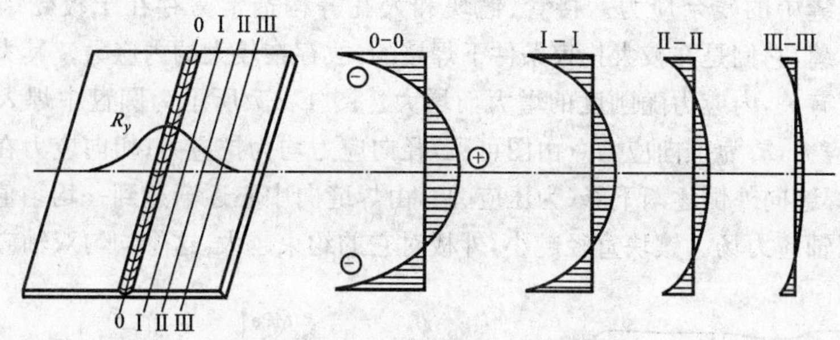

图 4.2-4　横向应力沿板宽上的分布

3. 特殊情况下的残余应力分布

(1) 厚板中的焊接残余应力。厚板焊接接头中存在纵向、横向及厚度方向三向的残余应力。残余应力在厚度上的分布不均匀，主要受焊接工艺方法的影响。图 4.2-5 所示为厚 240 mm的低碳钢电渣焊焊缝中心线上的应力分布。该焊缝中心存在三向均为拉伸的残余应力，且均为最大值，这与电渣焊工艺有关。因为电渣焊时焊缝正背面装有水冷铜滑块，表面冷却速度快，中心冷却较慢，最后冷却的收缩受周围金属制约，故中心部位出现较高的拉应力。

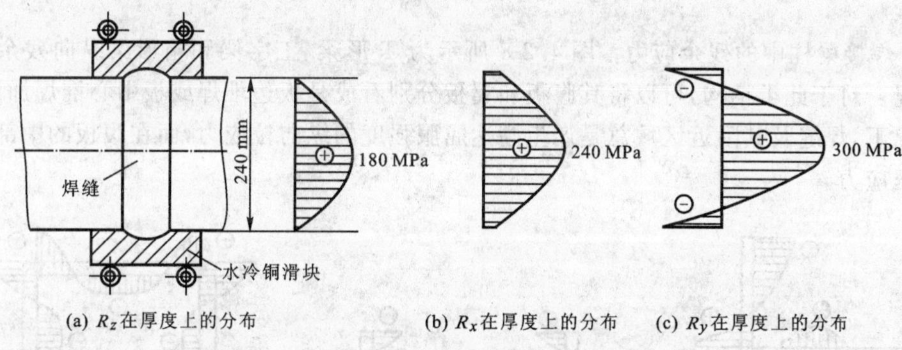

图 4.2-5　厚板电渣焊中沿厚度方向的残余应力分布

(2) 拘束状态下的焊接残余应力。前面讨论的都是焊件在自由状态下焊接时的焊接残余应力分布情况，而生产中焊接结构的焊接往往是在受拘束的情况下进行的。如图 4.2-6(a)所示，该焊件焊后的横向收缩受限，故产生了拘束横向应力，其分布如图 4.2-6(b)所示。拘束横向应力与无拘束横向应力(图 4.2-6c)叠加，从而在焊件中产生了图 4.2-6(d)所示的合成横向残余应力。

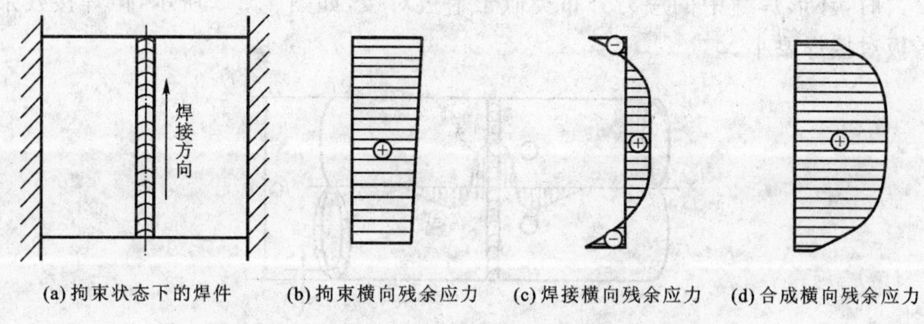

图 4.2-6　拘束状态下对接接头的横向残余应力分布

(3) 封闭焊缝中的残余应力。接管、镶块和人孔等构造常常存在于板壳结构中。这些构造上都有封闭焊缝，它们是在较大拘束条件下焊接的，故存在较大的内应力。其大小与焊件和镶入体本身的刚度有关，内应力随刚度的增大而增大。图 4.2-7 所示为圆盘中焊入镶块后的残余应力，R_θ为切向应力，R_r为径向应力。由图可见，径向应力均为拉应力；切向应力在焊缝附近最大(为拉应力)，由焊缝向外侧逐渐下降(为压应力)，由焊缝向中心逐渐达到一均匀值。在镶块中部有一个均匀的双轴应力场。镶块直径越小，外板对它的约束越大，这个均匀双轴应力值就越高。

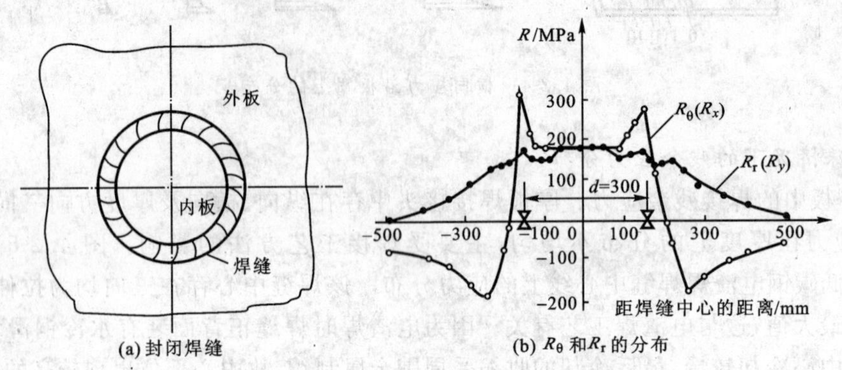

图 4.2-7 圆形镶块封闭焊缝的残余应力

(4) 焊接梁柱中的残余应力。图 4.2-8 所示为 T 形梁、工字梁和箱形梁纵向残余应力的分布情况。对于此类结构，可以将其腹板和翼板分别看成是板边堆焊或板中心堆焊加以分析。一般情况下，焊缝及其附近区域总是产生高达屈服强度的纵向拉应力，而在腹板的中部则会产生纵向压应力。

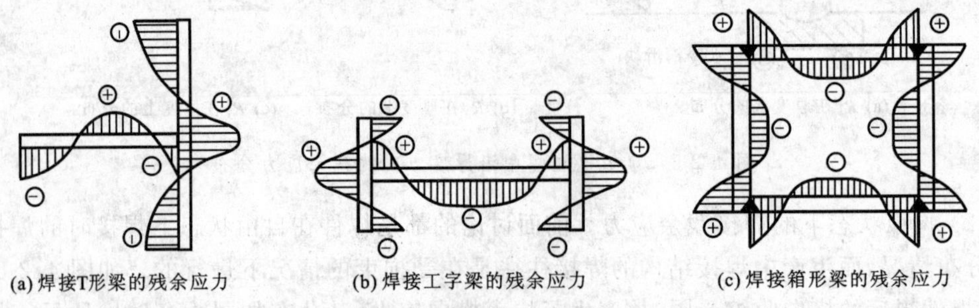

图 4.2-8 焊接梁柱的纵向残余应力分布

(5) 环形焊缝中的残余应力。管道对接时，焊接残余应力的分布比较复杂。当管径和壁厚之比较大时，环形焊缝中的应力分布类似于平板对接，如图 4.2-9 所示，但焊接残余应力的峰值比平板对接焊要小。

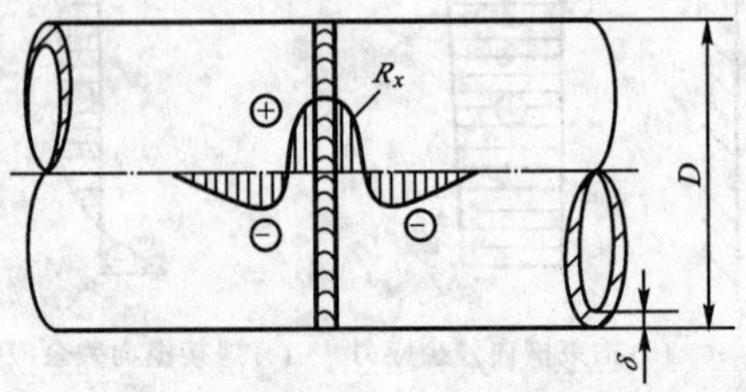

图 4.2-9 圆筒环缝纵向残余应力分布

4.2.3　焊接残余应力对焊接结构的影响

1. 对焊接结构静载强度的影响

当焊接结构中没有严重应力集中，只要材料具有足够的延性，能进行塑性变形，内应力的存在并不影响结构的承载能力，也就是对静载强度没有影响。当材料处于脆性状态时，由于材料不能进行塑性变形，焊接引起的拉伸内应力和外载引起的拉应力进行叠加，应力峰值不断增加，一直到达材料的强度极限，发生局部破坏，最终导致整个构件破坏。曾有许多低碳钢和低合金结构钢的焊接结构发生过低应力脆断事故。大量试验研究表明：在工作温度低于材料脆性临界温度的条件下，拉伸内应力和严重应力集中的共同作用将降低结构的静载强度，使之在远低于屈服点的外应力作用下发生脆性断裂。因此，焊接残余应力的存在将明显降低脆性材料结构的静载强度。

2. 对构件机械加工精度的影响

机械加工时，焊件上的内应力因一部分金属从焊件上被切除而失去了它原来的平衡状态，于是内应力重新分布以达到新的平衡，并产生变形，从而影响加工精度。如图 4.2-10 所示为在 T 形焊件上加工一平面时的情况，切削加工结束并松开加工板后，焊件会产生上挠变形，加工精度受到影响。为了保证加工精度，应对焊件先进行消除应力处理，再进行机械加工；也可采用多次分步加工的办法来释放焊件中的残余应力和变形。

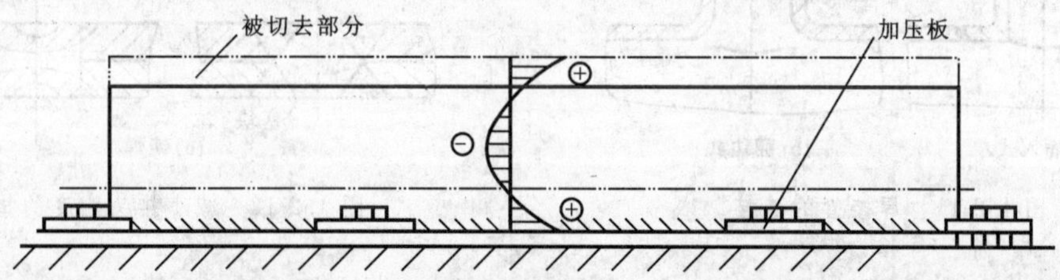

图 4.2-10　机械加工引起的内应力释放和变形

3. 对受压杆件稳定性的影响

当外载引起的压应力与内应力中的压应力叠加，使压应力区达到 R_{eL} 时，这部分截面就丧失了进一步承受外载的能力，相当于削弱了杆件的有效截面，使压杆的失稳临界应力 R_{cr} 下降，不利于压杆的稳定性。压杆内应力对稳定性的影响与压杆的截面形状和内应力分布有关，若能使有效截面远离压杆的中性轴，则可改善其稳定性。

焊接残余应力除了对上述的结构强度、加工尺寸精度以及对结构稳定性的影响外，还不同程度地影响着结构的刚度、疲劳强度及应力腐蚀开裂等。因此，为了保证焊接结构具有良好的使用性能，必须设法减小焊接过程中的焊接残余应力。对于一些重要的结构，焊后必须采取措施消除焊接残余应力。

4.2.4　减小和消除焊接残余应力的措施

4.2.4.1　减小焊接残余应力的措施

减小焊接残余应力是指在焊接结构制造过程中采取一些适当的措施以减小焊接残余应

力。通常,可以从设计和工艺两方面来解决此问题。设计焊接结构时,在不影响结构使用性能的前提下,设计方案应尽量考虑减小和改善焊接应力;此外,在制造过程中还要采取一些必要的工艺措施,以使焊接应力减小到最低程度。

1. 设计原则

(1) 减少结构上焊缝的数量和焊缝尺寸。焊缝是内应力源,焊缝尺寸过大,焊接时受热区大,使引起残余应力与变形的压缩塑性变形区或变形量增大。

(2) 避免焊缝过分集中,焊缝间应保持足够的距离。焊缝过分集中使应力分布不均,还会使应力状态复杂。

(3) 采用刚度较小的接头形式。如图 4.2-11 所示,容器与接管之间连接接头的两种形式中,插入式连接的拘束度比翻边式的大。前者的焊缝上可能产生双向拉应力,且数值较高;后者的焊缝上主要是纵向残余应力。

图 4.2-12 所示的两个例子中,左边的接头刚度大,焊接时会引起很大拘束应力,极易产生裂纹;右边的接头已削弱了局部刚度,焊接时不会开裂。

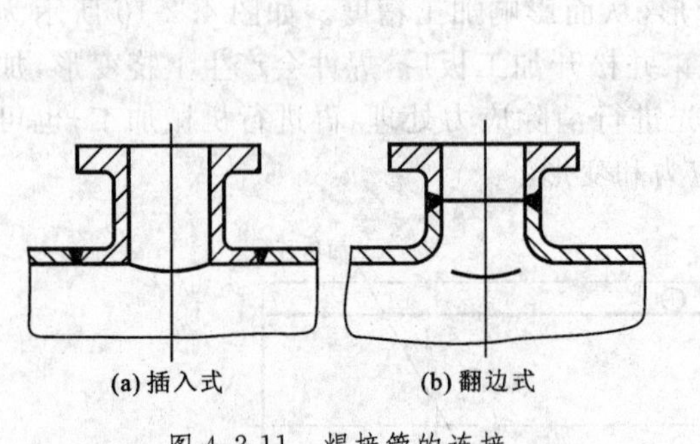

图 4.2-11 焊接管的连接

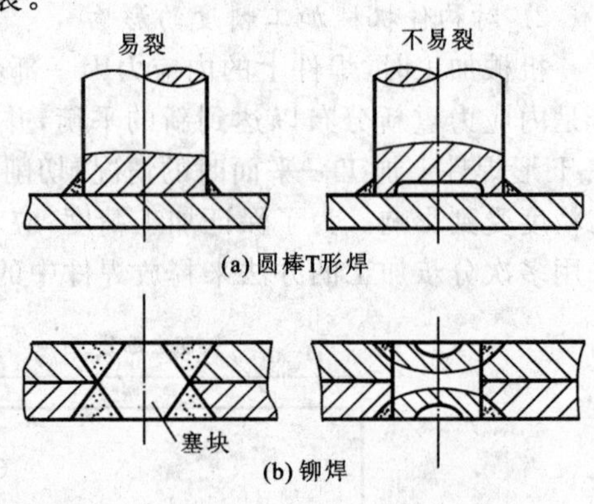

图 4.2-12 减小接头刚度的措施

2. 工艺措施

(1) 合理选择装配焊接顺序和方向。合理的装配焊接顺序就是能使每条焊缝尽可能自由收缩的焊接顺序。

在一个平面上的焊缝,焊接时应保证焊缝在较为自由的条件下收缩变形。对于图 4.2-13 所示的拼板焊接,先焊相互错开的横向短焊缝,后焊纵向长焊缝,这样可以减小焊接残余应力。

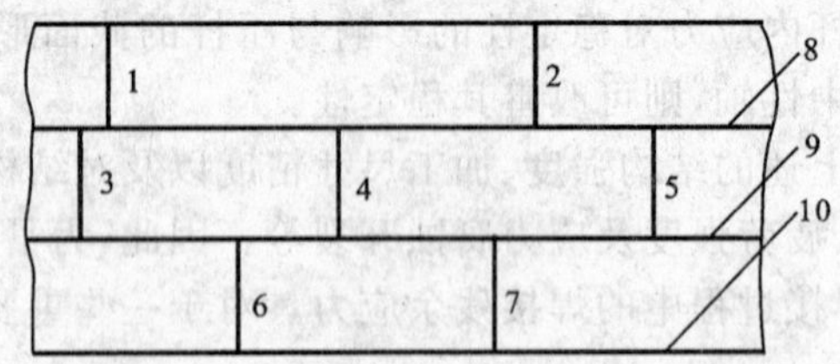

图 4.2-13 拼接焊缝合理的装配焊接顺序

尽量使焊缝能自由收缩,先焊收缩量大的焊缝。这是因为先焊的焊缝收缩时受阻较小,残余应力就比较小。对于图 4.2-14 所示的带盖板的双工字梁结构,应先焊盖板上的对接焊缝 1,后焊盖板与工字梁之间的角焊缝 2,因为对接焊缝的收缩量比角焊缝的收缩量大。

先焊工作时受力最大的焊缝。对于图 4.2-15 所示的大型工字梁,应先焊受力最大的翼板对接焊缝 1,再焊腹板对接焊缝 2,最后焊预先留出来的一段角焊缝 3。

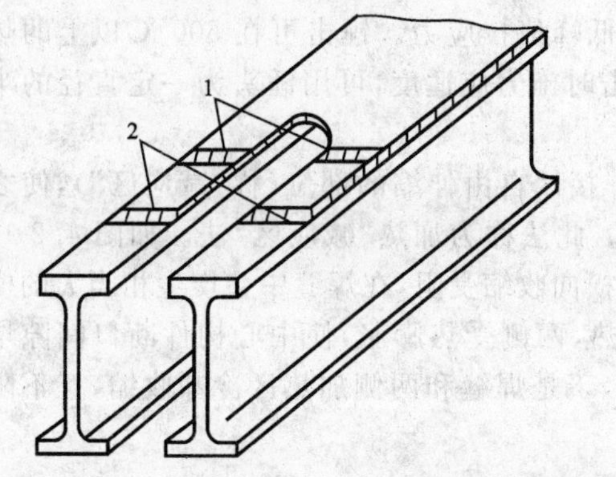

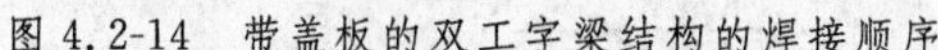

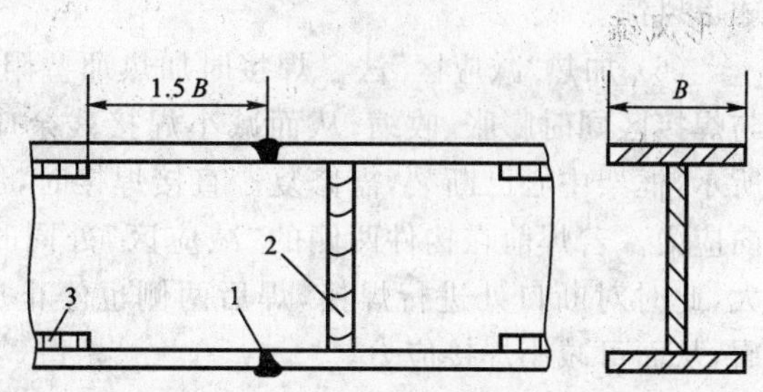

图 4.2-14　带盖板的双工字梁结构的焊接顺序　　　图 4.2-15　对接工字梁的焊接顺序

图 4.2-16 所示为对接焊缝与角焊缝交叉的结构。对接焊缝 1 的横向收缩量大，必须先焊对接焊缝 1，后焊对接焊缝 2。反之，如果先焊对接焊缝 2，则焊接对接焊缝 1 时，其横向收缩不自由，极易产生裂纹。

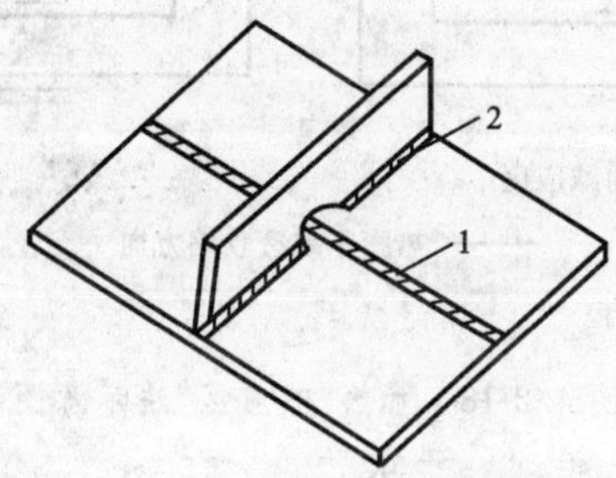

图 4.2-16　对接焊缝与角焊缝交叉

(2) 预热法。施焊前，将焊件局部或整体加热到 150～650 ℃。当焊接或补焊淬硬倾向较大材料的焊件，以及刚度较大或脆性材料焊件时，常常采用预热法。

(3) 冷焊法。通过减少焊件受热来减少焊接部位与结构上其他部位间的温度差来减小焊接残余应力。具体做法包括采用小的焊接热输入，选用小直径焊条，小电流、快速焊及多层多道焊等。此外，应用冷焊法时，环境温度应尽可能高。

(4) 增加焊缝的自由度。在焊接封闭焊缝或其他刚性较大、自由度较小的焊缝时，可以采用反变形法来降低焊缝的拘束度。图 4.2-17 所示是焊前对镶板的边缘适当翻边，做出反变形，焊接时翻边处拘束度减少。若镶板收缩余量预留的合适，焊后残余应力可减少且镶板与平板平齐。

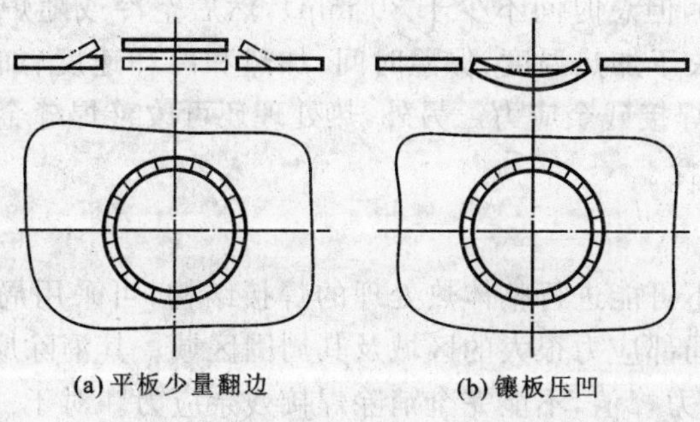

图 4.2-17　降低局部刚度减少内应力

(5) 锤击。锤击可以使焊缝得到延展，从而降低峰值拉应力。锤击可在 500 ℃以上的热态下进行，也可在 300 ℃下进行，以避免蓝脆。锤击时施力应适度，可用锤头为一定直径的半球形风锤。

(6) 加热"减应区"法。焊接时加热那些阻碍焊接区自由伸缩的部位（称"减应区"），使之与焊接区同时膨胀、收缩，从而减小焊接残余应力。此法称为加热"减应区"法。如图 4.2-18 所示，框架中心已断裂，需修复。直接焊接时，焊缝横向收缩受阻，在焊缝中会产生相当大的横向应力。若焊前在构件两侧的"减应区"处同时加热，两侧受热膨胀，使中心构件断口间隙增大，此时对断口处进行焊接，焊后两侧也停止加热，于是焊缝和两侧加热区冷却收缩，互不阻碍，从而可减小焊接应力。

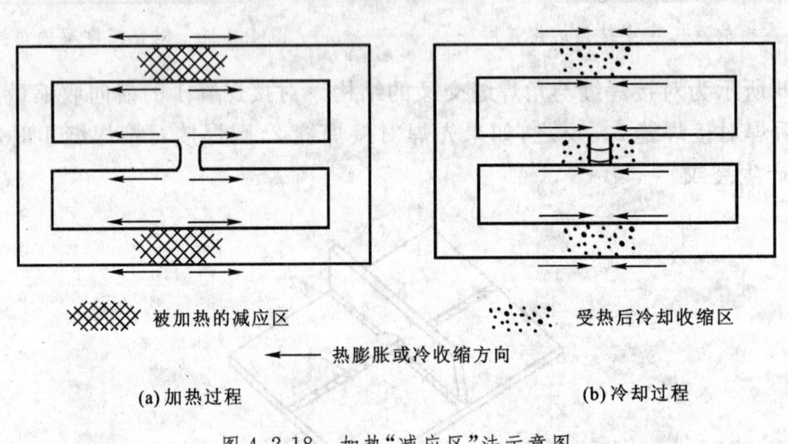

图 4.2-18　加热"减应区"法示意图

4.2.4.2　消除焊接残余应力的方法

由于焊接应力的复杂性，仅仅在结构设计和工艺上采取一定的措施来防止或减小焊接残余应力是不够的，结构焊接以后仍然可能存在较大的焊接残余应力。另外，有些结构在装配过程中还可能产生新的残余应力。这些焊接残余应力及装配应力都会对结构的使用性能造成影响。焊后是否需要消除残余应力，通常由设计部门根据钢材的性能、板厚、结构的制造及使用条件等多种因素综合考虑后决定。

常用消除残余应力的方法如下：

1. 整体热处理

一般是将构件整体缓慢加热到回火温度（低碳钢为 650 ℃），保温一定的时间（一般按 1 mm板厚保温 2～4 min，但总时间不少于 30 min），然后空冷或随炉冷却。整体热处理消除焊接残余应力的效果取决于加热温度、保温时间、加热和冷却速度、加热方法和加热范围。一般可消除 60%～90%的焊接残余应力。另外，热处理还可改善焊缝金属和焊接接头组织与性能，在生产中应用比较广泛。

2. 局部热处理

对于某些不允许或不可能进行整体热处理的焊接结构，可采用局部热处理。局部热处理主要针对构件焊缝周围局部应力很大的区域及其周围区域。其消除应力的效果不如整体热处理，只能降低焊接残余应力峰值，不能完全消除焊接残余应力。对于一些大型筒形容器的组装环缝和一些重要管道等，常采用局部热处理来降低结构的焊接残余应力。局部加热还可以改善焊接接头的性能。

3. 机械拉伸法

机械拉伸法是采用不同方式在构件上施加一定的拉应力，使焊缝及其附近产生拉伸塑性变形，部分抵消焊接时在焊缝及其附近所产生的压缩塑性变形，使焊接残余应力得到松弛。实践证明，拉伸载荷加得越高，压缩塑性变形量就抵消得越多，残余应力消除得越彻底。在压力容器制造的最后阶段，通常要进行水压试验，其目的之一也是利用加载来消除部分残余应力。

4. 温差拉伸法

温差拉伸法采用局部加热形成的温差来拉伸压缩塑性变形区，以减小其峰值应力。图 4.2-19所示为温差拉伸法示意图，在焊缝两侧各用一适当宽度（一般为 100～150 mm）的氧乙炔焰喷嘴加热焊件，在喷嘴后面一定距离用水管喷头冷却，从而形成两侧温度高（其峰值约为 200 ℃）、焊缝区温度低（约为 100 ℃）的温度场，两侧金属的热膨胀对中间温度较低的焊缝区进行拉伸，这样可以达到消除焊接残余应力的目的。如果加热温度和加热范围选择适当，消除焊接残余应力的效果可达 50%～70%。

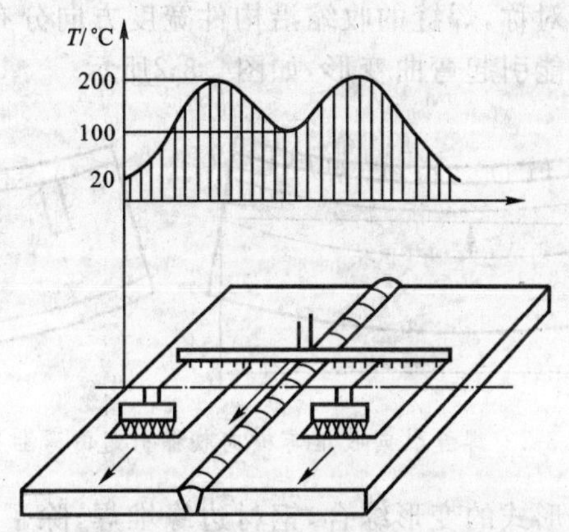

图 4.2-19　用温差拉伸法消除焊接残余应力示意图

§4.3　焊接残余变形

在焊接结构生产中，残余变形不仅影响结构的尺寸精度和外观，还可能降低其承载能力。矫正变形费工、费时，会提高成本，在矫正中或矫正后还会引起一些新的问题。因此，分析、测量、计算、预测并采取相应措施以控制和调整变形是十分重要的。

4.3.1　焊接残余变形的类型及其影响规律

常见的焊接残余变形如下：

1. 收缩变形

收缩变形分为纵向收缩和横向收缩两种，如图 4.3-1 所示。纵向收缩变形即构件焊后在焊缝方向上的收缩；横向收缩变形即构件在垂直焊缝方向上的收缩。

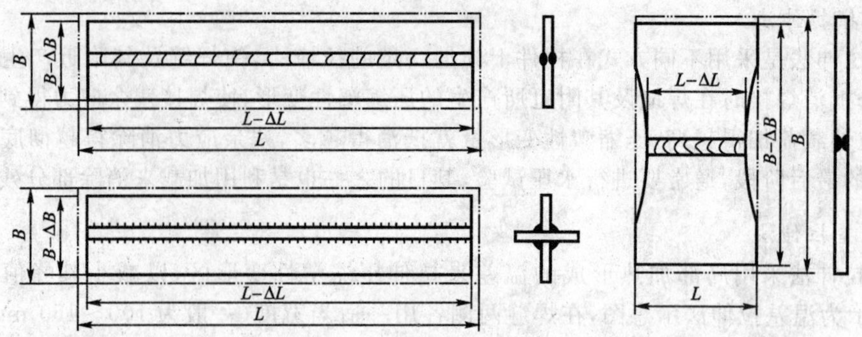

图 4.3-1 焊缝的纵向收缩与横向收缩

2. 弯曲变形

弯曲变形是指构件在垂直于焊缝方向上发生的变形。弯曲变形是由于焊缝的中心线与结构截面的中性轴不重合或不对称,焊缝的收缩沿构件宽度方向分布不均匀而引起的。焊缝纵向收缩和焊缝横向收缩都可能引起弯曲变形,如图4.3-2所示。

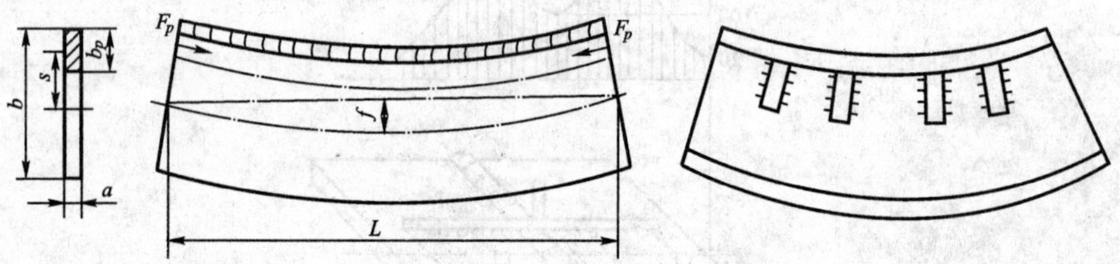

图 4.3-2 焊缝纵向收缩与横向收缩引起的弯曲变形

焊接结构的变形是各种形式的变形综合,钢材边缘堆焊,除了纵向收缩变形外,同时也产生弯曲变形。板件接头焊接时,对焊件的加热集中在边缘一个很小的宽度内,加热很均匀,而且无热的传导。也就是说,与加热区邻接的金属是冷的。加热区金属膨胀,如焊件不太大,就会在膨胀力作用下产生弯曲,而在加热区产生压缩塑性变形。冷却后,加热部分金属受到拉应力作用,它的反作用力也就使焊件发生反向弯曲。

弯曲变形的大小以挠度的数值来度量,而挠度的大小与焊件的长度成正比。纵向收缩可造成弯曲变形,横向收缩也可以造成弯曲变形。横向收缩变形对弯曲的影响也是不容忽视的。

事实上,焊接时焊件的弯曲变形是综合的,它是由纵向弯曲变形和横向弯曲变形综合而成的。弯曲变形与加热引起的压缩塑性变形区宽度、焊缝离构件重心的距离以及构件的刚性等有密切关系。构件的刚性是指它抵抗变形的能力,主要决定于结构的形状和尺寸的大小。在其他条件相同时,增加焊件的刚性将有利于减小弯曲变形。

3. 角变形

在对接、堆焊、搭接及 T 形接头焊接时,往往会产生角变形。角变形产生的根本原因是焊缝横向收缩变形在厚度方向上不均匀分布。焊缝接头形式不同,其角变形的特点也不同。图 4.3-3 所示为几种焊接接头的角变形。就堆焊或对接而言,如果钢板很薄,可以认为在钢板厚度方向上的温度分布是均匀的,此时不会产生角变形。但在焊接较厚钢板时,在钢板厚度方向上的温度分布是不均匀的。温度高的一面受热膨胀受阻,出现较大的压缩塑性变形。这样,冷却时在钢板厚度方向上产生收缩不均匀的现象,焊接钢板一面收缩大,另一面收缩小,故冷却后平板产生角变形。

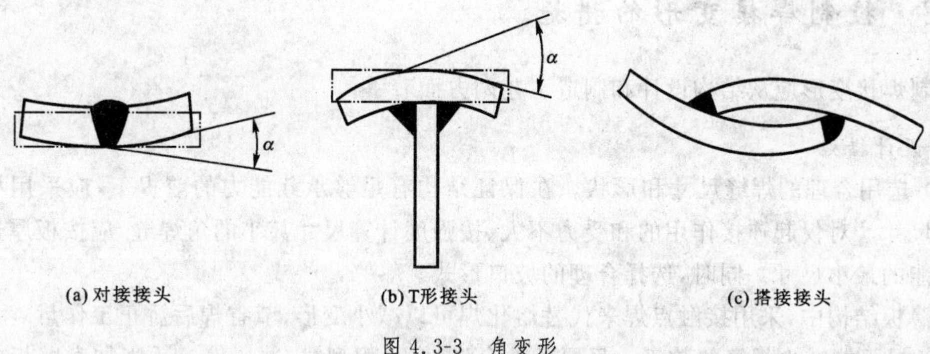

图 4.3-3　角变形

角变形的大小与焊接规范、接头形式、坡口角度、材料性能、板厚等因素有关。如果焊缝区域加热能量大，对薄板来说，降低了角变形；对较厚板来说，角变形反而增加。当焊件厚度很大时，由于其刚性增大很多，角变形又会减小。坡口角度和坡口形状对角变形影响较大。坡口角度越大，焊缝横向收缩沿板厚分布越不均匀，角变形也就越大。不同的施焊方法，其最终的角变形也不一样。采用多层焊要比单层焊时的角变形大。

4. 波浪变形

波浪变形又称失稳变形，常发生于板厚小于 6 mm 的薄板焊接结构，如图 4.3-4 所示。产生的原因一种是由于焊缝的纵向缩短对薄板边缘造成的压应力；另一种是由于焊缝横向缩短所造成的角变形。

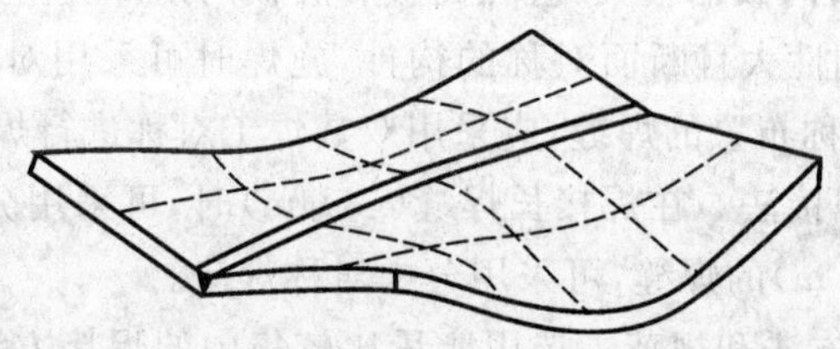

图 4.3-4　波浪变形

在焊接过程中产生的压应力作用下，薄板可能失稳，产生波浪变形。压应力越大，薄板的宽度与厚度之比 B/δ 越大，越易产生波浪变形。压应力随焊缝尺寸和焊接线能量的增加而增加。角变形也会引起类似的波浪变形，但成因不同。

5. 扭曲变形

产生扭曲变形的原因主要是焊缝的角变形沿焊缝长度方向分布不均。如图 4.3-5 所示，工字梁由于焊接方向和顺序易引起扭曲变形，这是角焊缝所造成的角变形沿焊接方向逐渐增大的结果。不过，同时向同一个方向焊接 T 形接头的两个角焊缝或采用焊接夹具，可防止扭曲变形。

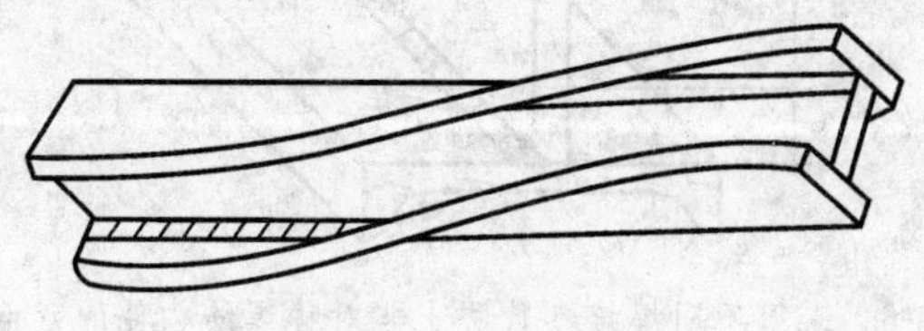

图 4.3-5　扭曲变形

4.3.2 控制焊接变形的措施

控制焊接变形应从结构设计和制造工艺两方面着手。

1. 设计措施

(1) 选用合理的焊缝尺寸和形状。在保证结构有足够承载能力的前提下，应采用尽量小的焊缝尺寸。对仅起连接作用的和受力不大、按强度计算尺寸甚小的角焊缝，应按板厚选取工艺上可能的最小尺寸。同时，选择合理的坡口形式。

在薄板结构中，采用接触点焊来代替熔化焊可以减小变形，节省焊后矫正工作量。

(2) 尽可能减少焊缝的数量。只要条件允许，多采用型材、冲压件。适当加大壁板的厚度可减少筋板的数量，从而减少焊接和变形矫正量。对自重要求不严格的结构，这样做即使重量稍大，还是比较经济的。采用压型结构代替筋板结构，对防止薄板结构的变形十分有效。

(3) 合理安排焊缝位置。合理的设计应尽量将焊缝安排在结构截面的中性轴或接近中性轴处，以减少弯曲变形。

① 尽可能考虑焊缝的自由收缩。对于大型结构，应从中间向四周对称施焊。例如，工字梁在对焊时，无论先焊面板还是腹板的接头，横向收缩都会在角焊缝内引起很大应力，甚至产生裂缝，所以应设法使它能自由收缩。为此，可采取将角焊缝留出一段后焊的方式，使对接接头的横向收缩能自由地进行。

② 收缩量大的焊缝先焊。对带筋板的工字梁，如先进行面板和腹板的焊接，再焊筋板的角焊缝，则由于角焊缝的横向收缩很大，会在面板和腹板的角焊缝内造成很大的焊接应力。

③ 对称焊接。对于刚性大且断面对称的构件，施焊时可采用对称焊接，有利于保证构件得到最小的弯曲变形。对称布置的焊缝，应采用双数焊工对称进行焊接。

④ 采用焊缝的不同焊接法。在焊接长焊缝(≥1 m)时，可采用分段退焊法、跳焊法、交替焊法；对中等长度(0.5～1 m)的焊缝，可采用分中对称焊法。

(4) 选用合理的焊接方法和规范。选用能量比较集中的焊接方法，如用等离子弧焊、CO_2保护焊代替气焊和手工电弧焊进行薄板焊接，可减少变形量；用真空电子束焊可焊接经过精加工的产品(如齿轮)，控制其变形量。

对于焊缝不对称的构件，可通过选用适当的焊接工艺参数，在没有反变形或夹具的条件下控制弯曲变形。图 4.3-6 所示构件上的焊缝 1 和 2 到中性轴的距离 s 比焊缝 3 和 4 到中性轴的距离 s' 大。如果焊缝 1 和 2 适当分层用小的工艺参数焊接，则可使上下弯曲变形抵消。

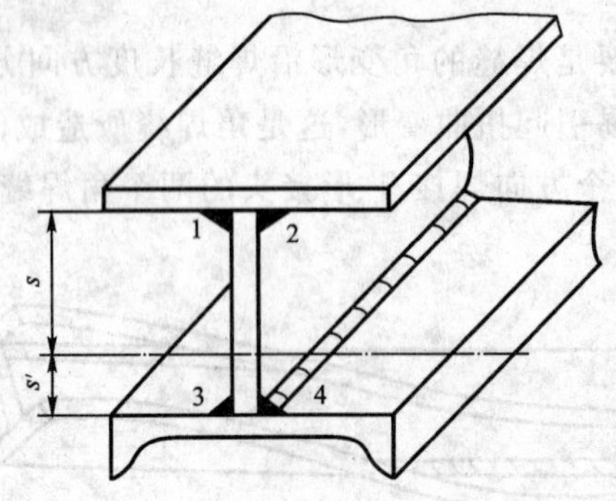

图 4.3-6 采用不同焊接参数防止非对称焊缝构件的弯曲变形

在焊缝两侧采用直接水冷或铜块散热，可限制和缩小焊接热场，减少变形，但对有淬火倾向的钢材应慎用。

(5) 选用合理的装配焊接顺序。将结构适当分成部件，分别装配焊接，最后再拼焊成整体。使不对称的焊缝或收缩量较大的焊缝能比较自由地收缩而不影响整体结构。

2. 工艺措施

(1) 反变形法。反变形方法是生产中经常使用的方法。它是事先预测出焊接变形的大小和方向，装配时预加一个相反的变形，也可以在构件上预置出一定量的反变形，以此来抵消焊接产生的变形。反变形法不仅可以控制焊接变形，还可以减少残余应力，而且方法简单，操作方便。

采用此法时，应预先确定反变形的数值，以便达到消除焊后变形的目的。凡变形的数值，一般是凭经验进行估算。

(2) 刚性固定法。由于刚性大的构件焊后变形小，因此，如果焊前加强构件的刚性或拘束度，也可以减小焊接变形。刚性固定法是采用强制手段来减小构件焊后变形的有效方法。刚性固定法是将焊件固定在有足够刚性的胎夹具上，或临时装焊支撑，以增加构件的刚度来减小变形。

刚性固定法只适用于塑性好的材料，特别是低碳钢。对于脆性大、容易淬火的中碳钢等材料则不宜，否则易导致焊缝产生裂缝。

(3) 预热法。焊前加热可减小焊件的温度差，并使冷却速度降低，从而减小焊接应力。焊件焊前预热可根据焊件大小和施工条件，采取局部或整体预热。预热温度的大小取决于焊件的材料性质、厚度以及周围环境的温度等综合因素。

(4) 散热法。又称为强迫冷却法，是将散热物体放置在焊接区域的周围，使焊件迅速冷却，以减小焊接受热区域，使变形减小。但是散热法不适合于淬火倾向较大的材料，否则易产生冷淬而出现焊接裂纹。

(5) 回火法。焊后将焊件整体放入加热炉中，以25～60 ℃的升温速度进行加热。低碳钢焊件加热温度为600～650 ℃，并保温一定时间，然后与炉子一起冷却至50～60 ℃，焊件再出炉。当焊件因尺寸大而不能进行整体回火时，也可局部回火，此时回火后应缓慢冷却。例如，用氧-乙炔火焰喷嘴在焊缝两侧加热，使构件表面加热至200 ℃左右。在火焰喷嘴后面一定距离喷水冷却，造成加热区与焊缝区之间产生一定温度差，使焊缝区金属被拉长，以达到部分消除焊缝拉伸内应力的目的。

(6) 热平衡法。对于某些焊缝不对称的结构，焊后常常会产生弯曲变形。如果在与焊缝对称的位置用火焰与焊接同步加热，使加热区和焊缝产生同样的膨胀变形，焊后其一致收缩，则可以防止弯曲变形。

4.3.3　矫正焊接残余变形的方法

矫正方法实质上是利用产生新的变形来抵消焊接残余变形。常用矫正方法如下：

1. 机械矫正法

利用机械或工具施加外力使构件产生与焊接变形方向相反的塑性变形，以使两者相互抵消。机械矫正法的原理是利用焊缝及其周围金属受外力后产生塑性变形，而将已产生收缩的焊缝伸长，从而减小构件的残余变形和应力。机械矫正法一般适用于塑性比较好的材料及形状简单的焊件，常用设备有千斤顶、拉紧器、压力机等。图 4.3-7 所示为工字梁焊接残余变形的矫正。

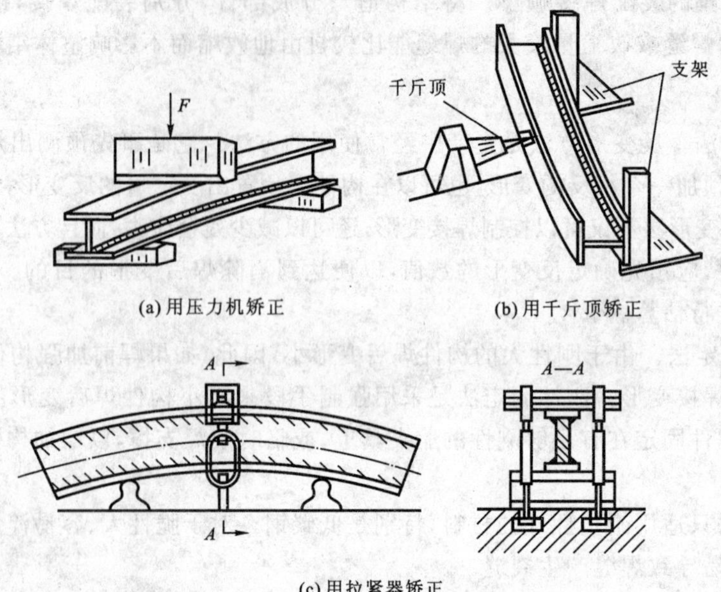

(a) 用压力机矫正　(b) 用千斤顶矫正

(c) 用拉紧器矫正

图 4.3-7　机械矫正变形

机械矫正最好在热状态下进行，这时金属的塑性较高。对于低碳钢构件，焊缝机械矫正的最佳温度为 150～200 ℃。

2. 火焰加热矫正法

火焰加热矫正法就是利用火焰对焊件进行局部加热，使焊件产生新的变形，利用冷却时该区域的收缩变形抵消焊接变形。火焰加热矫正法主要用于矫正弯曲变形、角变形、波浪变形等，也可用于矫正扭曲变形。火焰加热的方式有点状加热、线状加热和三角形加热三种。

火焰加热矫正焊接变形的效果取决于以下三个因素：

(1) 加热方式。加热方式的确定取决于焊件结构形状和焊接变形形式。一般来说，点状加热常用于薄板的波浪变形；焊件的角变形则采用线状加热；弯曲变形多采用三角形加热。

(2) 加热位置。加热位置的选择取决于焊接变形的形式和变形方向。

(3) 加热温度和加热区的面积。应根据焊件的变形量及焊件材质确定，当焊件变形量较大时，加热温度应高一些，加热区的面积应大一些。加热温度一般控制在 600～800 ℃之间，应防止过烧。

思考题与习题

4-1. 名词解释：自由变形、外观变形、内部变形、残余变形、残余应力、反变形法、刚性固定法。

4-2. 焊缝形成过程中,先焊完的焊缝对后焊完的焊缝的收缩有何影响?

4-3. 预防焊接变形的措施有哪些?

4-4. 矫正焊接残余变形的方法有哪些?

4-5. 控制焊接残余应力的措施有哪些?

4-6. 消除和减小焊接残余应力的方法有哪些?

第5章 焊接冶金原理

熔化焊过程中，伴随着金属熔化、凝固、固态相变以及形成接头等过程，焊接区内熔化的金属与气体或熔渣之间所进行的一系列物理化学反应过程以及金属的结晶相变过程，总称为焊接冶金过程。焊接区内各种物质之间在高温下相互作用的过程，称为焊接化学冶金过程。熔池的结晶凝固以及焊缝和热影响区的固态相变，称为焊接物理冶金过程。焊接化学冶金决定焊缝的成分，焊接物理冶金决定焊缝和热影响区的组织，两者共同影响接头的性能以及气孔、裂纹等冶金缺陷的敏感性。

本章主要介绍焊接化学冶金、熔池金属的结晶和焊接接头的固态相变，着重阐述焊缝金属的杂质控制和合金化、焊缝金属结晶的特殊规律和一次结晶组织的控制，结合焊接热过程的特点分析焊接热影响区的组织与性能，并对焊接裂纹的产生原因和防止措施进行讨论，为控制焊缝化学成分、获得组织和性能满足要求的无缺陷焊接接头提供一定的理论指导。

§5.1 焊接化学冶金

焊接冶金与炼钢冶金的过程和目的相似。炼钢冶金是将铁矿石或废钢铁加热熔化并使其具有适当的过热度，加入脱硫剂、脱磷剂等进行去杂质处理，加入合金化元素进行合金化处理，钢液冷凝下来就可得到满足一定要求的钢铁材料。焊接冶金的特殊性在于它是一个再熔炼的过程，冶炼对象是已经炼好的被焊金属和填充金属，但基本过程也是去杂质和合金化。用低碳钢焊丝在空气中进行无保护堆焊，熔化金属会与周围空气激烈反应，熔敷金属中氮、氢、氧等有害气体元素含量剧烈增加，而碳、锰、硅等合金元素含量因氧化及蒸发而减少。一般熔化焊方法都会采取渣保护、气保护或气-渣联合保护等措施，解决“隔离空气”的保护问题。不过，多数情况下造渣、造气所采用的药皮、焊剂等对金属具有不同程度的氧化性，并可能向焊缝金属中引入硫、磷等杂质。焊接化学冶金的主要任务是通过调整焊接材料的成分和性能，控制熔化金属与周围气体、熔渣之间的反应，从而获得预期要求的焊缝成分。

5.1.1 焊接化学冶金的特殊性

与普通炼钢冶金反应不同，焊接冶金过程是分区（或阶段）连续进行的。所谓“分区”，指的是化学冶金反应可在不同位置进行。例如，采用手工焊条电弧焊时有3个反应区：药皮反应区、熔滴反应区和熔池反应区，如图5.1-1所示；熔化极气体保护焊有2个反应区：熔滴反应区和熔池反应区，不加填充金属的则只有熔池反应区。所谓“连续”，指的是各区反应依次连续进行，前面反应的反应产物可能是后续反应的反应物。不同区域的反应条件（如温度、比表面积、反应时间、对流与搅拌运动等）有较大差异，直接影响到各区反应进行的可能性、方向和速度等。下面以手工焊条电弧焊为例进行讨论。

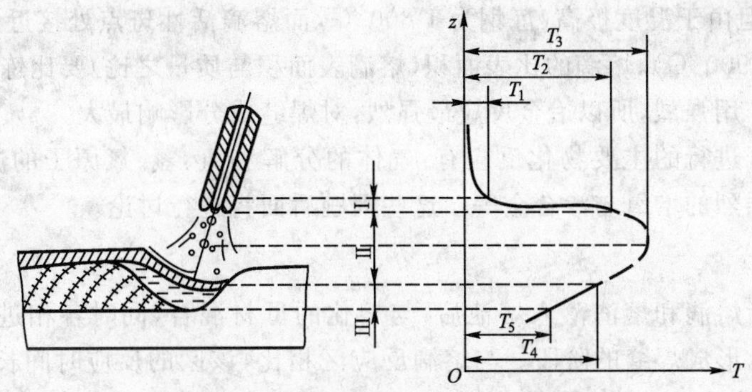

Ⅰ—药皮反应区；Ⅱ—熔滴反应区；Ⅲ—熔池反应区；

T_1—药皮开始反应温度；T_2—焊条端部熔滴温度；T_3—弧柱间熔滴温度；

T_4—熔池最高温度；T_5—熔池凝固温度

图 5.1-1　手工焊条电弧焊的化学冶金反应区

1. 药皮反应区

温度范围从常温到药皮的熔点（钢焊条约为 1 200 ℃），在焊条端部的固态药皮中就开始发生物化反应，主要是水分的蒸发、某些物质的分解和铁合金的氧化。

1）水分的蒸发

焊接过程中，当药皮加热时，其中的吸附水会蒸发。超过 100 ℃时，吸附水可全部蒸发。当温度超过 200～400 ℃时，药皮中某些组成物，如白泥、云母中的结晶水将被排除，而化合水的析出温度要更高一些。

2）物质的分解

酸性焊条中一般都含有淀粉、木粉和纤维素等有机物，它们在 200～250 ℃后就会分解，形成 CO_2，CO，H_2 等气体。某些焊条药皮中的大理石、菱苦土和白云石等的主要成分是钙镁碳酸盐，碳酸镁的分解温度是 324 ℃，碳酸钙的是 540 ℃，分解产物为氧化物和 CO_2。药皮中的赤铁矿（Fe_2O_3）和锰矿（MnO_2）在温度超过 550 ℃时也会分解，形成 O_2。

需要注意的是，有机物分解和矿物分解产生的气体，因在药皮套筒中被加热而膨胀，形成方向性气流，吹向熔池并排斥侵入焊接区的空气，对熔化金属有保护作用。因此，要防止在使用前的焊条烘干过程中药皮组分发生分解。对于含有有机物的酸性焊条，烘干温度应控制在 150 ℃左右，不能超过 200 ℃；一般碱性焊条药皮中都含有大量的碳酸盐，碱性焊条的烘干温度不应超过 300 ℃。

3）铁合金的氧化

上述物化反应产生的 O_2，CO_2，H_2O 等气体，对药皮中的铁合金（如锰铁、硅铁和钛铁等）有很大的氧化作用。试验表明，温度高于 600 ℃就会发生铁合金的明显氧化，结果使弧柱气氛的氧化性大大减弱，这个过程就是所谓的先期脱氧。

药皮反应区产生的大量气体（CO，O_2，CO_2，H_2O，H_2）以及熔渣（MgO，CaO，MnO，SiO_2 等金属氧化物），一方面对熔化金属形成可靠的气-渣联合保护，另一方面为熔滴和熔池阶段提供反应物,其对整个焊接化学冶金过程和焊接质量有重要影响。

2. 熔滴反应区

熔滴反应区指从熔滴形成、长大、过渡到进入熔池前的阶段。该区的反应时间极短(平均时间0.01～1 s),但由于温度极高(炼钢为 1 600 ℃,而熔滴活性斑点处接近焊芯沸点,平均温度高于熔点 300～900 ℃),熔滴的比表面积(熔滴表面积与质量之比)要比炼钢时大 1 000 倍,熔滴与熔渣混合作用强烈,所以冶金反应最强烈,对焊缝成分影响最大。

在熔滴反应区进行的主要物化反应有:气体的分解和氮、氢、氧原子的激烈溶解;去氢反应;金属的蒸发;强烈的增氧与渗合金等。这些问题后面将进行讨论。

3. 熔池反应区

熔池反应区指熔滴和熔渣落入熔池后,与熔化的母材混合,同时各相进一步发生物化反应,直至金属凝固,形成焊缝的阶段。与熔滴反应区相比,该区的反应时间长,平均温度低,比表面积小,所以它的冶金反应没有熔滴区强烈,不过比炼钢要强烈的多,而且它反应的结果决定了焊缝最终的成分和性能。

在熔滴阶段进行的反应多数将在熔池阶段继续进行,但也有的反应停止甚至改变反应方向,这与熔池的温度分布极不均匀有关。熔池的头部是高温区,有利于气体的溶解和增氧等吸热反应进行;熔池的尾部是低温区,有利于氮和氢析出、脱氧、去硫磷等放热反应的进行以及金属的凝固。

总之,焊接化学冶金过程是分区域连续进行的,各阶段冶金反应的综合结果决定了焊缝金属最终的化学成分。

5.1.2 焊接熔渣

焊接化学冶金主要是熔化金属与气体或熔渣之间的界面反应,发生的具体反应以及对焊接质量的影响和控制将在后续部分进行介绍,这里只介绍影响冶金反应过程的熔渣的重要化学和物理性质。

5.1.2.1 熔渣的化学性质

焊接熔渣是焊条药皮或焊剂在焊接高温时熔化的产物,也包括它们在焊接冶金过程中形成的产物,由各种氧化物及其盐类组成,在碱性焊条和焊剂形成的熔渣中还含有氟化物。常用钢焊条和焊剂的熔渣成分见表 5.1-1。

表 5.1-1 常用钢焊条和焊剂的化学成分举例

焊条、焊剂类型	熔渣化学成分(质量分数)/%										熔渣碱度	
	SiO_2	TiO_2	Al_2O_3	FeO	MnO	CaO	MgO	Na_2O	K_2O	CaF_2	B_1	B_2
钛铁矿型	29.2	14.0	1.1	15.6	26.5	8.7	1.3	1.4	1.1	—	0.88	−0.1
钛　型	23.4	37.7	10.0	6.9	11.7	3.7	0.5	2.2	2.9	—	0.43	−2.0
钛钙型	25.1	30.2	3.5	9.5	13.7	8.8	5.2	1.7	2.3	—	0.76	−0.9
纤维素型	34.7	17.5	5.5	11.9	14.4	2.1	5.8	3.8	4.3	—	0.60	−1.3

续表

焊条、焊剂类型	熔渣化学成分(质量分数)/%										熔渣碱度	
	SiO_2	TiO_2	Al_2O_3	FeO	MnO	CaO	MgO	Na_2O	K_2O	CaF_2	B_1	B_2
氧化铁型	40.4	1.3	4.5	22.7	19.3	1.3	4.6	1.8	1.5	—	0.60	−0.7
低氢型	24.1	7.0	1.5	4.0	3.5	35.8	—	0.8	0.8	20.3	1.86	0.9
HJ430	38.5	—	1.3	4.7	43.0	1.7	0.45	—	—	6.0	0.62	−0.33
HJ251	18.2～22.0	—	18.0～23.0	≤1.0	7.0～10.0	3.0～6.0	14.0～17.0	—	—	23.0～30.0	1.15～1.44	0.048～0.49

注:表中列出的熔渣成分是药皮或焊剂经过反应后的成分。

根据熔渣的分子理论,将焊接熔渣中的氧化物分为 3 类:

(1) 酸性氧化物。按照酸性由强至弱的顺序是 SiO_2,TiO_2,B_2O_3,P_2O_5,V_2O_5等。

(2) 碱性氧化物。按照碱性由强至弱的顺序是 K_2O,Na_2O,CaO,MgO,BaO,MnO,FeO 等。

(3) 中性氧化物。Al_2O_3,Fe_2O_3,Cr_2O_3,ZrO_2等,其特点是在强酸性渣中呈弱碱性,在强碱性渣中呈弱酸性。

熔渣中的氧化物可呈自由态,也可呈复合态,一般升温时易呈自由态,降温时易呈复合态。熔渣中的氧化物有两个作用:一是造渣,也就是酸碱性氧化物中和成盐的过程,例如 SiO_2与各种氧化物结合的复合物称为硅酸盐,强酸性与强碱性氧化物最易相互结合;二是与熔化金属进行冶金反应。由于只有自由态的氧化物才能与熔化的金属进行冶金反应,所以升温有利于冶金反应的进行。

熔渣的碱度用于表征其碱性强弱,是熔渣的重要化学性质,反映熔渣的冶金反应能力并影响熔渣的活性、黏度、表面张力等物理性质。不同的熔渣结构理论对碱度的定义和计算方法是不同的。根据分子理论,熔渣碱度 B 的定义为:

$$B=\frac{\sum \text{碱性氧化物的摩尔分数}}{\sum \text{酸性氧化物的摩尔分数}} \tag{5.1-1}$$

碱度 B 的倒数为酸度。根据碱度值的大小,将熔渣分为碱性渣和酸性渣。从理论上讲,$B>1$ 时为碱性渣,$B=1$ 时为中性渣,$B<1$ 时为酸性渣。不过,由于上式没有考虑到各氧化物的酸、碱性强弱程度,也没有考虑碱性氧化物和酸性氧化物之间的复合,因而是不够准确的。实践经验表明,只有当 $B>1.3$ 时熔渣才是碱性的。比较精确的碱度计算表达式是:

$$B=\frac{0.018w(CaO)+0.015w(MgO)+0.006w(CaF_2)+0.014w(Na_2O+K_2O)+0.007w(MnO+FeO)}{0.017w(SiO_2)+0.005w(Al_2O_3+TiO_2+ZrO_2)} \tag{5.1-2}$$

式中,各成分均以质量分数计。

表 5.1-1 中熔渣的碱度 B_1是按照式(5.1-2)进行计算的结果,$B_1>1$ 时为碱性渣。B_2是根据离子理论进行计算的结果。离子理论是将熔渣中自由氧离子的浓度(或活度)定义为碱度,具体计算方法不再详述。自由氧离子的浓度越大,熔渣的碱度越大。$B_2>0$ 时为碱性渣,$B_2<0$ 时为酸性渣,$B_2=0$ 时为中性渣。由表 5.1-1 可以看出,只有低氢型焊条和 HJ251 是碱性渣,其余熔渣均是酸性。基于此,根据熔渣的碱度可将焊条和焊剂相应分为酸性和碱性两大类,它们的冶金性能、焊接工艺性能以及焊缝的成分和性能都有显著差别。

5.1.2.2 熔渣的物理性质

1. 熔渣的黏度

熔渣黏度是指液态渣内部发生相对运动时各层之间产生的内摩擦力，是焊接熔渣重要的物理性质之一，它对渣的保护效果、飞溅、焊缝成形、熔池中气体的外逸、合金元素在渣中的残留损失等都有显著的影响。黏度过大，流动性差，阻碍熔渣与液态金属之间接触反应的充分进行(合金残留损失大)，不利于气体从熔池金属中逸出(容易形成气孔)，并使焊缝成形不良、飞溅增多；黏度过小，则流动性过大，熔渣覆盖性差，失去应有的保护作用，焊缝成形及焊缝力学性能变差，且淌渣会导致不能适用于全位置焊接。

熔渣的黏度取决于温度和渣的成分。熔渣成分一定时，温度升高，黏度下降；反之，温度下降，黏度增加(图 5.1-2)。熔渣成分不同，熔渣在凝固成渣壳的过程中，随温度的降低，黏度增加的快慢程度是不同的。比如 1 和 2 两种渣，当两种渣的黏度都变化 $\Delta\eta$ 时，渣 1 对应的温度变化值 ΔT_1 较小，而渣 2 对应的温度变化值 ΔT_2 较大。如果冷却速度相同，获得同样黏度时，渣 1 所需时间短，所以叫做“短渣”；渣 2 所需时间长，所以叫做“长渣”。

一般来说，碱性渣以及含二氧化钛较多的酸性渣是短渣，而含二氧化硅较多的渣为长渣。短渣在熔池金属开始凝固阶段就迅速凝固，可以防止液态金属的流失，有利于焊缝成形，所以这种渣的焊条适合于全位置焊接。对于长渣焊条，由于熔渣凝固时间长，立焊和仰焊时液态金属没有渣壳托住，所以容易发生淌渣和金属流失，因而只适合于平焊。

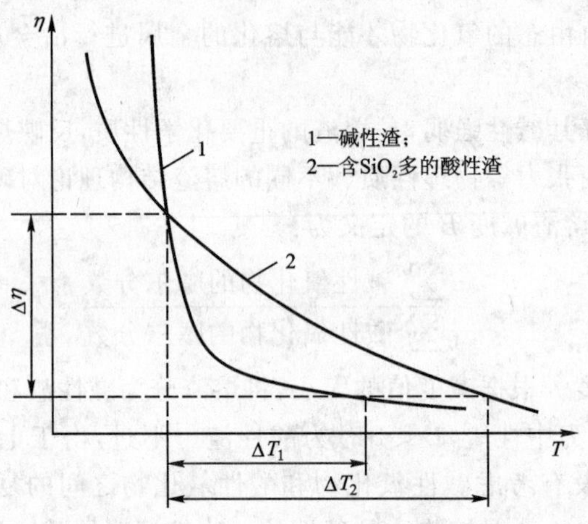

图 5.1-2 熔渣黏度与温度的关系

2. 熔渣的表面张力

熔渣的表面张力实际上是熔渣与空气相接触时的比表面能，而熔渣与金属间的比表面能称为界面张力。它们对熔滴过渡、焊缝成形、脱渣性及冶金反应等都有很大影响。比如，熔渣的表面张力大会导致熔滴增大，从而阻碍熔滴过渡。

3. 熔化性(熔点或凝固温度范围)

熔渣的熔点过高，则药皮的熔点也相应过高，焊接过程中焊芯熔得过快，形成长套筒，易引起断弧，导致操作困难；浮于熔池表面的熔渣先于熔池金属凝固，会发生“压铁水”现象，焊缝成形恶化，产生气孔等缺陷。熔渣的熔点过低，则药皮的熔点过低，药皮熔得过快，焊芯暴露，药皮失去保护作用，电弧不稳；熔池表面的熔渣覆盖不均匀，焊缝成形不良，机械保护作用下降。通常要求熔渣的熔点比药皮的熔点低 100～200 ℃，而药皮的熔点比焊芯的熔点低 100～200 ℃。

另外，熔渣的密度影响其在熔池金属中的浮出速度，密度越小，越不易形成焊缝中的夹杂。熔渣的线胀系数则影响脱渣性，渣与金属的线胀系数差别越大，越容易脱渣。

总之，熔渣的物化性质在焊接冶金过程中起着非常重要的作用。熔渣的性质主要取决于它的成分。酸性渣的性质一般比碱性渣容易调整，所以酸性焊条的工艺性能更好。

5.1.3　氮、氢、氧对焊接质量的影响和控制

焊接过程中充满焊接区的气体，是由 CO，CO_2，H_2O，O_2，H_2，N_2 以及它们分解的产物、金属熔渣蒸气、少量侵入焊接区的空气等所组成的混合物。这些气体与熔化金属不断产生冶金反应，最终使 N，H，O 成为影响焊缝质量的重要元素。

5.1.3.1　氮对焊接质量的影响和控制

对于铜、镍等既不溶解氮，又不与氮发生反应的金属，焊接时可以用氮气作为保护气。不过，对于能够溶解氮或形成氮化物的金属，如铁、钛、锰、铬，需要考虑焊缝金属的防止氮化问题。除非特意加入，出现在焊接区的氮通常是由于保护不良导致周围空气侵入引起的。

1. 氮的作用

焊接奥氏体或双相不锈钢时，有时会特意向惰性保护气中加入氮，因为氮是强奥氏体化元素，可起到稳定不锈钢焊缝中奥氏体的作用。但是，氮在碳钢和低合金钢焊缝中则是有害的杂质。氮对焊接质量的影响主要体现在以下方面：

1）形成气孔

氮是双原子气体，N_2 必须分解为原子或离子才能溶于金属。不过，在焊接温度下（约 5 000 K），氮分子在气相中的分解度很小（图 5.1-3），大部分以分子状态存在。气相中分子氮溶入液态金属的过程，首先是被熔滴和熔池前部的高温金属表面吸附，然后在金属表面上分解为原子氮，原子氮再穿过金属表面层并向金属深处扩散。在一定温度下，气体元素在金属中的最大含量称为此元素的溶解度。氮在金属中的溶解度 S_N 可表示为：

$$S_N = K_{N_2}\sqrt{P_{N_2}} \tag{5.1-3}$$

式中，K_{N_2} 为氮溶解反应的平衡常数，取决于温度和金属的种类；P_{N_2} 为气相中氮分子的分压。

随温度升高，氮在金属中的溶解度增大，因此液态金属在高温时可以溶解大量的氮（图 5.1-4）。当温度超过 2 200 ℃并继续升高时，由于金属蒸气使气相中氮的分压减小，导致氮的溶解度急剧降低（达到铁的沸点时降至为零）。由图 5.1-4 还可以看出，当液态铁凝固时，氮的溶解度发生突降，这是焊缝中产生氮气孔的原因之一。

液态金属在高温时可以溶解大量的氮，而在其凝固时氮的溶解度突然下降，这时过饱和的氮以气泡形式从熔池中向外逸出，当焊缝金属的结晶速度大于它的逸出速度时就形成气孔。因保护不良产生的氮气孔多出现在引弧端和弧坑处，且在焊缝表面，多数情况下成堆出现，与蜂窝相似。随着焊接材料和焊接技术的发展，在生产中由氮引起的气孔较少。

2）对焊缝金属力学性能的影响

在室温下，氮在 α-Fe 中的溶解度很小，仅为 0.001%。如果熔池中含有较多的氮，由于焊

接时冷却速度很大，一部分氮将以过饱和的形式存在于固溶体中，还有一部分氮以针状氮化物(Fe_4N)的形式析出。

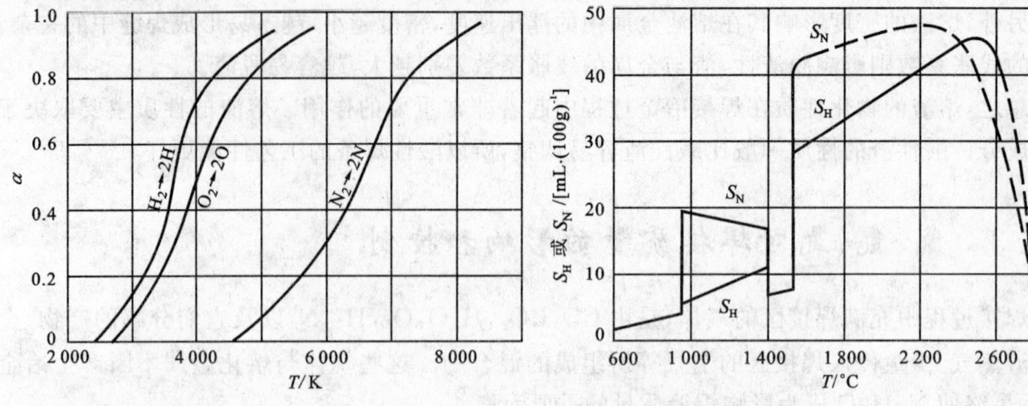

图 5.1-3　氮、氢、氧的分解度 α 与温度 T 的关系 ($P=101$ kPa)

图 5.1-4　氮和氢在铁中的溶解度与温度的关系 ($P_{N_2}+P_{Fe}=101$ kPa)

分布在钢基体中的针状脆性 Fe_4N，其尖端是理想的裂纹源。研究表明，随焊缝中氮的增加，焊缝金属强度升高而塑性和冲击韧性降低。

在焊缝金属中以过饱和形式存在的氮处于不稳定状态，会促使焊缝金属发生时效脆化。焊接后随着时间的延长，过饱和的氮将逐渐析出，形成稳定状态的针状 Fe_4N，导致焊缝金属的强度上升而塑性和韧性下降。在焊缝金属中加入钛、铝等强氮化物形成元素，可以抑制或消除时效现象。

2. 控制焊缝含氮量的措施

1) 加强对焊接区的保护

氮一旦溶入液态金属中，再将其脱出来就非常困难，所以控制氮的主要措施是加强保护，防止周围空气侵入焊接区与液态金属发生作用。各种熔化焊方法隔离空气的途径不同，其对应焊缝的含氮量存在很大差异(图 5.1-5)，选择合适的焊接方法可以有效降低焊缝含氮量。

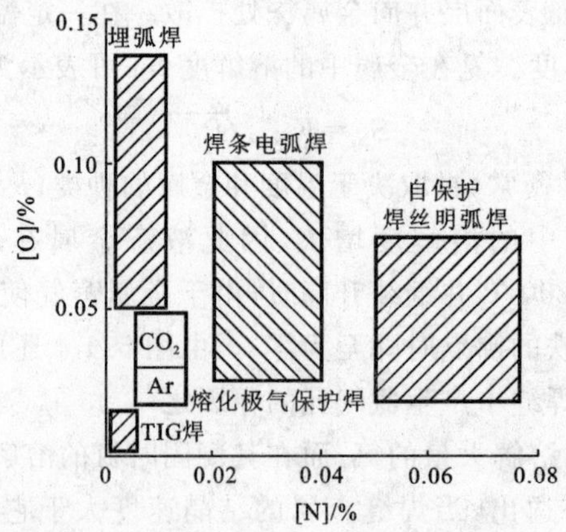

图 5.1-5　不同熔化焊方法所获焊缝的[N]和[O]

2) 正确选择焊接规范

增加焊接电流可增大熔滴过渡频率，降低电弧电压，弧长随之缩短，两者都会使氮与熔滴的作用时间减少。因此，采用大电流、短弧焊有利于减少焊缝中的氮含量。

采用直流反接时焊缝含氮量较低，这与氮离子的溶解有关。由于碰撞电离的作用，在电弧气氛中存在 N^+，N^+ 在电场作用下向阴极运动。到达阴极后，在阴极表面与电子中和，还原成原子 N 而溶入金属。高温有利于氮的溶解，而熔滴温度高于熔池温度，因此直流正接（熔滴为阴极）比直流反接（熔滴为阳极）的含氮量高。

3）利用合金元素

进行自保护电弧焊时，焊丝中通常加入 Ti，Al，Si 和 Zr 等强氮化物形成元素，形成的氮化物进入渣中，从而减少焊缝金属中的氮含量。不过，自保护电弧焊焊缝中的氮含量仍然比较高（图 5.1-5）。要减少焊缝含氮量，还是应采用气体保护焊、埋弧焊等焊接工艺，加强保护是控制氮的最有效措施。

5.1.3.2　氢对焊接质量的影响和控制

氢是与所有金属都能发生作用的活泼金属，对于大多数金属而言，氢都是有害的。氢是造成广泛采用的低合金高强钢焊接结构出现氢脆、冷裂纹、氢气孔等缺陷的最主要原因，必须予以控制。

氢主要来自焊材中的水分、药皮中的有机物、焊丝和母材坡口表面上的铁锈和油污、电弧周围空气中的水分等。

1. 氢的作用过程

1）氢在金属中的溶解

与氮相似，氢也是双原子气体，H_2 必须分解为原子或离子才能溶于金属。由图 5.1-3 可知，含氢物质在电弧高温下很容易分解，大部分以 H 形式存在，少部分以 H^+ 形式存在。焊接过程中，氢可以通过气相与液态金属的界面溶入金属（如气体保护焊），也可以通过熔渣层溶入金属（如电渣焊），还可以两者兼而有之（如焊条电弧焊和埋弧焊）。

氢在钢铁中的溶解度 S_H 与金属的温度有很大关系，如图 5.1-4 所示。从图中可以看出：氢在液态铁中的溶解度随温度的升高（$T<2\ 400$ ℃）而增大，由于熔滴区的平均温度高于熔池区的平均温度，这就意味着熔滴反应区比熔池区能吸收更多的氢，熔滴区的氢含量[H]大。当然，熔池在升温阶段也能吸收一定量的氢。液态铁凝固时，氢的溶解度发生突降，这往往是造成氢气孔的主要原因。钢铁在凝固后（1 500 ℃左右），随温度的降低会发生固态相变。一般来说，氢在面心立方晶格的奥氏体钢中的溶解度要比体心立方晶格的“铁素体＋珠光体”钢中的溶解度大，这是低合金高强钢热影响区（heat affected zone，HAZ）产生氢致裂纹的原因之一。

2）氢在固态金属中的扩散

固溶在钢焊缝中的氢原子和氢离子，由于半径很小，可以在焊缝金属的晶格中自由扩散，这称为“扩散氢”。部分氢扩散集聚到晶格缺陷、显微裂纹和非金属夹杂等空隙中，结合成为氢分子，因为半径大，不能自由扩散，所以称为“残余氢”。也就是说，氢在焊缝中有“扩散氢”和“残余氢”两种形式。在钢铁焊接中，扩散氢占焊缝中总氢量的 80％～90％，对接头的性能影响大，是造成焊接冷裂纹等缺陷的主要原因。通常所说的含氢量[H]，如果不特别指明，都是指扩散氢。

由于扩散，焊后随放置时间增加，扩散氢减少，残余氢增多，总氢量降低（图 5.1-6）。

氢在焊接接头中，既能在焊缝中扩散，也能向近缝区扩散，并能扩散到近缝区相当大的深度。在近缝区,熔合线处的含氢量高低影响到此接头是否容易在此处产生冷裂纹。含氢量越高,越容易产生冷裂。氢的存在是焊接接头产生冷裂的三大因素之一。

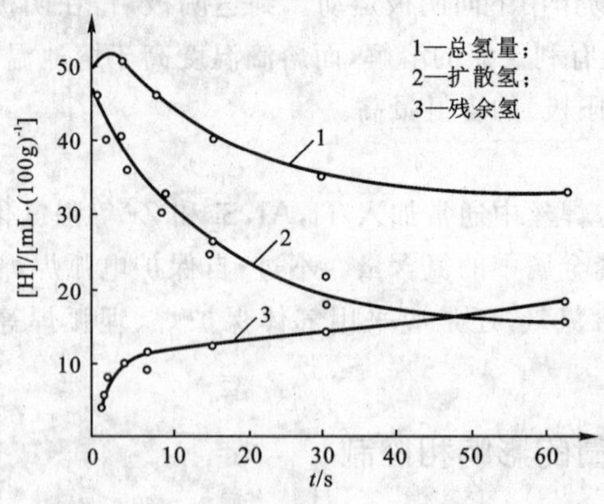

图 5.1-6 焊缝中含氢量与焊后放置时间的关系

2. 氢的作用结果(对焊接质量的影响)

氢几乎对所有的金属焊接都有害。对常用的结构钢而言,氢的有害作用主要有:

1) 氢脆(氢致塑性损失)

氢脆是氢在室温附近使钢的塑性指标(如延伸率和断面收缩率)严重下降的现象,它对硬度、冲击值、强度等性能影响不大。用含氢量高的铁素体焊缝做拉伸试验时,氢脆现象特别明显。

2) 氢白点

含氢量高的碳钢或低合金钢焊缝常常在拉伸或弯曲试件断面上出现银白色圆形局部脆断点,称为白点。许多情况下,白点的中心有小夹杂物或气孔,好像鱼眼一样,所以又称为鱼眼。与氢脆一样,白点也是在塑性变形过程中产生的,它也会使焊缝塑性严重下降。

3) 氢气孔

氢气孔由液固转变时氢在金属中的溶解度突降引起。因为在焊接过程中如果熔池吸收了大量的氢,那么在它结晶时由于溶解度的突然下降,使氢处于过饱和状态,这将促使 H 复合成为 H_2。反应生成的分子氢不溶于金属,于是在液态金属中形成气泡。当气泡外逸速度小于熔池结晶速度时,就在焊缝中形成气孔。氢气孔多为表面气孔,呈喇叭口形,内壁光滑。有时氢气孔也为内部气孔。

氢气孔是铝及其合金熔焊时最常见的缺陷,原因是液态铝可溶解大量的氢气,而固态几乎不溶解氢。铝的导热性为高强钢的 4～7 倍,熔池结晶速度快,而液态铝的密度小,导致气泡浮升速度慢,更容易促使形成氢气孔。气泡浮升速度 v 可用下式计算:

$$v=\frac{2(\rho_1-\rho_2)gr^2}{9\eta} \tag{5.1-4}$$

式中,ρ_1 为液态金属密度;ρ_2 为气泡内气体密度;g 为重力加速度;r 为气泡半径;η 为液体金属黏度。

可以看出,金属密度(ρ_1)越小,气泡越不容易浮升外逸,材料对气孔越敏感。

4) 冷裂纹

冷裂纹是焊接接头冷却到较低温度时产生的一种裂纹,危害很大。详细内容在后面介绍。

上面所提到的四种氢的有害现象中，氢脆和氢白点属于暂态现象，经过时效或热处理之后，由于氢从接头中外逸，便可将其消除；氢气孔和冷裂纹属于永久现象，一旦出现就不可能消除。

3. 控制焊缝含氢量的措施

既然氢有害，就要尽量减少焊缝中的含氢量。减少含氢量可采用称为"阵地战"的方法：第1道防线是限制氢的来源，第2道防线是防止氢溶入金属，第3道防线是对溶入氢的金属进行脱氢热处理。

1）限制氢的来源

氢主要来自焊材中的水分、药皮中的有机物、焊丝与母材坡口表面的油污铁锈、空气中的水分等。限制氢的来源应从以下几个方面着手：

(1) 合理选择药皮原材料，制造低氢或超低氢焊条时不用或少用含有吸附水、结晶水、化合水或溶解的氢的物质，如有机物、云母、白泥等矿物。

(2) 严格烘干焊接材料，包括制造时的烘干和使用前的烘干。

① 制造时的烘干：在制造焊条、焊剂、药芯焊丝时，适当提高烘焙温度，以降低材料中的含水量，从而降低焊缝中的含氢量。一般来说，酸性焊条烘干温度为100～150 ℃(≤200 ℃)×1 h；碱性焊条的为350～400 ℃(≤450 ℃)×1 h；熔炼焊剂的为150～350 ℃(一般250 ℃)×1 h；烧结焊剂的为200～400 ℃(一般300～350 ℃)×1 h。

② 使用前的烘干：因为在存放过程中焊条、焊剂等会吸收空气中的潮气，所以使用前应再烘干。焊条、焊剂烘干后应立即使用，或放入100～150 ℃烘箱内随用随取。

(3) 气体保护焊时限制保护气中的含水量，必要时可采取去水、干燥等措施。

(4) 清除焊丝和焊件表面上的油、锈、吸附水等杂质，可以采取机械或化学方法清除。为防止焊丝生锈，许多国家都采用表面镀铜处理。

2）冶金措施

如果根据母材合理选用焊接材料，使电弧气氛中形成HF和OH，就可减少熔滴区氢的吸收，从而降低液态金属中的含氢量。这是因为HF和OH不溶于液态钢中，而且比H_2和H_2O稳定，不容易分解出可溶于液态钢中的原子氢。具体措施有：

(1) 提高气相的氧化性(OH夺H)。提高气相的氧化性，气相中可形成OH，减少H的存在：

$$CO_2+H=CO+OH$$

$$O+H=OH$$

$$O_2+H_2=2OH$$

酸性焊条药皮中的高价氧化物或酸碱性焊条药皮中的碳酸盐，分解出的O_2和CO_2都可参与上面的去氢反应。CO_2是一种氧化性气体，CO_2气体保护焊是一种低氢焊接方法。氩气保护焊时，为减少氢气孔，有时也加入少量的CO_2或O_2。

(2) 氟化物除氢(HF夺H)。实验证明，在焊条药皮或焊剂中加入CaF_2可显著降低焊缝的含氢量。主要去氢机理有两种。

① CaF_2-SiO_2联合去氢(针对酸性渣)。当溶渣中同时存在CaF_2和SiO_2时，可发生如下反应：

$$2CaF_2+3SiO_2=SiF_4+2CaSiO_3$$

生成的 SiF_4 的沸点仅为−86 ℃，固态下可直接升华。它易与气相中的水或 H 继续反应：

$$SiF_4 + 2H_2O_{气} = SiO_2 + 4HF$$

$$SiF_4 + 3H = SiF + 3HF$$

② 氟化钙、CO_2 共存，水玻璃参与反应（针对碱性渣）。主要反应为：

$$Na_2O \cdot nSiO_2 + H_2O = 2NaOH + nSiO_2$$

$$2NaOH + CaF_2 = Ca(OH)_2 + 2NaF$$

$$2NaF + H_2O + CO_2 = Na_2CO_3 + 2HF$$

当然，关于氟化物去氢的机理比较复杂，目前还存在其他多种假说，在此不再过多介绍。对低氢焊条，一般 OH 和 HF 夺氢就可以满足要求；对超低氢焊条，还可以向药芯或药皮中加入微量稀土元素。稀土元素与氢、氮、氧、硫的亲和力非常大，去氢效果显著。

3）工艺措施

焊接工艺参数对焊缝含氢量也有一定影响。例如，随焊接电流增大，电弧温度高，导致氢的分解度大，同时熔滴温度高，导致氢的溶解度大，所以焊缝含氢量一般随着焊接电流的增大而增大。不过，气体保护焊时，若焊接电流超过临界电流值，熔滴实现射流过渡，由于熔滴与 H 作用时间变短，焊缝含氢量反而下降。焊接电压升高，弧长增大，熔滴与 H 作用时间延长，焊缝含氢量增大，可见应该短弧操作，以降低焊缝含氢量。电流的种类和极性对焊缝含氢量也有影响。

由于焊接工艺参数不能随意调整，因此通过调整焊接工艺参数来限制焊缝含氢量有很大局限性。

4）焊后脱氢处理

焊后将焊件加热到一定温度，可促使氢扩散外逸。由图 5.1-7 可以看出，将焊件加热到 350 ℃保温 1 h，或加热到 250 ℃保温 6～8 h，可促使大部分氢扩散逸出。

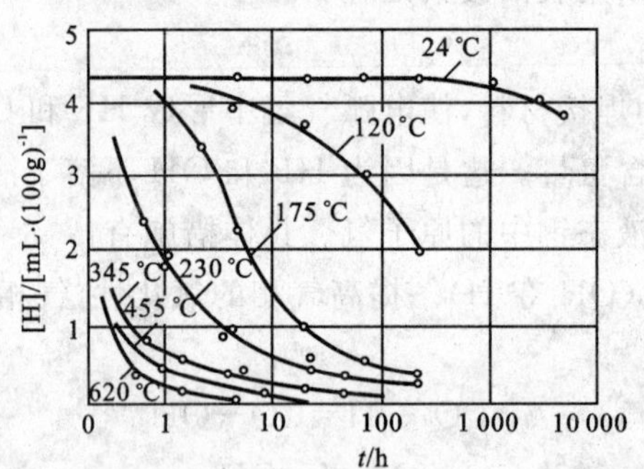

图 5.1-7　焊后脱氢处理对焊缝含氢量的影响

5.1.3.3　氧对焊接质量的影响和控制

根据氧与金属作用的特点，可将金属分为两类。一类是铁、镍、铜、钛等金属，它们无论是液态还是固态都可以有限溶解氧，还能生成氧的化合物，生成的氧化物也能溶于金属。氧的溶解度随温度的降低会显著降低。例如，氧以原子氧和 FeO 两种形式溶于液态铁中，在凝固温度（1 520 ℃）时氧的溶解度下降为 0.16%，而在室温下 α-Fe 中几乎不溶解氧（＜0.001%）。焊缝金属和钢中所含的氧几乎全部是以氧化物和硅酸盐夹杂物的形式存在。另一类是铝和镁等金属，氧既不溶于固态也不溶于液态金属，但这类金属焊接时氧化更为强烈，所形成的氧化物以薄膜或颗粒的形式存在，容易形成夹渣和未焊透等缺陷。无论哪类金属，氧对金属的影响都是有害的。

1. 金属的氧化

焊接时金属的氧化是在各个反应区通过氧化性气体（如 O_2，CO_2，H_2O 等）、熔渣以及坡口表面上的氧化物与金属相互作用实现的。

1）氧化性气体对金属的氧化

弧气中的氧化性气体包括 O_2，CO_2 和水蒸气。其中，O_2 在正常保护条件下主要来自药皮中高价氧化物的逐级分解；CO_2 来自药皮中碳酸盐的分解；水来自药皮或焊剂中的含水物质以及铁锈、保护气或空气中的水分。

Ⅰ. 自由氧对金属的氧化

手工电弧焊时，虽然采取了气-渣联合保护，但空气中的氧总是或多或少地会侵入电弧，药皮中高价氧化物的受热分解也产生氧气。氧较易分解，弧气中的氧大部分以原子态存在。钢铁焊接时，除铁可被氧化形成 FeO 外，钢液中其他对氧亲和力比铁大的元素（C，Mn，Si 等）也发生氧化：

$$[C]+O=CO\uparrow$$

$$[Si]+2O=(SiO_2)$$

$$[Mn]+O=(MnO)$$

式中，[ ]表示在液态金属中；(　)表示在渣中。

由于 Mn，Si 对氧的亲和力比铁大，且生成的氧化物不溶于钢而进入渣中，所以焊接材料中常加入这些元素作为脱氧剂。它能防止可溶解在钢中的 FeO 的生成，也可以保护其他有益合金的过渡。

Ⅱ. CO_2 对金属的氧化

高温下，CO_2 对液态铁和其他许多金属来说都是活泼的氧化剂。温度高于 3 000 K 后，CO_2 的氧化性超过氧气的氧化性。由于自由焊接电弧的弧柱温度一般为 5 000～8 000 K，而等离子弧的则高达 24 000 K 以上，有的甚至达到 50 000 K，所以控制 CO_2 的氧化作用就显得至关重要。

采用 CO_2 气体保护焊焊接低碳钢时，如果用普通焊丝 H08A，则碳的氧化在焊缝中会产生 CO 气孔，同时合金元素烧损、焊缝含氧量增大。由此可见，应采用含硅、锰量高的焊丝 H08Mn2SiA 或药芯焊丝，以利于脱氧，获得优质焊缝。

不锈钢中主要的耐蚀元素是铬，如果药皮中含有较多的碳酸盐或采用 CO_2 气体保护焊，就会发生如下反应：

$$CO_2=CO+0.5O_2$$

$$2[Cr]+3CO=(Cr_2O_3)+3[C]$$

反应结果使铬等有益合金元素烧损，同时使焊缝金属增碳。焊丝中含碳量越少，合金元素的烧损和焊缝增碳越严重；焊丝和药皮中含 Cr 等元素越多，焊缝增碳越多。铬等有益合金元素烧损、焊缝金属增碳，会影响焊缝的机械性能和耐蚀性能。制备低氢型不锈钢焊条时，在药皮中应加入适量的 Cr_2O_3，并适当减少碳酸盐（反应物减少、反应生成物增多，不利于上面第 2 式向右进行）。采用超低碳不锈钢焊芯时，应采用钛钙型药皮或氩弧焊，而不采用含碳酸盐的药皮和 CO_2 气体保护焊。

Ⅲ. H_2O 对金属的氧化

气相中的水蒸气对金属的氧化作用虽不如 CO_2 强，但也可通过下述反应使铁和其他合金元素氧化：

$$H_2O+[Fe]=[FeO]+H_2$$

温度越高，水蒸气的氧化性越强。

应该强调的是，由于水汽使焊缝既增氧又增氢，所以为保证焊缝质量，当气相中含有较多水汽时，仅仅脱氧不行，还必须同时去氢或减少水的来源。低氢型焊条含有比较多的脱氧剂，受潮焊条所焊焊缝中常常产生气孔，究其原因就是焊缝增氢的结果。可见，焊条使用前必须烘干，尤其是低氢焊条。

2）熔渣对金属的氧化

熔渣是由各种氧化物组成的。氧化物有活性、惰性之分。CaO，MgO，Al_2O_3，TiO_2 等氧化物很稳定，为惰性氧化物；FeO，MnO，SiO_2 等不稳定，为活性氧化物。熔渣的氧化性是通过活性氧化物表现的，活性氧化物多，渣的氧化性就越强。例如，酸性渣中 FeO 较多，它的氧化性就较强。活性熔渣对金属的氧化可分为扩散氧化和置换氧化两种基本形式。置换氧化是金属氧化的主要途径。

Ⅰ. 扩散氧化

焊接钢时，由于 FeO 既能溶于渣又能溶于液态钢，所以它能在钢液和熔渣间进行扩散。在一定温度平衡时，它在两相中的浓度应符合：

$$L=(FeO)/[FeO] \tag{5.1-5}$$

分配系数 L 一定时，增大(FeO)也会导致[FeO]增大。也就是说，当增加熔渣中 FeO 的浓度时，渣中的 FeO 就会向钢液中扩散，这个过程就是扩散氧化。

当(FeO)一定时，L 越小，扩散氧化越容易发生。已经证明，L 的大小与熔渣的碱度 B 和温度 T 有关：在 SiO_2 饱和的酸性渣中，$\lg L=4\,906/T-1.877$；在 CaO 饱和的碱性渣中，$\lg L=5\,014/T-1.980$。

无论是酸性渣还是碱性渣，T 升高都会导致 L 减小，所以扩散氧化主要是在温度高的熔滴阶段和熔池高温区进行。另外，通过计算得知，T 低于 1 048 ℃时 $L_{酸}<L_{碱}$，T 高于 1 048 ℃时 $L_{碱}<L_{酸}$。熔化金属温度下，$L_{碱}<L_{酸}$，也就是在温度不变而(FeO)相同的条件下，FeO 在碱性渣中比在酸性渣中更容易向金属中分配。因此，碱性焊条对铁锈和氧化皮特别敏感（焊接高温下氧化皮和铁锈会分解出大量的 FeO），焊前必须严格清理。

由于扩散氧化过程需要一定的时间，所以它不是金属氧化的主要途径。

Ⅱ. 置换氧化

置换氧化又称渗锰渗硅增氧反应，是渣中的活性氧化物 MnO，SiO_2 与钢液间发生如下置换氧化反应的结果：

$$(MnO)+[Fe]=[Mn]+FeO$$

$$(SiO_2)+2[Fe]=[Si]+2FeO$$

生成的锰、硅渗入焊缝，生成的 FeO 按分配定律大部分进入渣中，少部分进入钢液，使焊缝增氧。置换氧化是吸热反应，主要发生在熔滴区和熔池高温区。

是利用置换氧化，还是限制置换氧化，要具体分析。焊接低碳钢和低合金钢时，虽然置换氧化使焊缝增氧而有害，但因为硅和锰含量同时增加，焊缝性能仍能满足要求，所以用高硅高锰焊剂配合低碳钢焊丝广泛应用于焊接低碳钢和低合金钢。但这种匹配关系绝不适用于焊接中、高合金钢，因为氧和硅量的增加会降低焊缝的抗裂性和机械性能，尤其是低温冲击韧性。

Ⅲ. 焊件表面氧化物对金属的氧化

在焊接高温下，氧化皮和铁锈会分解出大量的 FeO，反应如下：

氧化皮：　$Fe_3O_4 + [Fe] = 4FeO$

铁　锈：　$2Fe(OH)_3 = Fe_2O_3 + 3H_2O$

$Fe_2O_3 + [Fe] = 3FeO$

生成的 FeO 会大量向金属中扩散，导致焊缝增氧，并可能产生 CO 气孔等缺陷。

2. 氧对焊接质量的影响

氧对焊缝质量的影响主要体现在：

(1) 降低焊缝的力学性能。固态焊缝中的氧几乎全部以氧化物夹杂以及硅酸盐夹杂的形式存在。氧化物夹杂往往呈不规则点状分布，或者沿晶界呈细小疏松的褐色网状分布，或者呈薄膜状偏析于晶界。随着焊缝中含氧量的增加，焊缝的强度、塑性、韧性降低，尤其是低温冲击韧性急剧下降(图 5.1-8)。

(2) 增加焊缝的冷脆与热脆敏感性。冷脆是低温下金属塑韧性严重下降的现象，热脆是热加工范围内材料性能变脆。当氧以硅酸盐夹杂形式存在时，将会使低温韧性大大降低(图 5.1-9)。

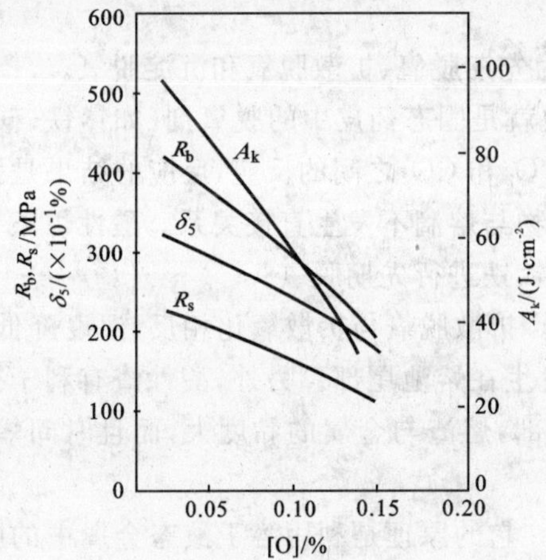

图 5.1-8　氧化物对低碳钢焊缝常温力学性能的影响

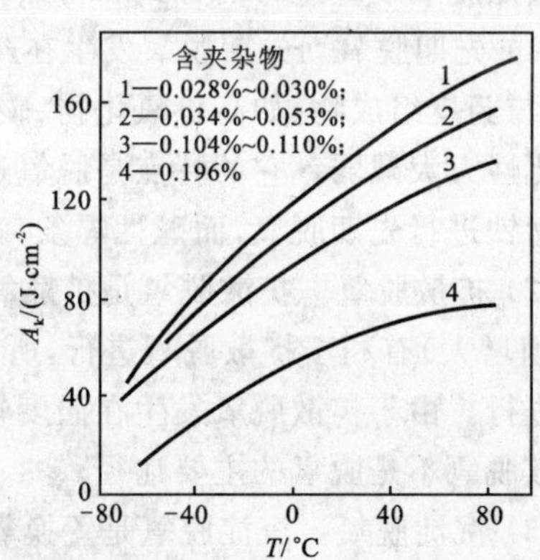

图 5.1-9　硅酸盐夹杂对碳钢焊缝冲击韧性的影响

(3) 降低焊缝导电性、导磁性、耐蚀性等物化性能。

(4) 使焊缝中有益的合金元素烧损，并造成飞溅和气孔。氧烧损钢中有益的合金元素会使焊缝性能变差；熔滴中含氧和碳多时，它们相互作用生成的 CO 受热膨胀，使熔滴爆炸，造成飞溅；溶解在熔池中的氧与碳发生作用，生成不溶于金属的 CO，熔池结晶时 CO 气泡来不及逸出就会形成气孔。

与氮类似，焊接材料具有氧化性并不是在任何情况下都有害。相反，在某些条件下还有利。例如，为减少焊缝的含氢量、获得必要的熔渣物理性能、改善焊条的制造工艺等都要在焊接材料中加入一定量的氧化剂。

3. 控制焊缝含氧量的措施

正常焊接条件下，氧的主要来源不是周围的空气，而是焊接材料、水分、工件和焊丝表面的铁锈、氧化膜等。为控制焊缝中的含氧量，可以采取的措施主要有：

1）纯化焊接材料

在焊接铝、镁等活泼金属以及某些要求比较高的合金钢时，应尽量用不含氧或含氧量少的焊接材料，如采用惰性焊剂、惰性气体保护焊、真空焊等。

2）工艺措施

主要是正确选择焊接规范。增加电弧电压，弧长增加，空气容易侵入电弧，且氧与熔滴接触的时间延长，从而焊缝含氧量上升。为减少焊缝含氧量，应采用短弧焊。

3）冶金脱氧

脱氧的主要措施是在焊丝、焊剂或药皮中加入合适的元素，使它在焊接过程中夺取氧。冶金脱氧是实际生产中行之有效的方法。

用于脱氧的元素或铁合金叫脱氧剂。为达到脱氧目的，脱氧剂应满足下列要求：

(1) 脱氧剂在焊接温度下对氧的亲和力应比被焊金属对氧的亲和力大。同等条件下，元素对氧的亲和力越大，脱氧能力越强。焊接铁合金时，C，Al，Ti，Si，Mn 等都可作脱氧剂。实际生产中，常用它们的铁合金或金属粉，如锰铁、硅铁、钛铁、铝粉等。

(2) 脱氧的产物应不溶于液态金属，其密度也应小于液态金属的密度，同时应尽量使脱氧产物处于液态。这样有利于脱氧产物在液态金属中聚合成大的质点，加大上浮到渣中去的速度，减少夹杂物的数量，提高脱氧效果。

(3) 含硫磷等有害杂质要少，成本尽量低。

按照脱氧反应进行的方式和特点，脱氧反应分为先期脱氧、扩散脱氧和沉淀脱氧。

(1) 先期脱氧。先期脱氧发生在药皮反应区，也就是固态药皮中的脱氧剂（如锰铁、硅铁、钛铁）与药皮组成物（如高价氧化物、碳酸盐）分解的 O_2 和 CO_2 之间的反应，反应的结果是弧气的氧化性大大减弱。它的特点是脱氧过程和脱氧产物与熔滴不发生直接关系。酸性焊条一般采用锰铁进行先期脱氧，而碱性焊条一般采用硅铁、钛铁进行先期脱氧。

(2) 扩散脱氧。扩散脱氧是扩散氧化的逆反应。扩散脱氧与扩散氧化相反，温度降低（导致 L 值增大）有利于扩散脱氧进行，所以扩散脱氧发生在熔池尾部。另外，酸性渣有利于扩散脱氧进行。由于扩散脱氧发生在温度较低的熔池尾部，熔渣与金属的黏度大，而且时间短，所以扩散脱氧不是脱氧的主要途径。

(3) 沉淀脱氧。沉淀脱氧是置换氧化的逆反应。它的原理是利用溶于液态金属中的脱氧剂与[FeO]反应，将铁还原，而且要求脱氧产物浮入渣中。沉淀脱氧比先期脱氧进行得彻底，是最重要的脱氧方法，决定了焊缝的最终含氧量。沉淀脱氧的效果好坏，关键在于分散在熔化金属中的脱氧产物能否浮入渣中。下面介绍几种常见的脱氧反应。

① 碳脱氧。实际焊接生产中一般不用碳作脱氧剂。然而，由于焊接材料中不可避免地存在一定量的碳，所以碳的脱氧反应是客观存在的。它的反应式为：

$$[C]+[FeO]=CO\uparrow+[Fe]$$

为吸热反应，主要发生在熔滴区和熔池高温区。如果熔池和熔滴区含碳量高，就会生成大量 CO 气泡，它在液态金属中受热膨胀，发生爆炸，增加飞溅。如果熔池尾部结晶时还进行该反应，就可能产生 CO 气孔。

② 锰脱氧。是置换氧化（渗锰反应）的逆反应：

$$[Mn]+FeO=(MnO)+[Fe]$$

除碳外，其他元素的沉淀脱氧均为放热反应，主要发生在熔池尾部。可以看出，增加金属中的含锰量，减少渣中的 MnO，可以提高脱氧效果。由于酸性渣中含有较多的 SiO_2 和 TiO_2，它们与脱氧产物 MnO 可以生成复合物，从而减少 MnO 的量，脱氧效果好，所以一般酸性焊条用锰铁作脱氧剂。

③ 硅脱氧。硅的脱氧能力比锰大，且由于碱性焊条药皮中酸性氧化物 SiO_2 含量少，所以硅脱氧适合于碱性焊条。不过，它的脱氧产物 SiO_2 熔点高，与钢液润湿性好，不易从钢液中分离，容易形成夹杂，所以一般不单独用硅进行脱氧。

④ 硅锰联合脱氧。硅锰联合脱氧时，脱氧产物可以形成复合物 $MnO \cdot SiO_2$。由于它的熔点低、密度小，特别容易聚合长大而进入渣中，所以这是一种广泛采用的脱氧方法。进行锰硅联合脱氧的原则是所加的锰硅比例要合适。例如，CO_2 气体保护焊时锰硅比例为 1.5～3，碱性焊条中锰硅比例为 3～7。

5.1.4　硫、磷对焊缝金属的作用和控制

5.1.4.1　硫的危害与控制

1. 硫的危害

硫是钢中的有害杂质，当它以 FeS 形式存在时危害最大。FeS 与液态铁几乎可以无限互溶，而室温下其在固态铁中的溶解度只有 0.015%～0.02%，所以熔池结晶（液固转变）时它容易发生偏析，以低熔点共晶 Fe+FeS（熔点 985 ℃）和 FeS+FeO（熔点 940 ℃）的形式呈片状或链状分布在晶界上，增加了焊缝金属产生结晶裂纹的倾向。需要指出的是，碳和镍的存在都会加剧硫的有害作用，因为含碳量增加会促使硫发生偏析，而镍和硫形成的 NiS 可以和镍形成熔点更低的共晶 NiS+Ni（664 ℃）。

除了促使产生热裂纹外，硫的存在还会降低钢的塑韧性。硫化物夹杂是低合金高强钢产生冷裂纹的裂纹源。

2. 控制硫的措施

在低碳钢焊缝中含硫量一般应小于 0.035%，合金钢焊缝应小于 0.025%。可以从限制来源、采取冶金措施两方面来考虑控制硫，以“限”为主。

1）限制来源

焊缝中的硫主要来源于母材、焊丝、药皮或焊剂。焊接时，母材中的硫几乎可以 100%过渡到焊缝，焊丝中的硫约有 80%可以过渡到焊缝，药皮或焊剂中的硫约有 50%可以过渡到焊缝。为控制焊缝含硫量，一般要求母材的含硫量应小于 0.05%，低碳钢、低合金钢焊丝的含硫量应小于 0.03%～0.04%，合金钢焊丝的含硫量应小于 0.025%～0.03%，不锈钢焊丝的含硫量应小于 0.02%。不过，一般情况下母材与焊丝不合格的情况很少，主要是要控制药皮、药芯和焊剂的原材料中的含硫量。锰矿、赤铁矿、钛铁矿、锰铁等的含硫量变化幅度很大，一定要严格控制。若含硫量过高，应采用高温焙烧等方法预先进行处理，使含硫量降到所要求的范围内。

2）冶金脱硫

方式有三种：

Ⅰ. 元素脱硫

为减少焊缝含硫量，可以与脱氧一样，选择对硫亲和力比铁大的元素进行脱硫。应注意的

是,该种元素对氧的亲和力不能比和硫的大,否则会首先被氧化。常用的脱硫剂是锰,它的脱硫反应式为:

$$[FeS]+[Mn]=(MnS)+[Fe]$$

脱硫产物MnS不溶于钢液,大部分进入渣中,少量残留在焊缝中,形成硫化物或氧硫化物夹杂。由于MnS熔点高,夹杂物是以点状弥散分布,所以危害小。

锰脱硫的一个缺点是它的脱硫反应是放热反应,发生在温度低的熔池尾部,冷却快、反应时间短,不利于脱硫。用锰脱硫只有在含锰量大于1%时才能得到良好的脱硫效果。

Ⅱ. 熔渣脱硫

它利用熔渣中的碱性氧化物MnO,CaO,MgO进行脱硫。例如:

$$[FeS]+(MnO)=(MnS)+(FeO)$$

$$[FeS]+(CaO)=(CaS)+(FeO)$$

生成的钙、锰、镁硫化物不溶于钢液而进入渣中。采用元素锰脱硫时,反应物都来自金属,反应是在金属内部进行的,形成的脱硫产物不容易浮出溶池进入渣中。熔渣脱硫时,反应物分别来自金属和熔渣,脱硫反应是在两者相界面上进行的,反应产物容易进入渣中。所以,熔渣脱硫反应物容易进入渣中,不容易形成夹渣。另外,熔渣脱硫反应是吸热反应,发生在温度高的熔滴和熔池高温区,反应速度快。由于反应快,反应生成的硫化物又容易进入渣中,所以熔渣脱硫的效果比元素脱硫好得多。

增加熔渣的碱度或者渣中加入氟化钙有利于熔渣脱硫,但是碱度高、氟化钙加入对焊接工艺性能不好。目前所用的焊条和焊剂的碱度都不高,脱硫能力是有限的。限制焊缝含硫量的首要措施还是以"限"为主,要严格限制原材料中的含硫量。

Ⅲ. 稀土

稀土不仅可以脱硫,还可以改变钢中硫化物夹杂的尺寸、形态和分布,将大尺寸、片状或层状分布的硫化物变质成为细小均匀的点状分布,从而有效降低硫的有害作用。不过,稀土加入量要合适,否则会恶化金属的性能。

5.1.4.2 磷的危害与控制

1. 磷的危害

磷在多数焊缝中都是一种有害的杂质,存在形式以磷化铁为主。与硫一样,磷也是在液态铁中溶解度大,在固态铁中溶解度很小。金属发生液固转变时,磷在晶界偏析形成磷化铁。磷化铁可以与铁、镍形成晶界低熔点共晶相,促使金属热裂。即使不形成低熔点共晶相,由于磷化铁本身硬而脆,会促使冷脆。与硫一样,碳的存在也促使磷发生偏析。当焊缝中含碳量大于0.16%时,磷比硫更容易偏析,也更容易促使热裂。对含碳量高的钢以及对热裂纹敏感的奥氏体不锈钢来讲,必须限制焊缝含磷量。

当然,合金元素对钢的性能的影响是多方面的。磷和铜共存时可以提高钢抵抗大气和海水腐蚀的能力,但条件是必须限制含碳量(<0.12%),而且碳和磷的含量≤0.25%。

2. 控制磷的措施

低碳钢和低合金焊缝的含磷量应限制在0.045%以内,合金钢焊缝中的含磷量应小于0.035%。由于磷进入液态金属后脱除相当困难,比脱硫效果还差,所以控制焊缝含磷量应以"限"为主。

药皮或焊剂原材料中的锰矿是导致焊缝增磷的主要来源。高锰熔炼焊剂含磷量为0.15%，而不含锰矿的焊剂一般不超过 0.05%。控制焊缝中含磷量的根本措施是严格限制原材料，特别是锰矿中的含磷量。

5.1.5　焊缝金属的合金化

所谓合金化，就是将需要的合金元素通过焊接材料过渡到焊缝金属中去的过程。

5.1.5.1　合金化的目的

合金化的目的是：

(1) 补偿焊接过程中由于蒸发、氧化等原因所造成的合金元素的损失。

(2) 消除焊接缺陷(气孔、裂纹等)，改善焊缝金属的组织和性能。例如，为了消除因为硫所引起的热裂纹，需要向焊缝中加入锰；在焊接某些结构钢时，常向焊缝中加入微量的 Ti，B 等，从而细化晶粒，提高焊缝的韧性。

(3) 使母材表面获得具有特殊性能的堆焊金属。例如，冷加工、热加工用的工具、刀具等要求表面具有耐磨性、红硬性、耐热性、耐蚀性等性能，用堆焊的方法过渡 Cr，Mo，W，Mn 等合金元素，可在零件的表面上获得具有上述性能的堆焊层。

5.1.5.2　合金化方式

焊缝合金化主要是通过焊丝、药皮或焊剂、合金粉末及置换氧化实现的。

(1) 应用合金焊丝(或带极、板极)。将所需要的合金元素加入到焊丝、带极或板极中，配合碱性药皮(碱性药皮氧化势小，焊缝含氧量低)或无氧、低氧焊剂进行焊接或堆焊，从而将合金元素过渡到焊缝中。这种方法的优点是焊缝成分均匀、合金损失少；缺点是制造工艺复杂、成本高，不可能获得任意成分的焊丝，一般只有定型产品。

(2) 应用药芯焊丝或药芯焊条。药芯焊丝的结构多种多样，最简单的是圆形断面。它的外皮是用低碳钢或合金钢卷制而成的，里面填有铁合金、铁粉等物质。药芯焊丝可用于埋弧焊、气体保护焊和自保护焊，也可以在药芯焊丝表面涂上碱性药皮，制成药芯焊条。这种合金化方式的优点是药芯中合金元素的配比可任意调整，可获得任意成分的堆焊金属，合金损失也较小；缺点是不易制造，成本高。

(3) 应用合金药皮或烧结焊剂。这种方式是将所需要的合金元素以铁合金或纯金属的形式加入到药皮或烧结焊剂中，配合普通焊丝使用。它的优点是方式简单，制造容易，成本低；缺点是氧化损失大并有一部分残留在渣中，合金利用率低，合金成分不够稳定和均匀。

(4) 应用合金粉末。将所需要的合金元素按一定比例配制成具有一定粒度的合金粉末，将它直接输送到焊接区，或直接涂敷在焊件的表面或坡口上，在焊接热源作用下，它与金属熔合后就形成合金化的堆焊金属。它的优点是合金比例调配方便，合金损失不大，不需要经过轧制、拔丝等制造工序；缺点是成分均匀性较差，制粉工艺复杂。

(5) 置换氧化。可通过从金属氧化物中还原金属的方式来合金化，如前文介绍的硅锰还原反应。不过，这种方式合金化程度有限，而且会使焊缝增氧。

上述合金化方式中，有时可以两种方式同时使用。例如，用定型的合金钢焊丝配合碱性烧结焊剂使用，就可以综合上述第(1)和第(3)种合金化方式的优点。

5.1.5.3 合金过渡系数

1. 合金过渡系数的概念

在焊接过程中，焊接材料中的合金元素由于氧化、蒸发以及残留损失（残留在渣中没有过渡到熔化金属中去的合金颗粒），并不是全部能过渡到焊缝中。合金过渡系数 η 用于说明合金利用率的高低。

合金过渡系数等于某种合金元素在熔敷金属中的实际含量与它的原始含量之比，即：

$$\eta=[\mathrm{Me}]_{实}/[\mathrm{Me}]_{始} \tag{5.1-6}$$

某种合金元素在熔敷金属中的实际含量$[\mathrm{Me}]_{实}$可以用光谱仪或分光光度计等仪器直接测出，而它的原始含量需经过计算获得：

$$[\mathrm{Me}]_{始}=d[\mathrm{Me}]_{母材}+(1-d)([\mathrm{Me}]_{焊丝}+K_b[\mathrm{Me}]_{药皮}) \tag{5.1-7}$$

式中，d 为熔合比，即在焊缝金属中局部熔化的母材所占的比例。对焊条，K_b 为药皮质量系数，K_b＝药皮质量/焊丝质量；对焊剂，K_b 是焊剂熔化率，K_b＝焊剂熔化量/焊丝质量。

2. 影响合金过渡系数的因素

在合金化过程中，元素主要损失在氧化损失、蒸发损失以及残留损失上。也就是说，凡是减少元素损失的因素都可以提高过渡系数。

(1) 合金元素的沸点。合金元素的沸点越低，金属越容易蒸发，合金过渡系数也就降低。例如，锰容易蒸发，在其他条件相同的条件下，锰的过渡系数小。这就可以解释为什么有时采用置换氧化的方法来渗锰，因为金属锰不容易过渡，而置换氧化虽然会使焊缝增氧，但锰还是能过渡到焊缝中。

(2) 合金元素对氧的亲和力。合金元素与氧的亲和力越大，氧化损失越大，合金过渡系数越小。1 600 ℃时，合金元素对氧的亲和力由小到大的顺序是：

Cu，Ni，Co，Mo，Fe，Cr，Mn，V，Nb，B，Si，C，Ti，Al，Zr 等

焊钢时，以铁为界，左边的与氧亲和力小，几乎没有氧化损失，η 大；右边离铁近的，氧化损失较小，η 较大；远离铁的元素，如 Ti，Zr，Al 等，氧化损失大，一般过渡不到焊缝中。要过渡这类金属，必须创造低氧或无氧的焊接条件，如用无氧焊剂、氩气保护焊，甚至真空焊。

需要说明的是，当几种合金元素同时过渡时，它们的过渡情况是彼此相关的，其中对氧亲和力大的元素会依靠自身的氧化，减少其他元素的氧化损失，提高其他元素的过渡系数。例如，碱性焊条有时用铝或钛等强还原剂来提高锰和硅的过渡系数。

(3) 过渡的途径。一般来说，$\eta_{母材}>\eta_{焊丝}>\eta_{药皮}$，这是因为焊丝有熔滴氧化，而药皮中的合金元素既有氧化损失，又有残留损失。

(4) 熔渣的氧化性。熔渣的氧化性越弱，合金过渡系数越大。一般来说，碱度越大，渣的氧化性越弱，所以碱性渣中金属的过渡系数大。

(5) 合金元素含量。试验证明，随着药皮或焊剂中合金元素含量的增加，它的过渡系数逐渐增大，最后达到一个稳定值。药皮或焊剂的氧化性越大、合金元素对氧的亲和力越大，元素含量对过渡系数的影响越大。当然，这个结论只适用于药皮质量系数不变的情况。若药皮厚度增加或焊剂熔化量加大，过渡系数会由于残留损失的增大而减小。

(6) 合金剂的粒度。合金剂的粒度大小要合适。粒度减小会导致同体积合金的表面积增大，氧化损失增大，η 随之减小。但是，粒度过大会导致合金熔化时间延长，氧化损失同样会增大。

(7) 焊接方法和焊接规范。一般来说，埋弧焊中的合金过渡系数大于手工焊条电弧焊，而

手工焊条电弧焊的又大于 CO_2 气体保护焊。增大电压或减小焊接电流，焊剂的相对熔化率增大，氧化及残留损失增大，η 值减小。

§5.2　熔池金属的结晶

熔池金属的结晶过程即从液相冷凝成固相的一次结晶过程。一方面，熔池金属的结晶直接影响焊缝金属的组织，对焊缝的性能起着重要作用；另一方面，焊接过程中的许多缺陷（如气孔、夹杂、偏析和裂纹等）大都是在熔池结晶过程中产生的。因此，研究熔池金属的结晶过程和凝固组织对焊接生产具有重要意义。

5.2.1　熔池金属的结晶现象

5.2.1.1　熔池结晶的特殊性

焊接熔池于极短的时间内在高温下经过一系列的化学冶金反应，当热源离开之后便冷却结晶。与一般铸造钢锭的结晶相比，熔池结晶有许多特殊之处。

（1）熔池体积小，冷却速度快。弧焊条件下，熔池的体积最大不超过 30 cm^2，质量不超过 100 g。小而热的熔池被大而冷的母材包围，使得熔池的冷却速度比铸锭的平均大 1 万倍。由于熔池冷却速度快，所以含碳量或合金含量高的钢焊接时容易产生脆硬的马氏体组织，焊道上甚至出现冷裂纹。

（2）熔池中的金属处于过热状态。铸锭的温度一般很少超过 1 550 ℃，而弧焊条件下，碳钢和低合金钢熔池的平均温度可以达到（1 770±100）℃，熔池中的液态金属处于过热状态。由于过热度大，冷却速度又快，所以熔池中心和边缘的温度梯度就比较大，导致熔池中心柱状晶得到发展。

（3）熔池在运动状态下结晶。熔化焊时，熔池不但随热源移动，而且气体的吹力、焊条的摆动以及熔池内部气体的外逸会对熔池产生搅拌作用。这就有利于排除气体和夹杂，从而有利于得到致密且性能良好的焊缝。

5.2.1.2　熔池凝固方式

1. 联生结晶

金属正常凝固过程首先是生成晶核，然后晶核长大。焊缝金属开始凝固时一般并不形核，而是连接母材晶体的长大。

焊接条件下，熔合区附近加热到半熔化状态的母材金属起着熔池的模壁作用。它与焊缝金属具有相近的化学成分、相同的晶格类型，特别适宜于作焊缝金属结晶时的现成表面。在较小的过冷度下，焊缝柱状晶无需形核，直接从熔合区母材金属半熔化的晶粒上进行长大，且保持同一的晶轴，这种凝固方式称为联生结晶或外延生长。

图 5.2-1 示意了焊缝金属外延生长的情况，每个半熔化晶粒中的箭头代表它的〈100〉方向。对于具有面心立方或体心立方晶格结构的材料，焊缝柱状晶的外延生长方向也沿〈100〉方向。

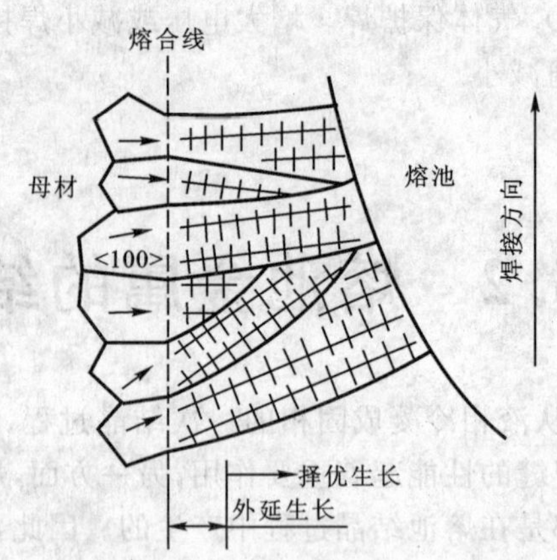

图 5.2-1　熔合线附近焊缝金属的外延生长和择优生长

当然,熔池开始凝固时是在母材晶粒上联生长大的,一般在凝固后期,在适当条件下熔池中心也可以形核,例如焊缝金属中等轴晶的形成就需要形核。另外,如果焊缝金属与母材的晶格结构不同,外延生长不再可能,新晶粒也必须在熔合线处形核。

2. 择优生长

熔合线附近的焊缝晶粒结构一般受外延生长控制,但离开熔合线后焊缝金属的柱状晶是择优生长的,即柱状晶的长大趋势不同。焊缝凝固过程中,晶粒倾向于在垂直熔池边界的方向生长,因为这一方向温度梯度最大、散热速度最快。然而,每一晶粒内部的柱状晶都存在易于生长的方向,如具有面心立方结构的铝合金、奥氏体不锈钢,具有体心立方结构的碳钢、铁素体不锈钢等,易于生长的方向均为〈100〉方向。当母材半熔化晶粒的晶格位向和最大温度梯度方向一致时,晶粒最容易长大;有的晶粒的晶格方向与最大温度梯度方向不一致,则不利于柱状晶的生长,如图 5.2-1 所示。择优生长的机制主导整体焊缝金属的晶粒结构。

3. 偏向晶和定向晶

柱状晶的生长方向与焊速有密切关系。在一般焊速下,柱状晶向焊缝中心生长并呈向焊接方向前倾的弯曲形态(图 5.2-2a),称为偏向晶。焊速越慢,柱状晶前倾程度越大。如果焊接速度很高,那么柱晶生长方向基本不变,几乎垂直于熔合线一直对向生长至熔池中心,从而形成定向晶(图 5.2-2b)。形成定向晶时,晶粒由焊缝两侧向中心生长,后结晶的液体杂质多,容易在焊缝中心形成脆弱结合面,焊缝中心容易出现结晶裂纹(参考 5.4 节)。

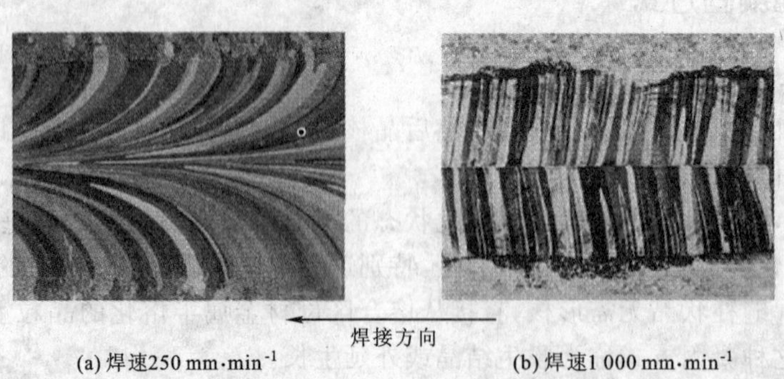

(a) 焊速250 mm·min^{-1}　(b) 焊速1 000 mm·min^{-1}

图 5.2-2　铝的 TIG 焊缝

5.2.2　熔池结晶的形态

焊缝中的晶体宏观看主要有柱状晶和等轴晶两类，而在显微镜下观察可以看到每颗柱状晶的内部还具有胞状晶、树枝晶等各种组织形态，等轴晶则一般具有树枝晶组织。焊缝中的晶体微观形态与焊缝组织的成分偏析和裂纹的形成等有重要关系。

5.2.2.1　纯金属的结晶形态

金属的凝固是以本身自由能的降低为动力，金属的凝固必须要有一定的过冷度。我们将实际凝固温度与理论凝固点之间的差值称为过冷度。过冷度越大，结晶越容易进行。纯金属结晶时，液相和固相的成分相同，在凝固过程中没有成分的变化，凝固温度为一定值。液相中的过冷度完全取决于造成实际温度低于凝固点的冷却条件，例如冷却速度越大，过冷度越大。固液界面前沿液相中的实际温度分布有两种情况：

(1) 正温度梯度。当液相中的实际温度分布为距固液界面越远，温度越高的情况时，称为正温度梯度(图 5.2-3a)。纯金属焊缝凝固时，一般属于这种情况。正温度梯度趋向于平面状生长，因为若界面上某处长大快一些，突出于液相中，过冷度小，长大速度会立即减小，因此使界面保持近乎平面地缓慢向前推进。

(2) 负温度梯度。当液相中的实际温度分布为距固液界面越远，温度越低的情况时，称为负温度梯度(图5.2-3b)。负温度梯度趋向于树枝状生长，因为若界面上某处突入液相中，进入很大的过冷区，突起部分长大速度更大，成为主干(一次轴)。同理，主干上可以长出二次轴，二次轴上长出三次轴……

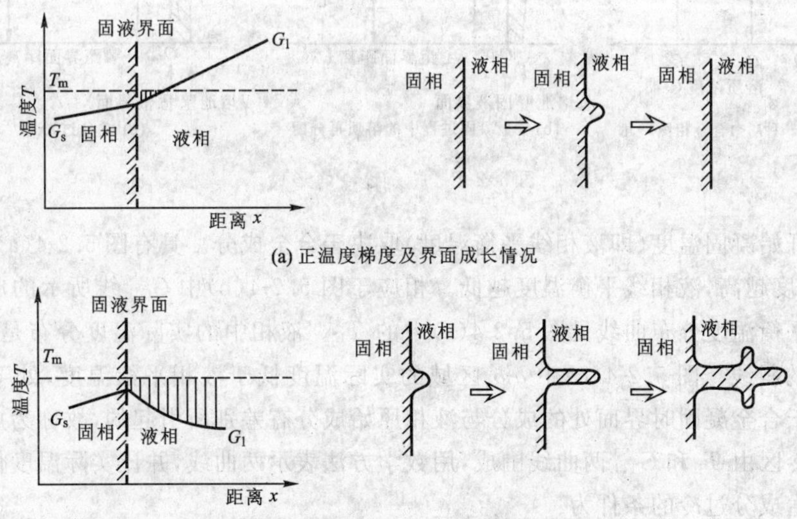

图 5.2-3　温度过冷与界面成长的关系

5.2.2.2　合金的结晶形态

合金的结晶形态与合金凝固过程中伴随的溶质再分配导致的成分过冷现象有关。

1. 合金凝固中的溶质再分配

纯金属凝固在不变的凝固温度下完成，而合金凝固一般是在固、液两相共存的温度区间完成。对于凝固时只析出一个固相的单相合金，随温度降低，固相成分沿固相线变化、液相成分沿液相线变化，造成先后结晶部位的成分、组织和性能产生明显差异。溶质再分配是造成凝固偏析的重要原因。掌握金属凝固中溶质再分配的规律，是生产中控制各种偏析的基础。

2. 成分过冷现象

单相合金在固、液两相共存的温度区间内，若各温度下液、固两相溶质都可各自达到均匀化，则称为平衡凝固。此时固相内溶质浓度 C_S 与液相内溶质浓度 C_L 之比称为平衡分配系数，可用 K_0 表示。下面以 $K_0<1$ 的合金(图 5.2-4a)为例，考察熔池中的凝固情况。设液相溶质成分为 C_0 的合金在开始凝固前各处成分是均匀的，当熔池边缘一部分液体已经冷至凝固点 T_S 以下的温度结晶成固体时，固液界面前方的液相中溶质浓度的变化如图 5.2-4(b)所示。在固液交界面上，液相和固相处于平衡状态，此处的温度为 T_S。由图 5.2-4(a)可知，C_0 成分的合金冷至 T_S 温度时，固相的溶质成分为 C_0，与固相平衡的液体成分应为 C_S，离开界面较远的熔池中的液体成分仍保持 C_0。很明显，由于结晶了一部分固体，使凝固界面前方液体中的成分不再均匀一致。

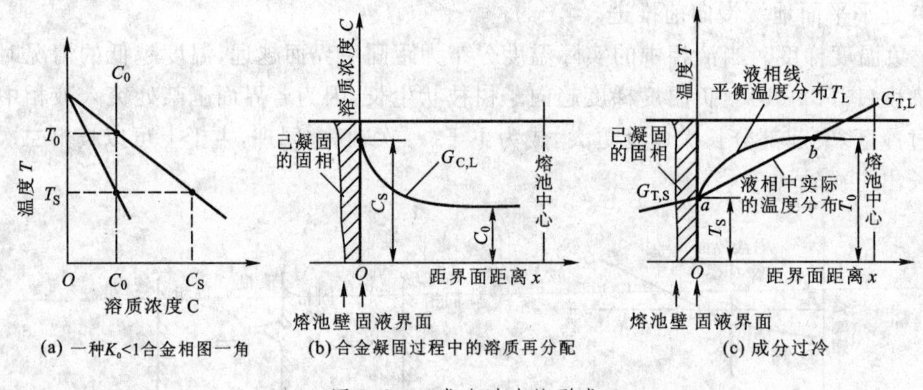

(a) 一种 $K_0<1$ 合金相图一角　(b) 合金凝固过程中的溶质再分配　(c) 成分过冷

图 5.2-4　成分过冷的形成

合金的开始凝固温度(即液相线平衡温度)取决于合金成分。具有图 5.2-4(a)所示相图的合金，溶质浓度越高，液相线平衡温度越低。相应于图 5.2-4(b)中 $G_{C,L}$ 线所示的成分变化，相应的液相线平衡温度分布曲线见图 5.2-4(c)中的 T_L。液相中的实际温度分布是图 5.2-4(c)中 $G_{T,L}$ 所示的斜线。图 5.2-4(c)中 a-b 区域的实际温度低于液相平衡温度，处于过冷状态。该过冷是由于合金凝固时界面处的成分与液相原始成分有差别所引起的，故称为成分过冷。

成分过冷区由 T_L 和 $G_{T,L}$ 两曲线围成，用数学方法表示两曲线，并让实际温度低于熔点，经计算得到产生成分过冷的条件为：

$$\frac{G}{R}<\frac{mC_0}{D}\cdot\frac{1-K_0}{K_0} \tag{5.2-1}$$

式中，G 为温度梯度；R 为结晶速度；m 为液相线斜率；C_0 为合金原始浓度；D 为液相中溶质的扩散系数；K_0 为平衡分配系数。

当 G 值较小或 R 值较大时，容易产生成分过冷；液相线较陡(m 大)，平衡分配系数较小($K_0<1$)时，容易产生成分过冷。m 和 K_0 是合金固有的参数，而温度梯度 G 和结晶速度 R 可

人为控制。

3. 成分过冷对晶体生长形态的影响

由图 5.2-3(a)可以看出，对于无成分过冷而具有正温度梯度的液态纯金属，其过冷度随着离开固液界面距离的增大而减小，而存在成分过冷时，液相的过冷度随着离开固液界面距离的增大而先增大(图 5.2-4c)，这必然会影响晶体的生长形态。

凝固组织的形态随成分过冷度的变化而发生显著变化，该变化主要取决于温度梯度 G、结晶速度 R 和溶质浓度 C_0 三个因素。曾有人通过实验得出这三个因素对凝固组织的影响，如图 5.2-5 所示。当合金原始成分一定时，决定晶体形态的最主要因素是 G 和 R，而结晶速度 R 只是平方根的影响，所以决定晶体形态最主要的因素是液相内的温度梯度 G。随成分过冷的增强，晶体形态将按“平面晶→胞状晶→胞状树枝晶→柱状树枝晶→等轴树枝晶”方向转变。平面晶一般只有在极纯的金属中出现，所以常见的晶体成长形态主要是胞状晶和树枝晶。

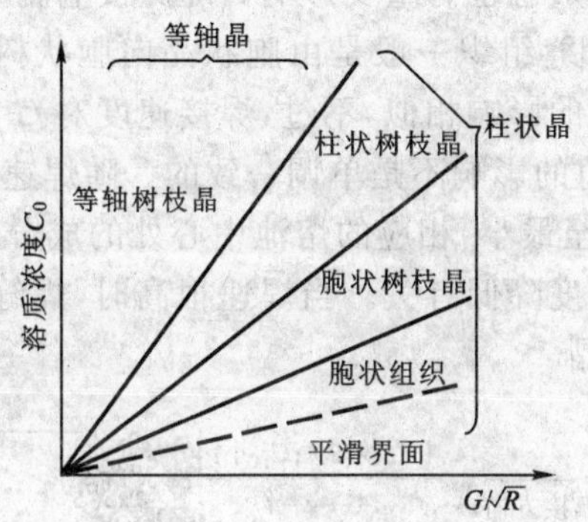

图 5.2-5　G,R 以及 C_0 对凝固组织的影响

5.2.2.3　焊接条件对凝固形态的影响

焊缝凝固是在热源不断移动的情况下进行的，随着熔池向前推进，最大温度梯度方向不断改变，因此柱状晶长大的有利方向也随之变化。一般情况下，熔池呈椭圆形，柱状晶垂直于熔池边缘弯曲地长大，如图 5.2-6 所示。晶粒成长的平均线速度 R 与焊接速度 v 密切相关：

$$R = v\cos\theta \tag{5.2-2}$$

式中，θ 为 R 与 v 之间的夹角。

由于晶粒主轴是弯曲的，在熔合线附近，$\theta=90°$，$R=0$；在熔池中心，$\theta=0°$，$R=v$。也就是说，从熔合线开始到熔池中心部位，结晶速度 R 由零逐渐增大到焊接速度。

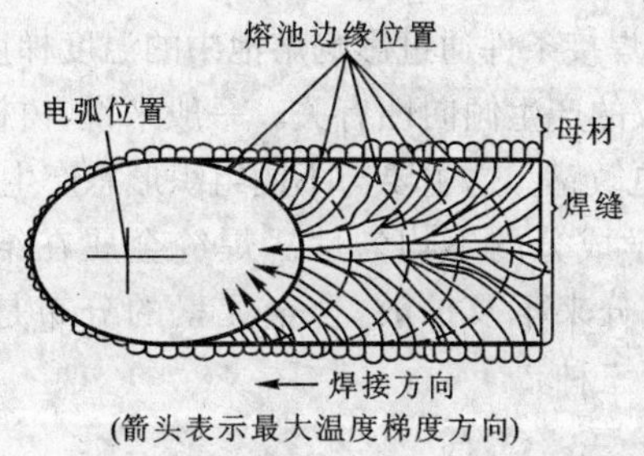

图 5.2-6　椭圆状熔池柱状晶长大的形态

焊缝金属凝固时，晶体首先在邻接母材的熔化边界（熔合线）处联生长大。邻接熔化边界的是温度较低的母材金属，此处温度梯度 G 大，而长大速度 R 小，因此 $G/\sqrt{R}$ 值很大，于是边界开始凝固时的柱状晶体形态常常是胞状组织。随着柱状晶向熔池中心长大，熔池逐渐变小，温度下降，而它周围又是刚凝固的晶体，因此未凝固的液体中温度梯度逐渐变小，$G/\sqrt{R}$ 变小，而成分过冷程度逐渐增加，此时晶体便长成胞状树枝晶或柱状树枝晶。在熔池的中部，G 值更小，成分过冷较大，当达到一定程度时，在熔池中心处形核，长成等轴树枝晶。图 5.2-7 是焊缝金属凝固组织的示意图。

在实际焊缝中，由于化学成分、板厚和接头形式不同，不一定具有图 5.2-7 所示全部凝固形态。例如，纯度比较高的金属，焊缝边界处为平滑界面，中央为胞状；反之，纯度较差的合金，边界为胞状树枝晶，而当焊缝截面较大、熔池较宽时，柱状晶来不及发展到中心，焊缝中央有可能获得足够的过冷度形成等轴树枝晶。

焊接工艺参数对晶体成长形态也有重要影响。随焊接电流增大，输入热量增加，母材过热程度增大，温度梯度 G 减小，焊缝组织一般是由胞状晶向胞状树枝晶、粗大树枝晶组织转变。焊接速度降低与焊接电流增大的影响相似，不过，焊接速度对 G 的影响较为复杂，它对焊缝边缘处的 G 值和对焊缝中心 G 值的影响不是单调一致的。随焊速提高，熔池边界处的温度梯度增高，而熔池中心处的 G 却减至最小，相应的熔池中心处的成分过冷区增大，分析认为这与焊速提高使熔池中心温度过热程度降低有关。当焊速很高时，焊缝中心有可能获得足够大的成分过冷区，从而出现等轴树枝晶。

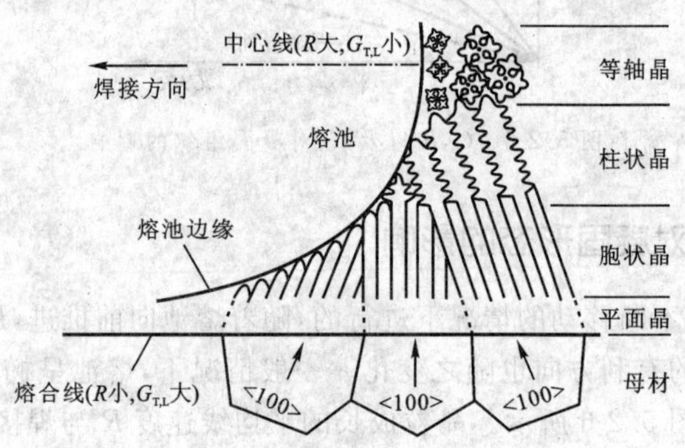

图 5.2-7　焊缝金属凝固时的晶体成长形态示意图

5.2.3　焊缝中的偏析

从上面的讨论中可以看到，焊接条件通过影响熔池中的温度梯度来直接影响凝固组织的形态，而凝固组织的形态与焊接热裂纹的产生倾向性有关。一般来说，树枝晶比胞状晶开裂倾向大，粗大树枝晶比细小树枝晶对热裂纹更敏感。这主要与不同组织形态产生成分偏析的程度不同有关。

所谓偏析，是指合金中化学成分的不均匀性。焊缝金属在结晶过程中，由于冷却速度快，已经凝固的焊缝金属中化学成分来不及扩散，合金元素的分布是不均匀的，这就出现了偏析。一般焊缝中的偏析主要有如下三种：

1）显微偏析

柱状晶生长时，晶轴先凝固，晶界后凝固，先凝固的晶轴处成分纯、熔点高，后凝固的晶界含有比较多的熔点低的合金元素和杂质。这种晶轴与晶界之间的成分不均匀性就称为微观偏析。图 5.2-8 为胞状晶界偏析和树枝晶偏析的示意图。碳、氧、硫、磷都是容易偏析的元素，而且碳的偏析会促使硫、磷偏析。硫和磷偏析在晶界，容易和铁、镍等形成低熔点共晶物，促使焊缝产生结晶裂纹(热裂纹的一种)。

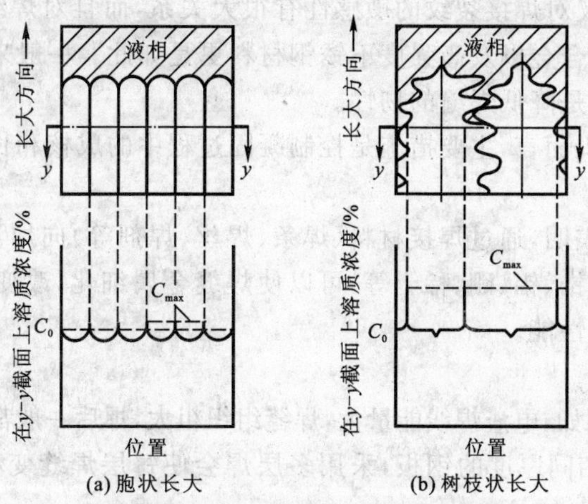

图 5.2-8　树枝晶偏析和胞状晶界偏析

微观偏析程度与凝固组织形态有关，它随着平面晶向柱状晶、等轴晶的发展而增大。例如，弧坑处大多出现等轴树枝晶，又是最后凝固，在树枝晶间容易发生裂纹。晶粒越粗大，偏析的方向性越明显，晶界富集的低熔点物质越多，越容易产生结晶裂纹。因此，一般希望焊缝组织为细小的胞状晶。

2）区域偏析(宏观偏析)

区域偏析是指整个焊缝范围内的成分不均匀性。在柱晶生长中，熔池边缘先凝固，低熔点共晶物以及杂质被赶向熔池中心，最后凝固形成宏观偏析。因为整个焊缝中心富集了低熔点物质，所以焊缝冷却收缩时就容易沿焊缝中心裂开，产生宏观的纵向裂纹。

宏观偏析的程度与焊缝的形状系数 φ(熔宽/熔深)、焊接速度、焊接电流有关。一般来说，焊接电流越大，熔深越大，φ 越小，越容易导致宏观偏析。焊接速度越大，越容易产生对生晶(定向晶)，中心偏析严重。焊接时，一定要选择合适的焊接规范参数。

3）层间偏析

经过腐蚀的焊缝横断面上存在层状偏析轮廓线，它与熔合线轮廓平行，而且越靠近熔合线，层状线越密越清晰。层状偏析中一层的成分较纯，即含溶质的浓度较低，另一层则含溶质的浓度较高，这是由于凝固过程中晶体长大速率的周期性变化造成的。层状偏析会导致焊缝力学性能不均匀，而且沿层状线容易产生气孔和结晶裂纹。图 5.2-9 为由层状偏析所造成的呈层状分布的气孔示意图。

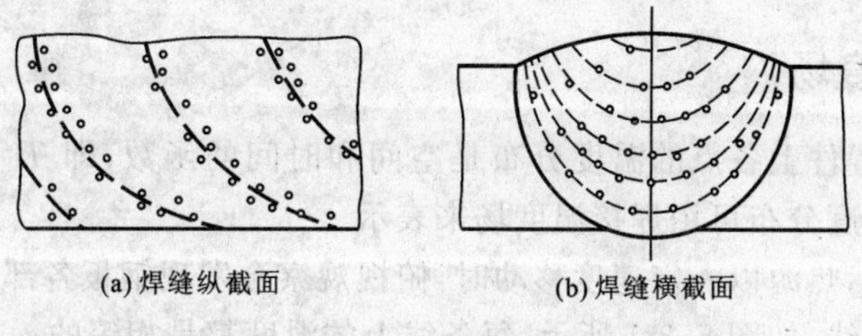

图 5.2-9　呈层状分布的气孔带

5.2.4 改善焊缝一次组织的措施

焊缝的凝固组织不仅对焊接裂纹的敏感性有很大关系，而且对焊缝的机械性能具有决定性的影响，特别是对高温合金以及高强度不锈钢材料更是如此。一般来说，粗大的柱状晶会降低焊缝的强度，更重要的是降低焊缝的韧性。

就改善一次结晶组织而言，主要措施是控制凝固过程中的成核和长大方式。

1）冶金措施

近年来的研究结果表明，通过焊接材料（焊条、焊丝、焊剂等）向熔池中加入细化晶粒的合金元素，如钼、钒、钛、铌、锆、铝、硼、稀土等，可以使焊缝金属细化，改变结晶形态，从而提高焊缝的强度、韧性以及抗裂性能。

2）工艺措施

（1）焊后热处理。例如，电渣焊线能量大，焊缝组织粗大，焊后一般都要进行正火处理。

（2）多层焊。焊接相同厚度的钢板，采用多层焊会使每层焊缝变小，熔池变小，焊缝冷却速度加快，晶粒细化。

（3）振动结晶。采用机械振动、电磁振动、超声波振动，可以使成长中的柱晶破碎，从而细化晶粒。

§5.3 焊接接头的固态相变

钢在固态因加热和冷却发生的相变称为固态相变，它是钢通过热处理来改变组织和性能的理论基础。就焊接过程而言，实际上是一种特殊的热处理，由于焊接热过程具有加热温度高、时间短、冷却速度快等特点，从而对焊接接头的形成和组织变化带来一系列特殊性。

5.3.1 焊接热过程

在焊接过程中，被焊金属由于热的输入及传播而经历的加热（熔化或达到热塑性状态）和冷却（凝固）过程称为焊接热过程。研究和控制焊接热过程是非常重要的，它是针对某种焊接结构和材料，制定合理焊接工艺、控制焊接质量的基础。

焊接传热通常用焊接温度场和焊接热循环来表征。焊接温度场对于研究受热区域的大小以及计算焊接应力场等有重要作用，而焊接热循环对研究焊接过程中的组织和性能非常有用。

5.3.1.1 焊接温度场

在焊接过程中，焊件上各点的温度分布是空间和时间的函数，即 $T=f(x,y,z,t)$。某一瞬间焊件上各点的温度分布可用焊接温度场来表示。

以钢板焊接为例，热源以一定速度移动时，俯视观察会发现钢板各部分受热的温度分布呈一系列椭圆形的等温线，如图 5.3-1 所示，每条线上的温度都是相等的。在热源的中心部位是熔化金属形成的熔池，它的边缘线相当于钢的熔点。离熔池越远，温度逐渐降低。在热源移动的前方，温度梯度最大(等温线最密)，而在其后方，温度梯度平缓。如果热源是静止的(如点固焊时)，等温线变成许多同心圆；热源移动速度越大，各椭圆的长轴越长而短轴越短。

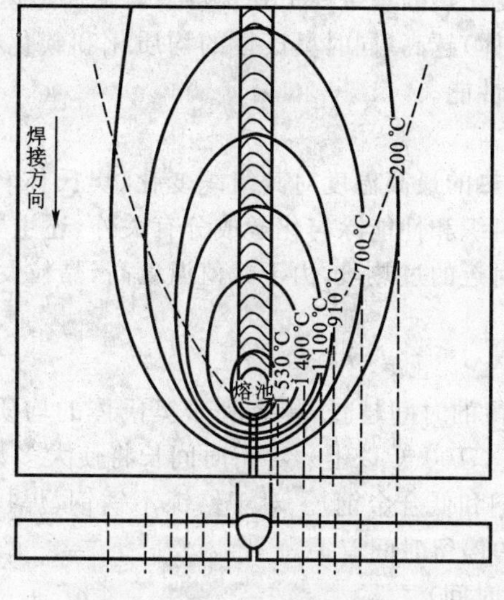

图 5.3-1　焊接温度场

影响温度场的因素很多，如热源的性质和功率、被焊金属的热物理性质(导热系数等)、焊接工艺参数(焊接速度、板厚、接头形式、坡口、预热、间隙)等。例如，与薄板相比，厚板由于散热快而使热影响区的宽度要小得多。

研究焊接温度场的分布情况对了解焊接质量有重要作用。例如，可以根据温度场的分布判断焊件上哪些地方熔化，哪些地方可能产生相变；焊件上产生内应力和变形的趋势及塑性变形区域的范围，热影响区的宽度等。但是，准确测量和描绘焊接温度场的分布是比较困难的，目前焊接传热的研究主要包括实验研究和模拟计算两类方法。

5.3.1.2　焊接热循环

焊接热循环曲线表示焊件上某一点的温度随时间而变化的过程。在焊接过程中，热源沿焊件移动，随时间的延长，焊件上某点温度因热源逐渐靠近而由低到高，达到最高温度后，随热源移走又由高到低的变化过程称为焊接热循环。焊接热循环由加热和冷却两部分组成，具体可用图 5.3-2 所示的曲线来表示。

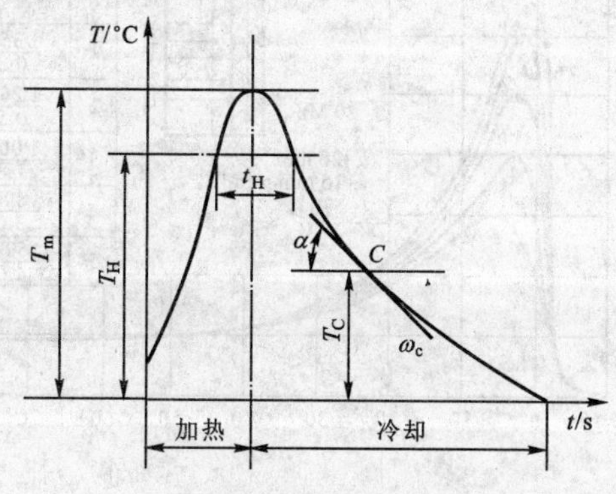

图 5.3-2　焊接热循环

在整个焊接热循环过程中，主要应考虑到以下四个影响因素：

1）加热速度 ω_H

在焊接条件下，加热速度比热处理条件下要快得多。随加热速度的提高，发生相变的温度（铁素体、珠光体转变为奥氏体）越高，同时奥氏体的均质化和碳化物的溶解越不充分，必然影响热影响区冷却后的组织和性能。

2）峰值温度 T_m

焊件上某点在焊接时加热的最高温度对其组织变化（奥氏体转变、晶粒长大、碳化物的溶解等）有重要影响。金属的组织和性能除与化学成分有关外，还主要与加热的最高温度和冷却速度有关。例如，在熔合区附近的过热段，由于峰值温度高，晶粒发生了严重的长大，因而焊完后接头中此区域韧性低。

3）高温停留时间 t_H

在相变温度 A_{C3} 以上停留的时间越长，越有利于奥氏体的均质化过程，对组织性能有益。不过，如果峰值温度很高（如 1 100 ℃以上），停留时间长将使大多数金属材料发生严重晶粒长大（如采用电渣焊焊接低碳钢和低合金钢）。对于铬镍不锈钢，焊接热影响区的抗晶间腐蚀能力与在 600～1 000 ℃温度的停留时间有关。

4）冷却速度 ω_c（或冷却时间）

冷却速度是决定 HAZ 组织性能的主要参数。焊接冷却过程中冷却速度是变化的，如图 5.3-2中温度 T_c 时的瞬时冷却速度以斜率 ω_c 表示。对于不易淬火钢铁材料，多采用 540 ℃的冷却速度值，因为一般低碳钢和低合金钢在这一温度附近奥氏体最不稳定。有时为方便起见，也常采用 800～500 ℃的冷却时间 $t_{8/5}$ 来衡量冷却速度。对于冷裂纹倾向较大的钢种，常考虑 300 ℃附近的冷却速度（或 800～300 ℃的冷却时间 $t_{8/3}$），因为 300 ℃附近是马氏体开始形成的温度和对氢的析出有影响的温度。对于奥氏体不锈钢和镍基合金，在 700 ℃附近的冷却速度具有重要意义。

对于中、高碳钢或合金钢来说，焊后的冷却速度越大，越易形成淬硬组织，使机械性能降低，同时还有产生焊接裂纹的危险。对于奥氏体不锈钢、铝合金、高温合金等，当焊后冷却速度过于缓慢时，会引起析出脆化、抗腐蚀性能力降低等现象。

显然，在焊缝两侧，离焊缝距离不同的点所经历的热循环是不同的（图 5.3-3）。离焊缝越近，加热和冷却的速度越快，峰值温度越高；离焊缝越远，加热和冷却的速度越慢，峰值温度越低，逐渐接近室温。可见，HAZ 各部位受到的焊接热循环不一样，正是因为这一点才使得 HAZ 各部位的组织和性能极不均匀。

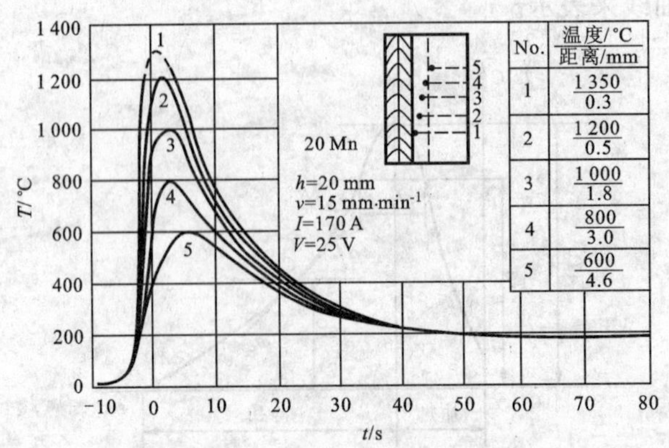

图 5.3-3　近缝区各点的热循环曲线

5.3.1.3　影响焊接传热的重要因素

1. 被焊金属的热物理性质

金属的导热系数越大,冷却速度越快。例如,在同样焊接工艺下,低碳钢、铬镍不锈钢、铝和紫铜的焊接温度场如图 5.3-4 所示。由于铜和铝的导热系数比低碳钢大 4～8 倍,而低碳钢比铬镍不锈钢大 3 倍,因此导热系数小的铬镍钢受热区域最大,发生性能变化以及变形的可能最大,制定焊接工艺时应注意防止过热;铜和铝焊接时受热区域小,中心峰值温度低,应防止出现未焊透或不熔合。

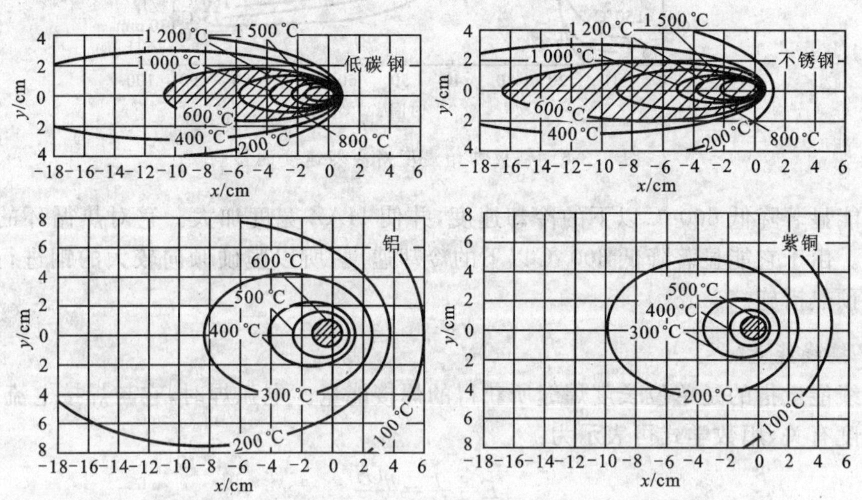

图 5.3-4　金属热物理性质对温度场的影响(q=4 200 J/s,v=0.2 cm/s,δ=1 cm)

2. 焊件尺寸和接头形式

焊件尺寸和接头形式主要影响冷却速度。焊件长度基本不产生影响,而焊件的宽度和厚度增加都会使接头的冷速加快,不过宽度达到 150 mm、厚度达到 25 mm 后就不再对冷速产生影响。图5.3-5显示的是板厚对长宽一定的钢板近缝区冷却速度的影响,板厚增加时冷却速度增快,但超过一定厚度后,冷速的变化不再明显。基于这一点,利用小铁研试验研究打底焊缝及其热影响区冷裂倾向时,铁研试件的宽度一般都定为 150 mm,这样既能消除焊件尺寸的影响,又能节省材料。

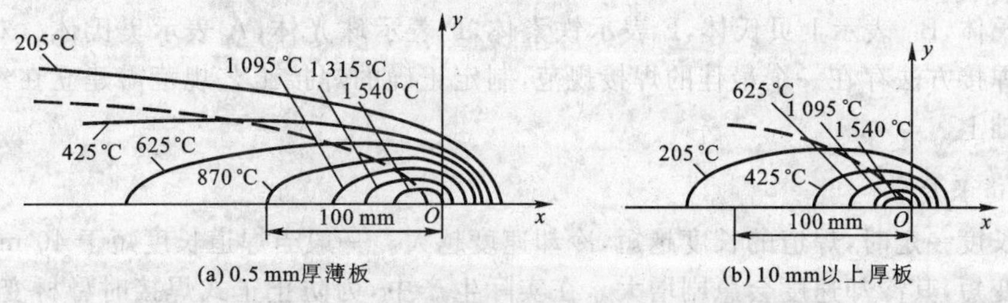

图 5.3-5　板厚对电弧焊时钢板上温度场的影响

接头形式主要影响冷却速度。在其他条件相同的条件下,T 形接头和角接头的冷速大于对接接头的冷速。

3. 钢板初始温度

钢板初始温度越高(如预热),热循环曲线越平缓,冷却速度降低,如图 5.3-6 所示。

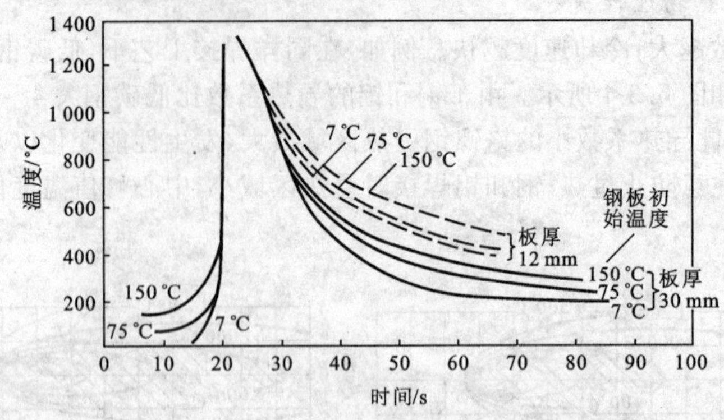

图 5.3-6 钢板初始温度对冷却速度的影响

预热能显著降低 600 ℃以下的冷却速度,并使 HAZ 宽度加大。它对热循环的其他参数影响不大。由于它能显著降低 600 ℃以下的冷却速度,所以脆硬倾向较大的钢进行焊接时一般都采取预热措施。

4. 焊接线能量

焊接线能量指的是单位长度焊缝所获得的焊接能量。电弧焊时,它与焊接电流、电弧电压和焊接速度有关,用数学式可表示为:

$$E=\frac{q}{V}=\frac{\eta UI}{v} \tag{5.3-1}$$

式中,E 为焊接线能量,J/cm;q 为电弧有效热功率;η 为焊接热效率,与焊接方法有关;U 为电弧电压,V;I 为焊接电流,A;v 为焊接速度,m/h。

由上式可以看出,焊接线能量与焊接规范(U,I,v)有密切关系。

一般来说,随焊接线能量的增大,HAZ 峰值温度 T_m 升高,高温停留时间 t_H 延长,冷却速度 ω_c 减缓,HAZ 宽度增大。焊接规范对热影响区的组织和性能有很大影响,应合理选择。线能量过大,会使焊接 HAZ 中形成粗大的铁素体甚至魏氏组织,某些低合金钢中还可能形成上贝氏体及 M-A 组元,对 HAZ 的韧性十分有害。当焊接线能量过小时,HAZ 会出现淬硬组织,中碳或高碳钢产生高碳马氏体,降低 HAZ 韧性,显著升高韧脆转变温度 T_{rs}。

焊接线能量对 HAZ 过热区组织及韧性的影响如图 5.3-7 所示,其中 M 表示马氏体,B_L 表示下贝氏体,B_U 表示上贝氏体,F 表示铁素体,P 表示珠光体,A 表示奥氏体。对于具体钢种和具体焊接方法存在一个最佳的焊接规范,制定正确的焊接工艺规范需建立在经验或大量试验的基础上。

5. 焊道长度

焊件长度一定时,焊道的长度越短,冷却速度越大。一般当焊道长度短于 40 mm 时,随着焊道长度变短,其冷却速度会急剧增大。在实际生产中,为防止正式焊接时母材变形移动,焊前要进行定位焊。定位焊缝的长度都比较短,为避免冷裂,焊接易淬硬钢时定位焊缝的长度要适当加长。

6. 多层或多道焊

由于相邻焊层之间彼此有热处理的作用,对提高焊接接头的质量有利,所以在实际焊接生产中很少采用单层焊，多数是采用多层多道焊，特别是厚壁容器有时要焊几十层。

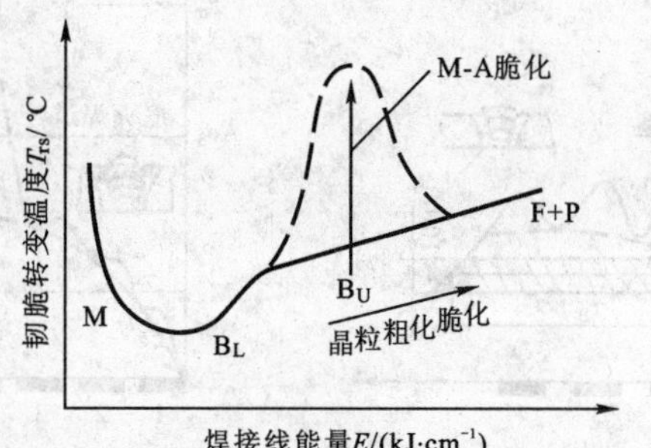

图 5.3-7　焊接线能量对 HAZ 过热区组织和韧性的影响

实际生产中，多层焊可分为长段多层焊和短段多层焊。

1）长段多层焊

所谓长段多层焊，就是每道焊缝的长度比较长（1～1.5 m），这样在焊完第一层再焊第二层时，第一层已经基本冷却到较低的温度（100～200 ℃以下）。

长段多层焊焊接热循环的变化如图 5.3-8 所示，相邻各层之间有依次热处理的作用，对提高焊接质量有好处。为防止最后一层发生淬硬，可以再加一层退火焊道。

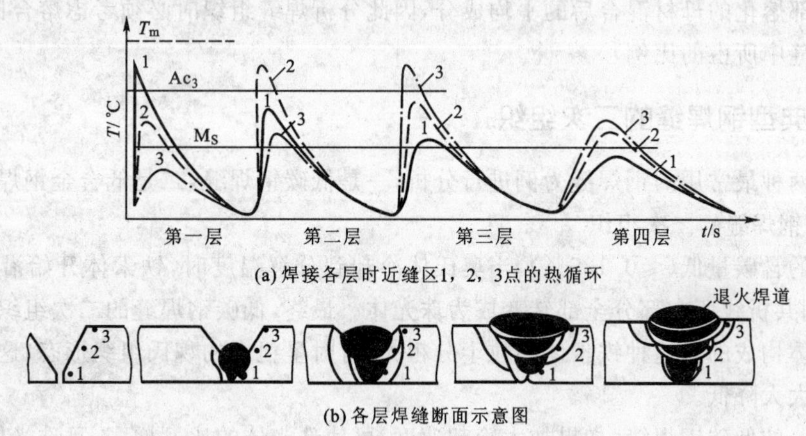

图 5.3-8　长段多层焊焊接热循环

因为在焊完第一层再焊第二层时，第一层已经基本上冷却到了较低的温度，所以长段多层焊不适于焊接淬硬倾向比较大的钢种。这些钢当焊完第一层以后，焊接第二层之前，近缝区或焊缝由于淬硬倾向大可能会产生裂纹，因此焊接这种钢时必须采取预热、控制层间温度等措施。

2）短段多层焊

所谓短段多层焊，就是每层焊缝长度较短（50～400 mm），这种情况下没有等前层焊缝冷却到较低温度（如 M_S点）就开始焊接下一层焊缝。

短段多层焊焊接热循环曲线如图 5.3-9 所示，近缝区 1 点和 4 点的焊接热循环都是比较理想的。由于前层焊缝对后层焊缝有预热的作用，后层焊缝对前层有后热处理的作用，因此对焊缝 HAZ 的组织有一定的改善作用，适用于焊接晶粒容易长大，又容易淬硬的钢种。但是，其操作麻烦、生产效率低。生产中长段多层焊采用较多。

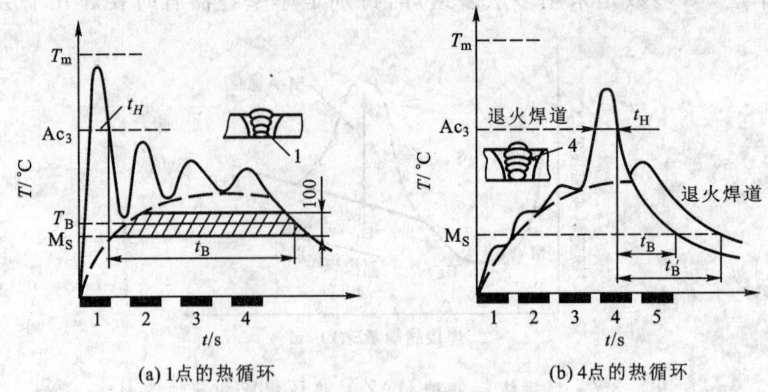

图 5.3-9　短段多层焊接热循环

5.3.2　焊缝金属的固态相变

对于常用钢材来讲，焊缝的一次结晶组织多数是呈柱状的奥氏体。继续冷却，焊缝金属将进一步发生组织转变，转变后的组织由焊缝的成分和冷却条件决定。应该指出，焊缝成分是填充材料和局部熔化的母材混合后的平均成分，因此分析焊缝组织时必须考虑熔合比（局部熔化的母材在焊缝中所占的比例）。

5.3.2.1　典型钢焊缝的二次组织

下面以两种最常用的钢焊缝为例进行分析，一是低碳钢焊缝，二是低合金钢焊缝。

1）低碳钢焊缝的二次组织

低碳钢的含碳量低（≤0.125%），当奥氏体冷却到分解温度时，铁素体开始沿原奥氏体晶界析出，直到共析线所余部分全部转变成为珠光体。最终，低碳钢焊缝的二次组织是由铁素体加少量珠光体构成的。这种铁素体晶粒十分粗大，有时呈粗大的魏氏组织形态，这就使得焊缝的冲击韧性大大降低。

相同成分的低碳钢焊缝，如果加大冷却速度，可使珠光体的比例增多，且珠光体组织细化，从而使焊缝的强度、硬度得到提高，但塑性会下降。

进行多层焊或焊后正火，可以使一次组织的柱状轮廓消失，并细化焊缝二次组织，从而可以显著改善低碳钢焊缝的韧性。

2）低合金钢焊缝的二次组织

根据低合金钢焊缝的成分和焊接时的冷却条件，低合金钢焊缝可能会出现铁素体、珠光体、贝氏体和马氏体四种转变，其中铁素体转变占主要地位。也就是说，低合金钢焊缝组织一般主要是由铁素体构成的。

低合金钢焊缝中的铁素体形态有四种：块状、侧板条状、针状和条状铁素体，具体最终形成哪种铁素体由冷却条件（即过冷度）决定。过冷度是衡量固态相变平衡情况的。例如，缓慢冷却时本来 850 ℃发生组织转变，可是由于焊缝冷却速度快，到 800 ℃组织转变才开始，这就是过冷。实际组织转变发生的温度和平衡态组织转变温度相差越大，过冷度越大。焊缝冷却过程中，随过冷度加大，组织转变温度降低，转变产物将由块状向针状、条状铁素体发展。当过冷度更大时，会发生贝氏体转变或马氏体转变。

除冷却条件外，焊缝金属的合金化程度和含氧量也会影响固态相变。合金化程度越高、含氧量越低，越容易发生低温转变。一般情况下，我们希望获得细针状铁素体，因为这种组织的韧性高，抗裂性能好。

5.3.2.2　改善焊缝二次组织的途径

改善二次组织是提高焊缝性能的重要途径，生产上采用的方法很多，下面介绍几种常用的方法。

1. 焊后热处理

对于重要的焊接结构，一般焊后都要进行回火、正火或调质热处理，这不仅可改善焊缝的性能，还可改善整个接头的性能。

钢的热处理工艺类型很多，应用最广泛的普通热处理工艺包括：

1) 退火

退火是将钢加热到高于或低于临界温度(A_{C1} 或 A_{C3})，保温一定时间后，随炉或埋入导热性差的介质中，以非常缓慢的速度冷却下来，从而获得接近于平衡组织的一种热处理工艺。

退火的目的可归纳为以下几点：

(1) 降低钢的硬度，以便进行切削加工；

(2) 消除或减小内应力，提高塑性，防止钢件变形、开裂；

(3) 消除铸、锻、焊所造成的组织缺陷(如粗大晶粒、成分不均匀等)，改善组织。

由于钢的成分和退火目的不同，主要的退火工艺有完全退火、球化退火和去应力退火。完全退火是将亚共析钢工件加热到 A_{C3} 以上 30～50 ℃，保温一定时间后随炉冷却。由于加热温度在 A_{C3} 以上，钢的组织已全部转变为奥氏体，冷却时钢的组织重新结晶，退火后可以获得晶粒细小的铁素体和珠光体组织。球化退火是将过共析钢工件加热到 A_{C1} 以上 10～30 ℃，经过长时间保温，然后随炉缓冷。它的作用是将钢中的层状碳化物转变为球状，从而降低组织的硬度。去应力退火又叫低温退火，它是以缓慢的速度将钢加热到 500～650 ℃，保温一定时间后缓慢冷却，在这个过程中钢的组织不发生变化。

2) 正火

正火是将亚共析钢加热到 A_{C3} 以上 30～50 ℃，将过共析钢加热到 A_{Cm} 以上 30～50 ℃，保温后在空气中冷却。它与退火的区别是正火的冷却速度快一些，奥氏体转变的温度低一些，得到的珠光体组织细一些。

3) 淬火

淬火是将钢加热到 A_{C3}(亚共析钢)或 A_{C1}(过共析钢)以上 30～50 ℃，保温后快速冷却的操作，比如水冷、油冷等。淬火的目的是获得马氏体，以提高钢的硬度、强度和耐磨性。

4) 回火

回火是将淬火后的钢重新加热到低于 A_{C1} 温度，保温后冷却的操作。淬火加上高温回火(加热温度为 500～650 ℃)就是调质。调质可以使钢获得强度、塑性、韧性都好的综合机械性能。

热处理分为整体热处理和局部热处理两种。如果结构太大或太长，则只能进行局部热处理。

2. 多层焊

焊接相同厚度的钢板时,采用多层焊接可以提高焊缝金属的性能。这一方面是由于焊缝变小可改善一次结晶组织;另一方面,下一层焊缝对上一层焊缝可起到附加热处理的作用,从而改善焊缝的二次组织。

3. 锤击焊缝表面

锤击可以使前一道焊缝或坡口表面的晶粒发生不同程度的破碎,这样下一道焊缝熔池凝固时从现成表面生长时晶核增多,凝固后的组织晶粒就得以细化。随后发生的焊缝金属固态相变具有一定的组织遗传性,细化的一次结晶组织产生细化的二次相变组织。

4. 跟踪回火

所谓跟踪回火,就是每焊完一道后立即用气焊火焰加热焊道表面,温度控制在900～1 000 ℃。它可以改善整个焊接接头的性能。

5.3.3 焊接热影响区金属的组织和性能

早些时候,制造焊接结构使用的材料主要是低碳钢,低碳钢接头只要焊缝不出问题,焊接热影响区也不会出问题,所以当时人们将注意力集中在解决焊缝中存在的问题。但是,随着科技的发展,各种高强钢、高合金钢以及某些特种金属(如铝合金、钛合金、镍基合金、塑料和陶瓷等)逐渐取代了低碳钢。在这种情况下,焊接质量不仅取决于焊缝,也取决于焊接热影响区,而且有时热影响区存在的问题比起焊缝的更复杂。以低合金高强钢的焊接为例,一般随钢强度级别的提高,HAZ 的脆化程度逐渐加重,出现各种裂纹的可能性也越来越大。在某些情况下,HAZ 很可能成为整个焊接接头的薄弱地带,要提高接头的质量就要提高 HAZ 的组织和性能。

HAZ 金属的组织和性能主要受焊接热循环的影响。焊接时 HAZ 上各点距焊缝的远近不同,它们所经历的焊接热循环也不同,最终导致组织和性能不同。下面介绍不易淬火钢和易淬火钢 HAZ 的组织分布。

5.3.3.1 不易淬火钢

不易淬火钢是指在焊后空冷条件下不易形成马氏体的钢种,包括一般常用的低碳钢和16Mn,15MnV,15MnTi 等低合金钢,通常以热轧状态供货。

1. 焊接接头的分区和 HAZ 的温度范围

如果忽略焊接中快速加热对相变的影响,低碳钢焊接热影响区与 Fe-C 相图的关系如图5.3-10 所示。焊接加热温度超过液相线温度的区域为熔化区,冷却后为焊缝。加热温度处于液相线和包晶温度之间的区域,国外学者称为局部熔化区(partially melted zone, PMZ),国内业界称为熔合区。熔合区的化学成分和组织都极不均匀,对强度、塑性等有很大影响,是整个焊接接头的薄弱部位。熔合区对接头性能的影响在进行异种金属焊接时非常突出,这一点在介绍异种金属焊接时进行介绍。HAZ 一般是指近缝区母材在焊接过程中被加热到包晶温度以下、共析温度以上的区间,与母材相比,其组织和性能均发生很大变化。当然,加热温度在共析温度以下的区间,特殊情况下局部区域的性能会因焊接热过程而发生变化,也属于热影响区的范围。

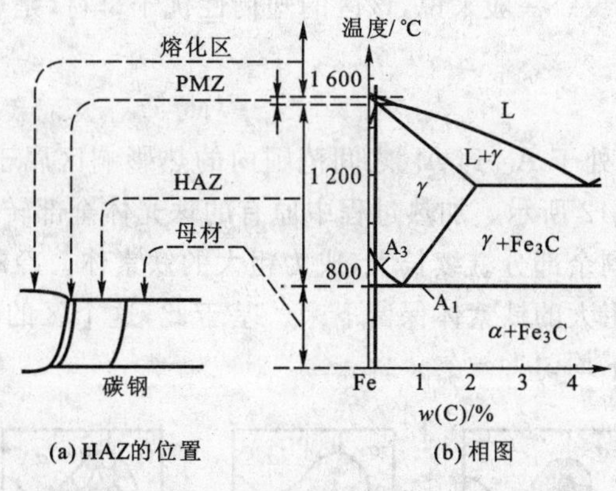

图 5.3-10　碳钢焊接接头

2. HAZ 的分区和特点

对于不易淬火钢，按照 HAZ 中不同部位加热的最高温度以及组织特征的不同，可以分为以下三个区域，如图 5.3-11 所示。

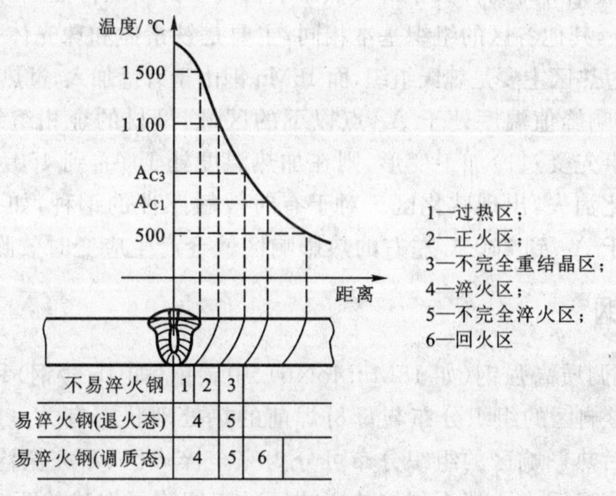

图 5.3-11　焊接热影响区构成示意图

1）过热区(粗晶区)

加热最高温度在母材固相线以下到晶粒开始急剧长大的温度(一般指 1 100 ℃左右)范围内的区域称为过热区。由于该区加热温度高，奥氏体晶粒长大严重，尤其在 1 300 ℃以上时晶粒十分粗大，冷却后也会得到粗大的过热组织，所以又称为粗晶区。这个区的韧性很低，通常冲击韧性要降低 20%～30%，在焊接刚度比较大的结构时，过热粗晶区容易出现脆化或裂纹。过热区与熔合区一样，都是焊接接头的薄弱环节。

过热区的大小与焊接方法、焊接线能量、母材板厚等有关。例如焊接方法方面，气焊和电渣焊的过热区宽，手工电弧焊和埋弧自动焊的比较窄，而真空电子束焊和激光焊时几乎不存在过热区。

2）相变重结晶区(正火区)

焊接时母材金属被加热到 A_{C3} 以上到晶粒开始急剧长大温度范围内的部位，铁素体和奥氏体全部转化为奥氏体，发生重结晶，随后在空气中冷却会得到均匀细小的珠光体和铁素体，相当于热处理时的正火组织。一般来说，该区的塑韧性优于母材，是热影响区中组织性能最好的区域。

3）不完全重结晶区

焊接时加热最高温度处于 A_{C1} 到 A_{C3} 之间范围内的热影响区属于不完全重结晶区。此区的组织变化过程如图 5.3-12 所示。加热过程中原有的珠光体全部转变为细小的奥氏体，而铁素体仅部分溶入奥氏体，剩余部分继续长大，成为粗大的铁素体。冷却时奥氏体转变为晶粒细小的铁素体和珠光体，而粗大的铁素体保留下来。基于此，这个区的特点是晶粒大小不一，组织不均匀，因而机械性能不均匀。

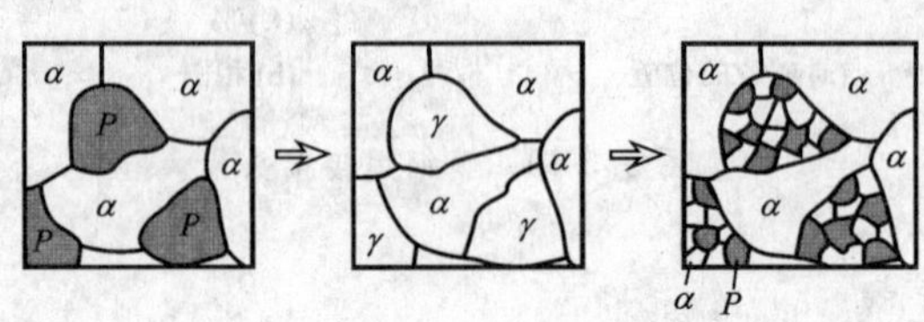

图 5.3-12　不完全重结晶区的组织转变示意图

以上三个区是低碳钢等不易淬火钢焊接热影响区重要的组织特征。对于低碳钢和淬硬倾向小的钢，除了过热区外，其他各区的组织基本相同，主要是铁素体和珠光体，其次是少量的贝氏体和马氏体。低碳钢的过热区主要是魏氏组织，而 16Mn 钢由于有锰加入，过热区有少量的贝氏体。

对于受焊接热影响峰值温度处于 A_{C1} 点以下的区域，母材的金相组织看不到有明显的变化。但是，母材如果事先受过冷加工变形，则在加热温度处于 A_{C1} 到 450 ℃的区域发生再结晶过程，结果使加工硬化消失，出现软化区。对于有时效敏感性的钢种，如果由于焊接应力而产生应变，加热温度处于 A_{C1} 到 300 ℃左右的热影响区就会产生应变时效脆化现象。

5.3.3.2　易淬火钢

这类钢包括低碳调质高强钢（如 18MnMoNb）、中碳钢（如 45 号钢）和中碳调质高强钢（如 30CrMnSi），焊接热影响区的组织分布与母材焊前的热处理状态有关。如果母材焊前是正火或退火状态，那么焊后热影响区的组织分布可分为完全淬火区、不完全淬火区；如果母材焊前是调质状态（淬火＋高温回火），那么焊接热影响区的组织除了上述的两个区以外，还存在一个回火区。

1）完全淬火区

焊接时热影响区峰值温度处于 A_{C3} 以上的区域，加热时常温下的组织完全转化为奥氏体。由于这类钢的淬硬倾向大，所以焊后将得到淬火组织（马氏体）。只是在靠近焊缝附近（相当于低碳钢的过热区）由于晶粒严重长大，得到的马氏体粗大，而相当于正火区的部位得到细小的马氏体。根据冷却速度和线能量的不同，还可能出现贝氏体，从而形成与马氏体共存的混合组织。在完全淬火区内，过热区部位的粗大马氏体或粗大混合组织的硬度高、塑韧性差，是焊接接头中最容易出现裂纹的薄弱区。

2）不完全淬火区

母材被加热到 A_{C1} 到 A_{C3} 之间范围内的热影响区。在快速冷却条件下，铁素体很少溶入奥氏体，而珠光体、贝氏体、索氏体等转化为奥氏体。随后快速冷却时，奥氏体转化为马氏体。原铁素体保持不变并有不同程度的长大，最后形成马氏体-铁素体组织。当含碳量和合金元素含量不高或冷却速度较小时，也可能出现索氏体和珠光体。

3）回火区

调质钢加热温度低于 A_{C1} 的区域可能发生不同程度的回火处理。回火区内组织和性能发生变化的程度取决于焊前调质状态的回火温度。例如，焊前调质时的回火温度为 500 ℃，HAZ 低于该温度的部位，组织性能不发生变化，而 HAZ 处于 500 ℃到 A_{C1} 的区域将发生碳化物的析出、组织硬度下降，出现软化现象。峰值温度越接近 A_{C1}，软化现象越严重。

综上可知，HAZ 的确是接头中组织和性能不均匀的部位。过热区出现了严重的晶粒粗化，与熔合区一样是整个接头的薄弱环节。对于含碳量高、合金元素较多、淬硬倾向较大的钢，还会出现马氏体，降低塑韧性，容易产生裂纹。由于焊接接头的性能取决于其最薄弱区域，所以为了提高焊接接头的质量，一定要降低 HAZ 的不均匀性。具体可以通过选择合适的焊接方法、适当减小线能量或者焊后热处理等方法来实现。

§5.4 焊接裂纹

随着钢铁、石油化工、舰船和电力等工业的发展，在焊接结构方面都趋于向大型化、大容量和高参数方向发展，有的还在低温、腐蚀等环境下工作，因此各种低合金高强钢、高合金钢、合金材料的应用越来越广泛。但是，这些钢种和合金材料的应用在焊接生产中带来了许多新的问题，其中经常遇到的一种最严重的缺陷就是焊接裂纹。

焊接裂纹是接头中局部区域的金属原子结合遭到破坏而形成的缝隙，缺口尖锐、长宽比大，将引起严重的应力集中，会促使构件在低应力下发生脆性破坏。根据统计，世界上焊接结构所出现的各种事故中，除少数是由于设计不当、选材不合适和运行操作上的问题外，绝大多数都是由裂纹引起的脆性破坏。压力容器的破坏还常常造成灾难性事故，如 1944 年 10 月美国俄亥俄州煤气公司液化天然气储罐发生连锁爆炸，造成大火，死亡 133 人，损失 680 万美元。我国焊接结构的各类事故也时有发生，最典型的是 1979 年 12 月 18 日吉林液化石油气厂发生的球罐爆炸事故，大火燃烧 19 h，共烧掉液化气超过 700 t，烧毁机动车 15 辆以及罐区全部建筑，死亡 33 人，受伤 53 人。可见，研究和预防焊接裂纹，对于减少废品率或返修率，提高设备安全性具有非常重要的意义。

焊接裂纹按照形成温度范围和原因可以分为热裂纹、冷裂纹、再热裂纹、层状撕裂、应力腐蚀开裂等五大类。所有裂纹都是在冶金因素和力学因素的共同作用下产生的。热裂纹是在固相线附近的高温下产生的，又称为高温裂纹；冷裂纹是在 M_S 点（钢的马氏体转变温度）以下的低温下产生的，又称为低温裂纹；再热裂纹是在焊后重新加热消除应力热处理的过程中或在危险温度下工作时产生的，又称为消除应力处理裂纹；层状撕裂是在 400 ℃以下的低温产生的、与轧制方向平行的阶梯形裂纹；应力腐蚀开裂是焊接构件在应力和腐蚀介质的共同作用下产生的一种延迟破坏现象。不同裂纹的产生概率与被焊材料、焊接工艺、服役环境等都有关系。例如，高强钢对冷裂纹敏感性大，而石油、石化行业环境因有 H_2S 存在，应力腐蚀也是一种重要的失效形式。

本节针对每种裂纹的介绍按照失效分析的思路，首先介绍它的宏观特征和微观特征，使现场人员能据此对出现的裂纹进行性质判断；然后介绍裂纹产生机理，帮助找出裂纹事故发生的原因；最后有针对性地提出防止措施，预防事故再次发生。

5.4.1 焊接热裂纹

5.4.1.1 热裂纹的特征

1. 热裂纹的分布

热裂纹发生的部位最常见于焊缝,有时也出现在热影响区。图 5.4-1 表示了焊接热裂纹可能出现的部位和形态。

(1) 焊缝裂纹,如图 5.4-1(a)所示,平行于焊缝中心线的称为纵裂纹,垂直于焊缝中心线的称为横裂纹。纵裂纹一般发生在焊缝中心,横裂纹沿柱状晶晶界且往往与母材的晶界相连。

(2) 弧坑裂纹,如图 5.4-1(b)所示,有纵裂纹、横裂纹和星状裂纹几种类型,大多发生在弧坑中心的等轴晶区。

(3) 根部裂纹,如图 5.4-1(c)所示,发生在焊缝根部。

(4) 热影响区裂纹,如图 5.4-1(d)所示。

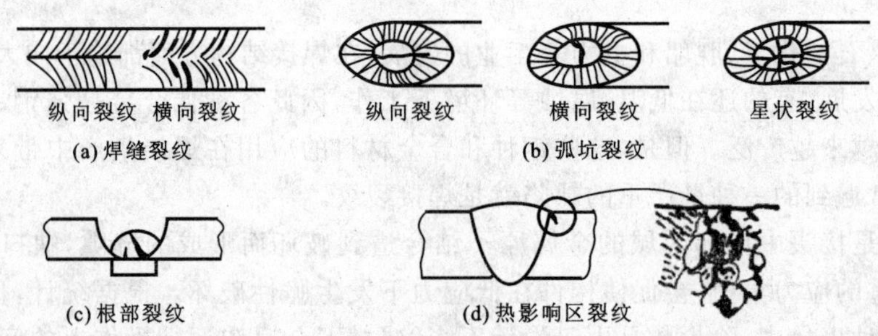

图 5.4-1 常见热裂纹发生的部位和形态示意图

2. 热裂纹的产生温度和微观特征

当热裂纹贯穿表面,与外界空气相通时,热裂纹表面具有明显的氧化色彩,如奥氏体不锈钢裂纹上部呈现蓝色。裂纹表面氧化说明裂纹在高温下就已经存在。一般认为,热裂纹是在固相线附近的温度,液相最后凝固的阶段形成的。

热裂纹的微观特征均为沿晶开裂,这是因为热裂纹的产生温度高于等强温度。所谓等强温度,指的是晶粒和晶界强度相等的温度,在等强温度以下,晶界的强度高于晶粒的强度,而在等强温度以上,晶界的强度较低。在力学因素作用下,热裂纹均为沿晶开裂。

5.4.1.2 热裂纹的分类

所焊金属材料不同,热裂纹的形态、产生热裂纹的温度区间和主要原因也不同。基于此,热裂纹又可进一步分类。通常将热裂纹分为结晶裂纹、液化裂纹和多边化裂纹三类。

1. 结晶裂纹

结晶裂纹是焊缝金属结晶过程中,在固相线附近,晶界处残存低熔点的液态薄膜,在应力作用下形成的裂纹。

结晶裂纹主要发生在含杂质(硫、磷、碳、硅等)比较多的碳钢、低合金钢焊缝中,以及单相奥氏体钢、镍基合金以及某些铝合金的焊缝中。

2. 液化裂纹

液化裂纹的产生机理与结晶裂纹基本相同，只是产生部位不同。液化裂纹发生在近缝区或多层焊的层间部位，是在焊接热循环峰值温度作用下由于被焊金属含有比较多的低熔点共晶而被重新熔化，在拉伸应力作用下沿奥氏体晶界发生的开裂。图 5.4-1(d)所示的就是比较典型的近缝区高温液化裂纹。

液化裂纹主要发生在含有铬、镍的高强钢、奥氏体钢以及某些镍基合金的近缝区或多层焊层间部位。一般来说，母材和焊丝中硫、磷、碳、硅含量越高，液化裂纹倾向越高。

3. 多边化裂纹

多边化裂纹大多发生在纯金属或单相奥氏体合金的焊缝中或近缝区。焊接时，在固相线稍下的高温区间，由于刚凝固的金属中存在很多晶格缺陷(主要是位错和空穴)以及严重的物理化学不均匀性，在一定的温度和应力作用下，这些晶格缺陷迁移聚集，就形成了类似晶界的二次边界，也就是所谓的“多边化边界”。因为边界上堆积了大量的晶格缺陷，所以它的组织性能脆弱，高温时的强度和塑性都很差，只要有轻微的拉伸应力，就会沿多边化的边界开裂，产生多边化裂纹。

结晶裂纹、液化裂纹和多边化裂纹中，结晶裂纹最为常见。通常所说的热裂纹，如果不特别说明，指的就是结晶裂纹。

5.4.1.3　结晶裂纹的产生机理

1. 结晶裂纹的形成

生产和实验研究发现，结晶裂纹都是沿焊缝中的树枝状晶的交界处发生和发展的，这就说明在焊缝结晶过程中晶界是薄弱地带。从金属结晶学理论可以知道，先结晶的金属比较纯，后结晶的金属杂质比较多，并富集在晶界。一般来说，这些杂质所形成的共晶都具有较低的熔点。在焊缝凝固过程中，这些低熔点共晶被排挤到晶界就形成了所谓的晶间“液态薄膜”。同时，焊缝凝固过程中由于收缩产生了拉应力，在拉应力作用下焊缝金属很容易沿液态薄膜拉开而形成裂纹。

从上面的讨论可以知道，结晶裂纹产生在焊缝结晶过程中。焊缝的结晶过程具体可以分为液固阶段、固液阶段和完全凝固阶段三个阶段，如图 5.4-2 所示。

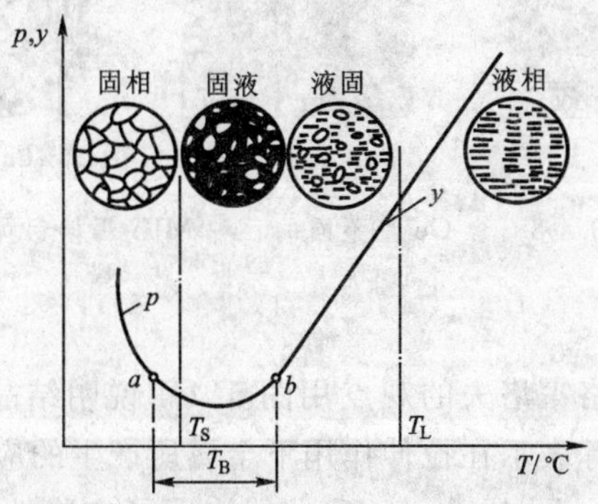

图 5.4-2　熔池结晶阶段以及脆性温度区

1) 液固阶段

熔池刚开始结晶的时候，液相多、固相少，相邻晶粒间没有直接接触，液态金属在晶粒间可以自由流动。这时虽然有拉应力存在,但被拉开的缝隙能及时被流动的液态金属填满,所以在液固阶段不会出现裂纹。

2）固液阶段

结晶过程继续进行,固相不断增多且不断长大,冷却到某一个阶段时,已经凝固的枝晶开始相碰和相互钩连,就形成一个结聚着的固态网。这时液态金属的流动就会发生困难,熔池金属进入固液阶段。在这种情况下,因为半坚固的网不能自由移动,所以当熔池金属收缩产生的拉应力超过某一个临界值时,固态网上就产生开裂,若液态金属数量不足以"愈合"它,那么裂纹就继续存在。

3）完全凝固阶段

熔池金属完全凝固后所形成的焊缝,受到拉伸应力时会表现出较好的强度和塑性,也很难发生裂纹。

从以上的分析可以看出,在熔池凝固过程中,如果树枝状晶不互相相碰,裂纹很难发生;当熔池完全凝固后,也不容易产生裂纹;只有当温度处于固液阶段时,材料才最容易产生热裂,因而称这一区域为脆性温度区,即图 5.4-2 中 a 和 b 对应的温度区间 T_B。

一般情况下,金属含杂质量越少,脆性温度区范围越小,则拉伸应力在这个区作用的时间短,使得总应变量小,焊接时产生裂纹的可能性就小。如果焊缝中的杂质多,或者有明显方向性的粗大晶粒时,则脆性温度区范围宽,裂纹倾向大。当然,人们在研究中也发现了一个有趣的现象,就是一般随焊缝中低熔点共晶物的增多,焊缝的热裂倾向增大,但是当低熔点共晶物的数量超过一定界限后,裂纹反而消失了(图 5.4-3)。出现这个现象的原因是,低熔点共晶较多时,它可以自由流动,填充有裂口的地方,起到"愈合"作用。不过,虽然低熔点共晶物多了可能消除热裂纹,在实际应用中一般却不采用这种方法。这是因为低熔点共晶物一般都比较脆,若金属晶界存在这些脆硬的物质,即使不出现裂纹,性能也会大大受影响。一般来说,只有在焊接铝合金等塑性非常好的金属时才采用这种方法。

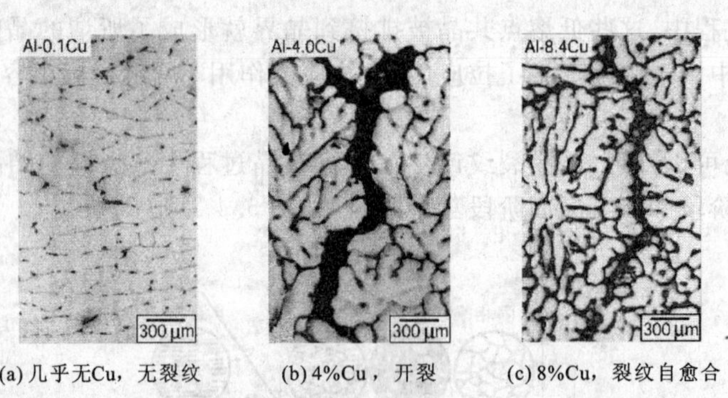

(a) 几乎无Cu，无裂纹　(b) 4%Cu，开裂　(c) 8%Cu，裂纹自愈合

图 5.4-3　含 Cu 量不同的三种 MIG 焊接铝焊缝

2. 产生条件

通常根据前苏联学者普洛霍洛夫的观点用图 5.4-4 说明结晶裂纹的产生条件。图 5.4-4 中,横坐标表示温度轴,纵坐标表示在拉伸作用下金属所产生的应变 ε 和焊缝金属所具有的塑性 δ。ε 和 δ 都是温度的函数。图中,$\delta=f(T)$ 曲线表明了在脆性温度区内焊缝金属所具有的塑性,脆性温度区 T_B 的上限是固液阶段开始的温度 T_U,下限在固相线 T_S 附近,或稍低于固相线的温度(有些金属焊缝完全凝固后,仍然有一段温度内塑性很低,也会产生裂纹)。当出现液态薄膜的瞬时,δ 存在一个最小值(δ_{min})。

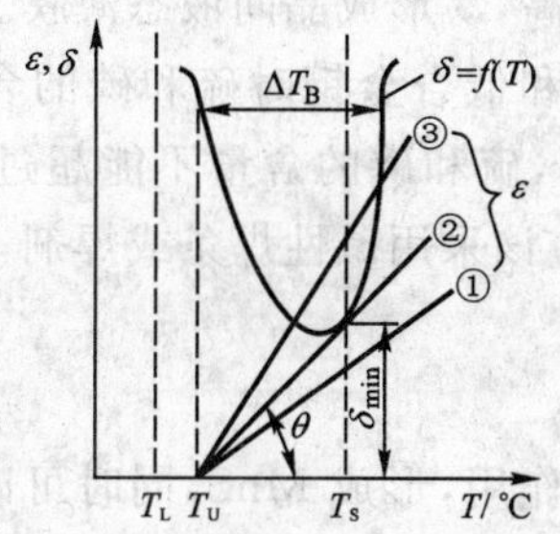

图 5.4-4　产生结晶裂纹的条件示意图

焊接过程中是否产生结晶裂纹，取决于脆性温度区间 T_B 中合金所具有的最低塑性 δ_{min} 与应变 ε 或应变增长率 $\partial\varepsilon/\partial T$ 的对比关系。图 5.4-4 中，应变 ε 随温度降低而增加，应变增长率为直线①时，$\varepsilon<\delta_{min}$，不会产生裂纹；为直线③时，$\varepsilon>\delta_{min}$，必产生裂纹。刚好能产生裂纹的临界应变增长率用 CST(critical strain rate for temperature drop)表示，对应图 5.4-4 中的直线②。

焊缝会不会产生结晶裂纹主要取决于三个方面：脆性温度区间 T_B 的大小、脆性温度区内金属的最小塑性 δ_{min} 值、应变增长率 $\partial\varepsilon/\partial T$ 的大小。脆性温度区越宽，δ_{min} 值越小，$\partial\varepsilon/\partial T$ 越大，就越容易产生结晶裂纹。在实际应用中，最好综合考虑三者的影响，因为有时 T_B 虽然较大，塑性 δ_{min} 值却不是很低。实际上，用 CST 作为判据更为恰当，可以通过对比实际应变增长率 $\partial\varepsilon/\partial T$ 与临界应变增长率 CST 来判断是否产生裂纹。产生裂纹的条件是：

$$\frac{\partial\varepsilon}{\partial T}\geqslant \text{CST} \tag{5.4-1}$$

应变增长率 $\partial\varepsilon/\partial T$ 的大小主要取决于力的因素，如被焊金属的热物理性质（主要是线胀系数）、结构的刚度、焊接工艺、温度场的分布等。CST 与材料成分有关，反映材料的热裂纹敏感性。对于结构钢 HT100，实验确定：

$$\begin{aligned}\text{CST}=[&-19.2w(\text{C})-97.2w(\text{S})-1.0w(\text{Ni})-0.8w(\text{Cu})-618.5w(\text{B})\\&+3.9w(\text{Mn})+65.7w(\text{Nb})+7.0]\times10^{-4}\end{aligned}$$

CST 越大，材料的热裂敏感性越小。通常希望结构钢的 $\text{CST}\geqslant6.5\times10^{-4}$。

5.4.1.4　防止结晶裂纹的措施

从本质上看，影响结晶裂纹的因素主要可归纳为冶金因素和力学因素两方面。焊缝金属在脆性温度区内塑性低和脆性温度区的范围宽是产生结晶裂纹的必要条件，而产生结晶裂纹的充分条件是必须存在力的作用。根据大量的生产实践和研究，证明防止焊接结晶裂纹可以从冶金和工艺两方面着手。

1. 冶金因素方面

1) 严格控制母材和焊接材料中的 C,S,P 含量

焊接低碳钢、低合金钢以及不锈钢时，碳、硫、磷是最有害的元素，它们使结晶温度区间大大增加而增大脆性温度区，且在钢中具有易偏析的特性，因此结晶裂纹倾向显著增大。这种影响在它们共存时表现得更为严重。例如，含硫量极低（<0.01%）时，含碳量高达 0.4%～0.6%，未引起裂纹；含碳量极低（<0.03%）时，含硫量高达 0.09%，也未引起裂纹；当含碳 0.1%而含硫 0.035%时，焊缝出现热裂纹。含碳量的这种影响主要与 S 和 P 在钢中不同相内的溶解度有关。硫、磷在 γ 相中的溶解度比在 δ 相中低得多，而碳的存在增加了 γ 相，故促使

凝固后期残留相中的硫、磷含量增高，易形成晶间液态薄膜。

按国家标准规定，焊接低碳钢和低合金钢时硫和磷的含量不能超过 0.03%～0.04%，含碳量不能大于 0.12%；对高合金钢，硫和磷的含量不能超过 0.03%，含碳量不能超过 0.03%～0.06%。一些重要的焊接结构应该采用碱性焊条或焊剂，以有效控制有害杂质，防止结晶裂纹产生或降低产生倾向。

2）加入有益的合金元素

锰是有益元素，可以起到脱硫作用，形成 MnS，同时可改善硫化物的分布形态，由薄膜状的 FeS 转变为球状分布的 MnS，从而提高金属塑性，降低热裂纹倾向。随含碳量增加，需要相应提高锰含量和硫含量的比例。例如，$w(C) \leqslant 0.1\%$，锰硫比不低于 22；$w(C)=0.11\% \sim 0.125\%$，锰硫比不低于 30；$w(C)=0.126\% \sim 0.155\%$，锰硫比为 59；$w(C)>0.16\%$，P 的影响大于 S，再提高锰硫比没有意义，此时必须严格控制磷的原始含量。

加入 Ti，Zr 和 Re 也有助于降低结晶裂纹敏感性，因为这些元素可与 S 形成高熔点硫化物，从而抑制含硫低熔点共晶物的产生。笔者曾系统研究过氟化稀土对铬镍奥氏体焊缝金属抗热裂性能的影响，发现稀土的适量加入能够有效提高焊缝的抗热裂性能。柱状晶方向性及硫、硅等促进热裂的元素在晶间偏析程度减弱，特别是晶间高熔点第二相粒子的存在是适量加入稀土时焊缝抗热裂性能提高的主要原因。

Cr 和 Mo 对裂纹倾向没有影响，但可以提高钢的强度。有人曾经利用这一特点解决中碳调质钢 30CrMnSiA 的热裂纹问题，即选择含碳量低但含 Cr 和 Mo 的焊丝，通过降碳减少其有害作用，同时增加 Cr 和 Mo 以弥补降碳引起的强度损失。

3）改善焊缝一次组织

焊缝在结晶后，晶粒大小、形态、方向性以及析出的初生相等对抗裂性都有很大影响。晶粒越粗大、柱状晶方向性越明显，杂质偏析越集中，产生结晶裂纹的倾向性就越大。

（1）细化晶粒。改善一次结晶、细化晶粒是提高焊缝抗裂性的重要途径。广泛采用的方法是向焊缝中加入细化晶粒的合金元素（如钛、钼、钒、铌、铝和稀土等）。这样一方面可以破坏液态薄膜的连续性，另一方面也可以打乱柱状晶生长的方向性。

（2）双相组织。调整一次相组织、改变相的组成也能提高抗热裂性能。例如，焊接 18-8 型不锈钢希望得到 $\gamma+\delta$ 双相组织（δ 相控制在 5%左右，太多会使焊缝变脆），因为焊缝中含有少量 δ 相可以细化晶粒，打乱奥氏体粗大柱状晶的方向性（图 5.4-5）。

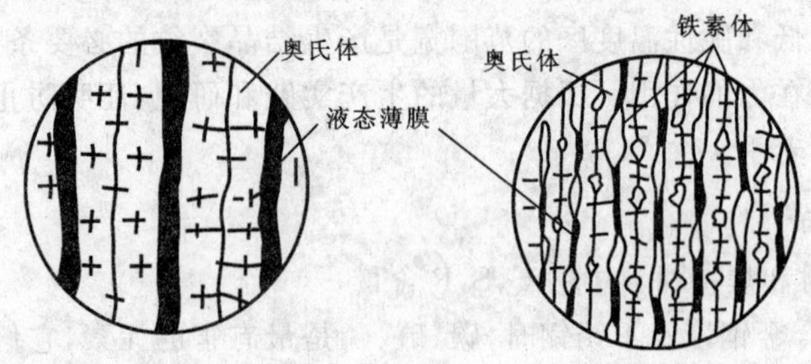

图 5.4-5 焊缝金属组织对结晶裂纹的影响

2. 工艺因素方面

焊接时脆性温度区内金属自身强度小于脆性温度区内金属所承受的拉伸应力（焊接应力）是产生结晶裂纹的充分条件。凡是改善焊接时的应力状态的因素都有利于防止结晶裂纹。

1）正确选择焊接规范

选择焊接规范的出发点有两个：一是降低接头的冷却速度 ω_c；二是考虑焊缝成形。

降低接头的冷却速度 ω_c 可以控制热裂纹，这是因为减小冷速可以降低应变增长率 $\partial\varepsilon/\partial T$ ($\partial\varepsilon/\partial T=\alpha\omega_c$)。具体措施是预热或采用大的焊接线能量。预热可以显著降低冷却速度并改善结晶条件，一般结构刚度越大、钢中碳及合金元素含量越高，预热温度越高。不过，预热会恶化劳动条件，不要轻易采用。增大焊接线能量能够降低冷却速度，但容易使熔池及近缝区金属过热，有时反而增加热裂倾向。因此，要合理控制焊接线能量并配合适当的预热。

另外，焊接规范的调整应使焊缝具有良好的成形，无尖锐过渡，以防止出现应力集中。

2）选择合理的接头形式

选择接头形式的出发点是防止应力垂直作用在最后的结晶面上。如图 5.4-6 所示，堆焊和熔深较浅的对接接头，低熔共晶的分布方向与焊接收缩方向一致，热裂倾向很小；熔深较大的对接接头和各种角焊缝，裂纹倾向则较大。

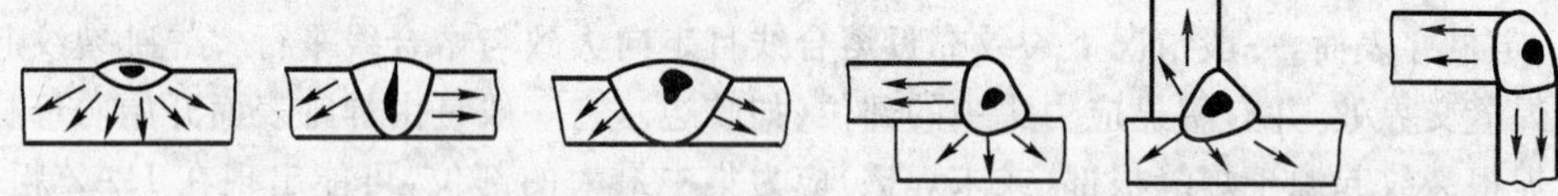

图 5.4-6　焊缝形状系数和接头形式对裂纹倾向的影响

3）其他措施

减小焊接应力的措施还有很多。例如，采用合理的焊接顺序，尽量使多数焊缝在较小刚度下焊接，避免采用交叉焊缝，焊缝不能过于密集，采用对称施焊、反变形法等。由于第 4 章有详细介绍，这里不再重复。

由于所有裂纹的产生都是冶金因素和力学因素共同作用的结果，因此采用上述工艺措施改善应力状态适用于防止所有裂纹。

3. 事例解析

某厂有一批 16Mn 钢板，碳偏析从 0.16%一直到 0.245%，在角焊缝时出现了大量结晶裂纹，试分析原因并提出解决措施。

这是实际生产中很容易遇到的情况，因为母材中的杂质比一般焊丝中的多，特别是母材成分不合格时更是如此。焊接过程中，局部熔化的母材进入熔池，从而将过量的碳带入，碳促使硫、磷偏析，导致熔池凝固过程中出现晶间液态薄膜。角焊缝焊接收缩方向与低熔共晶的分布方向不一致，热裂倾向大。

可采取降低熔合比、选取合适的焊接材料、改善应力状态等措施解决。降低熔合比的方法包括：调整焊接规范，采用小电流焊接减小熔深；加大坡口；在坡口表面堆焊低碳隔离层，等等。焊接材料可采用低碳焊丝，同时应提高焊缝中的锰含量，如采用 H03MnTi 配合高锰低硅焊剂。接头形式尽量避免使用角焊缝。

5.4.2　焊接冷裂纹

冷裂纹是焊接生产中比较容易出现的一种裂纹，主要发生在中、高碳钢，低、中合金高强钢的焊接热影响区。据研究，高强钢焊接时 90%甚至 97%～98%的裂纹都是冷裂纹。冷裂纹的危害比热裂纹要大,因为热裂纹在焊接过程中出现,一旦出现人们可以返修或废掉,但绝大部分冷裂纹的发生具有延迟性,即焊后不立即出现,而是过一段时间才发生,很多是在使用过程中出现的,所以很容易造成事故,使设备损坏并威胁人的生命安全。因此,探讨冷裂纹产生的原因、防止冷裂纹的产生是焊接领域中一项重要的任务。

5.4.2.1 冷裂纹的特征

所谓冷裂纹,一般是在焊后冷却过程中 M_S点附近或冷却以后产生的裂纹。由于是低温裂纹,裂纹断口仍有金属光泽(热裂纹因高温氧化而失去金属光泽)。冷裂纹可以在焊后立即出现,也可以推迟几小时、几天甚至更长时间才发生。具有延迟性质的裂纹比一般裂纹更危险。冷裂纹在焊接低合金高强钢、中碳钢、合金钢等易淬火钢时容易发生,而低碳钢时遇到较少。

冷裂纹大多发生在 HAZ,焊缝中较少发生(图 5.4-7)。在 HAZ,容易产生冷裂纹的部位包括焊道下、焊趾以及焊根等。焊道下裂纹常发生在淬硬倾向较大、含氢量较高的焊接热影响区,不一定贯穿表面,一般情况下裂纹靠近熔合线且走向大致与熔合线平行。焊趾裂纹起源于母材和焊缝交界处,并有明显应力集中的部位(如咬边),它一般是由焊趾表面开始向母材深处扩展。焊根裂纹起源于焊缝根部(或未焊透)应力集中最大的部位,可能出现在 HAZ 粗晶区,也可能出现在焊缝金属中,主要发生在含氢量较高、预热温度不足的情况下。

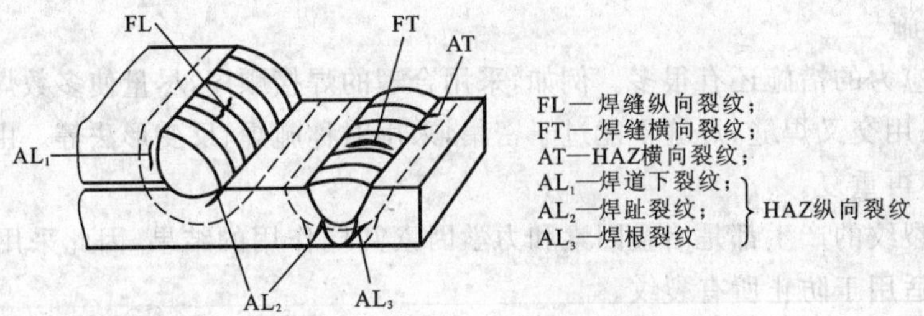

图 5.4-7 冷裂纹可能出现的部位和分类(示意图)

冷裂纹的形成温度低于等强温度,微观特征通常为穿晶型,一般无分枝。在易淬火钢中 HAZ 存在硬而脆的马氏体时,大多为穿晶型。不过,在不易淬火钢存在混合组织时,有时也有晶间型,裂纹常沿原始奥氏体晶界或混合组织的交界面扩展。

5.4.2.2 冷裂纹的分类

根据被焊钢种和结构的不同,冷裂纹大致可分为三类:

(1) 延迟裂纹。这种裂纹是冷裂纹中一种普遍形态,它的主要特点就是具有延迟性,不是在焊后立即出现,而是有孕育期,所以称为延迟裂纹。产生这种裂纹的决定性因素是钢种的淬硬倾向、焊接接头的应力状态和熔敷金属中的扩散氢含量。前面提到的焊道下裂纹、焊趾裂纹、焊根裂纹均属于延迟裂纹。

(2) 淬硬脆化裂纹(淬火裂纹)。对于一些淬硬倾向很大的钢种(如含碳较高的 Ni-Cr-Mo 钢、马氏体不锈钢、工具钢等),即使没有氢的诱发,仅在拘束应力的作用下也会出现裂纹。这种裂纹完全是由冷却时马氏体相变产生的脆性造成的,与氢的关系不大,基本上没有延迟现象。淬火裂纹可能出现在焊缝,也可能出现在焊接热影响区。采用预热和使用高韧性焊条基本上可以防止这种裂纹。

(3) 低塑性脆化裂纹。某些塑性较低的材料进行焊接(如补焊铸铁、堆焊硬质合金和焊接高铬合金),焊后冷至低温时,由于收缩力引起的应变超过了材料本身的塑性储备或材质变脆而引起裂纹。这种裂纹没有延迟现象。

上述第(2)和第(3)类裂纹统称脆化裂纹。淬硬脆化指母材淬硬倾向大引发脆化;低塑性脆化指母材塑性差引发脆化。

上述三种裂纹中,生产中经常遇到的主要是延迟裂纹。本节重点讨论低合金高强钢的延迟裂纹问题。

5.4.2.3　冷裂纹的产生机理

大量的生产实践和理论研究证明,钢种的淬硬倾向、接头含氢量及其分布、接头所承受的拘束应力状态是高强钢焊接接头焊接时产生冷裂纹的三大主要因素。这三大因素在一定条件下,既相互联系又相互促进。

1. 钢种的淬硬倾向

焊接时,钢材的淬硬倾向越大,越容易产生冷裂纹,原因有两个:

(1) 钢材的淬硬倾向越大,越容易形成脆硬的马氏体组织。不同组织对裂纹的敏感性存在很大差异,按照铁素体/珠光体→下贝氏体→低碳板条马氏体→上贝氏体→粒状贝氏体→M-A 组元→高碳孪晶马氏体的顺序,裂纹敏感性依次增大。高碳马氏体发生断裂时消耗的能量低,最容易开裂。对于高强钢接头,主要的脆硬组织就是高碳马氏体,尤其是 HAZ 过热区中如果严重长大的奥氏体晶粒转变为粗大马氏体的话,这种马氏体就更容易开裂。

(2) 钢种的淬硬倾向越大,组织中形成的晶格缺陷(主要是空穴、位错等)越多。晶格缺陷越多,越容易形成裂纹源。

接头组织中,高碳马氏体的含量和对冷裂的敏感性大小与化学成分和冷却条件两个因素有关。

(1) 化学成分。钢材的含碳量和合金元素含量影响马氏体的含量以及临界冷却时间 t_f(大于这个值,奥氏体会分解为铁素体;小于这个值,奥氏体会保持到低温,发生马氏体转变),直接决定着接头的淬硬倾向。一般可以利用碳当量 C_{eq} 粗略估计冷裂纹的倾向:

$$C_{eq}=w(\mathrm{C})+w(\mathrm{Mn})/14+w(\mathrm{Si})/291+w(\mathrm{Ni})/67+w(\mathrm{Cr})/16+w(\mathrm{Mo})/6+w(\mathrm{V})/425 \tag{5.4-2}$$

碳当量越大,马氏体的数量越多。

临界冷却时间为:

$$\lg t_f=5.8C_{eq}-0.83$$

临界冷却时间越短,越不容易产生马氏体。可见,材料碳当量越小,越不容易出现冷裂。

(2) 冷却条件。如果熔合区焊后冷却过程中 800～500 ℃间的冷却时间($t_{8/5}$)小于出现铁素体的临界冷却时间,就会产生马氏体。

为了判断淬硬的程度,一般用硬度作为指标。在焊接中,常用 HAZ 的最高硬度 H_{max} 来评定某些高强钢的淬硬倾向。硬度越高,淬硬倾向越大。硬度既反映了马氏体的影响,也反映了晶格缺陷的影响,因而用它来衡量淬硬倾向是合适的。

2. 氢的作用

氢是引起高强钢焊接冷裂纹的一个重要因素,并且有延迟的特征。许多文献上将由氢引起的冷裂纹称为“氢致裂纹”或“氢诱发裂纹”。试验研究证明，高强钢焊接接头的含氢量越高，则裂纹的敏感性越大。

1）氢在高强钢焊接接头冷裂纹形成过程中的影响

在焊接高温下，水分、油污、铁锈、有机物等含氢物质会分解出大量的原子氢，这些氢溶解在熔池中，随后在熔池的冷却凝固过程中，由于溶解度突降，原子氢要极力复合成氢分子，以气态形式进入大气，但是由于焊接冷速快，一部分氢来不及逸出就保留在焊缝金属中。焊缝中的氢处于过饱和状态，没有固溶的氢就要极力进行扩散。

一般焊接低合金高强钢时，为了防止裂纹，焊缝金属的含碳量总是控制在低于母材的含碳量。在高温下，焊缝和 HAZ 都是奥氏体，随热源移走，由于焊缝的含碳量低于母材，所以焊缝在较高的温度（T_F）就发生相变，也就是奥氏体（A）分解为铁素体（F）和珠光体（P），如图5.4-8所示。这时由于母材含碳量高，所以 HAZ 金属还没有开始奥氏体分解。氢在 γ 铁中的溶解度要大于在α-铁中的溶解度，但是氢在 γ 铁中的扩散速度要远远小于在 α-铁中的速度，如图5.4-9所示。由于奥氏体是碳在 γ 铁中的固溶体，而铁素体等是碳在 α-铁中的固溶体，所以当焊缝中奥氏体转变为铁素体、珠光体等组织时，氢的溶解度突然下降，而氢在铁素体和珠光体中的扩散速度又快，因此氢很快从焊缝越过熔合线向还没有发生分解的 HAZ 扩散。由于氢在奥氏体中的扩散速度比较小，不能很快将氢扩散到距离熔合线比较远的母材中，所以就在熔合线附近形成了富氢地带。当滞后相变的 HAZ 由奥氏体向马氏体转变时（含碳量高，相变温度低），氢以过饱和的形式残留在马氏体中，并聚集在一些晶格缺陷或应力集中的位置。在氢聚集的位置，随温度不断降低，有些氢原子结合成氢分子，在氢聚集的晶格缺陷或应力集中处产生很大的局部应力，促使马氏体进一步脆化。脆化的马氏体在焊接应力和相变应力的共同作用下就会产生裂纹。

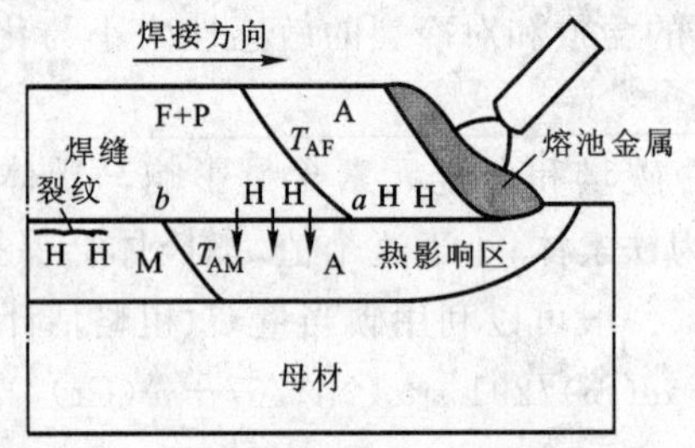

图 5.4-8 高强钢 HAZ 延迟裂纹的形成过程

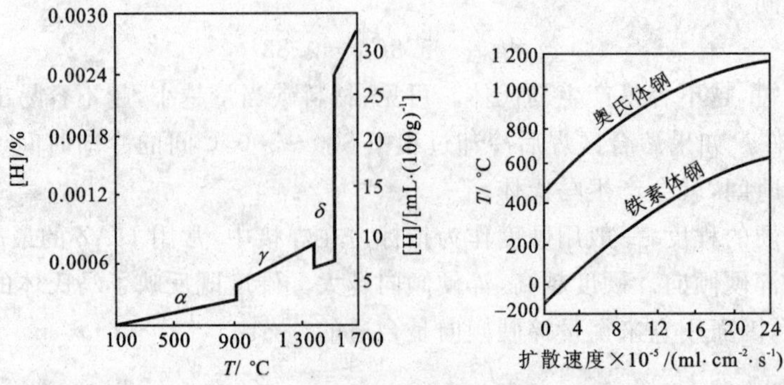

图 5.4-9 氢在铁中的溶解度和扩散速度

由于氢会促使马氏体脆化，而马氏体越脆，越容易开裂，所以当氢浓度比较高时会出现走向与熔合线平行的焊道下裂纹，当氢浓度比较低时则只有在应力集中的位置才会出现裂纹，也就是焊趾裂纹或根部裂纹。

当然，焊接热影响区和焊缝金属的淬硬倾向是导致氢致裂纹产生的内在因素。如果没有脆硬组织产生，就不会产生氢致裂纹。

2）氢致裂纹具有延迟性的原因

氢致裂纹具有延迟性是由于氢在钢中的扩散、聚集、产生应力直至开裂都需要时间引起的，这可以用应力扩散理论来进行说明。如图 5.4-10 所示，存在脆硬组织区域的微观缺陷比较多，由于微观缺陷的裂纹源常常呈缺口形式存在，在受力过程中，会在缺口处形成有应力集中的三向应力区，氢就极力向这个区域扩散。氢在这个位置集聚、复合，应力也随之提高。当这个部位的含氢量达到某一个临界值时，在这一区域就会出现裂纹并发生裂纹扩展。裂纹扩展的过程是应力释放的过程，裂纹扩展一段后就会停止扩展。随后，氢又不断向裂纹尖端新的三向应力区扩散，达到临界浓度后，又发生新的裂纹扩展。该过程重复进行下去，最后就形成宏观裂纹。

从上述氢致开裂的过程可以看出，由于上一个裂纹扩展结束到下一个裂纹扩展周期开始，中间要有氢扩散、聚集、产生应力的过程，而且只有当裂纹尖端局部含氢量达到临界值之后裂纹扩展才会开始，而这都需要时间，所以氢致裂纹从起裂、微观裂纹扩展为宏观裂纹都有一个过程，也就是它具有延迟性。

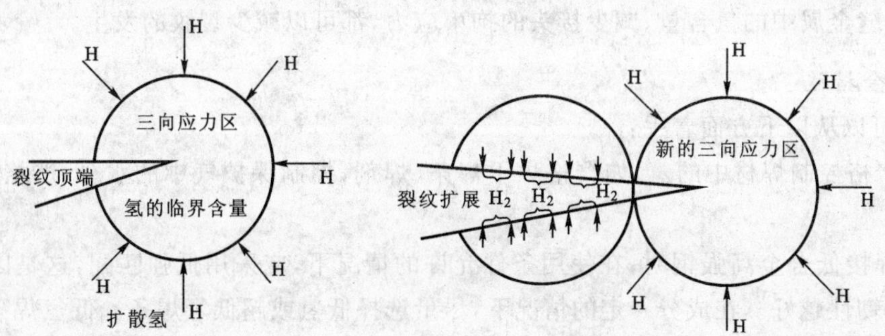

图 5.4-10　氢致裂纹的扩展过程

3. 接头的拘束应力

裂纹是在应力超过材料的断裂强度时，在材料内部发生破断的一种形式。任何裂纹的形成中，应力都是必不可少的条件。

应力的来源有两个：一是焊接接头的内应力，包括由于温度分布不均匀造成的热应力和由于相变（特别是马氏体相变）形成的组织应力；二是外部应力，包括刚性拘束条件、焊接结构的自重、工作载荷等。后者通过合理的设计、妥善的工艺可以加以控制。有时，焊后形成了淬硬区，当含氢量和残余内应力不足以达到临界开裂的程度时，焊后并不出现裂纹，但在投入使用时，工作应力与残余内应力叠加，就有产生裂纹的危险。这种情况下，应该进行焊后消除应力热处理。

缺口效应导致应力集中，事实上很多情况下导致冷裂纹的氢平均含量不需要超过很高的过饱和度。应力越高，则冷裂纹所需的临界氢含量越低。

焊接板材的厚度越大，裂纹敏感性越大。这是因为焊接拘束应力 $R=mR'$。其中，m 为拘束应力转换系数，与钢的线胀系数、力学熔点、比热容以及接头的坡口角度有关，低合金高强钢手工电弧焊时 $m\approx(3\sim5)\times10^{-2}$；$R'$ 称为拘束度，指单位长度焊缝在根部间隙产生单位长度的弹性位移所需要的力。对接焊时，R' 与板厚成正比。当然，板厚增加，同时使冷速增大，淬硬倾向增加，这也是增加裂纹敏感性的原因。

同样钢种和同样板厚，由于接头坡口形式不同，即使拘束度相同，也会产生不同的拘束应力。有些研究者指出，当 $R'=20\ 000\ \mathrm{N/mm^2}$ 时，拘束应力按下列顺序增加：正 Y 形、X 形、斜 Y 形、K 形、半 V 形。

焊接时产生的拘束应力不断增大，当达到一定值后就会出现裂纹，这时的应力称为临界拘束应力 R_{cr}。R_{cr} 实际上反映了产生延迟裂纹的各个因素共同作用的结果，如钢的淬硬性越大、含氢量越高、冷却速度越快，R_{cr} 值就越小。当实际拘束应力 $R>R_{cr}$ 时，接头就会产生延迟裂纹。所以，可以用 R_{cr} 值作为评定冷裂敏感性的判据。R_{cr} 值越大，抗裂能力越好。定量确定产生裂纹的临界应力可采用插销试验方法，具体将在焊接性试验部分加以介绍。

总之，冷裂纹的产生是由于钢种淬硬之后，受氢的诱发和促进使之脆化，在拘束应力的作用下形成裂纹。

5.4.2.4 冷裂纹的防止措施

上面分析了冷裂纹的形成原因，实际上也就找到了防止冷裂纹的途径。避免出现淬硬组织、减少焊缝金属中的氢含量、减少接头的拘束应力，都可以减少裂纹的发生。

1. 冶金措施

具体可以从以下方面着手：

(1) 严格控制焊材中的氢，如严格烘干焊条、焊剂，控制保护气中的水分，严格清理铁锈、油污等。

(2) 焊接低合金高强钢时，在使用条件允许的情况下，应采用低强匹配，这是因为一般强度越低，塑韧性越好。在成分一定的情况下，尽量选择低氢或超低氢焊条。低氢焊条不仅含氢量小，而且焊缝塑韧性好。

(3) 采用二氧化碳气体保护焊。二氧化碳具有氧化性，可以减少电弧气氛中的氢含量。

(4) 适当向焊条中加入某些合金元素，如稀土等，可以显著提高焊缝金属的韧性，避免出现脆硬组织，防止冷裂纹的产生。

(5) 改进母材的化学成分，通过降碳、加微量合金元素等方法提高钢的抗裂性能。

2. 工艺措施

工艺措施主要是：

(1) 合理分布焊缝位置，采用正确的施焊顺序。这样可以改善结构的应力状态，减小拘束应力。

(2) 焊前预热配合小的线能量。为了避免焊后接头因冷却速度太快而产生马氏体，应该增大焊接线能量。线能量大，一方面可以延长接头冷却过程中 800～500 ℃之间的冷却时间，使奥氏体能够分解成为铁素体等组织，避免生成马氏体；另一方面，冷却速度慢也有利于氢的析出，降低冷裂倾向。但是，线能量太大，会延长相变温度以上停留时间，扩大过热区，导致晶粒严重长大，又降低抗裂性能。“焊前预热配合小的线能量”焊接既能降低冷速，防止产生马氏体，有利于氢的析出，又不会使相变温度以上高温停留时间延长，是一种非常有效的工艺措施。具体的预热温度应根据钢材和板厚确定。

(3) 焊后热处理。延迟裂纹主要与氢的扩散及聚集有关。在微观裂纹形成之前，使焊缝中过饱和的氢充分逸出，就可以避免延迟裂纹。焊后紧急后热，就可以起到这个作用。对于一些低合金高强钢厚壁容器的焊接，采用后热 300～350 ℃、保温 1 h，不仅可以完全避免延迟裂纹，还能使预热温度降低 50 ℃。

(4) 采用多层焊。同样厚度的母材，采用多层焊可以用比较小的线能量，从而可以防止近缝区过热。另外，多层焊时，后层对前层有热处理的作用，可以改善前层的组织，有利于去氢。多层焊时需要注意的问题是要严格控制层间温度(层间温度应不低于预热温度)或者配合后热，因为氢量的逐层积累以及角变形的逐层积累会增加焊缝根部产生延迟裂纹的可能性。

5.4.3　再热裂纹、层状撕裂和应力腐蚀开裂

5.4.3.1　再热裂纹

再热裂纹是低合金铁素体钢常遇到的问题。此类钢中加入了铬、钼(有时还有钒和钨)以强化耐蚀性和高温强度，常用于核工业和石化能源工业，有时又称为抗蠕变铁素体钢。此类钢焊后，通常要再加热到 550～650 ℃进行去应力热处理，以降低结构对氢致开裂或应力腐蚀开裂的敏感性。然而，在去应力热处理过程中，接头 HAZ 可能会出现裂纹。对再热裂纹敏感的铁素体钢包括 0.5Cr-0.5Mo-0.25V，0.5Cr-1Mo-1V 和 2.25Cr-1Mo 等。Nakamura 等建议用下式评价合金元素对再热裂纹敏感性的影响：

$$P_{SR}=w(\mathrm{Cr})+3.3w(\mathrm{Mo})+8.1w(\mathrm{V})-2$$

当 $P_{SR}\geqslant 0$ 时，钢有再热裂纹敏感性。

也有研究者针对含有其他合金元素的低、中合金钢提出了另外的计算式：

$$P_{SR}=w(\mathrm{Cr})+w(\mathrm{Cu})+2w(\mathrm{Mo})+10w(\mathrm{V})+7w(\mathrm{Nb})+5w(\mathrm{Ti})-2$$

当 $P_{SR}>0$ 时，容易产生再热裂纹。P_{SR}值越大，对应钢的再热裂纹敏感性越高。

不过，两式的应用对钢种有较强的针对性，且忽略了硫、磷等杂质的有害作用，有一定的局限性。

1. 裂纹的特征

再热裂纹只发生在焊接接头 HAZ 粗晶区，母材、焊缝和 HAZ 细晶区都不产生。断口一般均被氧化。

再热裂纹的产生温度高于等强温度，因此与热裂纹相同，再热裂纹的微观特征均为沿晶开裂。不过，热裂纹发生在焊接过程中，温度是固相线附近，而再热裂纹发生在焊后再次加热的升温过程中，存在一个敏感温度范围(如低合金钢为 500～700 ℃)。

再热裂纹只发生于含沉淀强化元素的金属材料，普通碳钢和固溶强化的金属材料一般不会发生。受热前，HAZ 存在较大的残余应力，并有不同程度的应力集中(两者必须同时存在)。

2. 开裂机理

在热处理应力松弛过程中，粗晶区应力集中部位的某些晶界塑性变形量超过了该部位的塑性变形能力，便产生再热裂纹。

用于解释再热裂纹现象且被广泛接受的是晶内强化理论。含 Cr，Mo，Nb，V 和 Ti 等沉淀强化元素的高强钢或耐热钢母材中存在弥散分布的合金碳、氮化合物，用于提高钢的高温强度和抗回火能力。焊接过程中靠近熔合线的粗晶区被加热到 1 100 ℃以上，组织完全奥氏体化并发生晶粒长大，而先期存在的合金碳化物或氮化物分解固溶到奥氏体中。随后冷却时由于焊接冷速快，碳化物没有足够的时间重新析出，导致这些合金元素在奥氏体发生马氏体相变时过饱和。当 HAZ 粗晶区被再次加热进行消应力热处理时，细小的碳化物就会在应力释放前从初生奥氏体晶粒内部的位错处析出，造成晶内二次硬化，增大晶内的蠕变抗力。晶界则相对弱化，促使应力释放时蠕变集中于晶界，因此开裂沿晶发生。

另外，也有研究者提出晶界弱化理论。二次加热过程中，S 和 P 等杂质受热向过热粗晶区晶界析出、聚集，导致晶界脆化，促使晶界的高温强度下降。应力释放过程中由于晶界优先滑移，导致在晶界形成微裂纹。

3. 防止措施

影响再热裂纹敏感性的因素包括冶金因素和工艺因素。

1) 冶金措施

钢种的化学成分直接影响过热区粗晶脆性，正确选材有利于减少再热裂纹的发生。图 5.4-11显示了几种常用铁素体钢的裂纹敏感 C 曲线(温度和断裂时间的关系)。从图中可以发现，2.25Cr1Mo 比 0.5CrMoV 更容易避免产生再热裂纹。

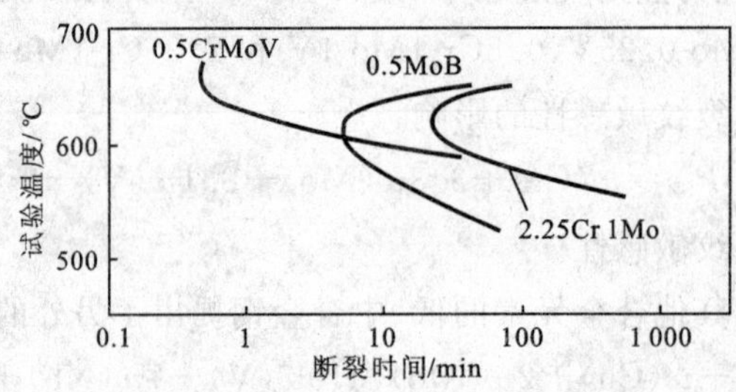

图 5.4-11 铁素体钢温度与断裂时间的关系

2) 工艺措施

工艺措施主要是：

(1) 采用较高的预热温度或配合后热。预热是防止再热裂纹的有效措施之一，可以起到减小残余应力，减少过热区硬化的作用。预热温度一般比防止延迟裂纹的预热温度高一些。焊后如果能及时在不太高的温度下进行后热，也能起到预热的作用，并能适当降低预热温度。

(2) 选用低强匹配的焊接材料。适当降低焊缝强度，可以提高焊缝金属的塑性，使残余应力在焊缝中松弛，从而降低过热区应力集中。有时，仅在焊缝表层采用低强高韧性焊材对于防止再热裂纹也很有效。

(3) 消除应力集中源。进行结构设计时应尽量避免形状突变，如板厚的突变，消除焊缝余高能显著降低近缝区的应力集中。另外，根除咬边、未焊透等焊接缺陷也有利于减少再热裂纹倾向。

(4) 尽量采用多道焊。多道焊可以有效减少抗蠕变铁素体钢的再热裂纹。有研究者利用焊接热模拟研究了 2.4Cr-1.5W-0.2V 钢的再热裂纹敏感性，发现单道焊产生再热裂纹，断口为典型的脆性沿晶开裂；两焊道就可以避免产生再热裂纹，拉伸断口为韧窝断裂。图 5.4-12 解释了多道焊的作用。单道焊时，晶粒粗大，在再加热过程中细小的碳化物在晶粒内部位错处析出，同时粗大的碳化物可在晶界形成。粗大碳化物的出现贫化了附近区域碳化物形成元素，可能导致沿晶形成无碳化物区域，而无碳化物区的出现会弱化晶界；相反，晶内析出的细小碳化物则可强化晶粒内部。任何情况下，由于晶粒强化大于晶界，于是发生沿晶开裂。然而，多道焊时粗晶得以细化，细晶内部的碳化物粗化，沿晶也不再存在无碳化物区。多道焊可以减小焊接过程中的拘束，从而降低焊接残余应力，也有利于减少再热裂纹。

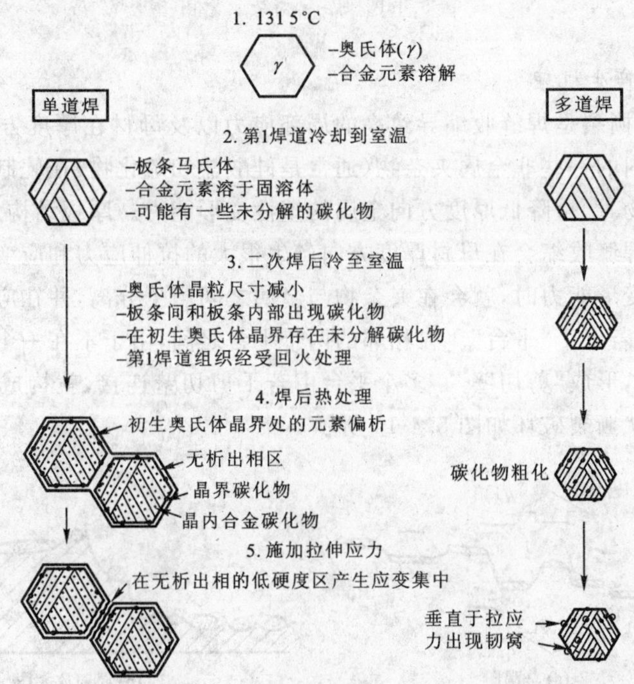

图 5.4-12　铁素体钢单道焊和多道焊的组织转变及失效模式

5.4.3.2　层状撕裂

对于大型厚壁结构，在焊接过程中常在钢板的厚度方向承受较大的拉伸应力，于是沿钢板的轧制方向会出现一种台阶状的裂纹，一般称为层状撕裂。层状撕裂是非常危险的缺陷，很难发现，也很难修复。

1. *层状撕裂的特征*

层状撕裂属于低温裂纹，产生温度不超过 400 ℃。层状撕裂的发生与层片状夹杂的存在有关，由于焊缝夹杂控制严格，因此它的发生部位在接头 HAZ 或靠近 HAZ 的母材中，焊缝金属中则不会出现层状撕裂。

层状撕裂外观具有阶梯状开裂特征，由平行于轧制表面的平台与大体垂直于平台的剪切壁组成。平台部分常存在各种形式的非金属夹杂物。层状撕裂微观上是穿晶或沿晶发展。

层状撕裂的发生与母材强度无关,主要与钢中的夹杂量及分布形态有关。夹杂量越多,层片状分布越明显,对层状撕裂越敏感。

层状撕裂一般发生在厚度方向受力大的丁字接头、角接头中,对接接头中极为少见。图 5.4-13 所示为层状撕裂的一些典型特征。

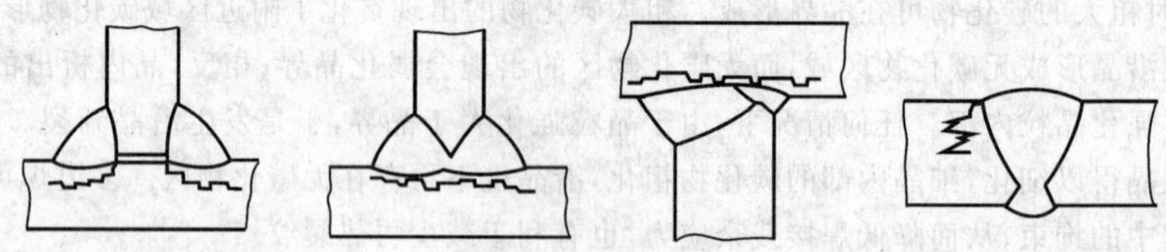

图 5.4-13 层状撕裂示意图

2. 层状撕裂的产生机理

简而言之,层状撕裂是焊缝收缩导致高的局部应力以及母材在厚度方向的塑性变形能力差共同造成的。钢内的一些非金属夹杂物(通常是硅酸盐和硫化物)在轧制过程中被轧成平行于轧向的带状夹杂物,严重降低厚度方向金属的塑性变形能力。厚板结构焊接时(特别是丁字接头和角接接头),焊缝收缩会在母材厚度方向产生很大的拉伸应力和应变。当应变超过母材沿厚度方向的塑性变形能力时,就会在夹杂物与金属之间产生分离,并在应力的作用下沿夹杂所在平面扩展,形成若干个"平台"。在相邻的两个平台之间,由于不在一个平面上而产生剪切应力,造成剪切断裂,形成"剪切壁"。多个平台由若干剪切壁连接,就构成了层状撕裂所特有的阶梯状特征。层状撕裂破坏如图 5.4-14 所示。

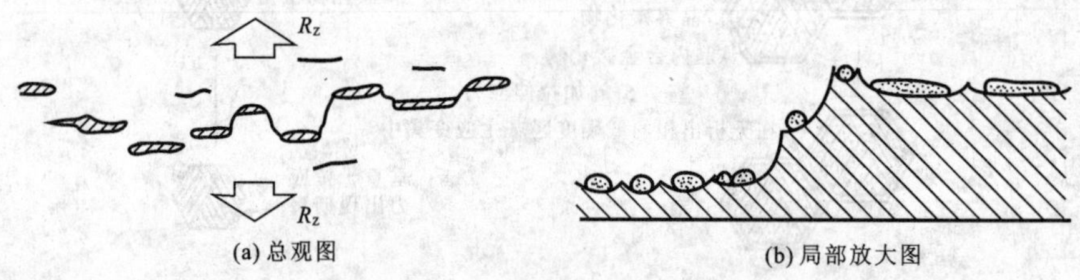

图 5.4-14 层状撕裂的产生示意图

影响层状撕裂敏感性的因素包括冶金因素、力学因素。非金属夹杂物数量越多、层片状分布的方向性越明显,沿厚度方向的 z 向拘束应力和焊接残余应力越大,焊接结构对层状撕裂就越敏感。有时,发生在 HAZ 中的层状撕裂也与氢有关。例如,有研究者发现利用 E7010 纤维素焊条制备的接头,其层状撕裂敏感性显著高于熔化极气体保护焊制备的接头。研究显示,氢的作用与其导致的脆化有关,而非冷裂。

3. 防止措施

对层状撕裂应着眼于预防而不是修复。厚板结构焊接时,应避免形成导致层状撕裂的冶金条件和力学条件。

(1) 控制夹杂物,要求夹杂物数量少、形状圆钝、分散而不集中。焊接大型厚重的焊接结构时，应选用含氧、含硫量极低的精炼钢。

(2) 采用较低强度级别的焊材，焊缝金属优先发生应变，可释放应力，降低母材发生层状撕裂的危险性。当然，焊材的强度不能低于设计需要的强度。

(3) 合理设计接头形式，采取适当的施工工艺，避免 z 向力和应力集中。应尽量采用双侧焊缝，避免单侧焊缝，防止焊缝根部的应力集中(图 5.4-15a)；在强度允许的前提下，采用焊接量少的对称角焊缝代替全焊透焊缝，避免产生过大应力(图 5.4-15b)；在承受 z 向力的一侧开坡口，减少杂质量大的母材的厚度(图 5.4-15c)；对于丁字接头，可在承受 z 向力的板上预先堆焊一层低强焊材，缓和焊接应变(图 5.4-15d)，等等。

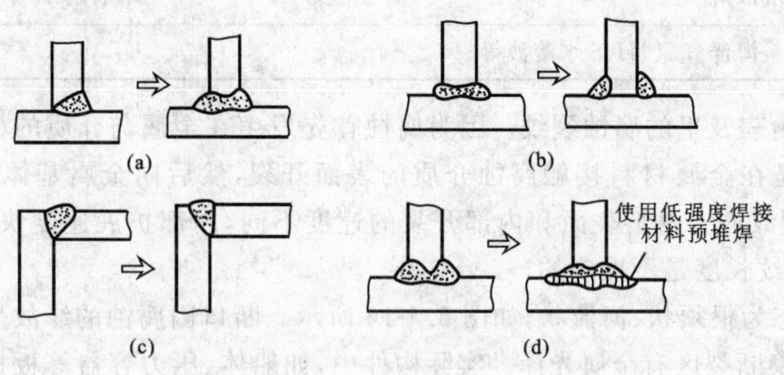

图 5.4-15　改变接头形式防止层状撕裂的示意图

(4) 通过降氢、预热、控制层间温度等措施，控制氢在层状撕裂中的作用。

5.4.3.3　应力腐蚀开裂

应力腐蚀开裂(stress corrosion cracking，SCC)是金属构件在拉应力和一定腐蚀介质的共同作用下所产生的低应力脆性破坏形式。应力既可能是外加载荷，也可能是各种加工过程或装配过程所形成的内应力。据资料统计，造成应力腐蚀的应力主要是残余应力而不是外加应力，其中焊接应力约占 30%，所以结构焊后即使无载存放，只要存在适当的腐蚀介质，也会引起应力腐蚀。应力腐蚀开裂具有低应力、脆性破坏的特点，材料在破裂前没有明显的征兆，是破坏性和危害性极大的一种失效形式。

1. 特征

不同材料在不同应力状态下和不同的腐蚀介质环境中，所显示的应力腐蚀破裂特征是不一样的。归纳起来，应力腐蚀破裂具有以下共同点：

(1) 某种金属材料只对特定的某些介质敏感。表 5.4-1 为常用钢铁材料易产生应力腐蚀破裂的环境示例。

(2) SCC 具有低应力、脆性破坏的特点。低应力破坏是指应力水平往往低于材料的屈服极限，而脆性破坏前没有明显的塑性变形，断裂往往突然爆发，是一种危险的断裂形式，往往会造成严重的事故。

(3) SCC 往往是金属构件在服役期间发生的一种延迟破坏形式。破坏过程包括金属构件在特定区域产生腐蚀坑(裂纹核心)、裂纹亚临界扩展、机械失稳扩展三个阶段。亚临界扩展阶段的长短决定延迟时间，延迟时间可以从几秒到几年，甚至几十年，具体时间长短取决于应力水平和腐蚀介质。

表 5.4-1　最容易产生应力腐蚀开裂的钢铁材料-环境匹配示例

材　料	腐蚀介质
低碳钢	NaOH 水溶液(沸腾)、硝酸盐水溶液、海水等
低合金钢	$NaOH+NaSiO_3$ 水溶液(沸腾)、HNO_3 水溶液(沸腾)、H_2S 水溶液、$H_2SO_4+HNO_3$ 水溶液(高温)、HCN 水溶液、NH_4Cl 水溶液、海洋气氛、海水、液氨等
奥氏体不锈钢	氯化物水溶液、海洋气氛、海水、H_2SO_4＋氯化物水溶液、H_2S 水溶液、水蒸气、NaOH 水溶液(高温)、$H_2SO_4+CuSO_4$ 水溶液、$Na_2CO_3+0.1\%NaCl$、高温水、$NaCl+H_2O_2$ 水溶液等
沉淀强化不锈钢	海洋气氛、H_2S 水溶液等

(4) SCC 是由表及里的腐蚀裂纹。因为腐蚀首先发生在金属与介质的相界面上，所以发生 SCC 时，首先是在金属材料接触腐蚀介质的表面开裂，然后向金属基体内部扩展。由于 SCC 一旦发生，裂纹面上材料表面和内部开裂的速度不同，内部扩展速度快、外部慢，所以从表面测量 SCC 裂纹长度是不准确的。

(5) 裂纹形态为根须状、河流状，如图 5.4-16 所示。断口因腐蚀的缘故呈黑色或灰黑色，只在最后机械失稳断裂区有金属光泽。实际构件中，如船体、压力容器等板材结构断裂时，断口常常可看到人字纹花样，人字纹的尖端指向裂纹源。

图 5.4-16　炼油厂奥氏体不锈钢管的应力腐蚀

(6) 微观观察，SCC 扩展主要有穿晶、沿晶和混合型三种。一般来说，对于低碳钢、低合金钢、铝合金、α 黄铜以及镍基合金等，SCC 多属沿晶开裂，且裂纹大致是沿垂直于拉应力方向的晶界向金属材料的纵深方向延伸。奥氏体不锈钢在含 Cl^- 的介质中一般为穿晶开裂。对于镁合金，则混合型的较多。当然，断口形貌受应力场强度因子 K 的影响很大。K 值越大，表明应力越大。随着裂纹的扩展，高强钢断口由裂纹源开始，可能首先是沿晶破坏，然后是混合型，最后是穿晶型。

(7) SCC 的破裂速度远大于没有应力(单纯腐蚀)下的破坏速度，但又小于单纯应力作用下的断裂速度。

2. 影响应力腐蚀的因素

金属的应力腐蚀受各方面因素的影响，内因包括金属的组成、组织结构，外因包括材料所处的介质环境和材料所处的应力及应变状态。

1）材质的影响

金属的化学成分及偏析情况、组织、晶粒度、晶格缺陷及其分布情况，材料的物理、化学及机械等方面的性能，材料的表面状况等等都影响材料 SCC 敏感性。

纯度极高的金属，虽然也发现有产生 SCC 的现象，但以二元和多元合金的敏感性较高，且组成合金系统的元素相互间的电极电位差越大，此合金系统对 SCC 越敏感。

对于同一种材质，杂质的含量、金相组织、晶格缺陷、晶格尺寸、合金本身的成分等都是影响 SCC 敏感性的因素。杂质含量越高，晶界偏析越严重，材料对 SCC 越敏感。对于钢铁材料，金相组织对 SCC 的敏感性大体是渗碳体→珠光体→马氏体→铁素体→奥氏体，SCC 倾向依次降低。金属材料的强度级别越高、塑性指标越低，对 SCC 越敏感。

2）材料所处的应力及应变状态

SCC 敏感性与材料所承受的载荷性质、大小及应力分布状态有关，还与材料所承受的加工过程和服役过程的应力、应变的大小及历史有关。例如，材料所处的应力状态包括线应力、面应力和体应力，SCC 敏感性依次增大，而焊接件又大都处于体应力状态下，所以焊接结构对 SCC 敏感性大，易产生 SCC。载荷性质分动载和静载，动载比静载更容易产生 SCC。在应力水平方面，应力越高，出现腐蚀开裂的时间越短；应力越集中，越容易产生 SCC。变形量越大，越容易产生 SCC。

3）介质环境

由表 5.4-1 可知，只有当金属所处的介质能引发其发生应力腐蚀开裂时，金属才能发生应力腐蚀开裂。除了介质成分外，介质的浓度、pH 值、温度等都对 SCC 有很大影响。随有害离子浓度增大，应力腐蚀开裂时间缩短，SCC 敏感性增大；随介质温度升高，所需发生 SCC 破坏的有害离子浓度越低，SCC 敏感性增大。一般来说，随 pH 值升高，材料对 SCC 的敏感性下降。不过，材质不同、介质不同，情况可能有所变化。

3. 防止措施

要防止 SCC，可以从降低和消除应力、控制环境、改变材料三个方面采取措施，其中最为有效的是消除或减轻应力。

设计时设法使最大有效应力或应力强度降低到临界应力 R_{cr} 或应力腐蚀门槛应力强度因子 K_{1SCC} 以下。

改进设计结构和加工工艺，避免或减少局部应力集中。例如，选用合理焊接工艺方法，尽量减少残余应力集中。

多数 SCC 不是由于外部载荷（操作应力）引起的，而是由于内部残余应力引起的。因此，可采用热处理消除内应力，包括整体或局部消除内应力处理。

通过表面处理的方法使焊接结构表面产生压应力，将敏感的拉应力层与环境隔离，只要表面压应力层连续，而且在使用过程中又不被破坏，就有良好的耐 SCC 效果。具体方法包括机械法（如表面喷丸、喷砂、锤击等）和化学法（如渗氮处理等）。

另外，也可以通过采用阴极保护、加缓蚀剂、表面涂覆隔离层等腐蚀防护措施对 SCC 加以控制。如果上述方法都不能采用，则只有放弃原来选定的材料，改用在所处环境中不发生 SCC 的代材。具体可选用成分或结构不同的同类型合金或他种金属，例如奥氏体双相不锈钢对含 Cl^- 溶液敏感，高 Cl^- 溶液中可选用 18Cr18Ni2Si，或者奥氏体钢中加入少量 Mo 或 Cu。

选择防止措施时应依据具体情况，根据有效性、可行性、经济性等综合考虑，加以选用。有时可采用一种以上的方法。

思考题与习题

5-1. 什么是焊接化学冶金？焊接化学冶金的主要任务和目的是什么？

5-2. 试分析焊接化学冶金过程的区域性和连续性。

5-3. N 和 H 对焊接质量有何影响？控制措施分别有哪些？

5-4. 焊缝金属是通过哪些途径被氧化的？氧对焊接质量有何影响？可采取哪些措施减少焊缝的氧含量？

5-5. 为什么碱性焊条对焊件表面的氧化皮和铁锈更为敏感？

5-6. 什么是焊缝金属的合金化？

5-7. 焊缝中的硫和磷有何危害？主要控制措施是什么？

5-8. 与一般铸锭凝固相比，焊接熔池凝固有何特殊性？

5-9. 什么是联生结晶？什么是择优长大？

5-10. 什么是成分过冷？其对熔池结晶形态有何影响？

5-11. 焊缝中形成的偏析有哪几种？产生原因是什么？

5-12. 控制焊缝一次结晶组织的措施主要有哪些？

5-13. 什么是焊接温度场？影响焊接温度场的因素有哪些？

5-14. 什么是焊接热循环？焊接热循环的主要参数有哪些？它们对焊接接头的组织和性能有什么影响？

5-15. 影响焊接热循环的因素有哪些？它们是如何影响的？

5-16. 何谓长段多层焊和短段多层焊？其各自的焊接热循环具有什么特点？

5-17. 焊接热影响区中的几个区是根据什么划分的？如何划分？各具有什么组织和性能特征？

5-18. 焊缝中可能出现什么气孔？各有什么特点？

5-19. 按照产生裂纹的本质原因，焊接裂纹可以分为哪几类？各有什么样的显著特征？

5-20. 试分析结晶裂纹的产生机理和防止措施。

5-21. 试分析氢致延迟裂纹的产生机理和防止措施。

5-22. 试分析预热对预防焊接裂纹的作用。

5-23. 为什么打底焊道对裂纹更为敏感？

第6章　常见金属材料焊接

随着科学技术的不断发展，对工程结构和机械零件所使用的金属材料的性能提出了越来越高的要求，这使得各种金属材料尤其是强度用钢和特殊用钢获得了迅速发展和应用。金属材料在焊接时要经受加热、熔化、冶金反应、结晶、冷却、固态相变等一系列复杂的过程，这些过程又都是在温度、成分及应力极不平衡的条件下发生的，可能在焊接区造成缺陷或者使金属的性能下降而不能满足使用要求。实践证明，不同的金属材料获得优质焊接接头的难易程度不同，或者说各种金属材料对焊接工艺的适应性不同，这种适应性就是通常所说的焊接性。金属材料的焊接性是一项非常重要的性能指标。为了确保焊接质量，必须研究金属材料的焊接性，采用合理有效的工艺措施，以保证获得优质的焊接接头。

本章主要阐述金属材料的焊接性和金属材料焊接的基本理论与概念，分析不同金属材料的焊接性特点和工艺要点。针对具体金属材料焊接结构的要求，掌握焊接材料选择和制定焊接工艺的基本原则和方法。

§6.1　金属焊接性及其试验评价方法

6.1.1　金属焊接性的概念及评定方法

6.1.1.1　金属焊接性的定义

根据《焊接术语》(GB/T 3375—1994)，金属焊接性是指："金属材料在限定的施工条件下焊接成规定设计要求的构件，并满足预定服役要求的能力"，即在一定的焊接工艺条件下，金属是否能适应焊接加工而形成完整的、具备一定使用性能的焊接接头的特性。它包括两方面的内容：一是金属在焊接加工中是否容易形成缺陷；二是焊成的接头在一定的使用条件下可靠运行的能力。

如果某种金属采用简单的焊接工艺就可获得优质焊接接头并且具有良好的使用性能或满足技术条件的要求，就称其焊接性好；如果只有采用特殊的焊接工艺才能不出缺陷，或者焊接热过程会使接头热影响区性能显著变坏以至不能满足使用要求，则称其焊接性差。

衡量焊接性的标准有以下几个：

(1) 焊缝以及 HAZ 产生裂纹的敏感性如何。

(2) 焊缝以及 HAZ 产生气孔的敏感性如何。

(3) 焊接热循环对 HAZ 组织结构的影响，如 HAZ 是否容易出现晶粒长大现象以及出现马氏体等脆硬组织等。

(4) 焊接接头满足规定性能的可能性，如强度、韧性、低温性能、抗腐蚀性等。

金属焊接性的具体内容包括工艺焊接性和使用焊接性。上述四点中，前三点属于工艺焊接性，最后一点属于使用焊接性。

工艺焊接性是指某种金属在一定焊接条件下，能否获得优质致密、无缺陷焊接接头的能力。工艺焊接性的含义不是绝对的。随着新的焊接方法、焊接材料和焊接工艺的不断出现和完善，某些原来不能焊接或不易焊接的金属材料，也变得能够焊接或易于焊接。焊接接头的工艺焊接性又分为两类：冶金焊接性——研究对象是焊缝；热焊接性——研究对象是热影响区。

冶金焊接性是指冶金反应对焊缝性能和产生缺陷的影响程度。它包括合金元素的氧化、还原、氮化、蒸发以及氢、氧、氮的溶解，对气孔、夹杂、裂纹等缺陷的敏感性，它们是影响焊缝金属化学成分和性能的主要方面。

热焊接性是指在焊接过程条件下，对 HAZ 组织性能及产生缺陷的影响程度。它评定的是被焊金属对热的敏感性(晶粒长大和组织性能变化等)，主要与被焊材质及焊接工艺条件有关。

使用焊接性是指焊接接头或整体结构满足技术条件所规定的各种使用性能的程度。其中包括常规的力学性能、低温韧性、抗脆性断裂性能、高温蠕变、疲劳性能、持久强度以及抗腐蚀性能等。实际上，使用条件越苛刻，即对接头质量的要求越高，使用焊接性就越不容易保证。

由于金属焊接性与材料、工艺、结构和使用条件等因素都有密切的关系，是一个相对的概念，所以不应脱离这些因素而单纯从材料本身的性能来评价焊接性。很难以一项技术指标来概括金属材料的焊接性，只能通过多方面的研究对其进行综合评定。

6.1.1.2 金属焊接性评定方法

影响金属焊接性的因素是多方面的，新材料、结构或工艺方法在正式使用之前，均要进行焊接性评定，估计在焊接过程中可能存在的问题，由此制定最佳的焊接工艺，以获得优质焊接接头。评定焊接性的方法很多，从评定的内容来看，都是从工艺焊接性和使用焊接性两方面进行评价。

1. 工艺焊接性评定

工艺焊接性评定主要是评定形成焊接缺陷的敏感性，特别是裂纹倾向。它可分为直接法和间接性两大类。

(1) 直接模拟试验。它是按照实际焊接条件，通过焊接过程观察是否发生某种焊接缺陷或发生缺陷的程度，以此直观评价焊接性的优劣。主要有焊接冷裂纹试验、热裂纹试验、再热裂纹试验、层状撕裂试验、应力腐蚀试验、脆性断裂试验等。

(2) 间接推算法。这类评定方法一般不需要焊出焊缝，而是根据材料的化学成分、金相组织、力学性能之间的关系，联系焊接热循环过程评定焊接性优劣。主要有各类抗裂性判据、焊接 SHCCT 图、焊接热-应力模拟等。

2. 使用焊接性评定

这类焊接性评定方法最为直观，它是将实际焊接的接头甚至产品在使用条件下进行各方面的性能试验，以试验结果评定其焊接性。主要方法有常规力学性能试验、高温力学性能试验、低温脆性试验、耐腐蚀及耐磨性试验、疲劳试验等；直接用产品做的试验有水压试验、爆破试验等。

6.1.2　钢焊接性分析

钢焊接性判据是在大量试验工作基础上所建立的某些钢种的抗裂性经验公式，可用它们间接估算某类钢种焊接性好坏，其最大优点是简单方便、经济。在这些判据中，应用最多的是冷裂纹敏感性判据，其次还有热裂纹和再热裂纹判据。这里主要介绍冷裂纹敏感性分析方法。

6.1.2.1　碳当量法

碳当量法是一种粗略估计低合金钢焊接冷裂敏感性的方法。焊接部位的淬硬倾向与化学成分有关，在各种元素中，碳对淬硬及冷裂的影响最显著。设系数为“1”，将其他各种元素的作用按照相当于若干含碳量作用折合并叠加起来，即为“碳当量”。显然，钢材碳当量越大，淬硬冷裂倾向越大，焊接性越差。

下面给出较为常用的碳当量公式及其适用条件。

(1) 国际焊接学会(IIW)推荐的公式为：

$$CE=w(\mathrm{C})+\frac{1}{6}w(\mathrm{Mn})+\frac{1}{15}w(\mathrm{Ni+Cu})+\frac{1}{5}w(\mathrm{Cr+Mo+V}) \tag{6.1-1}$$

此式适用于中、高强度的低合金非调质钢。当计算的 $CE<0.4\%$ 时，钢材的淬硬性不大，焊接性良好；当 $CE=0.4\%\sim0.6\%$ 时，钢材易于淬硬，焊接时需要预热才能防止冷裂纹；当 $CE>0.6\%$ 时，钢材的淬硬倾向大，焊接性差。

(2) 日本工业标准(JES)和日本溶接学会(WES)推荐的公式为：

$$CE=w(\mathrm{C})+\frac{1}{6}w(\mathrm{Mn})+\frac{1}{40}w(\mathrm{Ni})+\frac{1}{5}w(\mathrm{Cr})+\frac{1}{24}w(\mathrm{Si})+\frac{1}{4}w(\mathrm{Mo})+\frac{1}{14}w(\mathrm{V}) \tag{6.1-2}$$

此式适用于低合金调质钢($R_m=500\sim1\,000$ MPa)。

CE 值作为评定冷裂敏感性指标，主要适用于含碳量偏高的钢种(含碳量≥0.18%)，且只涉及钢材本身，并未考虑其他一些因素，如接头拘束度、扩散氢等的影响，因此不能准确反映实际构件的冷裂纹倾向。

6.1.2.2　冷裂纹敏感指数

单纯以淬硬性估计冷裂倾向是比较片面的。冷裂纹敏感指数(P_c)公式综合考虑了产生冷裂纹三要素(淬硬倾向、拘束度和扩散氢含量)的影响，使计算结果更准确。P_c的计算公式如下：

$$P_c=P_{cm}+\frac{[\mathrm{H}]}{60}+\frac{\delta}{600} \tag{6.1-3}$$

$$P_{cm}=w(\mathrm{C})+\frac{1}{30}w(\mathrm{Si})+\frac{1}{20}w(\mathrm{Mn+Cu})+\frac{1}{60}w(\mathrm{Ni})+\frac{1}{15}w(\mathrm{Mo})+\frac{1}{10}w(\mathrm{V})+\frac{1}{5}w(\mathrm{B}) \tag{6.1-4}$$

式中，P_{cm}为化学成分的冷裂敏感指数，%；δ 为板厚，mm；[H]为焊缝中扩散氢含量，mL/100 g。

依据《熔敷金属中扩散氢测定方法》(GB/T 3965—1995)，此式的适用条件为：$w(\mathrm{C})=$

0.07%～0.12%，δ=19～50 mm，[H]=1.0～5.0 mL/100 g。

常用的低合金高强钢的碳当量及允许的最高硬度见表 6.1-1。

从 20 世纪 80 年代起，为适应工程上的需要，通过大量试验，将钢中含碳量的范围扩大到 0.034%～0.254%，建立了一个新的碳当量（*CEN*）公式，即

$$CEN = w(\mathrm{C}) + A(\mathrm{C})\left\{\frac{1}{24}w(\mathrm{Si}) + \frac{1}{16}w(\mathrm{Mn}) + \frac{1}{15}w(\mathrm{Cu}) + \frac{1}{20}w(\mathrm{Ni}) + \frac{1}{5}[w(\mathrm{Cr}) + w(\mathrm{Mo}) + w(\mathrm{V}) + w(\mathrm{Nb})] + 5w(\mathrm{B})\right\} \tag{6.1-5}$$

式中，$A(\mathrm{C})$为碳的适应系数。

$A(\mathrm{C})$与钢中含碳量的关系见表 6.1-2。

表 6.1-1　常用低合金高强钢的碳当量及允许最大硬度

钢种		R_{eL} /MPa	R_m /MPa	H_{max}/HV		P_{cm}		CE(IIW)	
GB/T 1591—1994	GB 1591—1988			非调质	调质	非调质	调质	非调质	调质
Q345	16Mn	353	520～637	390		0.248 5		0.415	
Q390	15MnV	392	559～676	400		0.241 3		0.399 3	
Q420	15MnVN	441	588～706	410	380（正火）	0.309 1		0.494 3	
	14MnMoV	490	608～725	420	390（正火）	0.285		0.511 7	
	18MnMoV	549	668～804		420（正火）	0.335 6		0.578 2	
	12Ni3CrMoV	617	706～843		435		0.278 7		0.669 3
	14MnMoVNbB	686	784～931		450		0.265 8		0.459 1
	14Ni2CrMoMnVCuB	784	862～1 030		470		0.334 6		0.679 4
	14Ni2CrMoMnVCuN	882	961～112 7		480		0.324 6		0.679 4

表 6.1-2　A(C)与钢中的含碳量的关系

含碳量/%	0	0.08	0.12	0.16	0.20	0.26
$A(\mathrm{C})$	0.5	0.584	0.754	0.916	0.98	0.99

CEN 公式是新日铁公司近年建立的，是目前应用最广、精度最高的碳当量公式，特别是在确定防止冷裂纹的预热温度方面更为可靠。

影响焊接性的因素是非常复杂的，计算公式难以考虑到物理模型的所有变量，这是判据与实际测量结果有一定差距的原因。工程上，上述公式只能作为分析时的一种估算，最终防止裂纹的条件必须通过直接裂纹试验或模拟试验来确定。

6.1.3　常用焊接性试验方法

焊接性试验方法种类很多。由于抗裂性能是衡量金属焊接性的主要标志，所以在生产中还是常用焊接裂纹敏感性试验来表征材料的焊接性。焊接裂纹敏感性试验是工艺焊接性中的

直接模拟试验，具有接近实际工况、直观和可靠性好的优点。下面介绍几种常用焊接裂纹敏感性试验方法。

6.1.3.1　斜 Y 形坡口焊接裂纹试验

该法亦称小铁研试验，主要用来检验母材金属热影响区的冷裂纹倾向。

试件的形式和尺寸如图 6.1-1 所示。拘束焊缝是双面焊接，焊满坡口，不得有角变形和未焊透。试验焊缝用焊条电弧焊或焊条自动送进装置进行焊接，只焊一道。焊条电弧焊时，弧头与弧坑按图 6.1-2(a)处理；自动送进时按图 6.1-2(b)处理。

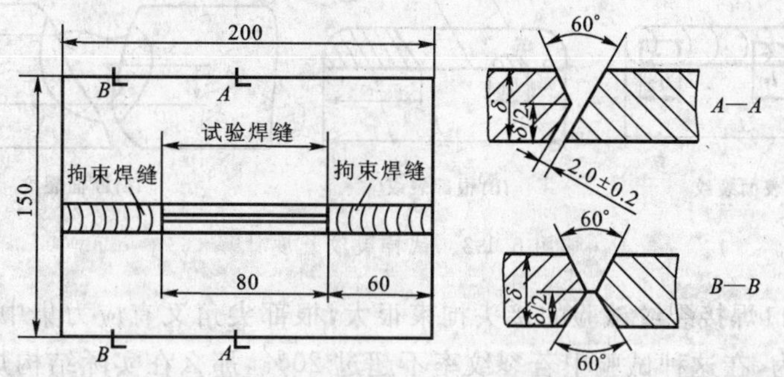

图 6.1-1　斜 Y 坡口对接裂纹试验试样

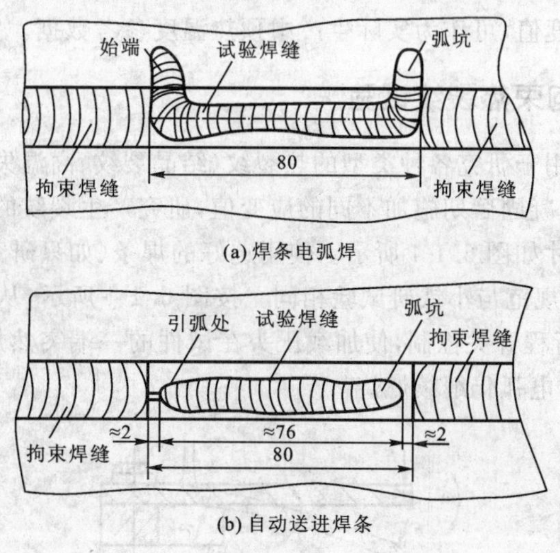

图 6.1-2　试验焊缝的引弧与收弧

拘束焊缝应采用低氢焊条焊接，焊条直径为 4 mm 或 5 mm。对于试验焊缝，一般焊条直径为 4 mm，焊接电流为 160～180 A，电弧电压为 22～26 V，焊接速度为 150 mm/min。根据试验要求，可在不同温度下施焊，焊完 48 h 以后进行检测和解剖。自动送条时，引弧及收弧弧坑处的裂纹(热裂纹除外)应计入。

裂纹率的计算公式如下：

(1)　表面裂纹率 $$C_f = \frac{\sum l_f}{L} \times 100\% = \frac{\text{表面裂纹长度总和}}{\text{试验焊缝长度}} \times 100\% \qquad (6.1\text{-}6)$$

(2) 根部裂纹率 $C_r = \frac{\sum l_r}{L} \times 100\% = \frac{\text{纵断面上裂纹长度总和}}{\text{试验焊缝长度}} \times 100\%$ (6.1-7)

(3) 断面裂纹率 $C_s = \frac{H_s}{H} \times 100\% = \frac{\text{横断面上裂纹深度总和}}{\text{焊缝厚度}} \times 100\%$ (6.1-8)

以上各式中，$\sum l_f$，$\sum l_r$，H_s 分别为表面裂纹总长、根部裂纹总长、断面裂纹总高度(图 6.1-3)；L 为试验焊缝长度；H 为试验焊缝最小厚度。

断面裂纹率是解剖 5 个断面后，分别求每一断面的裂纹率，然后求出平均值。

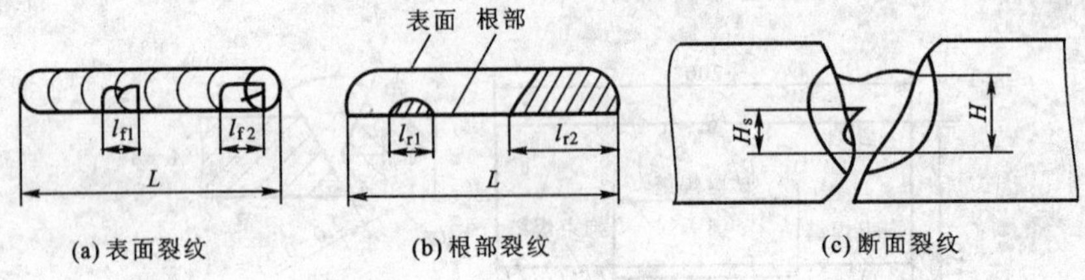

图 6.1-3 试样裂纹长度计算

由于斜 Y 坡口焊接裂纹试验的接头拘束很大，根部尖角又有应力集中，所以试验条件比较苛刻。一般认为，在这种试验中若裂纹率不超过 20%，那么在实际结构焊接时就不会产生裂纹。

斜 Y 坡口焊接裂纹试验时，如果保持焊接规范不变，采用不同预热温度进行试验，则可获得防止冷裂纹的预热温度值，可作为实际生产中预热温度参考数据。

6.1.3.2 横向可变拘束热裂纹试验

这种试验方法主要用于研究各种类型的热裂纹(结晶裂纹、高温失塑裂纹和液化裂纹等)。它的基本原理是：在焊缝凝固后期施加不同的应变值，研究产生裂纹的规律。

试验装置及试样尺寸如图 6.1-4 所示。使用选好的焊条(如只研究母材的热裂倾向，可采用 TIG 重熔)，试验工艺规范与小铁研试验相同。按图 6.1-4 所示，从 A 点至 C 点进行焊接，当电弧到达 B 点时，由行程开关控制，使加载压头在试件的一端突然加力 F，使试件按模块的曲率发生强制变形，这时电弧仍继续燃烧。

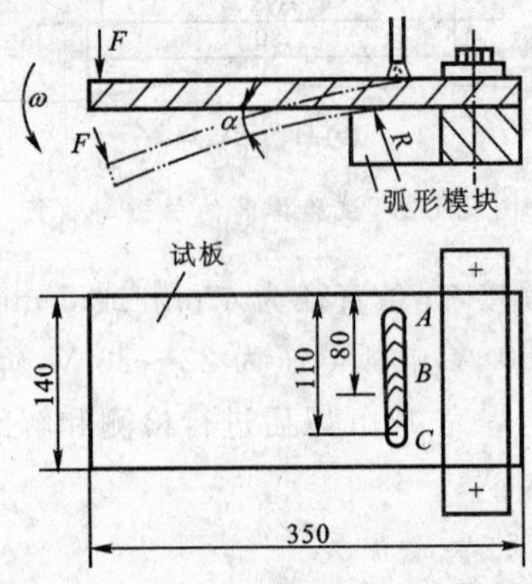

图 6.1-4 横向可变拘束裂纹试验装置简图

计算应变 ε：

$$\varepsilon=\frac{\delta}{2R}\times 100\% \tag{6.1-9}$$

式中，δ 为试板厚度，mm；R 为模块的曲率半径，mm。

通过变换不同曲率半径的模块，可以造成焊缝金属发生不同的应变量 ε。当 ε 值达到某一临界值时，在焊缝热影响区就会出现裂纹(图 6.1-5)。随着 ε 值的增大，出现裂纹的数量和总长度均会增加，从而可以得出一系列相应定量数据。

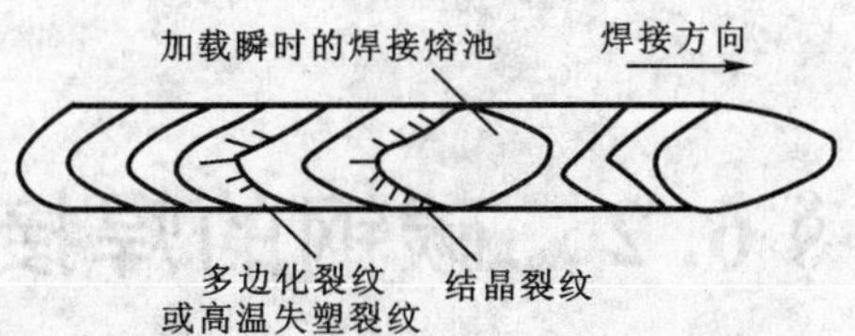

图 6.1-5　横向可变拘束裂纹试验的裂纹分布

裂纹敏感性的评价指标主要是：临界应变量(ε_{cr})；一定应变下的最大裂纹长度(L_{max})、裂纹数目(N_t)和裂纹总长(L_t)等。

6.1.3.3　HAZ 最高硬度试验

焊接热影响区最高硬度比碳当量能更好地判断母材的淬硬倾向和冷裂敏感性，因为它不仅反映了钢种化学成分的影响，也反映了金属组织的作用。我国已制定了标准《焊接性试验　焊接热影响区最高硬度试验方法》(GB/T 4675.5—1984)，适用于焊条电弧焊。

焊接参数为：ϕ4 mm 焊条，焊接时焊接电流取所用焊条能用的最小电流，焊接速度取上限，这样可使 HAZ 尽快冷却。焊后 12 h 用机加工方法在焊道中心垂直焊缝方向取样，机加工时要注意防止试块升温太多，即要注意冷却。取样后磨片，HAZ 取至少 10 个点，用维氏硬度计加载 98 N，测定 HAZ 的最高硬度，试验规程按《金属材料　维氏硬度试验》(GB/T 4340—2009)的有关规定进行。不同钢材都有规定的许用最高硬度，如果测得的最高硬度高于许用值，就要考虑预热或焊后热处理。

6.1.3.4　其他焊接性试验方法简介

其他焊接性试验方法主要有：

(1) 插销试验。该试验方法主要用于测定碳钢和低合金高强度钢焊接热影响区对冷裂纹的敏感性。由于试验消耗钢材少，试验结果稳定可靠，其在国内外都广泛应用。详细试验方法可参考国家标准《焊接用插销冷裂纹试验方法》(GB/T 9446—1988)。经适当改变，此方法还可用于测定再热裂纹和层状撕裂的敏感性。

(2) 压板对接(FISCO)焊接裂纹试验。该试验方法适用于低碳钢焊条、低合金高强度钢焊条和不锈钢焊条的焊缝热裂纹试验。详细试验方法可参考国家标准《焊接性试验　压板对接(FISCO)焊接裂纹试验方法》(GB/T 4675.4—1984)。

(3) 刚性固定对接裂纹试验。该试验方法既可用于测定焊缝金属热裂纹、冷裂纹敏感性，也可用于测定焊接热影响区的冷裂纹敏感性。

(4) z 向拉伸试验。该试验方法根据钢板厚度方向的断面收缩率来测定钢材的层状撕裂倾向。

(5) 拉伸拘束裂纹试验(TRC 试验)。该试验方法是一种大型定量评定冷裂纹的试验方法。与插销试验一样，可以定量分析被焊钢产生冷裂纹的各种因素，还可以测定相应条件下产生焊接冷裂纹的临界应力。

目前，国内外采用的裂纹试验方法还有许多，但每种方法都是针对一定尺寸和结构形状的试件，在一定焊接工艺条件下进行的。这样，在实用上就有一定的局限性，只能在一定范围内适用，而且只是近似地反映实际焊接生产中可能产生裂纹的倾向，精确的判定还是要根据产品的实际制造情况进行模拟试验。

§6.2 碳钢的焊接

6.2.1 低碳钢的焊接

6.2.1.1 低碳钢的焊接特点

碳的质量分数 $w(C) < 0.25\%$ 的钢称为低碳钢。低碳钢中含碳及其他合金元素少，焊接性比其他类型的钢好。

低碳钢焊接具有如下特点：

(1) 可装配成各种不同接头，适应各种不同位置施焊，且焊接工艺和技术比较简单，容易掌握。

(2) 焊前一般不需预热。若在寒冷地区焊接，始焊处在 100 mm 范围内预热到手能感觉温暖的程度(约 15 ℃)。

(3) 塑性较好，焊缝产生裂纹和气孔的倾向小，可制造各类大型的构架及受压容器。

(4) 不需要使用特殊和复杂的设备，交流、直流弧焊机都可焊接。

(5) 焊接熔池可能受到空气中氧和氮的侵袭，使焊缝金属氧化和氮化。

(6) 在焊接沸腾钢时，由于沸腾钢脱氧不完全，其含氧量较高，同时硫、磷等杂质分布很不均匀，以致局部区域会大大超过平均含量，所以焊接时裂纹倾向也较大，厚板焊接时还有层状撕裂的倾向。

6.2.1.2 低碳钢焊接的工艺方法

低碳钢几乎可采用所有的焊接方法进行焊接，且都能保证焊接接头的良好质量。用得最多的焊接方法是焊条电弧焊、埋弧焊、电渣焊及 CO_2 气体保护焊(简称 CO_2 焊)等。

1. 焊条电弧焊

低碳钢的焊条选择主要是根据母材的强度等级以及焊接结构的工作条件，见表 6.2-1。

焊接参数的确定主要考虑焊接过程稳定、焊缝成形良好及在焊缝中不产生缺陷。当母材的厚度较大或周围气氛温度较低时，由于焊缝金属及热影响区的冷却速度很快，也有可能出现裂纹，这时需要对焊件进行适当预热。预热温度一般为 100～150 ℃。

2. 埋弧焊

低碳钢埋弧焊接头的等强度主要靠选择相应的焊丝和焊剂来获得。焊丝和焊剂见表

6.2-1。

与焊条电弧焊相比，埋弧焊可以采用较大的热输入，生产效率较高，熔池也较大。在生产实践当中，采用埋弧焊焊接较厚焊件时，可以用一道或多道焊来完成。在多层埋弧焊时，焊第一道焊缝是值得注意的。因为焊第一道时母材的熔入比例较大，若母材的含碳量处于规定范围的上限，焊缝金属的含碳量就略有升高，同时第一道的埋弧焊容易形成不利的焊缝断面形状(如所谓 O 形截面)，易产生热裂纹。因此，在多层埋弧焊焊接厚板时，要求在坡口根部焊第一道焊缝时采用的焊接热输入要小一些。如采用焊条电弧焊打底的埋弧焊，上述情况可基本避免。

3. 电渣焊

大厚度焊件的焊接可采用电渣焊。低碳钢电渣焊时，等强度一般通过采用低合金钢焊丝来获得。焊丝和焊剂见表 6.2-1。

电渣焊方法本身的特点决定了焊接熔池体积大，焊缝金属冷却速度慢，使得焊缝金属的组织往往比较粗大，热影响区组织有过热现象，会显著降低焊缝及热影响区的强度和韧性。为使焊接接头的性能满足产品使用要求，一般焊后接头需进行正火加回火的热处理。

4. CO_2 气体保护焊

低碳钢采用 CO_2 气体保护焊时，为使焊缝金属具有足够的力学性能及良好的抗晶间裂纹和气孔的能力，采用含锰和硅的焊丝，如 H08Mn2Si，H08Mn2SiA 等。除选择适当的焊丝外，起保护作用的 CO_2 气体的质量也很重要。在 CO_2 气体中，若氮和氢的含量过高，焊接时即使焊缝被保护得很好，且锰和硅的数量也足够，也有可能在焊缝中出现气孔。CO_2 气体保护焊时，为使电弧燃烧稳定，要求采用较高的电流密度，但电弧电压不能过高，否则焊缝金属的力学性能会降低，焊接时会出现飞溅和电弧燃烧不稳等情况。

低碳钢的焊接一般不会遇到什么特殊困难。焊后是否进行热处理，应根据母材牌号、焊件厚度、焊件的刚度大小，以及焊件是否低温使用等条件来决定。例如对于锅炉锅筒，即使采用如20g和 22g 等焊接性能良好的低碳钢板材，由于板厚较大，仍要进行 600～650 ℃的焊后热处理。

表 6.2-1　焊接低碳钢用的材料

焊接方法	焊接材料	应用情况
焊条电弧焊	E4303(J422)，E4315(J427)	焊接强度等级低的低碳钢或一般的低碳钢结构
	E5016(J506)，E5015(J507)	焊接强度等级高的低碳钢、重要的低碳钢结构或低温下工作的结构
埋弧焊	H08，H08A，HJ430，HJ431	焊接一般的结构件
	H08MnA，HJ431	焊接重要的低碳钢结构件
电渣焊	H10Mn2，H08Mn2Si，HJ431，HJ360	焊接大厚度的低碳钢结构件
CO_2 气体保护焊	H08Mn2Si，H08Mn2SiA	焊接不规则焊缝的低碳钢构件

6.2.1.3　焊接低碳钢的先进焊接工艺方法

压力容器制造、锅炉制造以及电站安装工程中用到的比较先进的低碳钢焊接工艺方法主要是：

1. 窄间隙埋弧焊

我国已有多套窄间隙埋弧焊装置，既可以焊接碳钢，也可以焊接合金钢。例如，大型火电站锅炉、核电站主容器(压力壳)、石油化工装置中的热壁加氢反应器等厚壁筒体结构，都可以采用这一工艺方法焊接。它比普通埋弧焊的坡口小得多，从而可节省大量焊接时间、焊接材料和其他费用，同时可提高焊接接头质量。这一方法的环缝焊接是连续不断进行的，直至坡口完全填满，因此焊剂的脱渣性、液态时与母材的润湿性等必须非常良好，现在大多使用烧结焊剂。

2. 自动窄间隙 MIG 全位置焊

这一工艺主要用于大直径厚壁管的焊接，采用射流过渡的脉冲 MIG 焊，调节因素多，从而可以满足焊缝不同空间位置时的调节能力。保护气体为 $Ar+CO_2$ 的富氩混合气体，采用细焊丝，直径 0.8～1.2 mm。

3. 钨极氩弧焊打底背面成形工艺

这一工艺主要用于无法直接在背面焊接而要求焊透的受压容器、管道或其他产品的焊接施工。焊接时，接头根部熔化，背面形成焊缝；或背面虽不形成凸出的焊缝，但根部完全焊透。

4. 多头 MIG 焊

大型电站锅炉装置中的膜式壁很大，由多根钢管与钢带彼此相间焊接而成，材料都为低碳钢，正反两面都需焊接。过去曾使用埋弧平角焊，一面焊完，膜式壁翻身后再焊另一面，结果变形很大。近年来，改为 2 头或 4 头 MIG 焊，拼焊少数几根钢管与钢带后，再翻身焊接另一面，最后将如此焊成的小块膜式壁拼焊成完整的膜式壁。与上述埋弧焊相比，该工艺的焊接变形减少，但工序甚繁。现在，国内已采用 12 头的 MIG 焊机，正反面各 6 个焊头同时焊接，亦即 6 头为俯焊、6 头为仰焊。目前，这种膜式壁专用焊机在日本已有 20 个焊头(正、反面各 10 头)同时焊接，质量完全合格，国内现有这类焊机也可将焊头增至 20 个。

5. 等离子弧焊

一些钢管可用等离子弧焊接，打底焊缝利用小孔效应监控。

6. 电阻焊

一些钢管也可以用电阻对焊焊接。低碳钢管对焊时，不需预热及任何附加措施，可以保证焊接质量。焊后必须去掉接头处毛刺，特别是管内毛刺，使得工序繁复，工作量增加，因此许多工厂已改为氩弧焊。

不同焊接工艺在锅炉和压力容器制造中的应用举例见表 6.2-2。

表 6.2-2 不同焊接工艺在锅炉和压力容器制造中的应用举例

焊接方法	钢材牌号	焊件厚度/mm	焊接材料	焊接参数			
				焊接电流/A	电弧电压/V	焊接速度/$(m \cdot h^{-1})$	气流流量/$(L \cdot min^{-1})$
焊条电弧焊	20g	10,20	E5015 (ϕ4 mm, ϕ5 mm)	140～180 170～210	22～28	—	—

续表

焊接方法	钢材牌号	焊件厚度/mm	焊接材料	焊接参数			
				焊接电流/A	电弧电压/V	焊接速度/$(m \cdot h^{-1})$	气流流量/$(L \cdot min^{-1})$
埋弧焊	20g	20	H08Mn2A (ϕ4mm, HJ431)	450～550	34～36	28～30	—
	20g＋Q345						
手工 TIG 焊	20g	13	H05MnSi-AlTiZr (ϕ2.5 mm)	140～160	10～13		11～12
CO_2焊	20 扁钢	6×10.3	H08Mn2SiA (ϕ1.2 mm)	170～200	25～28	—	—
Ar＋CO_2自动气体保护焊	20A 管子＋20A 扁钢	ϕ25×6＋6×10.3	H08Mn2SiA (ϕ1.2 mm)	170～200	27～29	—	Ar:6～8
							CO_2:10～12
等离子弧焊	20A	ϕ51×6.5	H05Mn-SiAlTiZr (ϕ1 mm)	44	—	45	3.8/2.5
						60	1.5/2.5

6.2.2　中、高碳钢的焊接

6.2.2.1　中碳钢的焊接

1. 中碳钢的焊接特点

碳的质量分数 w(C)为 0.25%～0.60%的钢称为中碳钢。与低碳钢相比较，由于中碳钢含碳量较高，因此其强度也较高。常见的中碳钢有 35 钢、45 钢及 55 钢等。

中碳钢焊条电弧焊的主要特点如下：

(1) 热影响区容易产生低塑性的淬硬组织。含碳量越高，板厚越大，这种淬硬倾向也越大。焊件刚度较大和焊条选用不当时，容易产生冷裂纹。

(2) 由于在一般情况下，焊条电弧焊焊缝的熔合比为 30%～40%，所以焊缝的含碳量比较高，其结果是容易产生热裂纹。

2. 中碳钢焊接工艺

为了保证中碳钢焊后不产生裂纹并得到满意的力学性能，通常采取以下措施：

1) 尽可能选用碱性低氢型焊条

这类焊条的抗冷裂及抗热裂能力较强，个别情况下通过严格控制预热温度和尽量减小熔深(即减小熔合比，以减少焊缝中的含碳量)等工艺措施，采用钛钙型焊条也可能得到满意的效果。

当焊接接头的强度不要求与母材相等时，应选用强度低的碱性低氢型焊条，如 E4316(J426)，E4315(J427)。

特殊情况下，可采用铬镍不锈钢焊条，如 E309-16（A302），E309-15（A307），E310-16（A402），E310-15（A407）等焊接或焊补中碳钢。其特点是焊前可不预热，不易产生冷裂纹，但焊接电流要小，焊接层数要多，熔深要浅。该方式由于焊条成本高，一般不采用。

2）预热

预热是焊接和焊补中碳钢的主要工艺措施，尤其是当焊件的厚度、刚度较大时，预热有利于降低热影响区的最高硬度，防止产生冷裂纹，并能改善焊接接头的塑性。整体预热和恰当的局部预热还能减小焊后残余应力。各种含碳量的中碳钢焊接和焊补的预热温度不仅由焊件的含碳量来决定，还受很多其他因素的影响，如焊件大小及厚度、焊条类型、焊接参数以及结构的刚度等。

一般情况下，35 钢和 45 钢（包括铸钢）的预热温度可选用 150～250 ℃；含碳量再高或者因厚度和刚度很大，裂纹倾向大时，可将预热温度提高到 250～400 ℃。

局部预热的加热范围为焊口两侧 150～200 mm。

3）焊接坡口

最好开成带钝边的 U 形坡口。坡口外形应圆滑，以减少母材熔入焊缝金属中的比例，防止产生裂纹。

4）焊接要点

焊接要点如下：

(1) 焊条使用前要按规定烘干。

(2) 焊接第一道焊缝时，应尽量采用小的焊接电流、慢的焊接速度。

(3) 在焊接中可以采用轻敲焊缝金属表面的方法，以减少焊接残余应力，细化晶粒。

(4) 每层焊缝应清理干净，特别是黏附在焊缝周围的飞溅必须铲除。

(5) 如焊件几何形状复杂或焊缝过长，可分成若干小段，分段跳焊，使其热量分布均匀。

(6) 收尾时，电弧慢慢拉长，将熔池填满以防收尾处裂纹。

(7) 焊后，焊件要注意缓慢冷却，并根据需要及时进行消氢处理或消除应力热处理。

6.2.2.2 高碳钢的焊接

1）焊接性分析

高碳钢的含碳量 $w(C)>0.6\%$，比中碳钢还高，更容易产生脆硬的马氏体组织，淬硬倾向和冷裂敏感性更大。焊接结构一般不采用这种钢，它们的焊接通常只用在焊补修理工作中。

2）焊接材料的选择

高碳钢焊接可以采用手工电弧焊和气焊。高碳钢的抗拉强度大多都在 675 MPa 以上，要求强度高时，手工电弧焊一般用 J707，J607 焊条；要求不高时，可以用 J506，J507 焊条，或者选用与以上强度级别相当的低合金钢焊条或填充金属。所有焊接材料都应该是低氢型的，以提高焊缝塑韧性和抗裂性能。

3）焊接工艺要点

焊接要点如下：

(1) 高碳钢要先进行退火才能进行焊接。

(2) 采用结构钢焊条时，焊前应进行 250～350 ℃以上的预热（如用奥氏体不锈钢焊条，则可以不预热）。

(3) 多层焊焊接过程中，还应保持与预热温度相同的层间温度，并在焊后缓冷。

(4) 通常焊后要进行 650 ℃高温回火以消除应力。

6.2.3　碳钢焊接实例

1. 中碳钢焊接实例

中碳钢的焊接并不少见，例如 40，45 或 50 钢的焊接就时有发生。不过，由于这些钢材往往制成机器零件，并非大型结构，所以大多为焊条电弧焊。

例如，一根 ϕ75 mm 的 45 钢机轴采用焊接的方法接长。焊前接头处开成坡口，预热至 200 ℃，采用 E5015(J507)焊条(预先按焊条说明书规定烘焙)焊接。第 1 层焊缝焊接电流为 170～180 A，务必焊透；第 2 层及以后各层焊接电流为 180～190 A。焊接时，保持层间温度 200 ℃，焊完以后立即消除应力后热处理，$T=(650\pm5)$ ℃，2.5 h，接着缓冷，24 h 以后打开取出。

又如，中碳钢的 CO_2 气体保护焊，工件为锻压机的对击锤头，工况条件恶劣，承受 250 kJ 的巨大冲击载荷。锤头材质为 ZG270-500，$R_m>490$ MPa，$R_{eL}>275$ MPa。使用过程中，锤头滑道板断裂，共 4 道通长裂纹，总长约 6 m。如用焊条电弧焊，估计需焊条 2 t，焊接及中间消除应力热处理时间总共约需 1 个月，劳动强度也大。因此，考虑选用 CO_2 气体保护焊，焊丝为 H08Mn2SiA，其熔敷金属的 R_m 和 R_{eL} 皆与母材匹配。由于锤头滑道板曾经表面淬火强化，故焊前先行退火。预热和层间温度为 200～250 ℃。焊接时，先用 J350 焊条在工件表面进行预堆焊，再用 CO_2 气体保护焊焊接。当坡口中焊缝金属约达 1/2 时，进行 450～480 ℃，2.5 h 的中间消除应力热处理。焊缝全部完成后，立即进炉进行最后消除应力热处理。

2. 高碳钢焊接实例

某钢索斜拉桥的钢索直径为 146 mm，由许多根直径为 7 mm 的 80 优质高碳钢丝拧绞而成。每根斜拉钢索很长，安装钢索时必须用力将钢索拉紧才能保证桥的安全，这又要事先在钢索端头以对接方式焊上一个高碳钢拉紧接头。这些钢索焊前必须在较高温度下预热，采用强度级别比钢索低的焊条进行焊接，焊时保持与预热温度相同的层间温度，焊后缓冷。

§6.3　合金结构钢的焊接

6.3.1　合金结构钢的类型及性能

用于制造工程结构和机器零件的钢统称为结构钢。合金结构钢是在碳钢的基础上加入一种或几种合金元素，以满足各种工作条件和性能等要求的钢种。合金结构钢分为高强度钢(强度用钢)[国家标准《钢分类》(GB/T 13304—1991)规定，屈服点 $R_r\geqslant295$ MPa、抗拉强度 $R_m\geqslant$ 390 MPa 的钢均称为高强度钢]和专业用钢两大类。

6.3.1.1　高强度钢

高强度钢的种类很多，强度差别也很大，在讨论焊接性时，按照钢材供货的热处理状态将其分为热轧及正火钢、低碳调质钢和中碳调质钢三类。采用这样的分类方法，是因为钢的供货热处理状态是由其合金系统、强化方式、显微组织所决定的，而这些因素又直接影响钢的焊接性与力学性能，所以同一类钢，其焊接性是比较接近的。

1）热轧及正火钢

以热轧或正火供货和使用的钢称为热轧及正火钢。这类钢的屈服点 $R_r=295\sim490$ MPa，主要包括《低合金高强度结构钢》（GB/T 1591—2008）中的 Q295～Q460 钢。这类钢通过合金元素的固溶强化和沉淀强化而提高强度，属非热处理强化钢。它的冶炼工艺比较简单，价格低廉，综合力学性能良好，具有优良的焊接性，也是品种和质量发展最快的一类钢。

2）低碳调质钢

这类钢在调质状态下供货和使用，属于热处理强化钢。它的屈服点 $R_r=441\sim980$ MPa，具有较高的强度、优良的塑性和韧性，可直接在调质状态下焊接，焊后不需再进行调质处理。在焊接结构中，低碳调质钢越来越受到重视，是具有广阔发展前途的一类钢。

3）中碳调质钢

这类钢属于热处理强化钢，其碳含量较高，屈服点 $R_r=880\sim1\ 170$ MPa，与低碳钢相比，合金系比较简单。碳含量高可有效地提高调质处理后的强度，但塑性、韧性相应下降，且焊接性变差，一般需要在退火状态下进行焊接，焊后要进行调质处理。这类钢主要用于制造大型机器上的零件和要求强度高且自重小的构件。

6.3.1.2 专业用钢

满足某些特殊工作条件的钢种总称为专业用钢。按用途的不同，其分类品种很多。常用于焊接结构制造的有如下几种：

1）珠光体耐热钢

这类钢主要用于制造工作温度在 500～600 ℃范围内的设备，具有一定高温强度和抗氧化能力。这类钢的焊接将在 6.4 节介绍。

2）低温用钢

这类钢用于制造在－20～－196 ℃低温下工作的设备。它的主要特点是韧脆性转变温度低，具有良好的低温韧性。目前应用最多的是低碳的含镍钢。

3）低合金耐蚀钢

这类钢主要用于制造在大气、海水、石油、化工产品等腐蚀介质中工作的各种设备。除要求钢材具有合格的力学性能外，还应对相应的介质有耐蚀能力。耐蚀钢的合金系随工作介质不同而不同。

4）管线钢

用于制造石油、天然气集输及长输管，或煤炭、建材浆体输送管等的中厚板和带卷称为管线用钢。在成分设计上，大体上都是低碳（超低碳）Mn-Nb-Ti 系或 Mn-Nb-V（Ti）系微合金化钢，有的还加入 Mo 等元素。现代管线钢是高技术含量和高附加值的产品，管线钢生产几乎应用了冶金领域近 20 多年来的所有工艺技术新成就。

6.3.2 热轧及正火钢的焊接

热轧及正火钢属于非热处理强化钢。它的冶炼工艺简单，价格较低，综合力学性能良好，具有优良的焊接性，应用广泛。

6.3.2.1　热轧及正火钢的成分与性能

热轧及正火钢包括热轧钢和正火钢。热轧钢($R_r=294\sim343$ MPa)的 $w(C)\leqslant0.2\%$，含合金元素的总质量分数不超过 3%，基本上属于 C-Mn 系和 Mn-Si 系，$w(Mn)\leqslant1.8\%$，$w(Si)\leqslant0.6\%$。加入 Si 和 Mn 不仅可固溶强化铁素体，还可使铁-碳相图的共析点向低碳方向移动，从而增加珠光体的相对量，以提高钢的强度。由于冶炼时加入铝作为镇静剂，生成的 AlN 可以细化晶粒，因此在室温下可得到细晶粒铁素体＋珠光体组织。此类钢一般在热轧状态下使用。

应用最广的热轧钢是 Q345(16Mn)，它具有良好的综合性能。在 Q345(16Mn)基础上加入少量的 V[$w(V)=0.04\%\sim0.12\%$]和 Nb[$w(Nb)=0.015\%\sim0.05\%$]，能与钢中的碳和氮形成碳或氮化物，使钢的晶粒进一步细化，并具有沉淀强化作用，进一步改善钢的综合性能，如 Q345(14MnNb)，Q390(15MnV)，Q390(16MnNb)等。

当钢的强度要进一步提高时($R_r>390$ MPa)，除固溶强化外，必须通过沉淀强化来进行。因此，可在热轧钢的基础上再加入某些沉淀强化的合金元素，如 V，Nb，Ti，Mo 等，如 Q390(15MnTi)，Q420(15MnVN)，14MnMoV，18MnMoNb 均属这类钢。这类钢一般都要在正火状态下使用。在热轧状态下，碳化物和氮化物不能充分析出，分布也不均匀，只有在正火状态下才能充分发挥沉淀强化的效果，因而统称正火钢。

对含 Mo 钢，正火后还须进行回火才能具有良好的塑性和韧性。这是因为含 Mo 钢在正火状态下的组织为上贝氏体和少量铁素体，必须回火后才能保证获得良好的综合性能。

6.3.2.2　热轧及正火钢的焊接性

热轧及正火钢属于非热处理强化钢，碳及合金元素的含量都比较低，总体来看焊接性较好。但是，随着合金元素的增加和强度的提高，焊接性也会变差，使热影响区母材性能下降，产生焊接缺陷。

(1) 粗晶区脆化。热影响区中被加热到 1 100 ℃以上的粗晶区是焊接接头的薄弱区。热轧及正火钢焊接时，热输入过大或过小都可能使粗晶区脆化。

(2) 冷裂纹。热轧钢虽然含少量的合金元素，但其碳当量比较低，一般情况下其冷裂倾向不大。

(3) 热裂纹。一般情况下，热轧及正火钢的热裂倾向小，但有时也会在焊缝中出现热裂纹。

(4) 层状撕裂。大型厚板焊接结构如在钢材厚度方向承受较大的拉伸应力，可能沿钢材轧制方向发生阶梯状的层状撕裂。

6.3.2.3　热轧及正火钢的焊接工艺

热轧及正火钢的焊接性较好，表现在对焊接方法的适应性强、工艺措施简单、焊接缺陷敏感性低且较易防止、产品质量稳定等方面。

1. 焊接方法的选择

热轧及正火钢可以用各种焊接方法焊接，不同的焊接方法对产品质量无显著影响。通常根据产品的结构特点、批量、生产条件及经济效益等综合效果选择焊接方法。生产中常用的焊接方法有焊条电弧焊、埋弧焊、CO_2气体保护焊和电渣焊等。

热轧及正火钢可以用各种切割方法下料，如气割、电弧气刨、等离子弧切割等。强度级别较高的钢虽然在热切割边缘会形成淬硬层,但是在后续的焊接时可熔入焊缝而不会影响焊接质量。因此,切割前一般不需预热,割后可直接焊接而不必加工。

热轧及正火钢焊接时,对焊接质量影响最大的是焊接材料和焊接参数。

2. 焊接材料的选用

热轧及正火钢主要用于制造受力构件,要求焊接接头具有足够的强度、适当的屈强比、足够的韧性和低的时效敏感性,即具有与产品技术条件相适应的力学性能。因此,选择焊接材料时,必须保证焊接金属的强度、塑性、韧性等力学性能指标不低于母材,同时还要满足产品的一些特殊要求,如耐温强度、耐大气腐蚀能力等,并不要求焊缝金属的合金系统或化学成分与母材相同。热轧及正火钢常用的焊接材料见表 6.3-1。

表 6.3-1 热轧及正火钢焊接材料选用举例

钢 号	焊条型号	埋弧焊		电渣焊		CO_2气体保护焊
		焊 丝	焊 剂	焊 丝	焊 剂	
Q295	E43××型	H08,H10MnA	HJ430 SJ301			H10MnSi H08Mn2Si
Q345	E50××型	不开坡口对接 H08A	HJ431	H08MnMoA	HJ431	H08Mn2Si
		中板开坡口对接 H08MnA, H10Mn2	SJ101 SJ102			
		厚板深坡口对接 H10Mn2	HJ350		HJ360	
Q390	E50××型	不开坡口对接 H08MnA	HJ431	H08Mn2MoVA		H08Mn2SiA
		中间开坡口对接 H10Mn2, H10MnSi	SJ101 SJ102		HJ431 HJ360	
	E50××-G 型	厚板深坡口对接 H08MnMoA	HJ250, HJ350			
Q420	E55××型 E60××型	H08MnMoA H04MnVTiA	HJ431 HJ350	H10Mn2MoVA	HJ431 HJ350	
18MnMoNb	E60××型 E70××型	H08Mn2MoA H08Mn2MoVA	HJ431 HJ350	H08Mn2MoVA H08Mn2MoVA	HJ431 HJ350	
X60	E4311	H08Mn2MoVA	HJ431 SJ101 SJ102			

3. 预热温度的确定

焊前预热可以控制焊接冷却速度，减少或避免热影响区淬硬马氏体的产生，降低热影响区硬度，降低焊接应力，并有助于氢气从焊接接头中逸出。但是，预热常常恶化劳动条件，使生产工艺复杂化，尤其不合理的是过高的预热温度会损害焊接接头的性能。预热温度受母材成分、焊件厚度与结构、焊条类型、拘束度以及环境温度等因素的影响，因此焊前是否需要预热以及合理的预热温度，都需要认真考虑或通过试验确定。

4. 焊后热处理

热轧及正火钢常用的热处理有消除应力退火、正火或正火＋回火等。通常要求热轧及正火钢进行焊后热处理的情况较多，如母材屈服强度≥490 MPa，为了防止延迟裂纹，焊后要立即进行消除应力退火或消氢处理。

厚壁压力容器为了防止由于焊接时在厚度方向存在温差而形成三向应力场所导致的脆性破坏，焊后要进行消除应力退火；电渣焊接头为了细化晶粒，提高接头韧性，焊后一般要求进行正火或正火＋回火处理；对可能发生应力腐蚀开裂或要求尺寸稳定的产品，焊后要进行消除应力退火。同时，焊后要进行机械加工的构件，在加工前还应进行消除应力退火。

在确定退火温度时，应注意退火温度不应超过焊前的回火温度，以保证母材的性能不发生变化。对有回火脆性的钢，应避开回火脆性的温度区间。

6.3.3　低碳调质钢的焊接

6.3.3.1　低碳调质钢的成分与性能

当钢的强度要求进一步提高时，仅依靠固溶强化、沉淀强化已达不到理想结果，而且强度越大，钢材的塑性和韧性严重降低。因此，屈服强度 R_r＝490～980 MPa 的高强钢必须通过淬火＋高温回火的调质处理进行强化并获得良好综合性能。

一般低碳调质钢的含碳量 $w(C)\leqslant 0.22\%$，添加一些提高钢的淬透性和马氏体回火稳定性的元素(如 Mn，Cr，Ni，Si，V，Mo，Ti，Nb，B 等)，可推迟珠光体和贝氏体的转变，使产生马氏体转变的临界冷却速率降低，从而提高淬透性和抗回火性。由于含碳量低，淬火后得到低碳马氏体，且会发生自回火现象，脆性倾向小，因而焊接性很好。焊前母材即使是调质状态，焊后也可以不经热处理直接使用。

国外研制的低碳调质钢一般都加入 Ni 和 Cr 为主要合金元素。强度级别越高，含 Ni 量也越高。元素 Cr 的上限为 $w(Cr)=1.6\%$。如用于工程结构、压力容器的 T-1 钢，用于舰艇外壳的 HY-80，以及宇航业的 HY-130，HP9-4-20 等。

低碳调质钢属于热处理强化钢。这类钢强度高，具有优良的塑性和韧性，可直接在调质状态下焊接，焊后不需再进行调质处理。但低碳调质钢生产工艺复杂、成本高，进行热加工(成形、焊接等)时对焊接参数限制比较严格。随着焊接技术的发展，在焊接结构制造中，低碳调质钢越来越受到重视，具有广阔的发展前景。

6.3.3.2　低碳调质钢的焊接性

焊接低碳低合金调质钢时的主要问题和工艺要求基本上与正火钢类似，差别只在于这类钢是通过调质获得强化效果的。焊接性问题包括：由于冷却速度较高引起的冷裂纹；由于成分(如Cr，Mo，V等元素)引起的消除应力裂纹；在焊接热影响区还会产生过热区的脆化和A_{C1}附近的软化现象；一般而言，热裂纹的倾向较小。

6.3.3.3 低碳调质钢的焊接工艺

低碳调质钢多用于制造重要焊接结构，对焊接质量要求高。同时，这类钢的焊接性对成分变化与[H]都很敏感。即使是同一牌号钢但炉号不同时，合金成分也不同。所需的预热温度不同；当[H]上升时，预热温度亦需相应提高。为了保证焊接质量，防止焊接裂纹或热影响区性能下降，从焊前准备到焊后热处理的各个环节都需进行严格控制。

1. 接头与坡口形式设计

对于R_{eL}≥600 MPa的低碳调质钢，焊缝布置与接头的应力集中程度都对接头质量有明显影响。合理的接头设计应使应力集中系数尽可能小，且具有好的可焊性，便于焊后检验。一般来说，对接焊缝比角焊缝更为合理，也更便于进行射线或超声波探伤。坡口形式以U形或V形为佳，单边V形也可采用，但在工艺规程中应注明要求两个坡口面必须完全焊透。为了降低焊接应力，可采用双V形或双U形坡口。对强度较高的低碳调质钢，无论用何种形式的接头或坡口，都必须要求焊缝与母材交界处平滑过渡。低碳调质钢的坡口可用气割切制，但切割边缘的硬化层要通过加热或机械加工消除。板厚＜100 mm时，切割前不需预热；板厚≥100 mm，应进行100～150 ℃预热。强度等级较高的钢，最好用机械切割或等离子弧切割。

2. 焊接方法选用

为了使调质状态的钢焊后的软化降到最低程度，应采用比较集中的焊接热源。对于R_r≥600 MPa的钢，可用焊条电弧焊、埋弧焊、钨极或熔化极气体保护焊等方法焊接，其中R_r≥686 MPa的钢最好用熔化极气体保护焊；对于R_r≥980 MPa的钢，则必须采用钨极氩弧焊或电子束焊等方法。当由于结构形式的原因而必须采用大焊接热输入的方法(如多丝埋弧焊或电渣焊)时，焊后必须进行调质处理。

3. 焊接材料的选用

低碳调质钢焊接材料的选用一般按等强原则进行。低碳调质钢在调质状态下进行焊接时，选用的焊接材料应保证焊缝金属与调质状态的母材具有相同的力学性能。当接头拘束度很大时，为了防止冷裂纹，可选用强度略低的填充金属。具体焊接材料选用举例见表6.3-2。

焊接低碳调质钢时，氢的危害更加突出，必须严格控制。随着母材强度的提高，焊条药皮中允许的含水量降低。如焊接R_m≥850 MPa的钢所用的焊条，药皮中允许的含水量≤0.2%，而焊接R_m≥980 MPa的钢，规定含水量≤0.1%。因此，一般低氢型焊条在焊前必须按规定烘干，烘干后放置在保温筒内。耐吸潮低氢型焊条在烘干后，可在相对湿度80%的环境中放置不超过24 h，药皮含水量不会超过规定标准。

4. 预热温度

对低碳调质钢预热的目的主要是防止冷裂，对改善组织并没有明显作用。为了防止高温时冷却速度过低而产生脆性组织，预热温度不宜过高，一般不超过200 ℃。预热温度过高，将会使韧性下降。

表 6.3-2　低碳调质钢焊接材料选用举例

牌　号	焊条电弧焊	埋弧焊	气体保护焊	电渣焊
14MnMVN	J707	H08Mn2MoA	H08Mn2Si	
		H08Mn2NiMoVA		
		配合 HJ350		
	J857	H08Mn2NiMoA	H08Mn2Mo	
		配合 HJ350		
14MnMoNbB	J857			H10Mn2MoA
				H08Mn2Ni2CrMoA
				配合 HJ360，HJ431
WCF-62	新 607CF		H08MnSiMo	
	CHE62CF(L)		Mn-Ni-Mo 系	
HQ70A，HQ70B	E7015		H08Mn2NiMo	
			Mn2-Ni2-Cr-Mo 系	
			CO_2 或 Ar＋20%CO_2	

6.3.4　中碳调质钢的焊接

中碳调质钢也是热处理强化钢，虽然其较高的碳含量可以有效提高调质处理后的强度，但塑性、韧性相应下降，焊接性能变差。这类钢需要在退火状态下焊接，焊后还要进行调质处理。为保证钢的淬透性和防止回火脆性，这类钢含有较多的合金元素。

中碳调质钢在调质状态下具有良好的综合性能，常用于制造大型齿轮、重型工程机械的零部件、飞机起落架及火箭发动机外壳等。

6.3.4.1　中碳调质钢的焊接性

中碳调质钢的焊接性体现在：

(1) 焊接热影响区的脆化和软化。中碳调质钢由于碳含量高、合金元素多，钢的淬硬倾向大，在淬火区产生大量脆硬的马氏体，导致严重脆化。

(2) 冷裂纹。中碳钢的淬硬倾向大，近缝区易出现马氏体组织，会增大焊接接头的冷裂倾向，在焊接常见的低合金钢中，中碳调质钢具有最大的冷裂纹敏感性。

(3) 热裂纹。中碳调质钢的碳及合金元素含量高，偏析倾向也较大，焊接时具有较大的热裂纹敏感性。

6.3.4.2　中碳调质钢的焊接工艺

由于中碳调质钢的焊接性较差，对冷裂纹很敏感，热影响区的性能也难以保证，因此只有在退火(或正火)状态下进行焊接，焊后整体结构进行淬火和回火处理，才能比较全面地保证焊接接头的性能与母材相匹配。中碳调质钢主要用于要求高强度而对塑性要求不太高的场合，在焊接结构制造中应用范围远不如热轧及正火钢或低碳调质钢广泛。

1. 中碳调质钢在退火状态下的焊接工艺要点

中碳调质钢在退火状态下的焊接工艺要点是：

(1) 焊接材料的选用。为了保证焊缝与母材在相同的热处理条件下获得相同的性能，焊接材料应保证熔敷金属的成分与母材基本相同。同时，为了防止焊缝产生裂纹，还应对杂质和促进金属脆化的元素（如S,P,C,Si等）进行更严格的限制。对淬硬倾向特别大的材料，为了防止裂纹或脆断，必要时采用低强度填充金属。

(2) 焊接工艺要点。在焊接方法选用上，由于不强调焊接热输入对接头性能的影响，因而基本上不受限制。采用较大的焊接热输入并适当提高预热温度，可以有效防止冷裂。预热温度及层间温度一般可控制在250～300 ℃之间。

为了防止延迟裂纹，焊后要及时进行热处理。若及时进行调质处理有困难，可进行中间退火或在高于预热的温度下保温一段时间，以排除扩散氢并软化热影响区组织。中间退火还有消除应力的作用。对结构复杂、焊缝较多的产品，为了防止由于焊接时间过长而在中间发生裂纹，可在焊完一定数量的焊缝后进行一次中间退火。

Cr-Mn-Si钢具有回火脆性，这类钢焊后回火温度应避开回火脆性的温度范围（250～400 ℃），一般采用淬火＋高温回火，并在回火时注意快冷，以避免第二类回火脆性。在强度要求较高时，可进行淬火＋低温回火处理。

2. 中碳调质钢在调质状态下的焊接工艺要点

在调质状态下焊接时，全面保证焊接质量比较困难，同时解决冷裂纹、热影响区脆化及软化三方面的问题，互相间有较大矛盾。因此，只有在保证不产生裂纹的前提下尽量保证接头的性能。

一般采用热量集中、能量密度高的焊接热源，在保证焊透的条件下尽量用小焊接热输入，以减小热影响区的软化，如选用氩弧焊、等离子弧焊或电子束焊效果较好。预热温度、层间温度及焊后回火温度均应低于焊前回火温度50 ℃以上。为了防止冷裂纹，可以用奥氏体不锈钢焊条或镍基焊条。

6.3.5 低温用钢的焊接

6.3.5.1 低温用钢的成分和性能

低温用钢主要用于低温（－20～－196 ℃）下工作的容器、管道和结构，因此要求这种钢低温下有足够的强度，特别是它的屈服点。同时，要求其在低温下具有足够的韧性；对所容纳物质有耐蚀性。另外，由于低温用钢的绝大部分是板材，都要经过焊接加工，所以焊接性十分重要。此外，为保证冷加工成型，还要求钢材有良好的塑性，一般碳钢中低温用钢的伸长率不低于11%，合金钢不低于14%。低温用钢按化学成分分为含镍和无镍两大类。低温用钢按显微组织又可分为铁素体型、低碳马氏体型和奥氏体型等多种。

低温用钢大部分是接近铁素体型的低合金钢，从化学成分来看，其明显特点是低碳或超低碳（<0.06%），主要通过加入铝、钒、铌、钛、稀土等元素固溶强化，并经过正火、回火处理获得细化晶粒均匀的铁素体加少量珠光体组织，从而得到良好的低温韧性。为保证低温韧性，还应

严格限制磷、硫等杂质含量。

6.3.5.2　低温用钢的焊接性

低温用钢的碳含量低，硫、磷含量也限制在较低范围内，其淬硬倾向和冷裂倾向小，具有良好的焊接性。焊接时的主要问题是防止焊缝和过热区出现粗晶过热组织，保证焊缝和过热区（粗晶区）的低温韧性；由于镍能促成热裂，所以焊接含镍钢，特别是 9％Ni 钢时要注意液化裂纹问题。

6.3.5.3　低温用钢的焊接材料

低温用钢对焊接材料的选择必须保证焊缝含有害杂质硫、磷、氧、氮最少，尤其含镍钢更应严格控制杂质含量，以保证焊缝金属良好的韧性。由于对低温条件要求不同，应针对不同类型低温钢选择不同的焊接材料。焊接低温用钢焊条见表 6.3-3，焊－40 ℃级 16Mn 低温用钢可采用 E5015 或 E5015-G 高韧性焊条。

表 6.3-3　低温用钢焊条

焊条牌号	焊条型号	焊缝金属合金系统	主要用途
W607	GBE5015-G	Mn-Ni	用于焊接－60 ℃下工作的低合金钢结构
W607H	GBE5515-C1	Mn-Ni2	用于焊接－60 ℃下工作的低合金钢结构
W707	GBE5515-C1	Mn2-Cu	用于焊接－70 ℃下工作的低合金钢结构
W707Ni	GBE5515-C1 AWSE8015-G	Mn-Ni2	用于焊接－70 ℃下工作的低合金钢结构
W807	GBE5515-G	Mn-Ni1.5	用于焊接－80 ℃下工作的低合金钢结构
W907Ni	GBE5515-C2 AWSE8015-C2	Mn-Ni3.5	用于焊接－90 ℃下工作的低合金钢结构
W107	GBE5015-C2 AWSE7015-L2L	Mn-Ni3.5	用于焊接－90 ℃下工作的低合金钢结构
W107Ni	—	Mn-Ni5	用于焊接－100 ℃下工作的低合金钢结构

埋弧焊时，可用中性熔炼焊剂配合 Mn-Mo 焊丝或碱性熔炼焊剂配合含 Ni 焊丝；也可采用 C-Mn 钢焊丝配合碱性非熔炼焊剂由焊剂向焊缝渗入微量 Ti，B 合金元素，以保证焊缝金属获得良好的低温韧性。

6.3.5.4　低温用钢的焊接工艺要点

低温用钢的焊接工艺要点是：

（1）焊前预热。板厚和刚性较大时，焊前要预热，3.5％Ni 钢要求 150 ℃，9％Ni 钢要求 100～150 ℃，其余低温用钢均不需预热。

（2）严格控制热输入。如焊接热输入过大，会使焊缝金属韧性下降。为最大限度减少过热，应采用尽量小的热输入。

(3) 适当增加坡口角度和焊缝焊道数目。采用无摆动快速多层、多道焊,控制层间温度,减轻焊道过热,通过多层焊的重热作用细化晶粒。

(4) 在焊接结构制造过程中减少应力集中。采取各种措施,尽量防止在接头的过热区和工件上应力集中,如填满弧坑、避免咬边、焊缝表面圆滑过渡、产品各种角焊缝必须焊透等;工件表面装配用的定位块和楔子去除后所留的焊疤均应打磨。

(5) 焊后消除应力处理。镍钢及其他铁素体型低温用钢,当板厚或其他因素造成残余应力较大时,需进行消除应力热处理,有利于改善焊接接头的低温韧性。

6.3.6 低合金耐腐蚀用钢的焊接

低合金耐蚀钢包括的范围很广,根据用途可分为耐候钢、耐海水腐蚀用钢及石油化工中用的耐硫和硫化物腐蚀用钢。从成分和性能考虑,前两种耐蚀钢基本上属于同一类型,有很多共同之处。

6.3.6.1 耐候钢、耐海水腐蚀用钢的焊接特点

这类钢主要用于制作在露天或海上工作的设备,如桥梁、车辆、港口机械、露天矿山机械及海上钻井设备等。这些设备在工作中会受到大气或海水不同程度的腐蚀,因此提高钢材耐大气及海水腐蚀的能力,不仅能确保设备安全运行,还可延长设备的寿命和减小结构自重,降低产品成本。

这类钢的合金系统主要以 Cu 和 P 为主,再加入其他的合金元素。Cu 和 P 是提高钢材的耐大气和耐海水腐蚀性能的最有效元素。一般认为,w(Cu)在 0.2%～0.5%时,既能获得较好的耐腐蚀性能,又不太影响韧性。P 也可以显著降低钢在大气和海水中的腐蚀速度,特别是与 Cu 共存时效果更好。为降低含 P 钢的冷脆性,应限制含碳量[w(C)≤0.12%]。Cr 也能提高钢的耐腐蚀性能,Ni 和 Cu,Cr,P 一起加入时,可以加强耐腐蚀效果。此外,Mo,Si,Al,Nb,Ti,Zr 等都有提高耐大气腐蚀的能力。耐大气腐蚀的钢中除了 Cu-P 系列外,为了改善焊接性和韧性,还发展了一类不加 P 的耐大气腐蚀钢,如 Cu-Cr-Ni-Mo 系和 Cr-Cu-V 系等。我国过去发展的耐大气腐蚀钢主要是含 Cu,P 钢,如 16MnCu,09MnCuPTi,08MnPRE 和 12MnPRE 等。耐海水腐蚀用钢的成分与耐大气腐蚀钢很类似,如美国的 Mariner 钢就是Ni-Cu-P系。这种钢由于含 P 高,低温冲击韧度和大截面钢的焊接性都不太好,主要用于钢板柱和钢管桩等非焊接结构。后来发展的耐海水腐蚀用钢,适当降低了 P 而加入了 Cr,Si,Mn,Al,Mo,Nb 和 Re 等,如日本的 Mn-Si-Cr-Cu-Mo 系钢。我国过去发展的耐海水腐蚀用钢有 16MnCu,10MnPNbRE,10NiNbRE,10NiCuP 等。

从以上分析可以看出,在耐大气、海水腐蚀用钢中,除了含碳量外,实际上与一般的低合金热轧钢没有原则差别,因此焊接性都比较好。焊接时的主要特点是,在选择焊接材料时除了要满足强度要求外,还必须在耐腐蚀性方面与母材相匹配。至于含 P 低的耐蚀钢,从焊接性和韧性出发,w(C)必须严格限制在不超过 0.12%,并希望 w(C+P)≤0.25%。这不仅是因为 P 易在焊缝金属晶界上严重偏析而促使形成晶间裂纹,也是因为 P 可使近缝区的硬度增加,而促使增大冷裂纹的敏感性,同时还能降低接头的塑性和韧性,即使对含碳量严格限制后,仍然希望能添加细化晶粒的合金元素,并尽可能避免在大拘束度条件下进行焊接。要合理设计接头形式,同时尽可能采用小的焊接热输入。焊缝金属可用 P 来合金化,如 J507CuP 焊条

(E5015-G);也可以不用P来合金化,此时主要是采用Ni-Cu或Ni-Cr-Cu合金,如J507CrNi焊条(E5015-G),其中w(Ni)在0.4%左右,w(Cr)在0.6%左右。埋弧焊时,采用H08MnA焊丝或H10Mn2焊丝配合HJ431焊剂或SJ101焊剂。

6.3.6.2 耐硫和硫化物腐蚀用钢的焊接特点

在石油、化工工业中,大量的腐蚀是由于硫和硫化物引起的,特别是硫化氢,其腐蚀性最强。耐硫和硫化物腐蚀用钢主要有两大类型:一类是Cr-Mo钢,这类钢在国内外的应用都比较广泛;另一类是我国根据国内资源条件开发的含铝钢。

低合金Cr-Mo钢主要用于输油管道与原油蒸馏设备。当工作条件更恶劣时,需要高合金Cr-Ni钢,如汽油精炼设备等。铝和铬一样也能在钢的表面形成致密的钝化膜,以铝代铬可以取得基本相同的耐蚀效果。钢中的含铝量越高,耐蚀性越好。含铝耐蚀钢就是以铝为主要合金元素的。

按含铝量的不同,含铝耐蚀钢可以分为三类:第一类为w(Al)<0.5%的热轧钢;第二类为w(Al)≈1%的热轧钢;第三类为w(Al)=2%~3%的正火钢。

含铝钢的焊接性与其含铝量有关,第一类含铝钢的焊接性比较好,与低碳钢或强度较低的低合金钢相近,对焊接工艺无特殊要求。第二和第三类钢由于含铝量较高,焊接性变差,主要存在的问题是铝极易氧化而难以向焊缝中过渡,以及焊接接头脆化严重。脆化是由于铝的存在而在近缝区形成晶粒粗大的“铁素体带”所致。含铝量越高,脆化越严重。因此,第二和第三类含铝钢不宜作焊接结构用材,目前在焊接结构制造中已被国际通用的Cr-Mo钢所取代。

渗铝钢研制成功后引起了国内外的广泛重视。将低碳钢经过表面高温扩散渗铝而制成的渗铝钢,既保留了含铝钢的耐蚀性,又避免了含铝钢的复杂冶炼过程,降低了成本。由于渗铝钢多用于焊接结构制造,因此研究与渗铝钢相匹配的焊条是推广应用这类钢的关键。

渗铝钢焊接的主要问题是渗铝层中的铝熔入熔池后被氧化而成为Al_2O_3,使焊接工艺过程严重恶化,并使焊缝成分改变而导致性能下降,同时接头表面的渗铝层被破坏,耐蚀性也难以保证。在工业发达国家,多采用焊前将坡口及其附近的表面层除去,焊后重新渗铝的方法,效果较好,但在国内推广存在困难。

国内解决此类问题的办法是改变焊缝的合金系统,适当提高药皮的氧化性,以降低焊缝中的含铝量,从而既可保证接头的耐蚀性,又可解决由于铝进入焊缝而带来的问题。渗铝钢的焊接性及焊接工艺将在6.5节进行分析。

6.3.7 管线钢的焊接

6.3.7.1 管线钢的技术进步及发展

管线钢的发展经历了一个漫长的过程。高强度低合金(HSLA)钢于1959年在美国GREAT LAKE管线系统中首次获得应用,之后管线钢的发展水平一直伴随HSLA钢的发展而不断提高。为了全面满足油气输送管线对钢的要求,在成分设计和冶炼、加工成型工艺上采取了许多措施,并自成体系。管线钢已成为低合金高强度钢和微合金钢领域最富活力、最具研究成果的一个重要分支。在成分设计上,大体上都是低碳(超低碳)Mn-Nb-Ti系或Mn-Nb-V(Ti)系,有的还加入Mo等元素。

随着针状铁素体钢的发展，产生的新钢种的性价比远远超过钢铁工业中的传统合金钢，代表钢种有 X60，X65，X70 和 X80 等。这是目前油气输送管线工程的主流钢种。这些钢种主要是通过细晶强化、析出强化、位错强化、亚晶强化及置换固溶强化提高钢的强度，并通过获得最大程度的晶粒细化降低韧脆性转变温度。在针状铁素体管线钢研究的基础上，更高级别的铁素体-马氏体管线钢，如 X100，X120 也应运而生。但该钢中的许多问题还处在研究阶段，如焊接性能、止裂性能、实地爆破试验、大批短距离的服役试验等工作，还需要 10～20 年的研究和经验积累才能够进入大规模的使用。

40 多年来，管线钢的进步与发展表明合金成分设计、冶金技术和控轧控冷工艺三者之间的最佳结合是决定钢的综合性能的根本。管线钢生产不断采用冶金学和冶金工艺方面的新成就，并在不断发展和完善之中。

6.3.7.2 管线钢的焊接性问题

与普通的合金结构钢相比，管线钢冶金要求严格，C，S 和 P 等元素得到有效控制，因此焊接时液化裂纹和结晶裂纹倾向很小。在具体的焊接工艺中应选择低 C，S 和 P 含量的焊接材料，并避免在钢管成形焊接和安装焊接过程中存在较大的成形应力或附加应力。由于管线钢的安装焊接施工条件差，管线的服役环境恶劣，所以管线钢焊接冷裂纹始终是人们关注的焦点。

高强高韧性管线钢属于低合金高强钢、低碳或超低碳的微合金控轧钢，采用了精炼技术、微合金钢技术、控轧控冷技术以及形变热处理等先进技术，使管材含碳量极低、洁净度高、晶粒细化，具有较高的强韧性和良好的焊接性，尤其是焊接热影响区冷裂纹敏感性大大降低，粗晶区韧性大幅度提高，可进一步适应高效率、大热输入的焊接工艺。然而，新问题也随之出现，如母材的低碳当量高强度化使冷裂纹从焊接热影响区转移到焊缝金属中，以及多层焊接头中的局部脆性区问题等。因此，对于低合金高强钢，应注意焊缝金属的冷裂纹问题。对于大热输入焊接，必须对其焊接热影响区的组织与韧性进行评定，特别要注意多层焊的局部脆性区问题。对于新发展的超细晶粒钢，要采用高能量密度、低热输入的焊接工艺来防止焊接热影响区晶粒的过分长大。

6.3.7.3 管线钢的成型焊接与安装焊接

1. 管线钢的成型焊接

当前钢管成型焊接的方式可分为螺旋缝埋弧焊、直缝埋弧焊、高频直缝电阻焊三大类。按这三类不同方式生产的焊接钢管分别称为螺旋缝埋弧焊钢管（spirally submerged arc welding，SSAW）、直缝埋弧焊钢管（longitudinally submerged arc welding，LSAW）、高频直缝电阻焊钢管（electric resistence welding，ERW）。另外，还有一种螺旋缝高频焊钢管，因为其成型和焊接工艺上固有的缺点，在长输管线上已不再使用。

SSAW 焊管在工艺上有许多优点，得到了广泛应用。例如，可用同样的带钢生产不同直径的钢管；成型易于调整，更换规格方便；既适用于大批量生产，也适用于小批量生产；生产过程易于实现机械化、自动化和连续化。生产螺旋埋弧焊管的原材料一般为卷成圆柱形的带钢，从带钢进入拆卷机开始，途经二十几道工序，全部是在一个机械化、自动化程度较高的流水线上完成的。

按成型方式不同，直缝埋弧焊管可分为 UOE 焊管、JCOE 焊管和 RBE 焊管等，其工艺流程大同小异，焊接工艺也是相同的，所不同的是成型工艺。UOE 成型工艺指钢板在边缘预弯后首先在成型机内弯成U形，然后压成O形，再内外焊后进行冷扩径。该工艺属单根生产，而非连续生产，且其主要焊接过程是与成型分离的。RBE焊管是将钢板经成型辊弯曲成型，焊后进行扩径，得到所需尺寸的钢管。JCOE焊管是将钢板按J形-C形-O形的顺序成型，焊后进行扩径。

高频电阻焊管是将热轧卷板经过连续辊式成型后，利用高频电流的集肤效应和邻近效应，使卷板边缘产生电阻热并使金属熔化，在挤压辊的作用下进行压力焊接，因此它的焊接和成型两种工艺是紧密联系在一起的。高频焊管的焊接质量好坏在很大程度上取决于它的成型质量，两者密不可分。带钢预弯、连续成型、焊接、热处理、定径等成型过程和焊接过程在机械化、自动化程度很高的机组上连续完成。

2. 管线钢的安装焊接

管线钢的安装焊接主要是：

(1) 纤维素型焊条向下电弧焊。该工艺的显著特点是根焊适应性强，速度快，操作要领易掌握，射线探伤合格率高，普遍用于混合焊接工艺；有较大的熔透能力和优异的填充间隙性能，对管子的对口间隙要求不是很严格，焊缝背面成形好，气孔敏感性小，容易获得高质量的焊缝。但是，由于焊条熔敷金属扩散氢含量高，焊接时应注意预热温度和道间温度的控制，以防止冷裂纹的产生。该工艺是目前管线主线路中采用的主要根焊方法。

(2) STT气体保护焊。STT焊机通过表面张力控制熔滴短路过渡。STT焊接工艺以柔和的电弧、极小的飞溅、良好的焊缝背面成形、焊后不用清渣为主要特点。它使用纯CO_2作保护气体和实芯焊丝，是根焊的优良焊接方法。

(3) 低氢型焊条电弧焊。目前，一些国家生产出了适应根焊的低氢型上向焊条。低氢型焊条上向焊的特点是焊缝质量好，适合于焊接较重要的部件，多用于填充、盖面焊接，但掌握操作技能的难度较大。

(4) 药芯焊丝半自动焊。20世纪90年代初，中石油管道局从美国引进了自保护半自动焊设备和工艺。经培训，该工艺于1995年首次在突尼斯管线工程中应用，在以后的库—鄯线、鄯—乌线、苏丹工程，以及涩—宁—兰、兰—成—渝等管线工程中成为主要的焊接方法。按焊缝口统计，其焊接合格率可达95%以上。它的优点是连续送丝、生产效率高、焊接质量好，特别是自保护药芯焊丝的焊接工艺性能优良，电弧稳定，成形美观，能实现全位置(向下)焊接，抗风能力强，尤其适于野外施工。它是目前管线焊接施工的主要方法。

(5) 全自动焊。在西气东输工程中，全自动气体保护焊工艺的使用已日趋成熟。CO_2气体保护短路过渡焊以其小电流、低电压、细直径实芯焊丝、短路过渡为主要特点，向下焊时熔池体积小，可实现全位置焊接。全自动焊可分为：焊条电弧焊(根焊)＋外焊机方法；半自动焊(STT根焊)＋外焊机方法；外焊机(CMT或PWT根焊)＋外焊机方法；内焊机(根焊)＋外焊机方法；内焊机(根焊)＋单焊枪热焊外焊机＋双焊枪填、盖焊外焊机方法。由于自动焊对组对间隙、钝边及错边量等要求较高，因此对管子质量和坡口加工要求较高，在钢管制造运输时要求严格，一般在现场加工坡口。

(6) 埋弧焊双联管技术。该技术在俄罗斯等国已经得到较普遍应用。在克拉斯诺达尔输油管线中应用该技术，大大减少了现场工作量。在中石油管道局承担的苏丹管线工程中也曾尝试应用该技术。另外，埋弧焊双联管技术已在西气东输二线工程中应用。

6.3.8 合金结构钢焊接实例

6.3.8.1 Q345 钢的焊接

Q345 钢相当于旧牌号的 12MnV,14MnNb,16Mn 等钢种,这些钢的焊接性与焊接工艺基本相同。

Q345 钢的热切割性能与低碳钢相近,气割边缘淬硬层很窄(≤1 mm),电弧气刨切口边缘没有明显的增碳层,切割后可不必加工而直接焊接。Q345 钢可以顺利地进行冷弯与机械切割,由于屈服强度比低碳钢高,冷压成形时回弹力较大,在冷弯、冷剪、冷矫时,压力应选得大一些,同时弯曲半径不能过小。筒节冷弯时,若壁厚与筒节直径之比 $\delta/D>1/40$,为消除冷作硬化,卷后应进行 600～650 ℃的消除应力退火。

Q345 钢加热到 800 ℃以上可以进行各种热压成形,一般加热温度为 1 000～1 100 ℃,终压温度为 750～850 ℃。经热压后力学性能无明显变化,一般不需再进行热处理。Q345 钢也可应用加热矫正变形。实践表明,火焰矫形的加热温度最好控制在 700～800 ℃之间,不宜超过 900 ℃。火焰矫正后可以空冷,也可以水冷,性能无明显差别。

Q345 钢的焊接性较好,一般不需预热。由于钢中有一定的合金元素,碳当量高于 Q235 钢,但一般不超过 0.40%。另外,它的淬硬倾向大于 Q235 钢,因此当结构刚度较大或在低温下施工时,应适当预热。

Q345 钢采用焊条电弧焊时,一般选用 E50××型焊条。焊接重要结构(如压力容器)时,应选用碱性焊条(E5015,E5016)。对小厚度、坡口角度小或强度要求不高的产品,也可选用 E43××型的碳钢焊条(E4315,E4316)。埋弧焊时,焊丝与焊剂的配合可按表 6.3-1 选用。目前应用较多的是高锰高硅焊剂与低碳钢焊丝(H08A)或含锰焊丝(H08MnA,H10Mn2)配合。不同形式的接头与坡口选用可参考表 6.3-1。CO_2 气体保护焊时,主要用 H08Mn2SiA 焊丝,也可用 H10MnSi 焊丝,但焊缝强度略低。

在焊接 Q345 钢或其他高强度钢时,必须对定位焊的质量予以充分重视。定位焊缝很短,截面极小,冷却速度高,特别容易产生气孔、裂纹等缺陷。要求在定位焊时使用与正式焊接时完全相同的焊条,严格遵守工艺规程。对定位焊缝的长度、截面积及间隔也应有规定,必要时应进行预热。定位焊后应仔细检查,发现裂纹应铲掉重焊。为了降低应力,防止定位焊缝开裂,应尽量避免强行装配。

6.3.8.2 13MnNiMoNb(BHW35)钢厚板压力容器焊接实例

1. 焊前准备

用火焰切割厚 80 mm 的钢板时,在切割前起割点周围 100 mm 处应预热至 100 ℃以上。不进行机械加工的切割边缘,焊前应进行表面磁粉探伤。采用电弧气刨清根或制备焊接坡口,气刨前应将焊件预热至 150～200 ℃。气刨后焊件表面应采用砂轮打磨清理。

2. 焊条电弧焊工艺

可采用 V 形或 U 形坡口。采用 E6015(J607)或 E6016(J606)焊条,焊前焊条烘干温度 350～400 ℃,保温 2 h。使用 ϕ4 mm 焊条时,底层焊道焊接电流为 140 A、电弧电压为 23～

24 V，填充焊道焊接电流为 160～170 A、电弧电压为 23～24 V；使用 ϕ5 mm 焊条时，填充焊道焊接电流为 170～180 A、电弧电压为 23～25 V。当板厚大于 10 mm 时，焊前预热至 150～200 ℃，并保持层间温度不低于 150 ℃。当板厚大于 90 mm 时，焊后应立即进行350～400 ℃、保温 2 h 的消氢处理。对于厚度大于 30 mm 的承载部件，焊后需进行消除应力热处理。任何厚度的受压部件不预热焊时和厚度大于 20 mm 的受压部件预热焊时，焊后必须进行消除应力热处理。焊后最佳的消除应力热处理温度范围为 600～620 ℃。

3. 埋弧焊工艺

可采用 I 形、V 形或 U 形坡口。采用 H08Mn2MoA 焊丝、HJ350 或 SJ101 焊剂，焊前 HJ350 焊剂烘干，350～400 ℃、保温 2 h；SJ101 焊剂烘干，300～350 ℃、保温 2 h。使用直径 4 mm的焊丝时，焊接电流为 600～650 A、电弧电压为 36～38 V、焊接速度为 25～30 m/h。当板厚大于 20 mm 时，焊前预热至 150～200 ℃，并保持层间温度不低于 150 ℃。消氢处理和焊后消除应力处理与焊条电弧焊相同。焊后 100%超声波检查，并进行 25%的射线检查，所有焊缝及热影响区表面进行磁粉探伤。

6.3.8.3　35CrMo 钢焊接实例

35CrMo 及 35CrMoA 钢是较为常用的中碳调质钢，因为这种钢在热处理状态下既具有高强度，又具有较好的焊接性。35CrMo 钢的 M_S 点较高，焊接热影响区的马氏体在随后的冷却过程中可受到一定程度的回火作用。因此，当构件的刚度不太大，采用熔化极气体保护焊时，无需采用预热及消除应力处理即可得到满意的焊接接头。例如，某重型机械厂采用实芯焊丝 CO_2气体保护焊对 35CrMo 钢组合齿轮的精加工焊接。组合齿轮结构的接头形式为对接，平焊位置施焊，焊接时采用直径为 0.8 mm 的 H08Mn2SiA 焊丝，焊接电流为 95～100 A，电弧电压为 21～22 V，焊接速度为 7～8 mm/s，采用特制的自动夹具进行焊接，无需预热及消除应力处理，即可得到满足使用要求的焊接接头。

6.3.8.4　3.5Ni 钢焊接实例

3.5Ni 钢广泛用于乙烯、化肥、橡胶、液化石油气及煤气工程中低温设备的制造。3.5Ni 钢依靠降低 C，P，S 含量，加入 Ni 等合金成分，并通过热处理细化晶粒，使其具有优良的低温韧性。3.5Ni 钢一般在正火或正火加回火状态使用，其低温韧性较稳定，显微组织为铁素体和珠光体，最低使用温度为－101 ℃。经调质处理，其组织和低温韧性可得到改善。日本 JIS 标准规定，SL3N45 钢调质后的最低使用温度为－110 ℃。为避免由于过热而使焊缝及热影响区的韧性恶化，焊接时焊条尽量不摆动，应严格控制焊接预热及焊道层间的温度在 50～100 ℃范围，应采用热输入小的焊接方法施焊，焊条电弧焊的热输入应控制在 200 kJ/mm 以下，熔化极气体保护焊焊接热输入应控制在 2.5 kJ/mm 左右。由于 3.5Ni 钢中的含碳量较低，所以其淬硬倾向不大，一般可以不预热。但当板厚在 25 mm 以上或刚度较大时，焊前要预热到 150 ℃左右，层间温度与预热温度相同。

3.5Ni 钢有应变时效倾向，当冷加工变形量在 5%以上时，需要进行消除应力热处理，以改善韧性。该类钢在焊后消除应力退火的过程中易产生回火脆性。为避免回火脆性，建议采用 4.5Ni-0.2Mo 系焊丝。也可采用日本的 NB-3N 焊条进行焊接，焊后进行 600～625 ℃热处理，以利于改善焊接接头的低温韧性。

6.3.8.5 管线钢焊接实例

"西气东输"一线工程是我国"十五"期间规划的特大型基础建设项目之一，管道横贯我国东西，主干管线全长 4 000 km，输送压力为 10 MPa，现已全线投产并正常运行，每年为沿线生活用气和企业生产提供天然气 170 亿 m^3。

西气东输管道工程所用钢管为 X70 等级管线钢，规格为 ϕ1 016 mm×(14.6～26.2) mm，其中螺旋焊管约占 80%，直缝埋弧焊管约占 20%，管线钢用量约 170 万 t。

X70 管线钢除了含 Nb，V，Ti 外，还加入了少量的 Ni，Cr，Cu 和 Mo，使铁素体的形成推迟到更低的温度，有利于形成针状铁素体和下贝氏体。因此，X70 管线钢本质上是一种针状铁素体型的高强、高韧性管线钢。钢管的化学成分及力学性能见表 6.3-4 和表 6.3-5。

表 6.3-4 西气东输管道工程 X70 管线钢典型化学成分 单位：%

生产厂	C	Si	Mn	Cr	Mo	Ni	Nb	V	Ti	Cu	P	S	P_{cm}	$w(C)_{eq}$
中国宝钢	0.05	0.20	1.56	0.026	0.21	0.14	0.045	0.032	0.016	0.18	0.014	0.002 9	0.17	0.39
中国武钢	0.05	0.21	1.55	0.021	0.27	0.23	0.047	0.038	0.018	0.21	0.010	0.002 2	0.18	0.41
日本住友	0.07	0.15	1.62	0.02	0.01	0.20	0.035	0.05	0.022	0.28	0.011	0.001	0.18	0.39
德国西马克	0.08	0.27	1.57	0.06	0.01	0.03	0.04	0.07	0.013	0.03	0.011	0.001	0.19	0.37
要求值	0.09	0.35	1.65	0.25	0.30	0.30	0.08	0.06	0.025	0.30	0.020	0.005	0.21	0.42

表 6.3-5 西气东输管道工程 X70 管线钢典型力学性能

生产厂	壁厚 /mm	取样位置	屈服强度 /MPa	抗拉强度 /MPa	伸长率 /%	冲击韧性 (−20 ℃)/J	屈强比
中国宝钢	14.6	横 向	525	644	37	341	0.82
中国武钢	14.6	横 向	539	659	42	402	0.82
日本住友	21	横 向	532	627	40.9	297	0.85
德国西马克	21	横 向	507	607	40.5	267	0.84
要求值			485～620	570	与壁厚有关	140	≤0.90

1. X70 管线钢焊接性分析

X70 管线钢含碳量低，淬硬倾向较小，冷裂纹倾向较低。但随着板厚的加大，仍然具有一定的冷裂纹倾向。在现场焊接时由于常采用纤维素焊条、自保护药芯焊丝等含氢量高的焊材，热输入小，冷却速度快，会增加冷裂纹的敏感性，需要采取必要的焊接措施。

焊接热影响区脆化往往是造成管线发生断裂，诱发灾难性事故的根源。出现局部脆化主要是：热影响区粗晶区脆化，是由于过热区的晶粒过分长大以及形成的不良组织引起的；多层焊时粗晶区再临界脆化，是前焊道的粗晶区受后续焊道的两相区的再次加热引起的。可以在钢中加入一定量的 Ti，Nb 微合金化元素和控制焊后冷却速度，通过获得合适的 $t_{8/5}$ 来改善韧性。

2. 西气东输管道工程中应用的焊接方法

由于西气东输管道工程用钢管的强度等级较高，管径和壁厚较大，所以线路施工以自动焊和半自动焊为主，手工焊为辅。所涉及的主要焊接方法有熔化极气体保护电弧焊、自保护药芯焊丝电弧焊和焊条电弧焊。

自动焊方法包括：

(1) 内焊机根焊＋自动外焊机填充、盖面；

(2) 气体保护半自动焊根焊＋自动外焊机填充、盖面；

(3) 纤维素焊条电弧焊根焊＋自动外焊机填充、盖面。

几种焊接方法的区别在于根焊方法不同。

§6.4　耐热钢、不锈钢的焊接

6.4.1　耐热钢、不锈钢概述

耐热钢和不锈钢在化学成分上的共同特点是加入合金元素铬[w(Cr)＝1%～30%]。与低合金结构钢相比，这类钢的化学成分、组织变化范围很大；性能上不仅要求常温力学性能，还要有一定的高温性能与耐蚀性能。这类钢的焊接比低合金结构钢要困难，除了要防止裂纹等缺陷外，更重要的是保证接头的使用性能与母材相当。

6.4.1.1　耐热钢分类及特性

在高温下工作并具有一定强度和抗氧化、耐蚀能力的铁基合金称为耐热钢。耐热钢广泛用于石油化工的高温管线、反应塔和加热炉，火力发电设备的锅炉和汽轮机，汽车和船舶的内燃机，航空航天工业的喷气发动机等高温装置。

1. 耐热钢的分类

耐热钢的种类很多。按特性不同，可分为热稳定钢(在高温状态下保持化学稳定性)和热强钢(在高温状态下具有足够的强度)；按合金元素含量，可分为低合金耐热钢[w(Me)＜5%]、中合金耐热钢[w(Me)＝5%～12%]和高合金耐热钢[w(Me)＞12%]；按小截面试样正火后的组织，可分为珠光体耐热钢、马氏体耐热钢、铁素体耐热钢和奥氏体耐热钢。

2. 耐热钢的特性

耐热钢最基本的特性要求是高温化学稳定性和优良的高温力学性能。

高温化学稳定性主要是抗氧化性。耐热钢的抗氧化性主要取决于钢中的合金成分，能在钢材表面形成坚固保护膜的元素，如 Cr，Al，Si 等可提高钢的抗氧化性。Cr 是提高抗氧化性的主要元素，试验表明：在 650，850，950，1 100 ℃条件下，要满足抗氧化性要求，钢中 $w(Cr)$ 应分别达到 5%，12%，20%，28%。Mo，B，V 等元素所生成氧化物熔点较低，如 MoO_3（795 ℃），V_2O_5（658 ℃）容易挥发，对抗氧化性不利。

高温力学性能主要指热强性，即在高温下具有足够的强度。高温力学性能与室温力学性能的主要区别在于温度和时间的双重作用。在高温条件下，原子扩散能力增强，晶界强度降低，表现为材料在远低于屈服应力时连续缓慢地产生塑性变形（蠕变），并在远低于抗拉强度的应力下断裂。

3. 耐热钢焊接接头性能的特殊要求

耐热钢焊接接头除了满足常温力学性能的要求外，最重要的是必须具有足够的高温性能。具体要求有：

(1) 接头的热强性与母材相当（等热强性原则），即接头的短时或长时高温强度不低于母材的相应值。接头的热强性不仅取决于填充金属的成分，而且与焊接工艺密切相关。获得等强性接头的影响因素很多，非常复杂。

(2) 接头的抗氧化性。耐热钢焊接接头应具有与母材基本相同的抗高温氧化性，为此焊缝金属主要合金成分应与母材基本一致。

(3) 接头的组织稳定性。耐热钢焊接接头在制造和使用过程中由于长期受到高温、载荷的作用，故原子扩散能力增强。这样就要求接头不应产生明显的组织变化，以及由此引起的性能变化。

(4) 接头的物理均一性。耐热钢焊接时，焊缝应具有与母材基本相同的物理性能，特别是热膨胀系数和热导率应大致相当。否则，在高温使用过程中的焊接接头界面处会因产生的附加热应力而造成接头早期破坏。

6.4.1.2 不锈钢分类及特性

不锈钢是指在大气或一定介质中具有耐蚀性的一类钢的统称。

1. 不锈钢的分类

按室温下的基体组织不同，不锈钢可分为马氏体不锈钢、铁素体不锈钢、奥氏体不锈钢、奥氏体-铁素体双相不锈钢等。马氏体和铁素体不锈钢为高铬钢，奥氏体不锈钢为高铬镍钢和铬锰氮钢。

不锈钢中的合金元素可分为两大类：一类是扩大 γ 区元素，称为奥氏体形成元素（Ni，C，Mn 等）；另一类是缩小 γ 区、扩大 δ 区元素，称为铁素体形成元素（Cr，Mo，Si，Nb 等）。可将它们分别折合成 Ni 和 Cr 的相当作用，即镍当量（Ni_{eq}）和铬当量（Cr_{eq}）。化学成分对不锈钢基体组织的影响可用舍夫勒（Schaeffler）图来研究（图 6.4-1），它以 Cr_{eq} 和 Ni_{eq} 分别作为横、纵坐标。根据不锈钢的化学成分计算出 Ni_{eq} 和 Cr_{eq}，由图 6.4-1 就可确定其在图中的位置，从而得到其组织组成。

2. 不锈钢的特性

耐蚀性是不锈钢性能的基本要求，钢腐蚀的性质主要为电化学腐蚀。通过合金化提高金属电极电位是提高不锈钢耐蚀性的主要方法，钢中加入 Cr 元素形成 Fe-Cr 固溶体，可使电极电位得到显著提高。如钢中 $w(Cr)$ 达 11.7%，可使 Fe 的电位由 −0.56 V 跃增至 0.2 V，从而使钢钝化。由于钢中还含有碳，它与 Cr 形成碳化物，为使固溶体中 $w(Cr) \geq 11.7\%$，通常钢中含 Cr 量要适当提高，即 $w(\mathrm{Cr}) \geqslant 13\%$。此外，使钢获得单相组织，并具有均匀的化学成分、组织结构，也有助于提高耐蚀性。

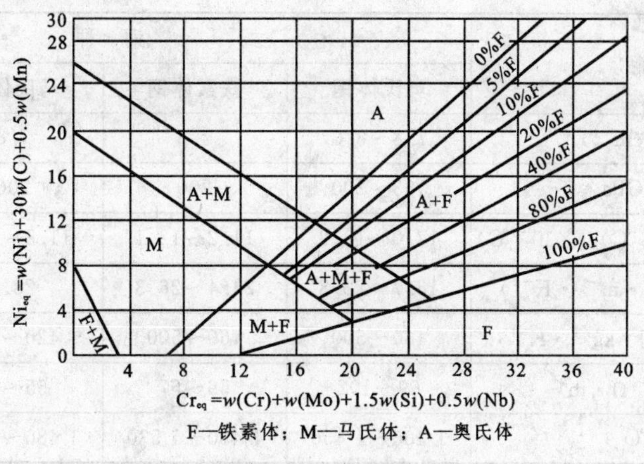

图 6.4-1　舍夫勒图

3. 不锈钢的腐蚀失效形式

不锈钢的耐腐蚀性实际上是基于其主加元素铬在钢表面形成致密氧化膜对钢的钝化作用。金属受介质的化学及电化学作用而破坏的现象称为腐蚀。不锈钢的腐蚀形式主要有以下几种：

(1) 均匀腐蚀。接触腐蚀介质的金属整个表面产生腐蚀的现象称为均匀腐蚀，也称整体腐蚀。均匀腐蚀是一种表面腐蚀。由于不锈钢具有良好的耐腐蚀性能，所以它的均匀腐蚀量并不大。

(2) 晶间腐蚀。奥氏体不锈钢在 450～850 ℃加热时，由于沿晶界沉淀出铬的碳化物，致使晶粒周边形成贫铬区，在腐蚀介质作用下即可沿晶粒边界深入金属内部，产生在晶粒之间的一种腐蚀，称为晶间腐蚀。此类腐蚀在金属外观未有任何变化时就会造成破坏，是不锈钢最危险的一种破坏形式。

(3) 点状腐蚀。腐蚀集中于金属表面的局部范围，并迅速向内部发展，最后穿透。不锈钢表面与氯离子接触时，因氯离子容易吸附在钢的表面个别点上，破坏了该处的氧化膜，很容易发生点状腐蚀。不锈钢的表面缺陷也是引起点状腐蚀的重要原因之一。

(4) 应力腐蚀开裂。应力腐蚀开裂是一种金属在腐蚀介质和表面拉伸应力联合作用下产生的脆性开裂现象。它的一个最重要的特点是腐蚀介质与金属材料的组合有选择性，即一定的金属只有在一定的介质当中才会发生此种腐蚀。奥氏体钢焊接接头最易出现这一问题。

6.4.1.3　耐热钢、不锈钢的物理性能

钢的物理性能，如热导率、热膨胀系数、电阻率等对焊接性有显著影响。它们影响焊接温度场、熔池形状、焊接应力变形等。一般来说，同类组织状态的钢，其物理性能基本相同；合金元素含量越多，热导率越小，而膨胀系数和电阻率越大。不锈钢及耐热钢的物理性能与低碳钢的差异很大，见表 6.4-1。

从表 6.4-1 中的数据可知，铁素体钢和马氏体钢的线膨胀系数(α)与碳钢相近，而热导率

(λ)仅为低碳钢的 1/2 左右；奥氏体钢的 α 比低碳钢大 50%左右，λ 却只有低碳钢的 1/3 左右。

表 6.4-1 不锈钢及耐热钢的物理性能

物理性能	钢种			
	奥氏体钢	铁素体钢	马氏体钢	普通碳钢
密　度/($g \cdot cm^{-3}$)	7.8～8.0	7.8	7.8	7.8
弹性模量/GPa	193～200	200	200	200
平均热膨胀系数(0～538 ℃)/($\times 10^{-6}$℃)	17.0～19.2	11.2～12.1	11.2～12.1	11.7
热导率(100 ℃)/($W \cdot m^{-1} \cdot K^{-1}$)	18.7～22.8	24.4～26.3	28.7	60
比热容(0～100 ℃)/($J \cdot kg^{-1} \cdot K^{-1}$)	460～500	460～500	420～460	480
电阻率/($\times 10^{-8} \Omega \cdot m$)	69～102	59～67	55～72	12
熔　点/℃	1 400～1 450	1 480～1 530	1 480～1 530	1 538

6.4.2 珠光体耐热钢的焊接

珠光体耐热钢是以铬、钼为主要合金元素的低合金钢。由于它的基体组织是珠光体(或珠光体＋铁素体)，故称珠光体耐热钢。

6.4.2.1 珠光体耐热钢的性能

珠光体耐热钢的性能主要是：

(1) 高温强度。普通碳素钢长时间在温度超过 400 ℃情况下工作时，在不太大的应力作用下就会破坏，因此不能用来制造工作温度大于 400 ℃的容器等设备。铬和钼是组成珠光体耐热钢的主要合金元素，其中钼本身的熔点很高，因而能显著提高金属的高温强度，在 500～600 ℃时仍保持有较高的强度。衡量高温强度的指标有蠕变强度和持久强度。

(2) 高温抗氧化性。在钢中加入铬，由于铬与氧的亲和力比铁与氧的亲和力大，高温时在金属表面首先生成氧化铬。氧化铬非常致密，这就相当于在金属表面形成了一层保护膜，从而可以防止内部金属受到氧化，所以耐热钢中一般都含有铬。

耐热钢中还可加入钨、铌、铝、硼等合金元素，以提高高温强度。

6.4.2.2 珠光体耐热钢的焊接性

球光体耐热钢的焊接性是：

(1) 淬硬性。主要合金元素铬和钼等都显著地提高了钢的淬硬性，在焊接热循环决定的冷却条件下，焊缝及热处理区易产生冷裂纹。

(2) 再热裂纹。由于含有铬、钼、钒等合金元素，焊后热处理过程中易产生再热裂纹。再热裂纹常产生在热影响区的粗晶区。

(3) 回火脆性。铬钼钢及其焊接接头在 350～500 ℃温度区间长期运行过程中发生剧烈脆变的现象称为回火脆性。

6.4.2.3　珠光体耐热钢的焊接工艺

1. 焊接方法

一般的焊接方法均可焊接珠光体耐热钢，其中焊条电弧焊和埋弧自动焊的应用较多，CO_2 气体保护焊也日益增多，电渣焊在大断面焊接中得到应用。在焊接重要的高压管道时，常用钨极氩弧焊打底，然后用熔化极气体保护焊或焊条电弧焊盖面。

2. 焊接材料

选配低合金耐热钢焊接材料的原则是焊缝金属的合金成分与强度性能应基本上与母材相应指标一致，或应达到产品技术条件提出的最低性能指标。焊条的选择见表 6.4-2。使用焊条时应严格遵守碱性焊条的各项规则，主要是焊条的烘干、焊件的仔细清理、使用直流反接电源、用短弧焊接等。另外，若焊后焊件不能进行热处理，而铬含量又高时，可以选用奥氏体不锈钢焊条焊接。铬钼耐热钢埋弧焊时，可选用与焊件成分相同的焊丝配焊剂 HJ350 进行焊接。

表 6.4-2　常见珠光体耐热钢的焊接材料选用表

钢　号	焊条牌号	焊条型号	焊　丝	气体保护焊焊丝牌号
12CrMo	R202，R207	E5503-B1，E5515-B1	H10MoCrA＋HJ350	H08CrMnSiMo
15CrMo	R307	E5515-B2	H08MoCrA＋HJ350	H08CrMnSiMo
12Cr1MoV	R317	E5515-B2-V	H08CrMoCrV＋HJ350	H08CrMnSiMoV
2.25Cr-Mo	R407	E6015-B3	H08Cr3MoMnA＋HJ350	H08Cr3MoMnSi
12Cr2MoWVTiB	R347	E5515-B3-VWB	H08Cr2MoWVNbB＋HJ250	H08Cr2MoWVNbB

3. 预热

焊接珠光体耐热钢一般都需要预热。预热是焊接珠光体耐热钢的重要工艺措施。为了确保焊接质量，无论是在点焊固定，还是在焊接过程中，都应预热并保持在 150～300 ℃温度范围内。

4. 焊后缓冷

这是焊接珠光体耐热钢必须严格遵循的原则，即使在炎热的夏季也必须做到这一点。一般是焊后立即用石棉布覆盖焊缝及近缝区，小的焊件可以直接放在石棉灰中。覆盖必须严实，以确保焊后缓冷。

5. 焊后热处理

焊后应立即进行热处理，其目的是防止冷裂纹、消除应力和改善组织。对于厚壁容器及管道，焊后常进行高温回火，即将焊件加热至 700～750 ℃，保温一定时间，然后静置在空气中冷却。

另外，在整个焊接过程中，应使焊件（焊缝附近 30～100 mm 范围）保持足够的温度。实行连续焊和短道焊，并尽量在自由状态下焊接。

6.4.3　奥氏体钢的焊接

6.4.3.1　奥氏体不锈钢的焊接性

不锈钢中以奥氏体不锈钢最为常见。奥氏体不锈钢的塑性和韧性很好，具有良好的焊接性，焊接时一般不需要采取特殊的工艺措施。当焊接材料选用不当或焊接工艺不合理时，会使焊接接头产生如下问题：

（1）晶间腐蚀。受到晶间腐蚀的不锈钢，从表面上看来没有痕迹，但在受到应力时会沿晶界断裂，几乎完全丧失强度。奥氏体不锈钢在焊接不当时，会在焊缝和热影响区造成晶间腐蚀，有时在焊缝和基体金属的熔合线附近发生如刀刃状的晶间腐蚀，称为刀状腐蚀。

（2）应力腐蚀。这是不锈钢在静应力（内应力或外应力）作用下，在腐蚀性介质中发生的破坏。

（3）热裂纹。这是奥氏体不锈钢焊接时比较容易产生的一种缺陷，特别是含镍量较高的奥氏体不锈钢更易产生。因此，奥氏体不锈钢产生热裂纹的倾向要比低碳钢大得多。

（4）焊接接头的脆化。奥氏体不锈钢的焊缝在高温（375～875 ℃）加热一段时间后，常会出现冲击韧性下降的现象，称为脆化。常见的脆化有 475 ℃脆化、σ 相脆化。

对奥氏体不锈钢结构，多数情况下都有耐蚀性的要求。为保证焊接接头的质量，需要解决的问题比焊接低碳钢或低合金钢时要复杂得多。在编制工艺规程时，必须考虑备料、装配、焊接各个环节对接头质量可能带来的影响。此外，奥氏体钢具有的导电、导热性差，线膨胀系数大等特殊物理性能，也是编制焊接工艺时必须考虑的重要因素。

奥氏体不锈钢焊接工艺的内容包括焊接方法与焊接材料的选择、焊前准备、焊接参数的确定及焊后处理等。由于奥氏体不锈钢的塑性、韧性好，一般不需焊前预热。

6.4.3.2 焊接方法的选择

奥氏体不锈钢具有较好的焊接性，可以采用焊条电弧焊、埋弧焊、惰性气体保护焊和等离子弧焊等熔焊方法，并且焊接接头具有相当好的塑性和韧性。由于电渣焊的热过程特点会使奥氏体不锈钢接头的抗晶间腐蚀能力降低，并且在熔合线附近易产生严重的刀蚀，所以一般不用电渣焊。

6.4.3.3 焊接材料的选择

奥氏体不锈钢焊接材料的选用原则是，应使焊缝金属的合金成分与母材成分基本相同，并尽量降低焊缝金属中的碳含量和 S,P 等杂质的含量。奥氏体不锈钢焊接材料的选用见表 6.4-3。

表 6.4-3 奥氏体不锈钢焊接材料的选用

<table>
<tr><th>钢的牌号</th><th>焊条型号（牌号）</th><th>氩弧焊焊丝</th><th>埋弧焊焊丝</th><th>埋弧焊焊剂</th></tr>
<tr><td rowspan="2">1Cr18Ni9</td><td>E308-16(A101)</td><td rowspan="2">H1Cr9Ni9</td><td rowspan="6">H1Cr9Ni9
H0Cr20Ni10Ti</td><td rowspan="6">HJ260，
HJ172</td></tr>
<tr><td>E308-15(A107)</td></tr>
<tr><td rowspan="2">1Cr18Ni9Ti</td><td>E308-16(A101)</td><td rowspan="2">H1Cr9Ni9</td></tr>
<tr><td>E308-15(A107)</td></tr>
<tr><td rowspan="2">Y1Cr18Ni9Se，
1Cr18Ni9Si3</td><td>E316-15(A207)</td><td rowspan="2">H0Cr9Ni12Mo2</td></tr>
<tr><td>E316-16(A202)</td></tr>
<tr><td>00Cr17Ni14Mo2</td><td>E316-16(A202)</td><td>H00Cr19Ni12Mo2</td><td>H00Cr19Ni12Mo2</td><td>HJ260</td></tr>
</table>

6.4.3.4 焊前准备

焊前准备包括：

(1) 下料方法的选择。奥氏体不锈钢中有较多的铬,用一般的氧-乙炔切割有困难,可用机械切割、等离子弧切割及碳弧气刨等方法进行下料或坡口加工。机械切割最常用的有剪切、刨削等。

(2) 坡口的制备。在设计奥氏体不锈钢焊件坡口形状和尺寸时,应充分考虑奥氏体不锈钢的线膨胀系数会加剧接头的变形,故应适当减小 V 形坡口角度。当板厚大于 10 mm 时,应尽量选用焊缝截面较小的 U 形坡口。

(3) 焊前清理。为了保证焊接质量,焊前应将坡口两侧 20～30 mm 范围内的焊件表面清理干净,如有油污,可用丙酮或酒精等有机溶剂擦拭。对表面质量要求特别高的焊件,应在适当范围内涂上焊接防飞溅剂,以防飞溅金属损伤表面。

(4) 表面防护。在搬运、坡口制备、装配及定位焊过程中,应注意避免损伤钢材表面,以免使产品的耐蚀性降低,如不允许用利器划伤钢板表面、不允许随意到处引弧等。

6.4.3.5　焊接工艺参数的选择

焊接奥氏体不锈钢时,应控制焊接热输入和层间温度,以防止热影响区晶粒长大及碳化物析出。下面对几种常用焊接方法的工艺参数加以说明。

(1) 焊条电弧焊。由于奥氏体不锈钢的电阻较大,焊接时产生的电阻热较大,同样直径的焊条,焊接电流值应比低碳钢焊条降低 20%左右。焊条长度亦应比碳素钢焊条短,以免在焊接时由于药皮的迅速发红而失去保护作用。奥氏体不锈钢焊条即使选用酸性焊条,最好也采用直流反接施焊,因为此时焊件是负极,温度低,受热少,且直流电源稳定,也有利于保证焊缝质量。此外,在焊接过程中,应注意提高焊接速度,同时焊条不进行横向摆动,这样可有效地防止晶间腐蚀、热裂纹及变形的产生。

(2) 钨极氩弧焊。钨极氩弧焊一般采用直流正接,这样可以防止因电极过热而造成的焊缝中渗钨的现象。

(3) 熔化极氩弧焊。一般采用直流反接法,为了获得稳定的射流过渡形式,要求电流大于临界电流值。

(4) 埋弧焊。由于埋弧焊时热输入大,金属容易过热,对不锈钢的耐蚀性有一定的影响,因此在奥氏体不锈钢焊接中,埋弧焊的应用不如在低合金钢焊接中那样普遍。

(5) 等离子弧焊。等离子弧焊的焊接参数调节范围很宽,可用大电流(200 A 以上),利用小孔效应,一次焊接厚度可达 12 mm,并实现单面焊双面成形。用很小的电流也可焊很薄的材料,如在微束等离子弧焊时,用 100～150 mA 的电流可焊厚度为 0.01～0.02 mm 的薄板。

6.4.3.6　奥氏体不锈钢的焊后处理

为增加奥氏体不锈钢的耐蚀性,焊后应对其进行表面处理,处理的方法有表面抛光、酸洗和钝化处理。

(1) 表面抛光。不锈钢的表面如有刻痕、凹痕、粗糙点和污点等,会加快腐蚀。将不锈钢表面抛光,可提高其抗腐蚀能力。表面粗糙度值越小,抗腐蚀性能越好。因为粗糙度值小的表面能产生一层致密而均匀的氧化膜,这层氧化膜能保护内部金属不再受到氧化和腐蚀。

(2) 酸洗。经热加工的不锈钢和不锈钢热影响区都会产生一层氧化皮。由于这层氧化皮会影响耐蚀性,所以焊后必须将其除去。酸洗时,常用酸液酸洗和酸膏酸洗两种方法。酸液酸洗有浸洗和刷洗两种。

(3) 钝化处理。钝化处理是在不锈钢的表面用人工方法形成一层氧化膜，以增加其耐蚀性。钝化是在酸洗后进行的，经钝化处理后的不锈钢，外表全部呈银白色，具有较高的耐蚀性。

6.4.3.7 焊后检验

奥氏体不锈钢一般都具有耐蚀性的要求，焊后除了要进行一般焊接缺陷的检验外，还要进行耐蚀性试验。

耐蚀性试验应根据产品对耐蚀性能的要求而定。常用的方法有不锈钢晶间腐蚀试验、应力腐蚀试验、大气腐蚀试验、高温腐蚀试验、腐蚀疲劳试验等。不锈耐酸钢晶间腐蚀倾向试验方法已纳入国家标准，可用于检验不锈钢的晶间腐蚀倾向。

6.4.4 铁素体钢的焊接

铁素体钢中 $w(Cr)$ 在 12%～30%之间，其成分的特点是低碳、高铬。随着铬含量的增加和碳含量的降低，奥氏体区范围逐渐减少，如 $w(C)=0.03\%$，$w(Cr)=12\%$ 或 $w(Cr)=17\%$ 钢中，不再形成奥氏体，即从熔点附近至室温一直保持铁素体组织，故铁素体型不锈钢一般在室温下具有纯铁素体组织，铁素体不锈钢的耐蚀性好，主要用于耐硝酸、氨水腐蚀的不锈钢，也可用于抗高温氧化用钢，但很难用作热强钢。除 Cr 外，还可以根据需要向钢中加入少量的 Si，Ti，Al 等元素。加 Ti 可以防止铁素体钢的晶间腐蚀；加 Si 和 Al 可以进一步提高铁素体不锈钢的抗氧化性能。

6.4.4.1 铁素体不锈钢的焊接性

铁素体不锈钢焊接时的主要问题有：铁素体不锈钢加热冷却过程中无同素异构转变，焊缝及 HAZ 晶粒长大严重，易形成粗大的铁素体组织，这种晶粒粗化现象不能通过热处理来改善，导致接头韧性比母材更低；多层焊时，焊道间重复加热，导致 σ 相析出和 475 ℃脆性，进一步增加了接头的脆性；对于耐蚀条件下使用的铁素体不锈钢，还要注意近缝区的晶间腐蚀倾向。

6.4.4.2 铁素体不锈钢的焊接工艺

为克服铁素体不锈钢在焊接过程中出现的晶间腐蚀和焊接接头的脆化而引起的裂纹，应采用以下工艺措施。

1. 选择合适的焊接方法

应采用小热输入的焊接方法，如焊条电弧焊、钨极氩弧焊等，因为铁素体不锈钢对过热敏感性大，焊接时应尽可能地减少接头的高温停留时间，以减少晶粒长大和 475 ℃脆性的影响。

2. 选择合适的焊接材料

若选用与母材相近的铁素体铬钢作为填充材料，由于焊缝金属为粗大的铁素体组织，焊缝的塑性低、韧性差。为了改善焊缝的性能，可向焊缝中加入少量的变质剂 Ti 和 Nb 等元素，细化焊缝组织。选用奥氏体不锈钢焊接材料时，由于焊缝塑性好，改善了接头的性能，但在某些腐蚀介质中，耐蚀性可能低于同质接头。用于高温条件下的铁素体不锈钢，必须采用成分基本与母材匹配的填充材料。

3. 焊前预热

预热温度为 100～200 ℃，目的在于使被焊材料处于较好的韧性状态并降低焊接接头的应力。随着钢中铬含量的增加，预热温度也相应提高。

4. 焊后热处理

焊后对接头区域进行 750～800 ℃退火处理，使过饱和的碳、氮完全析出，铬来得及补充到贫铬区，以恢复其耐蚀性；同时，还可改善焊接接头的塑性。需要注意的是退火后应快速冷却，以防止产生 475 ℃脆性。

当选用的焊接材料与母材金属的化学成分相当时，必须按上述工艺措施进行。当选用奥氏体不锈钢的焊接材料时，则可以不进行焊前预热和焊后热处理。但对于不含稳定化元素的铁素体型不锈钢的焊接接头来说，热影响区的粗晶脆化和晶间腐蚀问题不会因填充材料改变而变化。奥氏体或奥氏体-铁素体焊缝金属基本上与铁素体型不锈钢母材等强度。不过，在某些腐蚀介质中，这种异质焊接接头的耐蚀性可能低于同质的焊接接头。

6.4.5　马氏体钢的焊接

在铁素体不锈钢的基础上，适当增加含碳量、减少含铬量，高温时可以获得较多奥氏体组织，快速冷却后得到室温下具有马氏体组织的钢，即马氏体不锈钢。因此，马氏体不锈钢是一类可热处理强化的高铬钢，具有高强度、高硬度、高耐磨性、耐疲劳特性、耐热性，并具有一定的耐蚀能力，主要用来制造各种工具和机器零件，如热机叶片等，而很少用于管道、容器等需要焊接的构件。马氏体不锈钢可作为不锈钢，也可作为热强钢。按合金化特点不同，马氏体不锈钢可分为普通 Cr13 型马氏体不锈钢和热强马氏体不锈钢。马氏体不锈钢的最大特点是高温加热后空冷就有很大的淬硬倾向，经调质处理后才能充分发挥这类钢的性能特点。

6.4.5.1　马氏体不锈钢的焊接性

马氏体不锈钢是热处理强化钢，其主要特点之一是高温加热空冷后即有淬硬倾向，所以焊接时出现的问题与调质的低中合金钢相似。

马氏体不锈钢中的 $w(Cr)$ 在 12% 以上，同时还匹配适量的碳、镍等元素，以提高其淬硬性和淬透性。马氏体不锈钢焊缝及 HAZ 焊态组织多为硬而脆的马氏体。HAZ 最高硬度主要取决于含碳量，含碳量高时，可达 500 HV 以上。马氏体不锈钢的导热性较碳钢差，焊接时残余应力较大，如果焊接接头的拘束度较大或还有氢的作用，当从高温直接冷却至 100～120 ℃以下时，很容易产生冷裂纹。

焊接接头的脆化直接与钢材的化学成分有关。马氏体不锈钢在高温时晶粒粗化倾向较大，快速冷却时在近缝区将形成粗大的马氏体，使得材料的塑性、韧性急剧下降。当冷却速度较小时，形成马氏体-铁素体边缘的马氏体钢，则可能出现粗大的铁素体和碳化物组织，也可导致脆化。

马氏体不锈钢是调质钢，接头 HAZ 也存在明显的软化问题。长期在高温下使用时，软化层是接头的一个薄弱环节，软化层持久强度低，抗蠕变能力差。高温承载时，接头蠕变变形集中在软化层，使得整个接头的持久强度低。焊接热输入越大，焊后的回火温度越高，这些都会增加接头的软化程度。

6.4.5.2　马氏体不锈钢的焊接工艺

如前所述，马氏体不锈钢的焊接性主要受淬硬性的影响，防止冷裂纹是最主要的问题。另外，还可能出现焊接接头过热脆化及软化问题。马氏体不锈钢的焊接性很差，必须制定严格的焊接工艺，才能获得满足要求的焊接接头。

1. 焊接方法

与低合金结构钢相比，马氏体不锈钢具有更高的淬硬倾向，对焊接冷裂纹更为敏感。必须严格保证低氢，甚至超低氢的焊接条件；采用焊条电弧焊时，要使用低氢碱性药皮的焊条；对于拘束度大的接头，最好采用氩弧焊。

2. 焊接材料

选择马氏体不锈钢的焊接材料有两类方案：一类是采用与母材成分基本相同的焊接材料；另一类是采用奥氏体焊接材料。奥氏体焊缝金属具有良好的塑性，可以缓解接头的残余应力，降低焊接接头冷裂纹的可能性，从而可简化焊接工艺。

对于高温下运行的部件，最好采用成分与母材基本相同的同质焊缝。这是因为奥氏体不锈钢的线膨胀系数与马氏体不锈钢有较大的差别，接头高温长期使用时，焊缝两侧始终存在较高的热应力，使接头提前失效。采用同质填充材料时，焊缝金属中的含碳量控制非常重要，随着母材含铬量的不同而不同。当 $w(Cr)<9\%$时，$w(C)$控制在 0.06%～0.10%较好，过低会明显降低焊缝韧性和高温力学性能。

3. 预热

预热温度主要根据钢中的含碳量、焊件的厚度、填充材料、结构的拘束度等来确定。与钢的含碳量关系最大：当 $w(C)<0.1\%$时，预热温度可小于 200 ℃；当 $w(C)=0.1\%\sim0.2\%$时，预热温度为 200～250 ℃；当 $w(C)>0.2\%$时，除预热温度要适当提高外，还必须考虑保证多层焊的层间温度。

马氏体不锈钢的预热温度不宜过高，否则将使奥氏体晶粒粗大，并且随冷却速度降低，还会形成粗大铁素体加上晶界碳化物组织，使焊接接头的塑性和强度均有所下降。

4. 焊后热处理

高铬马氏体不锈钢一般在淬火＋回火的状态下焊接，焊后经高温回火处理，焊接接头即可得到合格的力学性能；如果钢材在退火状态下焊接，则焊后会出现不均匀的马氏体组织，必须经过调质处理，才能使焊接接头具有均匀的力学性能。

6.4.6 耐热钢、不锈钢焊接实例

6.4.6.1 15CrMo 和 2.25Cr-Mo 钢的焊接

1. 15CrMo 钢的焊接

这种钢的焊接性能较好，其他加工性能尚可。在火电厂的锅炉、管道中应用较为广泛，可制造 530 ℃高压锅炉过热器管、蒸汽导管和石化容器等。焊接时可采用焊条电弧焊、熔化极气体保护焊和埋弧焊等，焊接材料的选择见表 6.4-2。焊条和焊剂在使用前应严格按规定进行烘干，当焊件壁厚大于 20 mm 时，预热温度应在 120 ℃以上，焊接过程中焊件应保持层间温度不低于最低预热温度 120 ℃。表 6.4-4 为 15CrMo 钢压力容器筒身纵缝电渣焊的焊接工艺规程。

表 6.4-4　15CrMo 钢压力容器筒身纵缝电渣焊工艺规程

焊接方法	电渣焊	母　材	15CrMo
坡口形式		焊前准备	(1) 清除坡口氧化皮。 (2) 磁粉探伤坡口表面检查裂纹。 (3) 装配引出板；定位焊；拉紧焊缝采用 J507 焊条，焊前预热 150～200 ℃
焊接材料	焊丝：H13CrMo，ϕ3mm 焊剂：HJ431 焊条：R307(E5515-B2)，ϕ4 mm，ϕ5 mm，用于补焊		
预热及层间温度	预热温度：120 ℃ 层间温度：120 ℃ 后热温度：—	焊后热处理规范	正火温度：930～950 ℃/3 h 回火温度：650～10 ℃/3 h 消除应力温度：630～10 ℃/3 h
焊接参数	焊接电流：500～550 A 电弧电压：41～43 V 焊丝伸出长度：60～70 mm	熔池深度：50～60 mm 焊丝根数：2 焊接速度：1.4 m/h	
操作技术	焊接位置：立焊 焊接层数：单层	焊接方向：自上而下 焊丝摆动方向：不摆动	
焊后检查	正火处理后 100％超声波探伤		

2. 2.25Cr-Mo 钢的焊接

这种钢是高压加氢裂化装置中最常用的一种抗氢钢，其合金的质量分数接近 4％，淬硬倾向较高，焊条电弧焊热影响区的冷裂敏感性较高。150 ℃以下的低温预热不足以防止冷裂纹的形成，必须采取 200 ℃以上的高温预热措施，但过高的预热温度又可能导致厚壁焊缝热裂纹的形成。在实际生产中，采用 150 ℃预热和 150 ℃后热可以解决上述矛盾。这种钢的焊接方法及焊接材料的选择见表 6.4-2。焊条和焊剂中水分的质量分数应控制在 0.4％以下。焊接过程中，层间温度必须不低于最低预热温度；对厚壁焊缝焊接中断时，必须将焊件立即后热至 200 ℃以上；壁厚超过 50 mm 的焊条电弧焊和埋弧焊焊缝，焊后应立即进行消氢处理，消氢处理温度应在 350～400 ℃范围内，加热时间视壁厚而定，一般不应小于 2 h。表 6.4-5 为 2.25Cr-Mo 钢厚壁压力容器环缝埋弧焊工艺规程。

表 6.4-5　2.25Cr-Mo 钢厚壁压力容器环缝埋弧焊工艺规程

焊接方法	SMAW＋SAW	母　材	2.25Cr-Mo
坡口形式		焊前准备	(1) 检查坡口尺寸和接缝错边是否符合图纸要求； (2) 清理坡口两侧 20 mm 及焊丝表面的油污氧化皮； (3) 焊条及焊剂焊前 350～400 ℃烘干 2 h
		焊接顺序	(1) 先用焊条电弧焊焊内环缝，焊满坡口 (2) 外环缝用埋弧焊，焊前清根，边缘焊满

续表

焊接方法	SMAW+SAW	母　材	2.25Cr-Mo
焊接材料	焊条:R407(E6015-B2),ϕ4 mm,ϕ5 mm 焊丝:H08Cr3MoMnA,ϕ4 mm 焊剂:SJ101		
预热及层间温度	预热温度:150～200 ℃ 层间温度:≥150 ℃ 后热温度:250 ℃/1 h	焊后热处理规范	焊后消除热应力处理(730±10) ℃/4 h
焊接工艺参数	电流种类:直流正、反接 SMAW:电流 180～240 A,电压 23～25 V SAW:电流 600～650 A,电压 35～36 V,焊接速度 21～28 m/h,送丝速度 95～105 m/h,直流反接		
焊接技术要求	焊接位置:平焊 焊道层数:多层多道 焊丝摆动参数:不摆动		
焊后检查	(1) 焊接结束 48 h 后,100%超声波探伤+25%射线探伤; (2) 热处理后,焊缝表面作 100%磁粉探伤		

6.4.6.2　18-8 钢的焊接

18-8 型奥氏体不锈钢是应用最广泛、最具代表性的一类奥氏体不锈钢。它具有较好的力学性能,便于进行机械加工、冲压和焊接。它可以采用焊条电弧焊、埋弧焊、惰性气体保护焊和等离子弧焊等熔焊方法进行焊接。

在焊前准备和坡口加工中,应十分重视焊接区、坡口表面和焊材表面的清洁度,任何污染都会使焊缝金属增碳,从而降低接头的耐蚀性。对耐蚀性要求较高的不锈钢焊件,焊接区、坡口表面和焊丝表面采用丙酮或去油能力强的溶剂擦拭干净。

在设计坡口形状和尺寸时,要充分考虑到奥氏体不锈钢较大的线膨胀系数会加剧接头的变形,应适当减小 V 形坡口角度。当板厚大于 10 mm 时,应尽量选用焊缝截面较小的 U 形坡口。

焊条电弧焊时可选用 E347-16(A132)焊条。埋弧焊时可选用焊丝 H00Cr22Ni10 和 HJ260 焊剂。采用小热输入方法焊接,在焊缝背面通压缩空气或喷水加速冷却。在焊接过程中,还应注意控制层间温度不超过 150 ℃。

0Cr18Ni9Ti 回收分离器的焊接实例如下:

分离器的规格:直径为 3.4 m,板厚为 32 mm,总质量为 21 t。

焊接工艺:采用埋弧焊,以提高焊接效率,保证焊接质量。焊前不预热,层间温度不大于 60 ℃,为防止第一层焊穿,在背面衬焊剂垫。坡口形式与尺寸如图 6.4-2 所示。

焊接材料:焊丝为 H00Cr19Ni9,直径为 ϕ4.0 mm,焊剂为 HJ260。

焊接参数:焊接电流为 500～600 A,电弧电压为 36～38 V,焊接速度为 26～33 m/h。

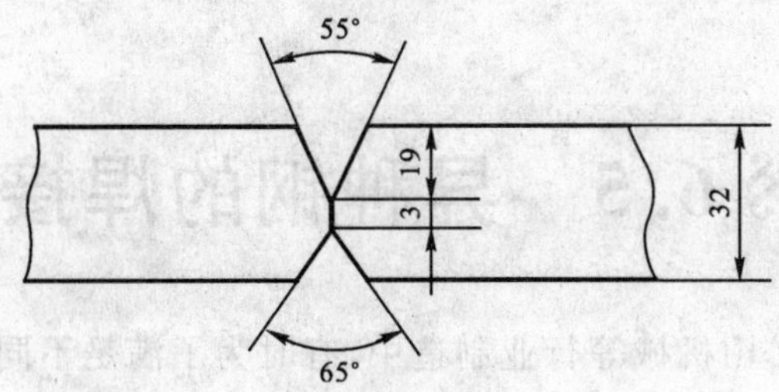

图 6.4-2　回收分离器焊接坡口形式与尺寸

焊接工艺评定结果：外观质量合格，抗拉强度 611.5 MPa，180°弯曲合格，晶间腐蚀合格，X 射线探伤 I 级。

产品检验结果：回收分离器共 11 道纵缝、4 道环缝，共拍 311 张 X 射线片，一次合格率达 99.4%，有两个局部缺陷采用焊条电弧焊返修。

6.4.6.3　Cr17Ti 钢焊条电弧焊实例

Cr17Ti 为中铬铁素体不锈钢，由于含有碳化物稳定元素钛，抗晶间腐蚀性能较高。其在大气、水蒸气介质中均有耐蚀性，力学性能和热导率高，热加工塑性及冷加工成形性均较好。

焊接接头采用对接 V 形坡口，坡口角度为 60°～70°。由于这种钢熔化金属的流动性较 18-8 型铬镍钢差，为保证焊透，坡口间隙要比 18-8 型铬镍钢大一些（为 2～2.5 mm）。

Cr17Ti 不锈钢及其焊接结构件可以在室温（10 ℃以上）下进行校正、弯曲和卷圆加工，但必须缓慢施加载荷。Cr17Ti 不锈钢也可以进行热处理，温度为 700～800 ℃，最高不超过 850～900 ℃。加热时间总和不超过 30～40 min，加热次数不多于 3 次。

焊接可在常温（10 ℃以上）下进行，焊后经过 X 射线探伤检查无裂纹。当母材厚度大于 20 mm 时，焊接时需要预热，最低预热温度为 50 ℃。为了避免晶粒长大和钢的脆化，在保证不产生焊接缺陷的情况下，尽量采用小电流、短弧焊操作方法。采用多层焊时，应严格控制层间温度，待前一层冷却后再焊接下一层。焊后进行力学性能试验、金相检验和腐蚀检验，可得到满意的结果。

6.4.6.4　发电机复环与叶片的焊接实例

发电机复环材质为 2Cr13，叶片材质为 1Cr13，均为马氏体不锈钢。经淬火回火后，两种钢均具有较好的强度、韧性和较好的耐蚀性，其塑性、冷成形及可加工性良好，焊接性良好，焊前需预热，焊后需热处理。2Cr13 因其含碳量比 1Cr13 高，故强度、硬度较高，而韧性和耐蚀性略低，焊接性稍差。可采取如下焊接工艺焊接：

(1) 焊前预热温度为 100 ℃。

(2) 选用 E316 型(A207)焊条，直径为 ϕ3.2 mm。

(3) 在引弧板上引弧，待电弧稳定后引入待焊处，采用短弧焊，收弧时要填满弧坑，减少弧坑裂纹，并使焊缝与母材金属呈圆滑过渡。

(4) 为防止焊件的变形和开裂，焊后需进行回火热处理，以消除焊接残余应力。回火温度为 700 ℃，保温 30 min，随炉冷却。

(5) 用超声波探伤对焊缝内部进行检测，发现有超标焊接缺陷时应立即返修。补焊工艺与焊接工艺相同，直至合格为止。

§6.5 异种钢的焊接

在化工、电站、航空、矿山机械等行业制造中，有时为了满足不同工作条件下对材料的要求，常需要将不同种类的金属焊接起来。异种钢的焊接结构不仅能满足不同工作条件对材质提出的不同要求(如耐腐蚀、耐高温、耐磨损等)，还能节约贵重金属而降低成本。

工程上常见的异种钢焊接可归纳为：不同珠光体钢间的焊接，如低碳钢 Q235 与中碳调质钢 40Cr 焊接；不同奥氏体钢焊接，如奥氏体不锈钢 00Cr18Ni10 与奥氏体耐热钢 0Cr23Ni18 焊接；珠光体钢与奥氏体钢焊接，如珠光体耐热钢 15CrMo 与奥氏体不锈钢 0Cr18Ni9 焊接。另外，还包括复合钢板和渗铝钢的焊接等。

异种钢焊接时存在的问题比同种钢焊接时的问题更多、焊接工艺更为复杂。因为除了钢材本身的物理、化学性能对焊接性带来的影响外，两种钢材成分与性能上的差异在更大程度上会影响其焊接。需要注意的是，在制定焊接工艺规程时，对两种母材自身的问题，如低合金钢的冷裂纹与脆化、奥氏体不锈钢的热裂纹等，仍需予以解决。

6.5.1 低合金钢与奥氏体不锈钢的焊接

动力装置和化工设备中低合金钢与奥氏体不锈钢的焊接最为常见。例如，结构中常温受力构件由低合金钢(低碳或低合金钢)制造，高温或与腐蚀介质接触的部件采用奥氏体不锈钢制造，然后将两者焊接起来。低合金钢与奥氏体不锈钢虽然都是铁基合金，但两者成分相差较大，实质上是异种金属的焊接。

6.5.1.1 低合金钢与奥氏体不锈钢的焊接性

当两种成分、组织性能不同的金属通过焊接形成连续的焊接接头时，接头部位实质上是成分与组织变化的过渡区，集中了各种矛盾，具体表现如下：

1. 焊缝化学成分的稀释

低合金钢与奥氏体不锈钢焊接时，焊缝金属平均成分由两种不同类型的母材和填充金属混合所组成。由于低合金钢中不含或只有少量的合金元素，如低合金钢溶入焊缝金属的份额增大，则会冲淡焊缝金属的合金浓度，从而改变焊缝金属的化学成分和组织状态。这种现象称为母材金属对焊缝金属的稀释作用。

2. 凝固过渡层的形成

由于低合金钢与奥氏体不锈钢的化学成分相差悬殊，在低合金钢一侧熔池边缘，熔化的母材金属和填充金属不能充分混合，在此侧的焊缝金属中低合金钢所占份额较大，且越靠近熔合线，稀释程度越大；而在焊缝金属熔池的中心，其稀释程度就小。这样，当低合金钢与奥氏体不锈钢焊接时，在低合金钢一侧熔合线的焊缝金属存在一个成分梯度很大的过渡层，宽 0.2～0.6 mm。这种成分上的过渡变化区是因熔池凝固特性而造成的，故称为凝固过渡层。其特性是高硬度的马氏体脆性层。

3. 碳迁移过渡层的形成

低合金钢与奥氏体不锈钢的焊接接头在焊后热处理或高温运行时，由于熔合线两侧的成分相差悬殊，组织亦不同，在一定的温度下会发生某些合金元素的扩散。其中，扩散最强且影响明显的是碳。碳从低合金母材通过熔合区向焊缝扩散，从而在靠近熔合区的低合金母材上形成了一个软化的脱碳层，在奥氏体不锈钢焊缝中形成了硬度较高的增碳层。

过渡层的形成，造成脱碳层与增碳层硬度的明显差别。在长时间高温下工作时，由于对变形阻力的不同，将产生应力集中，使接头的高温持久强度和塑性下降，可能导致沿熔合区断裂。

4. 残余应力的形成

异种钢焊接接头，由于两种钢的线膨胀系数相差很大，不仅焊接时会产生较大的残余应力，在交变温度下工作还会产生交变热应力，从而有可能发生疲劳破坏。异种钢接头中的焊接残余应力即使通过焊后热处理也难以消除，只是焊接残余应力重新分布。

6.5.1.2 低合金钢与奥氏体不锈钢的焊接工艺

1. 焊接方法的选择

这类异种钢焊接时应注意选用熔合比小、稀释率低的焊接方法，如焊条电弧焊、钨极氩弧焊、熔化极气体保护焊都比较合适。埋弧焊则需要注意限制热输入，控制熔合比。不过，由于埋弧焊搅拌作用强烈，高温停留时间长，所以形成的过渡层较为均匀。目前，焊条电弧焊以其操作方便、成本低和可获得较小的稀释率而广泛应用于异种钢的焊接。

2. 焊接材料的选择

焊接材料的选择必须考虑接头的使用要求、稀释作用、碳的迁移、残余应力及抗裂性等一系列问题。由焊接性分析可知，为了减少熔合区马氏体脆性组织的形成，抑制碳的扩散，应选用含镍较高的填充金属。但随着焊缝中镍含量的增加，焊缝热裂倾向加大。为了防止热裂纹的形成，最好使焊缝中含有体积分数为 3%～7%的铁素体组织或形成奥氏体＋碳化物的双相组织。低合金钢与奥氏体不锈钢焊接时常用的焊接材料见表 6.5-1。

表 6.5-1 低合金钢与奥氏体不锈钢焊接时常用的焊接材料

<table>
<tr><th colspan="2">母材牌号</th><th colspan="2">焊条电弧焊</th><th rowspan="2">焊丝（埋弧焊或氩弧焊）</th></tr>
<tr><th>第一种材料</th><th>第二种材料</th><th>焊条型号</th><th>焊条牌号</th></tr>
<tr><td>低碳钢或低合金钢</td><td rowspan="5">1Cr18Ni9Ti
1Cr18Ni2Ti
Cr17Ni13Mo2Nb
Cr23Ni18
Cr25Ni13Ti</td><td rowspan="5">E1-23-13-16
E1-23-13-15
E1-23-13Mo2-16
E1-16-25Mo6N-16
E1-16-25Mo6N-15</td><td rowspan="5">A302
A307
A312
A502
A507</td><td rowspan="3"></td></tr>
<tr><td>铬钼钢
（12CrMo，15CrMo，30CrMo）</td></tr>
<tr><td>铬钼钒钢
（12Cr1MoV，15Cr1MoV）</td></tr>
<tr><td>铬钼钢
Cr5Mo</td><td>H1Cr25Ni13
H1Cr20Ni10Mo6</td></tr>
<tr><td>铬钼钒钢
（Cr5MoV，25Cr3WMoV，12Cr2Mo2VNiS）</td><td>H1Cr20Ni17Mn6Si2</td></tr>
</table>

续表

母材牌号		焊条电弧焊		焊丝(埋弧焊或氩弧焊)
第一种材料	第二种材料	焊条型号	焊条牌号	
12CrMo,15CrMo,30CrMo, 12Cr1MoV,15Cr2Mo2	Cr15Ni35W3Ti Cr16Ni25Mo6	E1-16-25Mo6N-16 E1-16-25Mo6N-15	A502 A507	
低碳钢或低合金钢	Cr25Ni15TiMoV Cr21Ni15Ti	E1-16-25Mo6N-16 E1-16-25Mo6N-15	A502 A507	

3. 焊接工艺要点

焊接工艺要点如下:

(1) 为了减小熔合比,应尽量选用小直径的焊条和焊丝,并选用小电流、大电压和高的焊接速度。

(2) 如果低合金耐热钢有淬硬倾向,应适当预热,其预热温度应比低合金钢同种材料焊接时略低一些。

(3) 堆焊过渡层。对于较厚的焊件,为了防止因应力过高而在熔合区出现开裂现象,可以在低合金钢的坡口表面堆焊过渡层。过渡层中应含有较多的强碳化物形成元素,具有较小的淬硬倾向,也可用高镍奥氏体不锈钢焊条堆焊过渡层。过渡层厚度一般为 6~9 mm。

(4) 低合金钢与奥氏体不锈钢的焊接接头焊后一般不进行热处理。

6.5.2 复合钢板的焊接

所谓复合钢板,就是由两种材料复合轧制而成的双金属板。它由覆层(不锈钢)和基层(碳钢或低合金钢)组成,复层只占总厚度的 10%~20%,比单体不锈钢可节省 60%~70% 的不锈钢。接触腐蚀介质或高温的一面由不锈钢板承担,结构所需强度和刚度则由碳钢或低合金钢板承担。这两种材料的结合既保证了产品优良的使用性能,又大大节省了昂贵的不锈钢材料,是一种有发展前景的钢种。它广泛用于石油、化工、制药、制碱和航海等防腐耐高温的容器和管道等。其中,以低合金钢与奥氏体钢合成的不锈复合钢板应用最为广泛。

6.5.2.1 不锈钢复合钢板的焊接性

为保证复合钢板原有的性能,对覆层和基层应分别进行焊接。

当用结构钢焊条焊接基层时,可能熔化到不锈钢覆层,由于合金元素渗入焊缝,焊缝硬度增加,塑性降低,易导致裂纹产生;当用不锈钢焊条焊接覆层时,可能熔化到结构钢基层,使焊缝合金成分稀释而降低焊缝的塑性和耐蚀性。

为防止上述两种不良后果,在基层和覆层的焊接之间必须采用施焊过渡层的方法。

6.5.2.2 不锈钢复合钢板的焊接工艺

1. 焊接方法的选择

不锈钢复合钢板基层或覆层的焊接方法与焊接不锈钢和碳钢或低合金结构钢一样,可以采用焊条电弧焊、埋弧焊、CO_2气体保护焊及惰性气体保护焊等方法，但覆层常用焊条电弧焊。

2. 焊接材料的选择

基层和覆层各自的焊接属于同种金属焊接，只有过渡层的焊接属于不同组织异种钢的焊接。因此，过渡层焊接材料的选择就成为不锈钢复合钢板焊接的关键。为了防止基层对过渡层焊缝金属的稀释作用造成脆化，过渡层应采用合金含量（尤其是镍含量）比较高的奥氏体钢填充金属。不锈钢复合钢板焊接材料选用见表6.5-2。

表6.5-2　不锈钢复合钢板焊接材料选用

复合钢板的组合	基　层	交界处	覆　层
0Cr13＋Q235A	E4303 E4315	E1-23-13-16 E1-23-13-15	E0-19-10-16 E0-19-10-15
0Cr13＋Q345 0Cr13＋Q390	E5003 E5015 (E5515G)	E1-23-13-16 E1-23-13-15	E0-19-10-16 E0-19-10-15
0Cr13＋12CrMo	E5515-B1	E1-23-13-16 E1-23-13-15	E0-19-10-16 E0-19-10-15
1Cr18Ni9Ti＋Q235A	E4303 E4315	E1-23-13-16 E1-23-13-15	E0-19-10Nb-16 E0-19-10Nb-15
1Cr18Ni9Ti＋Q345 1Cr18Ni9Ti＋Q390	E5003 E5015 (E5515G)	E1-23-13-16 E1-23-13-15	E0-19-10Nb-16 E0-19-10Nb-15
Cr18Ni12Mo2Ti＋Q235A	E4303 E4315	E1-23-13Mo2-16	E0-18-12Mo2Nb-16
Cr18Ni12Mo2Ti＋Q345 Cr18Ni12Mo2Ti＋Q390	E5003 E5015 (E5515G)	E1-23-13Mo2-16	E0-18-12Mo2Nb-16

3. 坡口形式与尺寸

不锈钢复合钢板焊接接头的坡口形式如图6.5-1所示。较薄的复合钢板（总厚度小于8 mm）可以采用Ⅰ形坡口，如图6.5-1(a)和(b)所示；较厚的复合钢板可采用U形、V形、X形或组合坡口，如图6.5-1(c)～(h)所示。为防止第一道基层焊缝中熔入奥氏体钢，可以预先将接头附近的覆层金属加工掉一部分，如图6.5-1(b)，(d)，(f)，(g)和(h)所示。

4. 焊接顺序

先将开好坡口的不锈钢复合钢板装配好，首先焊接基层材料。基层焊接完毕后，要对其焊缝进行检查，确认焊缝质量合格后才能进行焊接隔离层的准备工作。在覆层不锈钢板一侧进行铲削，并将待焊根部制成圆弧形。为了防止未焊透，铲削要进行到暴露出基层碳钢为止，并打磨干净。然后焊接隔离层，其焊缝一定要熔化覆层不锈钢板一定厚度，这样才能起到隔离作用。隔离层焊缝质量合格后，最后在隔离层焊缝上焊接不锈钢板覆层。焊接不锈钢板覆层时，在不影响焊接接头质量的前提下，可加快覆层焊接的冷却速度，避免因覆层在 600～1 000 ℃停留时间过长而影响其耐蚀性能。

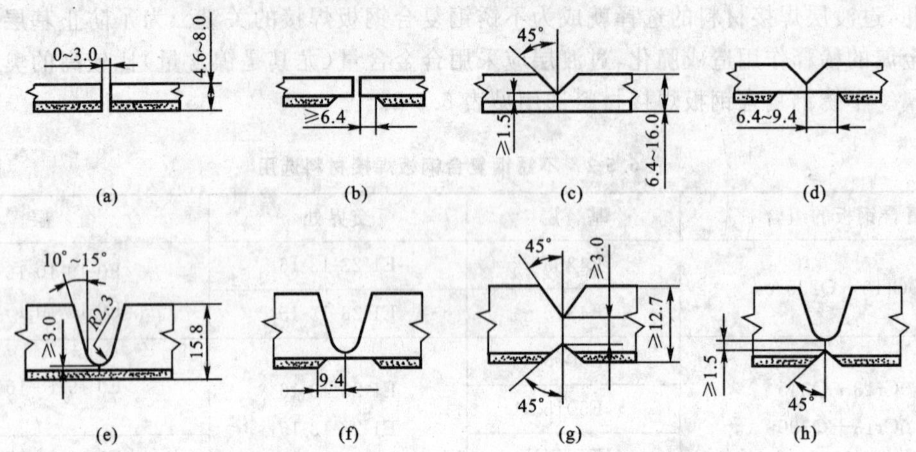

图 6.5-1　不锈钢复合钢板焊接接头的坡口形式与尺寸

当进行不锈钢复合钢板的搭接接头和角接接头的焊接时，在待焊区中碳钢和不锈钢共存部位，要选用隔离层的焊接材料。待焊处都是碳钢时，可以按基层所选用的焊接材料进行施焊；同样，待焊区都是不锈钢材料时，选用覆层的焊接材料，但是考虑到焊接熔池的深度，可能将基层熔化，此时第一层焊缝仍要选用隔离层的焊接材料。

5. 不锈钢复合钢板焊接时注意的问题

焊接时应注意：

(1) 下料最好用等离子弧切割，切割质量比氧乙炔火焰切割高，切口光滑，热影响区小。

(2) 装配应以覆层为基准，防止错边过大而影响覆层质量，点焊尽可能放在基层面。

(3) 焊前对坡口两侧 20～40 mm 范围内进行清理。

(4) 严格防止碳钢焊条用于覆层焊接，碳钢焊条的飞溅落到覆层的坡口面上时要仔细清除干净。

(5) 焊接过渡层时应选用最小的焊接电流，直流反接，多道焊。

6.5.3　渗铝钢的焊接

6.5.3.1　渗铝钢的特性及应用

渗铝钢是碳钢和低合金钢经过渗铝处理，在钢材表面渗入 0.2～0.5 mm 形成铁铝合金层的新型复合钢铁材料。渗铝钢具有优异的抗高温氧化性和耐腐蚀性，具有十分显著的经济效益。与原来未渗铝的钢材相比，渗铝钢可明显地提高抗氧化性的临界温度约 200 ℃以上，在高温 H_2S 介质中的耐腐蚀性可提高数十倍以上。在美、日、英、德等工业发达国家，渗铝钢被广泛应用于石油、化工和电力等工业部门中。

近年来，渗铝钢也开始在我国一些产业部门（如电力、石油化工、汽车工业等领域）得到初步应用，并已显示出它的优越性。

6.5.3.2　渗铝钢的问题及解决措施

渗铝钢焊接的问题主要是：

(1) 焊接裂纹倾向。焊缝金属或熔合区产生裂纹是渗铝钢焊接中的主要问题之一。铝是铁素体化元素，焊接时渗层中铝元素的熔入易使焊缝和熔合区韧性下降，故所研制的专用焊条必须含有一定的合金含量(如 Cr、Mo、Mn 等)，具有高的抗裂性，焊后不产生裂纹。

(2) 熔合区耐蚀性下降。焊接区熔合不良或熔合区附近渗层中铝元素的降低，易导致渗铝钢焊接熔合区附近区域耐腐蚀性的下降，影响渗铝钢焊接结构的使用寿命。焊接中应采用尽可能小的焊接线能量或采取必要的工艺措施，减小熔合区附近铝元素的降低。

渗铝钢管的焊接有它的复杂性，对于不同的渗铝工艺(如热浸铝法、固体粉末法、喷渗法等)，渗铝钢管的焊接性能差异极大。解决渗铝钢焊接问题主要有两条途径：一是将接头处的渗铝层去掉，用普通焊条焊接，焊后在焊接区域再喷涂一层铝；二是采用不锈钢焊条或渗铝钢专用焊条进行焊接。

6.5.3.3　渗铝钢的焊接工艺

渗铝钢管渗铝后一般不降低其原有的力学性能，从焊接角度看，焊缝金属的强度性能是容易满足的。

渗铝钢焊接接头区域钢管内壁焊后无法再用喷涂和其他方法处理，除了选用使焊缝金属本身耐热抗蚀的焊条以外，还必须从焊接工艺操作上保证单面焊双面成形。施焊前在渗铝钢管对接接头内壁两侧涂敷焊接涂层，该涂层在焊接过程中对熔池有托敷作用，防止焊穿并确保焊缝背面熔合区熔合良好。此外，在焊接条件下使涂层中的化学渗剂迅速分解，产生活性铝原子并使之向焊接熔合区渗入，以补偿焊接接头背面熔合区渗层中铝的烧损，达到提高焊接熔合区抗高温氧化性和耐蚀性的目的。在渗铝钢管焊接区域外侧涂敷白垩粉，以防止焊接飞溅，确保渗铝层质量。

焊接涂层由化学渗剂层和保护剂层构成。化学渗剂层的作用是向焊接熔合区渗层提供补偿渗铝所必需的活性铝原子源和产生较高的铝势。保护剂层的作用是阻止焊接区域氧化性气氛对化学渗剂析出的活性铝原子氧化，保证补偿渗铝过程的进行。用坡口机在渗铝钢管对接接头处开单面 V 形坡口，坡口角度 60°～65°，钝边 1 mm 以下，接头间隙 3 mm 左右。焊接装配时应严格保证钢管接口处内壁平齐，错边量应小于壁厚的 10%，最大不得超过 1 mm。点焊固定点应尽可能小，点焊固定后不得随意敲击。

打底层是渗铝钢管单面焊双面成形的关键，施焊时必须密切注视熔池动向，严格控制熔孔尺寸，使焊接电弧始终对准坡口内角并与工件两侧夹角成 90°。更换焊条要迅速，应在焊缝热态下完成焊条更换，以防止焊条接头处背面出现熔合不良现象。封闭环缝时应稍将焊条向下压，以保证根部熔合。打底层焊接要求接头背面焊缝金属与两侧渗层充分熔合；盖面层焊接要求焊道表面平滑美观，两侧不出现咬边。在整个焊接过程中，不能随意在渗铝钢管表面引弧，以免烧损渗铝层。焊后应立即将焊接区域缠上石棉，以防止空冷硬化而导致微裂纹，特别是铬钼渗铝钢更应注意焊后缓冷。

采用专用焊条或 Cr25-Ni13 奥氏体焊条，严格按单面焊双面成形工艺进行渗铝钢管焊接试验。焊接时应确保渗铝钢焊缝金属与渗层熔合良好，焊接接头背面渗铝层从热影响区连续过渡到焊缝，基体金属不外露，保证渗铝钢管焊接区域良好的使用性能。

用3%HNO_3酒精溶液浸蚀渗铝钢管试样断面，可使渗层与基体组织显露出来。只要渗铝钢管焊接接头处焊缝金属与渗铝层熔合良好，无咬边现象，可保证良好的抗高温氧化性能。碳素渗铝钢管与Cr5Mo渗铝钢管内壁渗层厚度分别为0.17～0.23 mm和0.12～0.16 mm，外壁渗层厚度分别为0.15～0.20 mm和0.10～0.14 mm。在50 g载荷下加载12 s后测定渗铝层的显微硬度，显微硬度从渗层表面到基体是逐渐降低的，渗层平均显微硬度值在310～500 HV的范围。显微硬度值较低时，渗铝层具有较好的抗塑性变形能力和良好的焊接性。

渗铝层中的铝含量是评定渗层耐热抗蚀性能的重要参数。渗铝层中的铝含量随着渗层深度的增加而降低，渗铝层的有效厚度能够满足抗高温氧化和耐腐蚀性方面的使用要求。

6.5.4 异种钢焊接实例

沥青溶液换热器中有一法兰材质为Q345钢锻件，其与壁厚为26 mm的0Cr18Ni10Ti钢筒体的焊接为异种钢的焊接。

1. 焊接方案的制定

在锻件内侧与待焊坡口处堆焊隔离层，然后与筒体成为同质材料的焊接，焊接接头形式与坡口尺寸如图6.5-2所示。

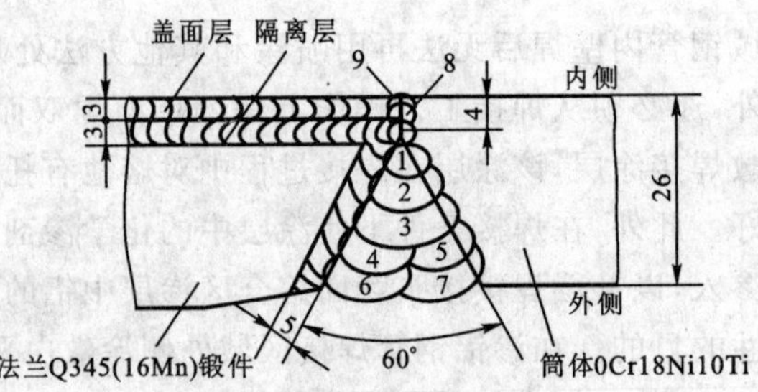

图6.5-2 Q345钢锻件与0Cr18Ni10Ti钢焊接接头形式与焊接层数

2. 焊接方法的选择

锻件内侧采用焊条电弧焊施焊；锻件与筒体焊接采用焊条电弧焊打底，再用埋弧焊施焊。

3. 内侧隔离层堆焊

法兰盘内侧堆焊隔离层并延伸至坡口内侧。堆焊前采用丙酮清理坡口内侧的油污等污染物，并用氧-乙炔火焰进行烘烤，以防止堆焊时产生裂纹和气孔。堆焊时采用小电流、多层多道焊。焊条选择及焊接参数见表6.5-3。

表6.5-3 Q345钢锻件与0Cr18Ni10Ti钢筒体堆焊的焊接参数

焊接层数	焊接方法	焊材牌号及规格/mm	电源极性	焊接电流/A	电弧电压/V	焊接速度/$(m \cdot h^{-1})$
坡口内侧堆焊及第8层	焊条电弧焊	A302，ϕ4 mm	直流正接	130～150	24～30	0.52～0.61
焊接1～7层及第9层	埋弧焊	H0Cr18Ni10Ti，ϕ5 mm HJ260	直流反接	450～480	34～36	35～36

堆焊时，每道焊缝结束后要及时清除熔渣，以防止产生夹渣等缺陷。施焊时分区域进行对称焊，每道相邻焊缝要重叠 1/2。每道焊缝冷却至 100 ℃以下，再焊下一道焊缝，以减少焊接接头在高温停留时间，从而提高焊接接头抗腐蚀的性能。

每层堆焊后要进行 100％着色探伤，在焊缝外表面没有缺陷的情况下，再堆焊下一层焊缝。堆焊层厚度为 7 mm。

堆焊隔离层后进行机加工，使坡口表面光洁，便于埋弧焊。

4. Q345 钢锻件与 0Cr18Ni10Ti 钢筒体对接焊

其实质是同质材料的焊接。焊接时，要严格控制焊接热输入，特别是用小的焊接电流和快的焊接速度来将熔合比控制在最小值。

装配时，要求对接接头处不留任何间隙，最大装配间隙不能超过 1.0 mm。正面第一层焊缝用埋弧焊施焊，为了防止烧穿，要在焊缝背面铺设焊剂层。各层焊接参数及焊接材料选用见表 6.5-3。

正面焊缝全部焊接完毕，背面用碳弧气刨清根，彻底打磨干净后，进行背面第 8 层焊缝的焊接，采用焊条电弧焊施焊。其焊接参数与内侧隔离层堆焊相同。盖面层(即第 9 层)仍采用埋弧焊，其焊接参数与正面焊缝相同。焊后外观检查与内侧隔离层堆焊相同。

焊接接头内部质量用 X 射线探伤，并应满足相关标准的要求。

思考题与习题

6-1. 在焊接结构制造中常用的碳钢有哪些？为什么在研究其焊接性时采用按含碳量分类的方法？

6-2. 材质为 20g，板厚 $\delta=20$ mm，施工环境温度为 -20 ℃的两块钢板对接，采用埋弧焊进行焊接，试制定其焊接工艺。

6-3. 热轧及正火钢的焊接性比较好，表现在哪些方面？原因是什么？

6-4. 高强度钢焊接时，选择焊接材料的原则是什么？焊后热处理制度对选择焊接材料有何影响？

6-5. 用埋弧焊焊接 Q345(16Mn)钢时，可用 H08A 焊丝或 H08MnA 焊丝配合 HJ431 焊剂。不同焊丝焊接的结果有什么不同？两者的应用场合是否一样？

6-6. 低碳调质钢和中碳调质钢都属于调质钢。它们的焊接热影响区脆化机制是否相同？为什么低碳调质钢焊后一般不希望后热处理？为什么中碳调质钢焊后需要进行后热处理？

6-7. 中碳调质钢分别在调质状态和退火状态进行焊接时，焊接工艺应有何差别？为什么低碳调质钢不在退火状态下进行焊接？

6-8. Q345(16Mn)钢分别在 -40 ℃和常温下使用时，在焊接工艺上和焊接材料选择上是否应有所差别？为什么？

6-9. 影响低温钢焊接接头韧性的因素有哪些？

6-10. 试述低、中合金耐热钢的焊接特性。

6-11. 试述焊接奥氏体不锈钢产生热裂纹的原因及防止措施。

6-12. 试分析奥氏体不锈钢的焊接性。

6-13. 试述奥氏体不锈钢的焊接工艺要点和焊接材料选用原则。

6-14. 试分析铁素体耐热钢的焊接特性及焊接工艺要点。

6-15. 试分析马氏体耐热钢的焊接特性及焊接工艺要点。

6-16. 1Cr18Ni9 钢与 Q235 钢焊接时主要存在哪些问题？如何解决？

6-17. 焊接不锈钢复合钢板应注意哪些问题？

第7章　焊接质量检验

焊接结构(件)在现代科学技术和生产中得到了广泛的应用。随着锅炉、压力容器、化工机械、海洋构造物、航空航天设备和原子能工程等向高参数及大型化方向发展,工作条件日益苛刻和复杂。显然,这些焊接结构(件)必须是高质量的。但由于焊接接头大多数为性能不均匀体,应力分布往往比较复杂,而且焊接结构一般都在负载条件下工作,有时其工作条件还极为恶劣,如需要承受高温、高压或各种易燃、有毒介质侵蚀等。缺欠的存在将影响焊接接头的质量,而接头质量又直接影响到焊接结构(件)的使用安全。若不能及时发现并消除焊接接头中的严重缺欠,则可能发生严重事故,造成重大损失。

焊接质量检验的目的在于防止与发现焊接缺欠,以确保焊接结构(件)的安全使用。各类产品都规定了对焊接接头质量等级的技术要求。试制新产品或制定焊接新工艺时,通过焊接检验可发现并解决其质量问题,使新产品与新工艺获得发展和应用。有的产品在使用中还需定期检验,以发现和及时消除在使用中产生而尚未导致产品破坏的缺欠,以便防止事故的发生,延长产品的使用寿命。

本章主要介绍焊接检验和焊接缺欠的基本概念,简述焊接检验方法分类、焊接检验过程和检测内容,重点介绍焊接检测中破坏性检测和无损检测技术的基本内容。

§7.1　焊接质量检验的基本概念

7.1.1　焊接检验的意义

不同的工业产品,根据各自的使用要求往往具有不同的质量特性。焊接质量评定标准是进行质量检验的依据。进行焊接质量检测和评定对提高焊接产品质量,确保焊接结构,尤其是锅炉和压力容器等易燃易爆产品的安全运行十分重要。

焊接检验的意义主要体现在以下几个方面:

1. 确保焊接结构制造质量,保证其安全运行

用焊接检验控制缺欠和防止废品产生,避免不合格产品出厂,并在使用过程中不断进行监测,使焊接产品能在规定的使用条件下和预期的使用寿命内,焊接接头都不会产生破损,避免危险事故的发生,这是实施焊接检验的根本目的。

2. 改进焊接技术,提高产品质量

焊接检验可以评定制造工艺正确与否。同时,在制定焊接工艺时也可预先制备试样,利用

焊接检验技术选择最佳工艺，使焊缝达到规定的质量等级要求。

3. 降低产品成本

由于焊接检验贯穿于焊接生产的全过程，正确进行安全评定就可能避免出现产品最后报废的现象，从而大大减少原材料和工时的浪费，以及因拖延工期而带来的经济损失，这无疑会带来显著的社会效益和经济效益。

4. 促进焊接技术的更广泛应用

由于有焊接检验的可靠保证，可使焊接产品得到广泛应用。

7.1.2 焊接检验的依据

焊接生产中必须按图样、技术标准和检验文件规定进行检验。焊接检验的依据主要包括以下几个方面：

1. 施工图样

图样是生产中使用的最基本资料，加工制作应按图样的规定进行。图样规定了原材料、焊缝位置、坡口形式和尺寸及焊缝的检验要求等。

2. 技术标准

包括有关的技术条件，它规定焊接产品的质量要求和质量评定方法，是从事检验工作的指导性文件。

3. 检验文件

包括工艺规程、检验规程、检验工艺等，它们具体规定了检验方法和检验程序，指导现场检验人员进行工作。此外，还包括检查过程中收集的检验单据：检验报告、不良品处理单、更改通知单，如图样更改、工艺更改、材料代用、追加或改变检验要求等所使用的书面通知。

4. 订货合同

用户对产品焊接质量的要求在合同中有明确标定的，也可将其作为图样和技术文件的补充规定。

7.1.3 焊接检验方法分类

焊接检验可分为破坏性检验、非破坏性检验和声发射检验等多种类型，每种类型中又有若干具体检验方法，见表 7.1-1。

表 7.1-1 常用焊接检验方法

分类		试验方法
破坏性检验	力学性能试验	拉伸试验、弯曲试验、冲击试验、硬度试验、断裂韧度 COD 试验、疲劳试验
	化学分析试验	化学成分分析、腐蚀试验、气体含量测定
	金相检验	宏观检验、显微检验
	断裂力学试验	冲击试验、COD 试验、K 值试验、宽板试验
	焊接性试验	淬硬性试验、裂纹敏感性试验、接头性能试验

续表

分类		试验方法
非破坏性检验	外观检查	直接检测、间接检测
	强度检验	水压试验、气压试验
	致密性试验	气密性试验、吹气试验、氨渗漏试验、煤油试验、载水试验、沉水试验、水冲试验、氦气检漏试验
	无损检验	射线探伤、超声波探伤、磁力探伤、渗透探伤、涡流探伤
声发射检验	突发信号定位	时差定位、区域定位
	连续信号定位	幅度测量式区域定位、衰减测量式定位、互相关式时差定位、干涉式时差定位
其　他	特殊参数测定	焊接变形测定试验、焊接残余应力测定试验
	结构试验	模型试验、爆破试验、实际载荷试验

不同类型的检测方法具有不同的特点。破坏性检验、非破坏性检验及声发射检验的特点比较见表 7.1-2。

表 7.1-2　破坏性检验、非破坏性检验及声发射检验的特点比较

检验方法	优　点	缺　点
破坏性检验	(1) 能直接可靠地得出测量结果； (2) 测定结果是定量的，这对设计与标准化工作通常很有价值； (3) 通常不必凭借熟练的技术即可对试验结果作出说明； (4) 观测人员之间对试验结果的争论小	(1) 只能用于某一抽样，而且需要证明该抽样代表整批产品的情况； (2) 试验过的零件不能再交付使用； (3) 不同形式的试验也许要用不同的试样； (4) 由于存在报废损失，故不宜广泛进行这种试验； (5) 材料成本或生产成本很高或对利用率有限的零件，不宜进行这种试验； (6) 不能直接测量运转使用期内的累计效应； (7) 在役零件往往要中断使用； (8) 耗资高
非破坏性检验	(1) 可直接对所生产的产品进行检验； (2) 既能对产品进行普检，也可对典型的抽样进行试验； (3) 同一产品既可同时又可依次采用不同的试验方法； (4) 同一产品可重复进行同一试验； (5) 可对在役零件进行试验； (6) 可直接测量运转使用期内的累计影响； (7) 试样很少或无需制备，优势是只需简单表面处理； (8) 为了应用于现场，设备可以是携带式的； (9) 检验成本低，尤其是对同类零件进行重复性试验时更是如此	(1) 通常须借助熟练的试验技术才能对结果做出说明； (2) 不同的检测人员可能对试验结果有不同的看法； (3) 有些非破坏性试验所需的原始投资很大

续表

检验方法	优　点	缺　点
声发射检验	(1) 几乎不受材料限制； (2) 是一种动态无损检测技术； (3) 灵敏度高； (4) 可检查活动裂纹； (5) 可以实现在线监测	(1) 结构必须承载才能进行检测； (2) 检测受材料的影响很大； (3) 测量受电噪声和机械噪声的影响较大； (4) 定位精度不高

7.1.3.1　破坏性检验

破坏性检验是从焊件或试件上切取试样，或以产品(或模拟体)的整体破坏做试验，以检验其各种力学性能、化学成分和金相组织等的试验方法。

1. 力学性能试验

1）拉伸试验

拉伸试验用于评定焊缝或焊接接头的强度和塑性性能。抗拉强度和屈服强度的差值能定性说明焊缝或焊接接头的塑性储备量。伸长率和断面收缩率的比较可以看出塑性变形的不均匀程度，能定性说明焊缝金属的偏析和不均匀性，以及焊接接头各区域的性能差别。

焊缝金属的拉伸试验有关规定应按《焊缝及熔敷金属拉伸试验方法》进行。熔焊和压焊对接接头横向拉伸试验可按《焊接接头拉伸试验方法》进行。

2）弯曲试验

弯曲试验用于评定焊接接头塑性并可反映焊接接头各个区域的塑性差别，暴露焊接缺欠，考核熔合区的结合质量。熔焊和压焊对接接头的弯曲试验主要分为横弯、纵弯和横向侧弯三种。接头的横弯和纵弯还分正弯和背弯。所谓正弯，是试样受拉面为焊缝正面的弯曲。对于双面不对称焊缝，正弯试样的受拉面为焊缝最大宽度面；对于双面对称焊焊缝，先焊面为正面。所谓背弯，是试样受拉面为焊缝背面的弯曲。

焊接接头的弯曲试验有关规定应按《焊接接头弯曲及压扁试验方法》进行。

3）冲击试验

冲击试验用于评定焊缝金属和焊接接头的韧性和缺口敏感性。试样为V形缺口，缺口应开在焊接接头最薄弱区，如熔合区、过热区、焊缝根部等。冲击试样的断口情况对接头是否处于脆性状态的判断很重要，常常采用于宏观和微观断口进行分析。

熔焊和压焊对接接头的冲击试验分为常温和低温冲击试验两种。焊接接头的常温冲击试验可按《焊接接头冲击试验方法》进行，熔焊和压焊对接接头的低温冲击试验可按《金属低温夏比冲击试验方法》进行，以测定接头焊缝、熔合线和热影响区冲击吸收功(A_k)。

4）硬度试验

硬度试验用于评定焊接接头的硬化倾向，并可间接考核焊接接头的脆化程度。硬度试验可用于测定焊接接头的布氏(HB)、洛氏(HR)和维氏(HV)硬度，以对比焊接接头各个区域性能上的差别，找出区域性偏析和近缝区的淬硬倾向。硬度试验也用于测定堆焊金属表面硬度。

熔焊和压焊接头及堆焊金属的硬度试验可按《焊接接头及堆焊金属硬度试验方法》进行。

5）断裂韧度 COD 试验

断裂韧度 COD 试验用于评定焊接接头的 COD（裂纹张开位移）断裂韧度，通常将预制疲劳裂纹分别开在焊缝、熔合线和热影响区，评定各区的断裂韧度。试验应按《焊接接头裂纹张开位移（COD）试验方法》进行。

6）疲劳试验

疲劳试验用于评定焊缝金属和焊接接头的疲劳强度及焊接接头疲劳裂纹扩展速度。

评定焊缝金属和焊接接头的疲劳强度时，应按照《焊缝金属和焊接接头的疲劳试验法》、《焊接接头脉动拉伸疲劳试验》和《焊接接头四点弯曲疲劳试验方法》等进行。测定焊接接头疲劳裂纹扩展速率时，应按照《焊接接头疲劳裂纹扩展速率试验方法》或《焊接接头疲劳裂纹扩展速率　侧槽试验方法》等标准进行。

2. 焊接金相检验

金相检验包括宏观分析和显微分析两种。

1）宏观分析

宏观分析包括低倍分析（粗晶分析）和断口分析。低倍分析就是直接用肉眼或通过 20～30 倍以下的放大镜来检查经浸蚀或不经浸蚀的金属截面，以确定其宏观组织及缺欠类型。它能在一个很大的视域范围内对材料的不均匀性、宏观组织缺欠的分布和类别等进行检测及评定。断口分析是对试样或构件断裂后的破断表面形貌进行研究，了解材料断裂时呈现的各种断裂形态特征，探讨其断裂机理和材料性能的关系。

2）显微分析

利用光学显微镜（放大倍数在 50～2 000 之间）检查焊接接头各区域的微观组织、偏析和分布。通过微观组织分析，研究母材、焊接材料与焊接工艺存在的问题及解决的途径。

断口分析一般包括宏观分析和微观分析两个方面。断口微观分析是为了进一步确认宏观分析的结果，它是在宏观分析基础上，选择裂纹源部位、扩展部位、快速破断区以及其他可分析的区域进行微观观察。

3. 化学试验分析

1）化学成分分析

化学成分分析主要是对焊缝金属的化学成分进行分析。一般来说，从焊缝金属中钻取试样是关键，除应注意试样不得被氧化和沾染油污外，还应注意取样部位在焊缝中所处的位置和层次。不同层次的焊缝金属受母材的稀释作用不同。一般以多层焊或多层堆焊的第三层以上的成分作为熔敷金属的成分。

2）扩散氢的测定

熔敷金属中扩散氢的测定有 45 ℃甘油法、水银法和色谱法三种。目前多用甘油法，按《熔敷金属中扩散氢测定方法》进行。甘油法测定的精度较差，正逐步被色谱法所代替。水银法因污染问题而极少应用。

3）腐蚀试验

焊缝金属和焊接接头的腐蚀破坏有总体腐蚀、晶间腐蚀、刀状腐蚀、点腐蚀、应力腐蚀、海水腐蚀、气体腐蚀和腐蚀疲劳等。其中，固态奥氏体不锈钢经焊接或热成形加工后，晶界腐蚀倾向大。腐蚀试验可依据相关标准进行。

4）铬镍奥氏体不锈钢焊缝中铁素体含量的测定

焊后状态铬镍奥氏体不锈钢焊缝、堆焊金属中铁素体含量(体积百分比)的测定可按《铬镍奥氏体不锈钢焊缝铁素体含量测量方法》进行。测量方法分为金相法和磁性法两种。其中,金相法又分为金相割线法和标准等级图法。

不锈钢焊缝中的奥氏体组织是非磁性材料,不能被磁化;铁素体是磁性材料,可以被磁化。焊缝中的铁素体含量越多,焊缝的导磁能力也就越强。根据上述原理可以对铁素体进行测定。

7.1.3.2 非破坏性检验

非破坏性检验是不破坏被检对象的结构和材料的试验方法,它包括外观检验、强度试验、致密性试验和无损检测等。

1. 外观检验

外观检验是通过肉眼或低倍放大镜以及标准样板或量具来检查焊缝的外形尺寸和表面缺欠,是一种简单而不可缺少的检查方法。

压力容器焊缝的外形尺寸应符合《焊条电弧焊接头基本形式和尺寸》和《埋弧焊接头基本形式和尺寸》及有关产品图纸的要求。焊缝与母材交界处应圆滑过渡;接管角焊缝应修磨成圆弧形,并与母材圆滑过渡。

焊缝与热影响区表面不允许有气孔、裂纹、未焊透、夹渣、弧坑、焊瘤等焊接缺欠。对于单面焊,允许未焊透深度<15%母材厚度,但最大不得超过 2 mm。咬边深度不得超过 0.5 mm,咬边连续长度不得大于 100 mm,且焊缝两侧咬边总长不得超过焊缝总长的 10%。下屈服强度 $R_{eL} \geq 400$ MPa的低合金钢与低温钢制容器的焊缝不允许有咬边。当发现焊缝表面有裂纹时,可在其两端钻孔,以确定裂纹的界限及深度。

通过外观检查还可估计焊缝内部可能存在的缺欠情况。例如,焊缝表面出现咬边和焊瘤,则内部可能存在未焊透或未熔合;焊缝表面出现多孔,则内部可能存在密集气孔、疏松或夹渣。具体焊缝尺寸测量时应使用焊接检验尺、专用量规、样板等工具。

外观检测方法一般分为直接检测和间接检测两种。

1）直接检测

直接检测是在检测时使眼睛与检测面距离在 24 in(610 mm)内,且与检测面的角度不小于 30°的条件下进行的。测量器具是目视检测很重要的组成部分,其中包括各类焊接检验尺、间隙测量规、半径量规、深度量规、内外卡尺、定心规、塞尺、螺纹规及千分表等。焊接检验尺主要由主尺、高度尺、咬边深度尺及多用尺四部分组成,主要用来检测焊接构件的各种角度和焊缝高度、宽度、焊接间隙及咬边深度等。

2）间接检测

对于无法直接进行观察的区域,可以辅助以各种光学仪器或设备进行间接观察,如使用反光镜、望远镜、工业内窥镜、光导纤维或其他合适的仪器进行检测。近年,随着内窥镜生产技术的不断发展和完善,以工业内窥镜作为检测工具的目视检测得到广泛应用。根据工业内窥镜的制造工艺,一般分为直杆内窥镜、光纤内窥镜和视频内窥镜。

2. 强度检验

焊缝强度试验包括水压和气压试验。它可用于评定锅炉、压力容器、管道等焊接结构的整体强度性能、变形量大小及有无渗漏现象。

1）水压试验

水压试验以水为试验介质，使用的仪表设备主要是高压水泵、阀门和两个同量程的压力表等。

水压试验应在最终热处理之外的所有生产工序完成后进行。其目的是检查容器焊缝的致密性以及接头与受压部件的强度。试验前堵好所有的接管开孔并擦净容器。试验时用干净的淡水灌满整个容器，然后用高压水泵将压力缓慢升至试验压力（一般为工作压力的1.25～1.5倍），在此压力下至少保持30 min。再将压力降至试验压力的80%，并持续足够长的时间，以便对所有焊缝和连接部位进行检查。可沿焊缝边缘15～20 mm处用0.4～0.5 kg的圆头小锤敲击，焊缝表面不渗漏即为合格。如有渗漏，应作标记，以便清除焊缝中的缺欠。修补后应重新进行水压试验。

为防止水压试验时发生脆断事故，应严格控制试验时容器的壁温。碳钢和碳锰钢容器的壁温应不低于5 ℃；低合金高强钢容器应按钢材实际脆性转变温度而定，一般取NDT（落锤试验测定的无塑性转变温度）以上30 ℃，或是冲击功为35 J/cm²时转变温度以上20 ℃。

对管道进行水压试验时，可用闸阀将管道分成若干段，依次对各段进行检查。水压试验压力和保压时间参数选择见表7.1-3。

表7.1-3　水压试验压力和保压时间

<table>
<tr><th colspan="2" rowspan="2">产品名称</th><th colspan="2">工作压力 p</th><th colspan="2">试验压力 p'</th><th rowspan="2">保压时间</th></tr>
<tr><th>kgf/cm²</th><th>MPa</th><th>kgf/cm²</th><th>MPa</th></tr>
<tr><td rowspan="5">锅炉</td><td rowspan="3">锅筒</td><td><6</td><td><0.59</td><td>1.5p，但不小于2</td><td>1.5p，但不小于0.2</td><td rowspan="4">5 min</td></tr>
<tr><td>6～12</td><td>0.59～1.18</td><td>p+3</td><td>p+0.29</td></tr>
<tr><td>>12</td><td>>1.18</td><td colspan="2">1.25p</td></tr>
<tr><td>集箱管道</td><td colspan="2">p</td><td colspan="2">1.5p</td></tr>
<tr><td>受热面管子或受压管件</td><td colspan="2">p</td><td colspan="2">(1) 2p；
(2) 当额定蒸汽压力大于或等于13.73 MPa(140 kgf/cm²)时，试验压力允许1.5p</td><td>10～20 s</td></tr>
<tr><td colspan="2">压力容器</td><td colspan="2">p</td><td colspan="2">1.25p或按图样规定</td><td>根据容器大小，保压10～30 min</td></tr>
</table>

2）气压试验

气压试验是以气体为试验介质，使用高压气泵、阀门、缓冲罐、安全阀、两个不同量程并经校正的压力表等。气压试验一般用于低压容器和管道的检验。此外，对于不适合进行液压试验的容器，如容器内不允许有微量残留液体或由于结构原因不能充满液体的容器，可采用气压试验。

气压试验比水压试验迅速灵敏，且试验后不必排水，对排水困难的产品尤为适合。但是，气压试验的危险性大，由于气体易被压缩，试验时容器内将积蓄大量能量而可能引起爆炸，必须加强防护措施。中、高压容器应在远离厂房的空旷场地进行气压试验。低压容器的试验压力为工作压力的1.2倍;中、高压容器的试验压力应为工作压力的1.5倍。试验时容器壁温应至少不低于15 ℃;低温容器则不应低于设计工作温度。

气压试验时一般采用干燥而清洁的空气。将压力缓慢升至试验压力的10%后,保压5 min,对容器所有焊缝和连接部位用涂肥皂水或观察压力表数值是否降低的方法,进行初次泄漏检查。如有泄漏,修补后重新试压。初检合格后,再继续缓慢升压至规定试验压力的50%,随后按10%试验压力的级差逐渐升压至最高试验压力,保压10 min后降至工作压力,进行泄漏检查。如发现泄漏,应立即卸压、修补。确认修补合格后,重新进行气压试验。非铸造容器气压试验的压力参数选择见表7.1-4。

表7.1-4 非铸造容器气压试验的压力参数

<table>
<tr><th colspan="3">压力容器</th><th colspan="2">试验压力 p'</th></tr>
<tr><th rowspan="2">等 级</th><th colspan="2">工作压力 p</th><th rowspan="2">耐压试验</th><th rowspan="2">气密试验</th></tr>
<tr><th>kgf/cm²</th><th>MPa</th></tr>
<tr><td>低 压</td><td>$1\leqslant p<16$</td><td>$0.098\leqslant p<1.568$</td><td>$1.20p$</td><td rowspan="4">$1.00p$</td></tr>
<tr><td>中 压</td><td>$16\leqslant p<100$</td><td>$1.568\leqslant p<9.8$</td><td>$1.15p$</td></tr>
<tr><td>高 压</td><td>$100\leqslant p<1\,000$</td><td colspan="2">$9.8\leqslant p<98$</td></tr>
<tr><td>超高压</td><td>$p\geqslant1\,000$</td><td>$p\geqslant98$</td><td></td></tr>
</table>

3. 致密性试验

致密性检验应在焊缝经外观检查后进行,用于发现储存液体或气体容器焊缝内的贯穿性裂纹、气孔、夹渣、未焊透等不致密缺欠。

1)气密性试验

操作方法与气压试验相同,但试验压力为容器的设计压力。保压中用涂肥皂水或观察压力表数值的方法判断是否泄漏。

2)吹气试验

用压缩空气流吹焊缝,压缩空气压力不小于0.4 MPa,喷嘴与焊缝距离不大于30 mm,且垂直对准焊缝,在焊缝另一面涂上100 g/L的水肥皂液,通过观察肥皂液一侧是否出现肥皂泡来发现缺欠。

3)载水试验

试验时,仔细清理容器焊缝表面,并用压缩空气吹净、吹干。在气温不低于0 ℃的条件下,在容器内灌入温度不低于5 ℃的净水,然后观察焊缝,其持续时间不得少于1 h。在试验时间内,焊缝不出现水流、水滴渗出,焊缝及热影响区表面无渗漏现象,即为合格。载水试验适用于不受压的容器或敞口焊接储器的密封性试验。

4)水冲试验

试验时,用出口直径不小于15 mm的消防水带往焊缝上冲水。应注意水射流方向与焊缝所在表面夹角不小于70°。试验水压应不小于0.1 MPa,以造成水在被喷射面上的反射水环直径不小于400 mm。试验时的气温应高于0 ℃、水温高于5 ℃。对垂直焊缝应自上而下进行检查,冲水的同时对焊缝另一面进行观察。水冲试验适用于难以进行水压试验和载水试验的大型容器。

5）沉水试验

试验时将工件沉入水中 20～40 mm 深处，然后试件内充满压缩空气，观察焊缝处有无气泡出现，出现气泡处即为焊接缺欠存在的位置。沉水试验只适用于小型焊接容器(如汽车油箱等)的密封性检验。

6）煤油渗漏试验

先将受检焊缝内外表面清理干净，试验时在较容易发现和修补缺欠的一面涂石灰水，待干燥后再在焊缝另一面涂煤油浸润。由于煤油的黏度和表面张力很小，具有渗透极小缝隙的能力。如果焊缝中有穿透性缺欠，煤油就会渗透过去，在石灰粉上形成明显的油斑。一般若在 5 min后未发现油斑，便认为焊缝致密性合格。

煤油渗漏试验宜用于检查低压薄壁容器，最适于对接接头。修补时应将煤油擦净，以防煤油受热起火。对搭接接头来说，因煤油不易清理干净，修补时易起火。

7）氨渗漏试验

氨渗漏试验首先在容器焊缝表面贴一条(比焊缝宽 10～20 mm)在 5%硝酸汞水溶液中浸过的纸条或绷带，然后向密封好的容器通入含一定体积氨气的压缩空气，保压 5 min 后检查纸条是否变色，如纸带上发现黑色或红色斑痕，即为泄漏部位。修补后应重新进行试验。

氨渗漏试验方法分为：充入 100%的氨气法(A 法)；充入 10%～30%(体积分数)氨气法(B 法)；充入 1%(体积分数)氨气法(C 法)。

氨渗漏试验要比涂肥皂水的吹气试验(用压缩空气正对焊缝的一面猛吹，另一面涂肥皂水，若有缺欠便产生肥皂泡)准确而迅速，且可在低温下检查焊缝的致密性。

8）氦气检漏试验

氦气检漏试验是通过向被检容器充氦气或用氦气包围容器后检查容器是否漏氦及漏氦的程度。它是灵敏度比较高的一种致密性试验方法，用于致密性要求很高的容器。氦气是最轻的惰性气体，容易通过小空隙。氦气无毒、无危险、无破坏性，不会与其他物质作用。

9）真空试漏法

对于某些无法从两面进行试验的焊缝(如罐底)，可采用真空试漏法进行检测。在焊缝表面涂肥皂水，将真空箱放在涂肥皂水的焊缝上，依靠密封橡皮与罐底表面紧贴，以防止漏气。然后抽真空，当在真空箱的有机玻璃罩外见到焊缝表面附近有肥皂泡时，就可判断缺欠所在部位。

4. 无损检测

各种无损检测方法及符号表示见表 7.1-5。

表 7.1-5　无损检测方法及符号

无损检测方法	目视检测	泄漏检测	射线检测	超声检测	磁粉检测	渗透检测	涡流检测	声发射	工业CT	金属磁记忆	红外热成像
符　号	VT	LT	RT	UT	MT	PT	ET	AE	ICT	MMT	TNDT

其中的射线检测、超声波检测、磁粉检测、渗透检测和涡流检测是钢制压力容器制造、返修和在役容器定期检验中最常用的方法，也是五种常规无损检测方法。常规无损检测技术的对比见表7.1-6。

表 7.1-6　常规无损检测技术的对比

检测方法	设　备	原　理	优　点	局限性	适用对象
X 射线检测	射线源、电源、暗盒、胶片、胶片处理设备、幻灯片、射线剂量装置等	利用阴极灯丝产生的电子高速轰击靶所产生的电磁波穿透工件，完好部位与缺欠部位透过剂量有差异，从而在底片上形成缺欠影像	可得到直观长久的影像记录，功率可调，照相质量比 γ 射线高	一次性投入大，不易携带，需要电源，对检测人员素质要求高；无法测量缺欠的深度，焊缝需双面靠近，不易发现裂纹和未熔合缺欠	适用于检出夹渣、气孔、未焊透等体积型缺欠；对与射线方向一致的面积型缺欠有较高检出率
γ 射线检测	γ 源、暗盒、胶片、胶片处理设备、幻片灯、辐射监控设备等	利用放射性物质在衰变过程中产生的电磁波穿透工件，完好部位与缺欠部位透过剂量有差异，从而在底片上形成缺欠影像	工作效率高，可定位于管道或容器内部，一次成像，可得到直观长久的影像记录；不需电源，适用于野外操作	放射性危险大，射线源要定期更换，能量不可调节，成本高，对检测人员素质要求高；无法测量缺欠的深度，焊缝需双面靠近	最适用于检出厚壁内体积型缺欠
超声波检测	超声波探伤仪、探头、耦合剂、试块等	利用弹性波遇到与声波相垂直的缺欠会形成反射或衍射的方法，提取缺欠信号，并显示在示波屏上	对面状缺欠敏感，穿透力强，不受厚度限制，易携带，对操作人员无损害；焊缝只需单面靠近，检测时间短，成本低	对表面状态要求高，不宜测出细小裂纹，对检测人员素质要求高，不适合于形状复杂和表面粗糙的工件；厚度小于 8 mm 时要求特殊检测方法，奥氏体粗晶焊缝检测困难	有利于检出裂纹类面积型缺欠
磁粉检测	磁粉探伤机、电源、磁粉、试片（块）等，荧光磁粉检测则需要紫外线灯	经磁化的焊缝，利用缺欠部位的漏磁通可吸附磁粉的现象，能形成缺欠痕迹	经济简便，快速直观，缺欠性质容易辨认；油漆与电镀面基本不影响检测灵敏度，但应做灵敏度的试验	不适用于非铁磁性材料，难以确定缺欠深度，某些情况下要求检测后退磁	可检测表面与近表面缺欠
渗透检测	荧光或着色渗透剂、显像剂、清洗剂及清洗装置、标准试块等，荧光渗透检测则需紫外线灯	利用毛细作用，将带有颜色的渗透液喷涂在焊缝表面上，使其渗入缺欠内，清洗后施加显像剂，显示缺欠彩色痕迹	适用于各种金属和非金属材料，设备轻便、投入小、操作简便，缺欠性质容易辨认	不适用于疏松多孔性材料，对环境温度要求高，检测前后必须清洁焊缝表面，难以确定缺欠的深度	可检测表面开口缺欠
涡流检测	涡流检测仪、标准对比试块	利用探头线圈内流动的高频电流，可在焊缝表面感应出涡流的效应，通过测出缺欠改变涡流磁场所引起的线圈输出（如电压或相位）变化来反映缺欠	经济简便，不需耦合，检测速度快，可自动对准工件检测，探头不接触工件，可用于高温检测	不适用于非导电材料，穿透能力弱，检测参数控制相对困难，缺欠种类难判断	可检测各种导电材料焊缝与堆焊层表面及近表面缺欠

7.1.3.3　声发射检验

声发射(acoustic emission,AE)技术是一种评价材料或构件损伤的动态无损检测技术,它通过对声发射信号的处理和分析评价缺欠的发生及发展规律,并确定缺欠的位置。

1. 声发射检验原理

1) 检验原理

声发射就是指物体在外界条件作用下,缺欠或物体异常部位因应力集中而产生变形或断裂,并以弹性波形式释放出应变能的一种现象。声发射要具备两个条件:第一,材料要受外载作用;第二,材料内部结构或缺欠要发生变化。基于以上原理,对于材料的微观形变和开裂以及裂纹的发生和发展,可以利用声发射来获取它们的动态信息。由于声发射现象往往在材料破坏之前就会出现,因此只要及时捕捉这些信息,根据其 AE 信号的特征及其发射强度,就可以推知声发射源的目前状态,以及它形成的历史,并对其发展趋势进行预报。多数金属材料塑变或断裂时都有 AE 信号,但 AE 信号的强度一般很弱,需要借助电子仪器才能检测出来。用仪器检测、分析声发射信号并确定声发射源的技术称为声发射技术。利用声发射技术可以对缺欠进行判断和预报,并对材料和构件进行评价。

2) 检验特点

声发射检测技术的优点主要是:

(1) 几乎不受材料限制。除极少数材料外,无论是金属还是非金属材料,在一定条件下都有声发射发生,因此声发射检测几乎不受材料限制。

(2) 是一种动态无损检测技术。声发射检测是利用物体内部缺欠在外力或残余应力作用下,本身能动地发射出的声波来对发射地点的部位和状态进行判断。根据声发射信号的特点和诱发 AE 波的外部条件,既可以了解缺欠的目前状态,也能了解缺欠的形成过程和发展趋势,这是其他无损检测方法很难做到的。

(3) 灵敏度高。结构或部件的缺欠在萌生之初就有声发射现象,因此只要及时对 AE 信号进行检测,就可以判断缺欠的严重程度,即使很微小的缺欠也能检测出来,检测灵敏度非常高。

(4) 可检查活动裂纹。声发射检测可以显示非常小的裂纹增量,因此可以检测发展中的活动裂纹。

(5) 可以实现在线监测。对压力容器等人员难以接近的场合和设备,如用 X 射线检测必须停产,但用声发射则不需要停产,可以减小停产损失。

声发射检测技术的缺点主要是:结构必须承载才能进行检测;检测受材料的影响很大;测量受电噪声和机械噪声的影响较大;定位精度不高;对裂纹类型只能给出有限的信息;测量结果的解释比较困难。

2. 声发射检验方法

1) 声发射信号的分类

声发射信号是物体受到外部条件作用使其状态发生改变而释放出来的一种瞬时弹性波。这种弹性波的波形可分为连续型和突发型两类,如图 7.1-1 所示。

2) 声发射信号的基本特征

声发射信号有以下几个特征:

(1) 声发射信号是上升时间很短的振荡脉冲信号，上升时间为 10^{-4}～10^{-8} s，信号的重复速度很高。

(2) 声发射信号的频率范围很宽，通常可以从次声频一直到 30 MHz。

(3) 声发射信号一般是不可逆的，具有不复现性。

(4) 声发射信号产生的影响因素复杂，不仅与外部因素有关，还与材料的内部结构有关。

(5) 由于产生声发射信号的机理各式各样，且频率范围很宽，因此声发射信号具有一定的模糊性。

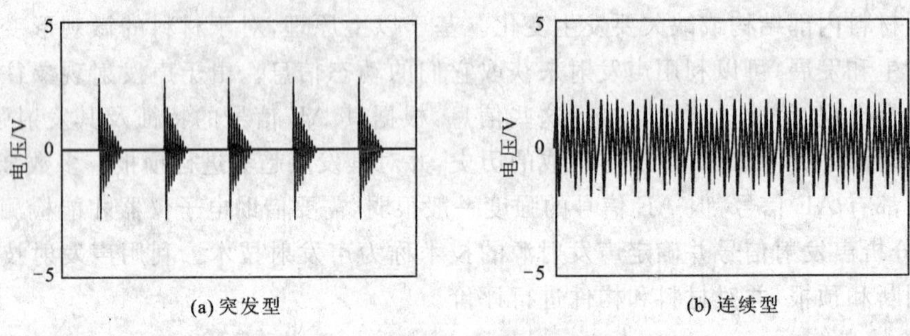

图 7.1-1　声发射信号的典型波形

3) 声发射信号的表征参数

单个声发射信号的表征参数主要有声发射振幅值、声发射事件、事件持续时间、上升时间等，如图 7.1-2 所示。

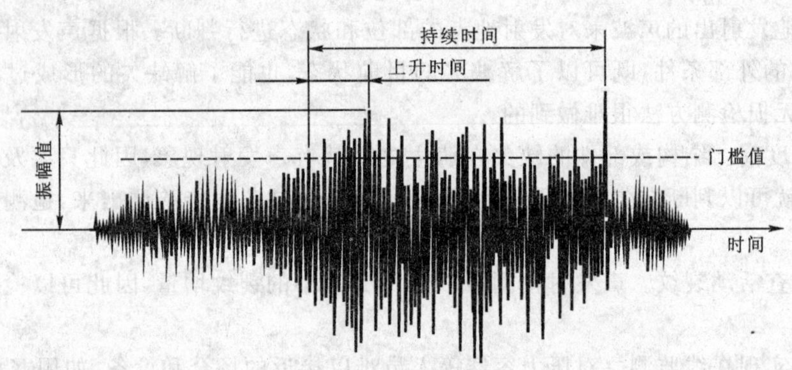

图 7.1-2　声发射信号的表征参数示意图

(1) 声发射事件。一个声发射脉冲激发声发射传感器所造成的一个完整振荡波形称为一个声发射事件。图 7.1-2 所示就是一个声发射事件。

(2) 声发射振幅值。一个完整的 AE 振荡波形中的最大幅值称为声发射振幅值，它反映了该 AE 事件所释放的能量的大小。

(3) 事件持续时间。一个 AE 事件所经历的时间称为事件持续时间。通常用振荡曲线与阈值的第一交点到最后一个交点所经历的时间来表示。阈值有固定和浮动两种。事件持续时间的长短反映了声发射事件规模的大小。单个 AE 事件的持续时间很短，通常在 0.01～100 μs 范围内。

(4) 上升时间。振荡曲线与阈值的第一交点到最大幅值所经历的时间称为 AE 信号的上升时间。上升时间一般在几十到几百纳秒的范围内。上升时间的大小反映了 AE 事件的突发程度。

4）声发射信号的检测与处理

声发射信号的检测过程如图 7.1-3 所示。

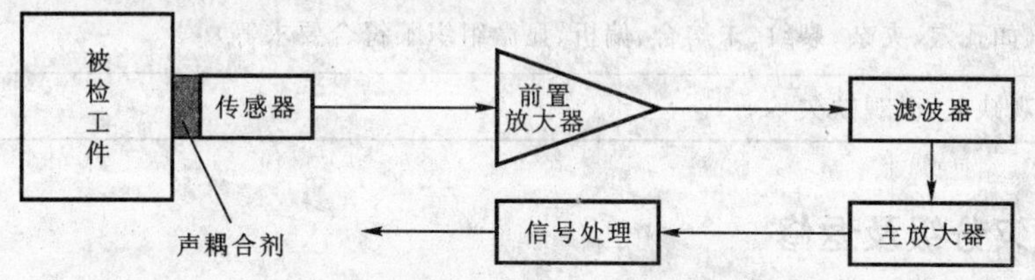

图 7.1-3 声发射信号的检测过程

传感器用来接收声发射信号；前置放大器对传感器输出的非常微弱的信号进行放大，以实现阻抗匹配；滤波器用来选择合适的频率窗口，以消除各种噪声的影响；主放大器对滤波后的声发射信号进一步放大，以便进行记录、分析和处理。

声发射信号的处理方法通常有振铃法、事件法、能量分析法、振幅分布分析法及频谱分析法等。

§7.2 焊接缺欠

与理想完整的金属点阵相比，实际金属的晶体结构中出现差异的区域称为缺欠。焊接接头中的不连续性、不均匀性以及其他不健全等的缺欠称为焊接缺欠。不符合具体焊接产品使用性能要求的焊接缺欠或超过国际焊接学会（IIW）第Ⅴ委员会所提出的容限范围的焊接缺欠称为焊接缺陷。存在焊接缺陷的产品必须经过返修后才能使用，否则就要进行判废处理。

7.2.1 焊接缺欠的基本类型及缺欠分级

7.2.1.1 焊接缺欠的基本类型

焊接缺欠的种类很多，也有不同的分类方法。目前焊接缺欠的基本分类见表 7.2-1。

表 7.2-1 焊接缺欠的基本分类

分类方式	焊接缺欠
按性质	第一类为裂纹；第二类为孔穴；第三类为固体夹杂；第四类为未熔合及未焊透；第五类为形状和尺寸不良；第六类为其他缺欠
按表观	成形缺欠（固体夹杂、未焊透、形状及尺寸不良、其他成形缺欠等）；接合缺欠（焊接裂纹、气孔及未熔合等）；性能缺欠（硬化、软化、脆化、耐腐蚀性下降及疲劳强度下降等）

续表

分类方式	焊接缺欠
按形态	平面型缺欠(如裂纹、未熔合及线状夹渣等);体积型缺欠(如孔穴、圆形夹渣等)
按分布	表面缺欠(如焊缝尺寸不符合要求、咬边、表面孔穴、表面夹杂、表面裂纹、焊瘤、弧坑等);内部缺欠(如孔穴、夹杂、裂纹、未熔合、偏析、显微组织不符合要求等)
按可见度	宏观缺欠;微观缺欠

7.2.1.2 缺欠分级及返修

钢熔化焊接头缺欠分级实质上就是缺欠容限分级。《焊接质量保证　钢熔化焊接头的要求和缺欠分级》将接头的外观和内部缺欠分为四级。

1. 缺欠评级的依据

- 凡是已经有产品设计规程或法定规则的产品,应该遵循这些规定,换算成相应的级别;
- 对没有相应规程或法定验收规则的产品,在确定级别时应考虑下列因素:

(1) 载荷性质:包括静载荷、动载荷和非强度设计。

(2) 服役环境:包括温度、介质、湿度和磨耗。

(3) 产品失效后的影响:应考虑能引起爆炸或泄漏而导致严重人身伤亡并造成产品报废等的经济损失;造成产品损伤且由停机而造成重大的经济损失;造成产品损伤但仍可以运行,待检修处理。

(4) 选用材质:相对于产品要求有良好的强度及韧性余度;强度余度虽然不大,但韧性余度充足;高强度、低韧性;焊接材料的相配性。

(5) 制造条件:包括焊接工艺方法;企业质量管理制度;结构设计中焊接的可达性;检验条件;经济性。

对技术要求较高但又无法实施无损检验的产品,必须对焊工操作及焊接工艺实施产品适应性模拟及考核,并明确规定焊接工艺实施的全过程监督制度和责任记录制度。

2. 焊接接头缺欠返修

焊接缺欠返修前,应该尽可能准确地确定焊接缺欠的种类、部位和尺寸,这对于保证一次返修合格是至关重要的。对于内部缺欠,有些需要用综合无损探伤的方法,如射线和超声探伤的综合检测,才能比较准确地确定焊接缺欠的种类、部位和尺寸。

焊接缺欠消除后,应按经评定合格的焊接工艺规范进行补焊。补焊时应尽量使用较小的热输入,比正常焊接时适当提高预热温度,尽可能采用多道多层焊,焊后尽可能采取防止产生冷裂纹、延迟裂纹的工艺措施,如适当保温、消氢处理等,必要时还可以采取消除焊接残余应力的局部热处理。补焊后应放置 24 h 以上,再进行补焊质量检验。

应该指出的是,焊缝多次返修后,即使是无损探伤、力学性能试验和金相组织都未发现异常,但仍然对焊接接头质量有不良的影响。首先表现在焊接次数的增加,焊缝金属中溶解的氢气向过热区扩散量必然增加,也就成为产生热影响区冷裂纹、延迟裂纹的隐患。其次是过热区的晶粒因过热而长得更大,造成组织不均匀和复杂的应力状态。因此,仅仅从无损探伤、力学性能试验和金相组织观察上来评价焊缝多次返修的影响是不充分的。

7.2.2　焊接缺欠对质量的影响

焊接缺欠对质量的影响，主要是对结构负载强度和耐腐蚀性能的影响。由于缺欠的存在减小了结构承载的有效截面积，更主要的是在缺欠周围产生了应力集中，因此焊接缺欠对结构的静载强度、疲劳强度、脆性断裂以及抗应力腐蚀开裂都有重大影响。

7.2.2.1　焊接缺欠引起的应力集中

焊缝中的气孔一般呈单个球状或条虫状，因此气孔周围应力集中并不严重。焊接接头中的裂纹常常呈扁平状，如果加载方向垂直于裂纹的平面，则裂纹两端会引起严重的应力集中。焊缝中的夹杂物具有不同的形状和包含不同的材料，但其周围的应力集中与空穴相似。多焊缝中存在密集气孔或夹渣时，在负载作用下，如果出现气孔间或夹渣间的连通，则将导致应力区的扩大和应力值的上升。此外，对于焊缝的形状不良、角焊缝的凸度过大及错边、角变形等焊接接头的外部缺欠，也都会引起应力集中或者产生附加的应力。

7.2.2.2　焊接缺欠对静载强度的影响

当焊缝中出现成串或密集气孔时，由于气孔的截面较大，还可能伴随焊缝力学性能的下降，使强度明显降低。因此，成串气孔要比单个气孔危险得多。夹渣对强度的影响与其形状和尺寸有关。单个小球状夹渣并不比同样尺寸和形状的气孔危害大，当夹渣呈连续的细条状且排列方向垂直于受力方向时，是比较危险的。裂纹、未熔合和未焊透比气孔和夹渣的危害大，它们不仅降低了结构的有效承载截面积，更重要的是所产生的应力集中有诱发脆性断裂的可能。尤其是裂纹，在其尖端存在着缺口效应，容易出现三向应力状态，会导致裂纹的失稳和扩展，以致造成整个结构的断裂，所以裂纹是焊接结构中最危险的缺欠。

7.2.2.3　焊接缺欠对脆性断裂的影响

脆断是一种低应力下的破坏，而且具有突发性，事先难以发现和加以预防，故危害最大。一般认为，结构中缺欠造成的应力集中越严重，脆性断裂的危险性就越大。如上所述，裂纹对脆性断裂的影响最大，其影响程度不仅与裂纹的尺寸、形状有关，还与其所在的位置有关。如果裂纹位于高值拉应力区，就容易引起低应力破坏；若位于结构的应力集中区，则更危险。此外，错边和角变形能引起附加的弯曲应力，对结构的脆性破坏也有一定的影响，并且角变形越大，破坏应力越低。

7.2.2.4　焊接缺欠对疲劳强度的影响

缺欠对疲劳强度的影响要比静载强度大得多。气孔引起的承载截面减小 10％时，疲劳强度的下降可达 50％。焊缝内的平面型缺欠（如裂纹、未熔合、未焊透）由于应力集中系数较大，对疲劳强度的影响较大。含裂纹的结构与占同样面积的气孔的结构相比，前者的疲劳强度比后者降低 15％。对未焊透来讲，随着其面积的增加，疲劳强度明显下降。这类平面型缺欠对疲劳强度的影响与负载的方向有关。焊缝内部的球状夹渣、气孔，当其面积较小、数量较少时，对疲劳强度的影响不大，但当夹渣形成尖锐的边缘时，对疲劳强度的影响则十分明显。咬边对疲劳强度的影响比气孔、夹渣大得多。另外，通常疲劳裂纹是从表面引发的，因此当缺欠露出表面或近表面时，其疲劳强度的下降要比缺欠埋藏在内部的明显得多。

7.2.2.5 焊接缺欠对应力腐蚀开裂的影响

通常应力腐蚀开裂总是从表面开始。如果焊缝表面有缺欠，则裂纹很快在那里形核。因此，焊缝的表面粗糙度、结构上的死角、拐角、缺口、缝隙等都对应力腐蚀有很大影响。这些外部缺欠使浸入的介质局部浓缩，加快了电化学过程的进行和阳极的溶解，为应力腐蚀裂纹的扩展提供了条件。应力集中对腐蚀疲劳有很大影响。焊接接头的腐蚀疲劳破坏大都是从焊趾处开始的，然后扩展，穿透整个截面而导致结构的破坏。因此，改善焊趾处的应力集中程度能大大提高接头抗腐蚀疲劳的能力。

7.2.3 焊接缺欠的影响因素

7.2.3.1 焊接裂纹

焊接裂纹主要包括焊接热裂纹、焊接再热裂纹、焊接冷裂纹、层状撕裂和应力腐蚀裂纹。

1. 焊接热裂纹的影响因素

焊接热裂纹分为结晶裂纹、液化裂纹和多边化裂纹三种类型。

(1) 影响结晶裂纹的因素包括冶金和力学两方面。

① 冶金因素的影响，如化学成分、结晶条件、偏析程度、晶粒的大小和方向等；

② 力学因素的影响，如被焊金属的热物理性质、焊件刚度、焊接工艺和温度场的分布等。

(2) 对结晶裂纹产生影响的因素也同样对液化裂纹有影响。

① 冶金因素的影响主要是合金元素的影响，对于易出现液化裂纹的高强度钢、不锈钢和耐热合金的焊件，除了硫、磷、碳的有害作用外，还有镍、铬和硼元素的影响；

② 力学因素的影响主要决定于作用在近缝区处热循环的特点以及接头的刚性或拘束度等。具有陡变的温度梯度和能引起快速应变的条件，是极易引起液化裂纹的。

(3) 影响多边化裂纹的主要因素是合金成分、应力状态和温度，它们的影响主要表现在形成多边化过程所需的时间上。如果导致多边化的时间越短，则裂纹倾向就越大。

2. 焊接再热裂纹的影响因素

焊接再热裂纹影响因素包括冶金因素和工艺因素两方面。

(1) 冶金因素主要是钢中的化学成分的影响和晶粒度。各种合金元素对钢的再热裂纹倾向的影响较复杂，随钢种不同而有差异。高强度钢的晶粒度越大，则晶界开裂所需的应力越小，也就容易产生再热裂纹。此外，钢种的杂质多也会降低晶界开裂所需的应力。

(2) 工艺因素主要是焊接方法和热输入的影响、焊接材料的影响、预热和后热的影响及残余应力集中的影响。

3. 焊接冷裂纹的影响因素

焊接冷裂纹的影响因素主要是：

(1) 钢种的淬硬倾向。焊接时，钢种的淬硬倾向越大，越易产生裂纹。

(2) 氢的作用。焊缝金属中的扩散氢是延迟裂纹形成的主要影响因素。

(3) 拘束度的影响。焊接时的拘束情况决定了焊接接头所处的应力状态，从而影响产生延迟裂纹的敏感性。

4. 层状撕裂的影响因素

影响层状撕裂的因素很多，主要有以下几个方面：

(1) 非金属夹杂物的种类、数量和分布形态是产生层状撕裂的本质原因，它们是造成钢的各向异性、力学性能差异的根本所在。

(2) z 向拘束应力。厚壁焊接结构在焊接过程中承受不同的 z 向拘束应力、焊后的残余应力及载荷，它们是造成层状撕裂的力学条件。

(3) 氢的影响。一般认为，在热影响区附近，由冷裂诱发成为层状撕裂时，氢是一个重要的影响因素。但是，远离焊接热影响区的母材处产生的层状撕裂，焊缝中的氢就不会产生影响。

5. 应力腐蚀裂纹(SCC)的影响因素

应力腐蚀裂纹的影响因素主要有以下几个方面：

(1) 应力的作用。拉应力的存在是 SCC 的先决条件，压应力不会引起 SCC，在没有拉应力存在时，通常可产生 SCC 的环境，只能引起微不足道的一般腐蚀。

(2) 介质的影响。介质的浓度与温度对具体合金的影响是不同的，例如对碳钢及低合金钢在 H_2S 介质中将引起应力阴极氢脆开裂，随着 H_2S 浓度增大，临界应力显著降低。有水共存时，影响更为严重。

7.2.3.2　气孔和夹杂

1. 气孔的影响因素

影响焊缝中气孔的主要因素有冶金因素和工艺因素两个方面。

(1) 冶金因素包括熔渣的氧化性、焊条药皮和焊剂成分、焊丝成分、保护气体成分以及铁锈和水分。

(2) 工艺因素包括正确控制焊接规范、电源的种类和极性以及工艺操作方面。

2. 夹杂的影响因素

熔化焊接时的冶金反应产物，例如非金属杂质(氧化物、硫化物等)以及熔渣，由于焊接时未能逸出，或者多道焊接时清渣不干净，以至残留在焊缝金属内，称为夹渣或夹杂物。夹渣会降低焊缝的塑性和韧性，其尖角往往造成应力集中，特别是在空淬倾向大的焊缝中，尖角顶点常形成裂纹。

影响夹渣的主要因素：

(1) 材料因素：

① 焊条和焊剂的脱氧、脱硫效果不好。

② 渣的流动性差。

③ 在原材料的夹杂中含硫量较高及硫的偏析程度较大。

(2) 结构因素：

立焊、仰焊易产生夹渣。

(3) 工艺因素：

① 电流大小不合适，熔池搅动不足。

② 焊条药皮成块脱落。

③ 多层焊时层间清渣不够。

④ 电渣焊时焊接条件突然改变,母材熔深突然减小。

⑤ 操作不当。

7.2.3.3 未熔合和未焊透

1. 产生未熔合的主要因素

(1) 焊接电流小或焊接速度快;

(2) 坡口或焊道有氧化皮、熔渣及氧化物等高熔点物质;

(3) 操作不当。

2. 产生未焊透的主要因素

(1) 焊接电流小或焊接速度快;

(2) 焊条角度不对或运条方法不当;

(3) 电弧太长或电弧偏吹;

(4) 焊条偏心;

(5) 坡口角度太小,钝边太厚,间隙太小。

7.2.3.4 形状缺欠

产生形状缺欠的因素主要包括材料因素、结构因素和工艺因素三个方面,可参考表 7.2-2。

表 7.2-2 产生形状缺欠的主要因素

名 称	材料因素	结构因素	工艺因素
错 边	—	—	(1) 装配不正确; (2) 焊接夹具质量不高
角变形	—	(1) 角变形过程与坡口形状有关(如对接焊缝 V 形坡口的角变形大于 X 形坡口); (2) 角变形与板厚有关,板厚为中等时角变形最大,厚板、薄板的角变形较小	(1) 焊接顺序对角变形有影响; (2) 在一定范围内,线能量增加,则角变形也增加; (3) 反变形量未控制好; (4) 焊接夹具质量不高
焊缝尺寸、形状不符合要求	(1) 熔渣的熔点和黏度太高或太低都会导致焊缝尺寸、形状不符合要求; (2) 熔渣的表面张力较大,不能很好地覆盖焊缝表面,使焊纹粗、焊缝高、表面不光滑	坡口不适合或装配间隙不均匀	(1) 焊接参数不合适; (2) 焊条角度或运条手法不当

续表

名　称	材料因素	结构因素	工艺因素
咬　边	—	立焊、仰焊时易产生咬边	(1) 焊接电流过大或焊接速度太慢； (2) 在立焊、横焊和角焊时电弧太长； (3) 焊条角度和摆动不正确或运条不当
焊　瘤	—	坡口太小	(1) 焊接参数不当,电压过低,焊速不合适； (2) 焊条角度不对或电极未对准焊缝； (3) 运条不正确
烧穿和下塌	—	(1) 坡口间隙过大； (2) 薄板或管子的焊接易产生烧穿或下塌	(1) 电流过大,焊速太慢； (2) 垫板托力不足

§7.3　焊接质量检验过程

将焊接检验工作扩展到整个焊接生产和产品中,才能更充分、更有效地发挥各种检验方法的积极作用,从而预防或及时防止由缺欠所造成的废品和事故。

焊接检验过程主要包括焊前检验、焊接过程检验、焊后检验、安装调试质量检验和产品服役质量检验五个基本环节。

7.3.1　焊前检验

焊前检验主要是对焊前准备的检查,是贯彻预防为主的方针,最大限度避免或减少焊接缺欠的产生、保证焊接质量的积极有效措施。

焊前检验的主要内容可归纳为:

1. 基本金属的质量检验

(1) 检查投料单据；

(2) 检查实物标记；

(3) 检查实物表面质量；

(4) 检查投料划线、标记移植。

注意检查划线的正确性和标记移植的齐全性,并及时作好检查记录,然后才可转入焊前备料、下料等工作。

2. 焊接材料质量检验

(1) 焊丝质量检验；

(2) 焊条质量检验；

(3) 焊剂质量检验；

(4) 气体质量检验。

注意核对焊接材料是否符合图样、文件规定；核对实物标记；焊接材料代换时，应符合等同性能、改善性能和改善焊接性三大基本原则，并应履行审批手续。

3. 焊接结构设计鉴定

应具有良好的可检测性，指有适当的探伤空间位置；有便于进行探伤的探测面；有适宜探伤的探测部位的底面。

4. 焊件备料的检查

坡口的检查，坡口形状、尺寸及表面粗糙度加工质量；清理质量；下屈服强度 $R_{eL}>392$ MPa 或 Cr-Mo 低合金钢焊件坡口表面探伤，及时去除裂纹。

5. 焊件装配质量检查

(1) 装备结构的检查；

(2) 装配工艺的检查；

(3) 定位焊缝质量的检查，应注意当定位焊缝作为主焊缝一部分时，其质量及检验方式同主焊缝。

6. 焊接试板的检查

(1) 焊前试板的检查，焊前试板主要用于单批生产中选择设备工作状态，以控制投产后的焊接质量；

(2) 工序试板的检查，工序试板用于复杂工序间，防止不合格焊缝转入下道工序；

(3) 产品试板的检查，产品试板可评定成品焊缝的质量。

7. 能源的检查

(1) 电源的检查，应注意电源波动程度；

(2) 气体燃料的检查，应注意其纯度和压力。

8. 辅助机具的检查

(1) 变位机的检查；

(2) 转胎的检查；

(3) 装配夹具的检查；

(4) 焊接夹具的检查。

应注意检查动作的灵活性、定位精度和夹紧力等。

9. 工具的检查

面具、手把、电缆等的检查，应注意选择颜色深浅合适的护目玻璃。

10. 焊接环境检查

环境温度、湿度、风速、雨雪等，应注意环境条件不利时防护措施的有效性。

11. 焊接预热检查

(1) 检查预热方式；

(2) 检查预热温度。

应注意预热温度的测点应距焊缝边缘 100～300 mm。

12. 焊工资格检查

检查焊工合格证，应注意有效期并核对考试项目与所焊产品的一致性。

7.3.2　焊接过程检验

焊接过程不仅指形成焊缝的过程，还应包括后热和焊后热处理过程。应当指出，由于焊工直接操纵焊接设备并能充分接近焊接区和随时调整焊接参数，以适应焊缝成形质量的要求，因此焊工的自检能积极主动地控制焊接质量。

焊接过程检验的主要内容包括：

1. 焊接规范的检验

(1) 手工电弧焊规范的检验；

(2) 埋弧自动焊和半自动焊规范的检验；

(3) CO_2气体保护焊规范的检验；

(4) 电阻焊规范的检验；

(5) TIG，MIG，MAG 焊规范的检验；

(6) 气焊规范的检验。

应注意不同焊接方法有不同的检验内容和要求，但原则上均应严格执行工艺。当有变化时，应办理焊接工艺更改手续。

2. 复核焊接材料

(1) 焊接材料的特征(颜色、尺寸)；

(2) 焊缝外观特征。

发现焊接材料有疑问时应及时查找原始标记，确保材料牌号、规格与规定相符。

3. 焊接顺序的检查

(1) 施焊顺序的检查；

(2) 施焊方向的检查。

4. 检查焊道表面质量

表面不应有裂纹、夹渣等焊接缺欠，每一次熔敷所形成的一条单道焊缝称焊道，焊道表面缺欠应及时消除，以避免多层焊时缺欠的叠加。

5. 检查后热

(1) 检查后热温度；

(2) 检查后热保温时间。

焊后立即对焊件全部或局部进行加热或保温，使其缓冷的工艺措施称为后热。后热主要可防止产生延迟裂纹，并起消氢处理作用。

6. 检查焊后热处理

(1) 焊后正火热处理的检查；

(2) 焊后消除应力热处理的检查。

正火处理可改善焊缝金属组织、细化晶粒、提高韧性。这些均应严格按热处理工艺要求检查。

7.3.3 焊后检验

焊接结构(件)虽然在焊前和焊接过程中都进行了有关检验,但由于制造过程中外界因素的变化或规范、能源的波动等,仍有可能产生焊接缺欠,因此必须进行焊后检验。

焊后检验的主要内容可归纳为:

1. 外观检查

外观检查主要包括焊缝表面缺欠检查、焊接接头表面清理质量检查和焊缝尺寸偏差检查三个方面。重点检查焊缝接头部位、收弧部位、形状和尺寸突变部位、焊缝与母材连接部位、母材引弧部位等。

2. 无损检测

无损检测包括射线探伤、超声波探伤、磁力探伤、渗透探伤、涡流探伤等。

3. 力学性能检验

力学性能检验包括拉伸试验、弯曲试验、硬度试验、冲击试验等。

4. 金相检验

焊接接头金相组织分析时,一般先进行宏观分析,再进行有针对性的显微金相分析。

5. 化学试验分析

化学试验分析主要包括化学成分分析、扩散氢的测定、奥氏体不锈钢焊接接头晶间腐蚀试验和铁素体含量的测定。

6. 致密性检验

致密性检验分为气密性试验、吹气试验、氨渗漏试验、煤油试验、载水试验、沉水试验、水冲试验、氦气检漏试验。

7. 焊缝强度检验

焊缝强度检验主要有水压试验和气压试验两类。进行焊缝强度检验时,应严格执行试验规程并应有可靠的安全措施。

7.3.4 安装调试质量检验

安装调试质量检验包括两个方面的内容:一是对现场组装的焊接质量进行检验;二是对产品制造时的焊接质量进行现场复检。

(1) 检验程序和检验项目:

① 检验资料的齐全性;

② 核对质量证明文件;

③ 检查实物和质量证明的一致性;

④ 按有关安装规程和技术文件规定进行检验;

⑤ 对产品重要部位、易产生质量问题的部位、运输中易破损和变形的部位应重点检验。

(2) 检验方法和验收标准应与产品制作过程中所采用的检验方法、检验项目、验收标准相同。

(3) 焊接质量问题现场处理:

① 发现漏检,应作补充检查并补齐质量证明文件;

② 因检验方法、检验项目或验收标准不同而引起的质量问题,应尽量采用同样的检验方法和评定标准,以确定焊接产品是否合格;

③ 可修可不修的焊接缺欠一般不退修,焊接缺欠明显超标应退修,其中大型结构应尽量在现场修复。

7.3.5 产品服役质量检验

产品服役质量检验的内容包括:

1. 产品运行期间的质量监控

焊接结构(件)在役运行时,可用声发射技术进行质量监测。

2. 产品检修质量的复查

焊接产品在腐蚀介质、交变载荷、热应力等苛刻条件下工作,使用一定时间后往往产生各种形式的裂纹。为保证设备安全运行,应有计划地定期复查焊接质量。重要产品(如锅炉、压力容器等)安全监察规程中均有具体规定检修计划,以便发现缺欠,消除隐患,保证安全运行。主要内容包括:

(1) 质量复查工作的程序,主要是查阅质量证明文件或原始质量记录以及拟定检验方案。

(2) 质量复查检验的部位,按有关安全监察规程或技术文件规定进行检验,尤其是对修复过的部位、缺欠集中的部位、缺欠严重的部位、应力集中的部位、同类产品运行时常出现问题的部位应特别注意。

(3) 服役产品质量问题现场处理。设备在工作位置上固定,很难搬动而需现场返修。因此,对重要焊接产品的退修要进行工艺评定、验证焊接工艺、制定返修工艺措施、编制质量控制指导书和记录卡,以保证在返修过程中掌握质量标准、记录及时、控制准确。

(4) 焊接结构破坏事故的现场调查与分析。主要包括:

① 现场调查,其中包括维持破坏现场,收集所有运行记录;查明操作工作是否正确;查明断裂位置;检查断口部位的焊接接头表面质量和断口质量;测量破坏结构的实际厚度,核对它的厚度是否符合图样要求,并为设计校核提供依据。

② 取样分析,包括金相检验;复查化学成分;复查力学性能。

③ 设计校核。

④ 复查制造工艺。对破坏事故的调查和分析可以确定结构的断裂原因,提出防止事故的措施,为设计、制造和运行等提供改进依据。

§7.4 无损检测技术简介

无损检测是实施焊接质量检验的主要工艺方法和有效的质量检验手段。通过对无损检测的数据结果与施工设计要求及有关标准、规范、合同等规定的比较,可以确定其质量等级是否满足要求。

7.4.1 射线检测

7.4.1.1 射线检测的物理基础

物理学上的射线又称为辐射，是指由微观粒子组成的束流。按照波粒二象性的观点，也可以看成一束波。常见的射线有X射线和γ射线。

1. 射线与物质的相互作用

射线通过物质时，会与物质发生相互作用而使强度减弱。导致射线强度减弱的原因可分为两种，即吸收与散射。吸收是一种能量转换，射线的能量被物质吸收后变为其他形式的能量；散射会使射线的运动方向改变。

在X射线和γ射线能量范围内，射线与物质作用的主要形式是光电效应、康普顿效应、电子对效应。当射线能量较低时，还必须考虑瑞利散射。除此以外，还存在一些其他形式的相互作用，如光致核反应和核共振反应等。

射线通过物质时的强度衰减遵循指数规律，衰减情况不仅与吸收物质的性质和厚度有关，还取决于辐射自身的性质。

2. X射线和γ射线的基本性质

X射线和γ射线与无线电波、红外线、可见光、紫外线等属于同一范畴，都是电磁波，其区别只是在于波长不同以及产生方法不同。因此，X射线和γ射线具有电磁波的共性，也具有不同于可见光和无线电波等其他电磁辐射的特性。

X射线和γ射线具有以下主要性质：

(1) 在真空中以光速直线传播，且是不可见的。

(2) 本身不带电，不受电场和磁场的影响。

(3) 能够穿透可见光不能穿透的物质。

(4) 有光的部分特性。

(5) 具有辐射生物效应，能够杀伤生物细胞，破坏生物组织。

(6) 有电离作用、荧光作用、热作用以及光化学作用。

7.4.1.2 射线探伤的基本原理

射线检验的原理是利用X射线、γ射线及其他高能射线能不同程度地透过不透明物体和使照片底片感光的性能来进行焊接检验的。如图7.4-1所示，射线通过不同物质时能不同程度地被吸收，如金属密度越大，厚度越大，射线被吸收的就越多。当射线被用来检验焊缝时，在缺欠处和无缺欠处被吸收的程度不同，使得射线透过接头后衰减的程度有明显差异。这样，射线作用在胶片上，使胶片上相应部位的感光程度也不一样。一般情况下，由于缺欠吸收的射线小于金属材料所吸收的射线，所以通过缺欠处的射线对胶片感光较强。冲洗后的底片，在缺欠处颜色较深。无缺欠处则底片感光较弱，冲洗后颜色较淡。通过对底片上影像的观察、分析，便能发现焊缝内有无缺欠以及缺欠的种类、大小与分布。

射线探伤法对体积型缺欠很敏感，其缺欠影响清晰并能永久保存，故在工业中应用广泛。没有电源的地方可采用放射性同位素源产生的γ射线进行检测。

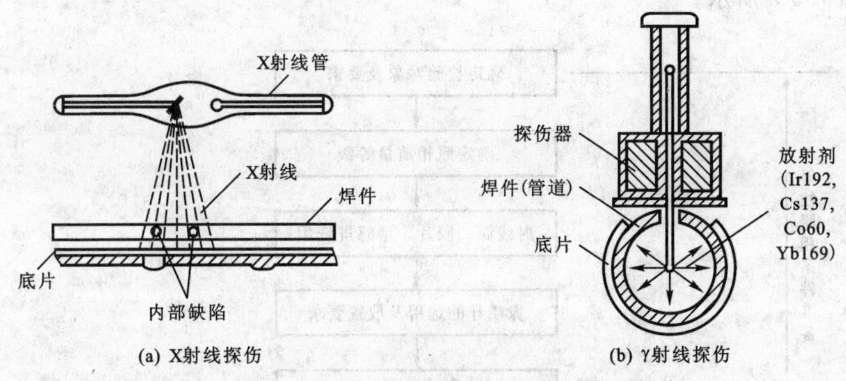

图 7.4-1　射线探伤原理图

7.4.1.3　射线照相法探伤

1. 探伤系统组成

射线照相法探伤系统基本组成如图 7.4-2 所示。

射线源可以是 X 射线机、γ 射线或高能 X 射线机(加速器)。射线胶片不同于普通照相胶卷之处是在片基的两面均涂有乳剂,以增加对射线敏感的卤化银含量。增感屏是为了增加对胶片的感光作用(称增感效应)。像质计是用来定量评价射线底片影像质量的工具。附加在 X 射线机窗口的铅罩或铅光阑,可以限制射线区域大小和得到合适的照射量,从而减少来自其他物体(如地面、墙壁和工件非受检区)的散射作用。工件表面和周围的铅遮板可以有效屏蔽前方散射线和工件外缘由散射引起的“边蚀”效应。底部铅板又称防护铅板,主要用于屏蔽后方散射线(如地面)的所用。滤板的作用主要是吸收 X 射线中那些较长的谱线。暗盒由对射线吸收不明显、对影像无影响的柔软塑料带制成,能很好地弯曲和贴紧工件。标记带可使每张射线底片与工件被检部位始终对应,通常有定位标记(中心标记、搭接标记)、识别标记(工件编号、焊缝编号、部位编号、返修标记)和 B 标记等。

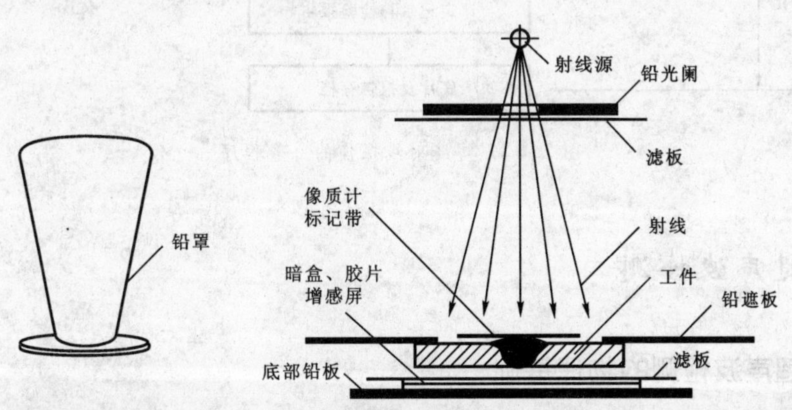

图 7.4-2　探伤系统基本组成示意图

2. 探伤操作过程

在进行射线探伤前,首先应根据焊件的材质、几何尺寸、焊接方法等确定检验要求和验收标准,然后选择射线源、胶片、增感屏和像质计等,并确定透照方式和几何条件。射线探伤的一般程序如图 7.5-3 所示。

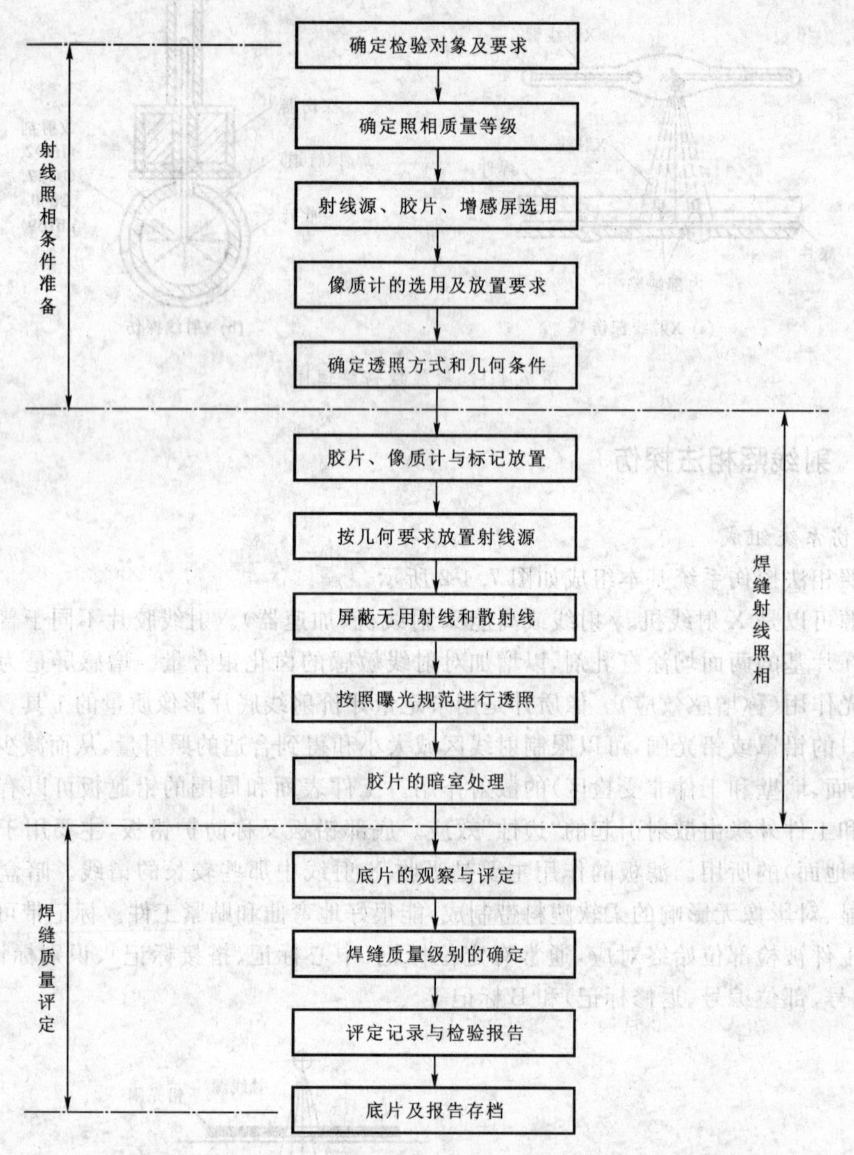

图 7.4-3 焊缝射线探伤的一般程序

7.4.2 超声波检测

7.4.2.1 超声波检测的物理基础

1. 超声波的产生和类型

1）超声波的产生

超声波是频率大于 20 kHz 的机械振动在弹性介质中的一种传播过程。探伤中常用的超声波频率为 0.5～10 MHz。超声波是由超声波探伤仪产生电振荡并施加于探头，利用其晶片的逆压电效应而获得的。

2）超声波的分类

根据波动中质点振动方向与波的传播方向的不同关系，可将波动分为多种波型。在超声检测中主要应用的波型是纵波、横波、表面波（瑞利波）和兰姆波。

根据波阵面的形状（波形），可将波动分为平面波、柱面波和球面波等。

2. 超声波在介质中的传播

1）超声波垂直入射到平界面上的反射和透射

如果是在无限大的均匀介质中传播，超声波将一直向前传播，并不改变方向。但当遇到异质界面（声阻抗差异较大的界面）时，就会产生反射和透射，即一部分超声波在界面上被反射回第一种介质，另一部分透过介质界面进入到第二种介质中。

2）超声波倾斜入射到平界面上的反射和折射

在两种不同介质之间的界面上，超声波传输的几何性质与其他波相同。不同的是，当超声波以一定的倾斜角到达固体介质的表面时，由于界面作用，将改变其传输模式。传输模式的变换还导致传输速度的变化。

3）超声波在曲界面上的反射和透射

当超声波入射到球面或圆柱面上时，与光入射到曲面上的情况相似，也会发生聚焦和发散等现象。另外，由于超声波在界面上会发生波型转换，所以超声波在曲界面上的情况比光学中还要复杂。

7.4.2.2　超声波探伤的基本原理

1. 基本原理

超声波探伤是利用焊缝中的缺欠与正常组织具有不同的声阻抗（材料体积质量与声速的乘积）和超声波在不同声阻抗的异质界面上通过时会产生反射现象来发现缺欠的。探伤时由探头中的压电换能器发射脉冲超声波，通过声耦合介质（水、变压器油或甘油等）传播到焊件中，遇到缺欠和工作底面时就会分别产生反射波，然后再用另一个类似的探头或同一个探头接收反射的声波，经换能器转换成电信号，放大后显示在荧光屏上或打印在纸带上。根据探头位置和超声波的传播时间（荧光屏上回波位置）可求得缺欠位置；根据反射波的幅度可以近似评估缺欠的大小。

2. 超声波探伤特点

超声波探伤具有适应范围广、灵敏度高、探测速度快、费用低廉、对人体无害等优点，但对工件表面要求平滑光洁、辨别缺欠性质的能力较差。

超声波检测的适用范围见表 7.4-1。

表 7.4-1　超声波检测的适用范围

适用范围		结构特点及常见缺欠	常用检测方法及工作频率	特　点
探伤	锻件	缩孔、缩松、夹杂物、裂纹	常用检测频率 2～2.5 MHz，广泛用于纵波脉冲反射法	分早期检测、验收检测和维护性检测

续表

适用范围		结构特点及常见缺欠	常用检测方法及工作频率	特　点
探伤	铸件	针孔、气孔、缩松、缩孔、砂眼、渣眼、裂纹	常用频率低于 2.5 MHz，用脉冲声波透射法进行检测	晶界反射出现林状回波，晶粒粗大，组织不致密，造成声能衰减较大，检测灵敏度较低
	焊缝	接头形式多样，焊缝及热影响区缺欠多样	探头频率 2～2.5 MHz，用横波斜探头或脉冲宽度窄的宽频带纵波探头、分割型探头或聚焦探头	对焊缝内部的裂纹和未焊透非常敏感
	管材	裂纹、夹层、夹杂、折叠、翘皮	一般采用垂直于管轴的空间斜入射的横波探伤法，小口径管材常用水浸法，大口径管材可采用直接接触法	当管材厚度增大到一定程度时，折射声束会达不到管材内壁，导致内壁及其附近的缺欠漏检
	板材	大多为与板面平行的扁平状缺欠	厚板多用纵波探伤，薄板(板厚<6 mm)可用板波探伤	对不同性质和位置的缺欠有不同的灵敏度
	混凝土	颗粒粗大，质地不均，强裂缝及内部缺欠	常用频率 50～200 kHz，采用低频绕射法	采用各超声参数综合分析法
	其他	如车轴的表面裂纹、钢轨头部的横向裂纹、钢轨接触螺栓孔的裂纹	车轴采用纵波探头或横波斜探头，钢轨采用 4 MHz 的分割型直探头、2 MHz 的斜探头	在核电厂等方面的检测中有很大必要性
测量		声速测量、测厚、衰减系数测量、液位测量、流量测量、黏度测量、温度测量、硬度测量		

3. 超声波检测的方法

根据超声波的波形、发射和接收的方式，超声波检测的方法很多，其中常见的方法有穿透法、反射法、接触法、液浸法等，其分类如图 7.4-4 所示。

超声探伤仪种类很多，按发射波的连续性可分为脉冲、连续和调频；按缺欠显示方式可分为 A 型显示、B 型显示、C 型显示和 3D 型；按声道可分为单通道、多通道等。

目前工业上常用的主要是 A 型显示脉冲反射式超声波探伤仪，其主要特点是示波屏上纵坐标代表反射波的振幅、横坐标代表超声波的传播时间。它虽不能实现对缺欠成像，但却是脉冲回波超声波成像的基础。根据其显示情况，可以确定缺欠位置并估计大小。

A 型显示脉冲反射式超声仪的基本电路如图 7.4-5 所示。同步电路以给定的频率产生周期的同步脉冲信号。该信号一方面触发发射电路产生激励电脉冲，加到探头上产生脉冲超声波；另一方面控制时基电路产生锯齿波，加到示波管的 X 轴偏转板上，使光点从左到右随时间移动。超声波通过耦合剂射入工件，遇到界面产生反射，回波由已停止激振的原探头或者由另一探头接收并转换成相应的电脉冲，经放大电路放大加到示波管的 Y 轴偏转板上。此时，光点不仅在 X 轴上按时间作线性移动，还受 Y 轴偏转电压的影响作垂直运动，从而在时间基线上出现波形。根据反射波在时间基线上的位置可确定反射面与超声波入射面的距离，根据回波幅度可确定回波声压的大小。

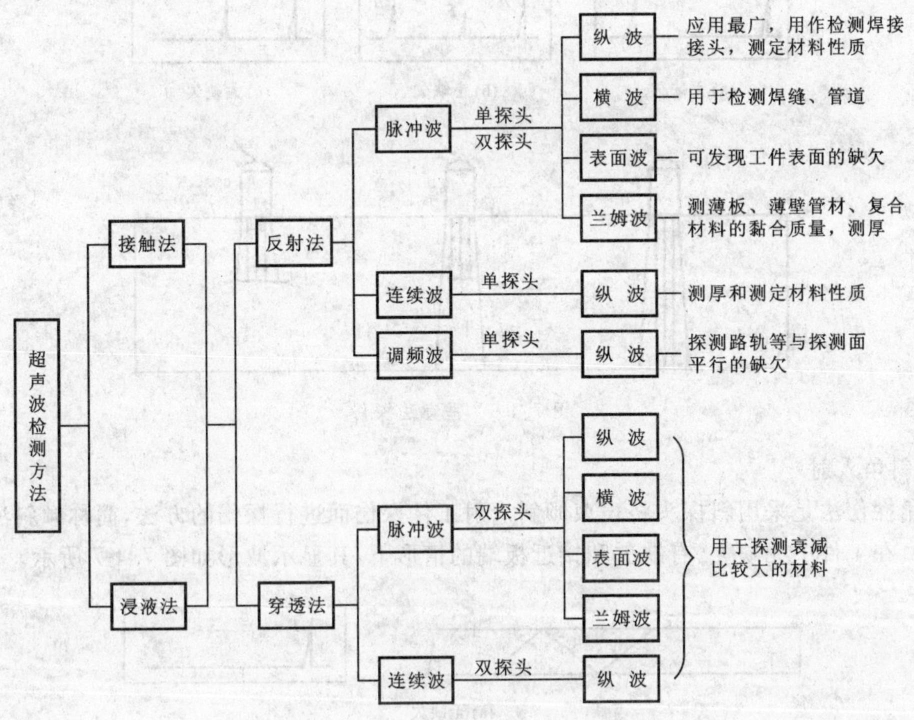

图 7.4-4　超声波检测方法分类

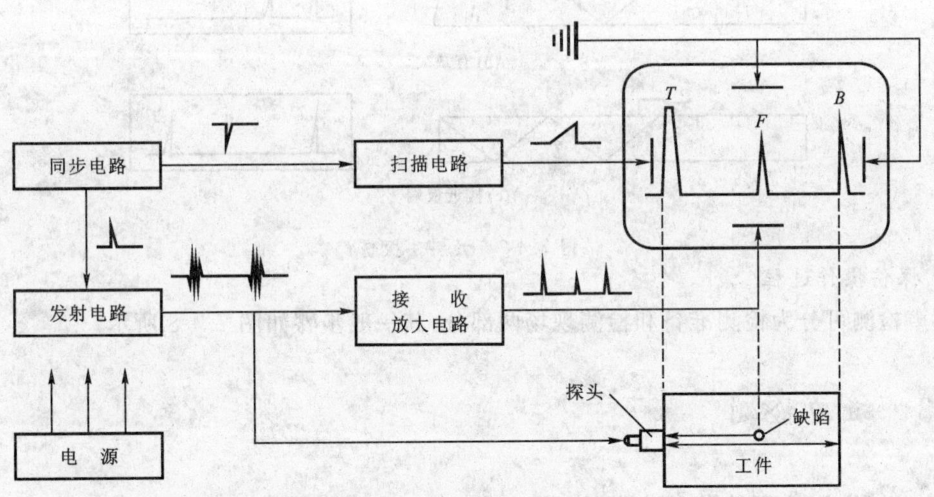

图 7.4-5　A 型显示脉冲反射式超声仪的基本电路框图

7.4.2.3　超声波接触法探伤

1．垂直入射和斜角入射

1）垂直入射

垂直入射法是采用直探头将声束垂直入射工件探伤面进行探伤的方法，简称垂直法，又称纵波法。在工件中无缺欠、小缺欠和大缺欠情形下，其显示波形如图 7.4-6 所示。

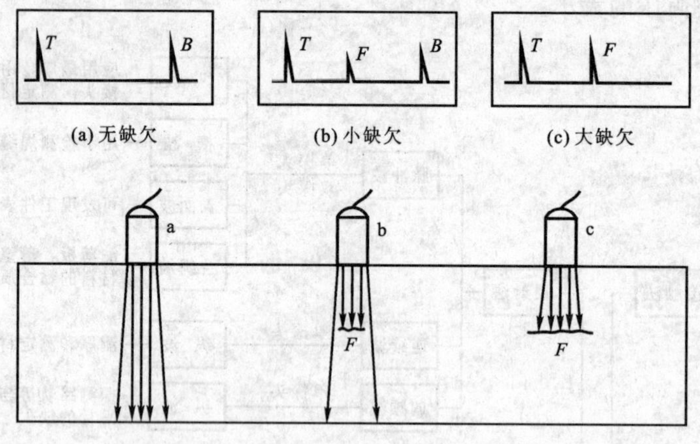

图 7.4-6　垂直法探伤

2）斜角入射

斜角探伤法是采用斜探头将声束倾斜入射工件探伤面进行探伤的方法，简称倾斜法，又称横波法。在工件中无缺欠、有缺欠和接近板端的情形下，其显示波形如图 7.4-7 所示。

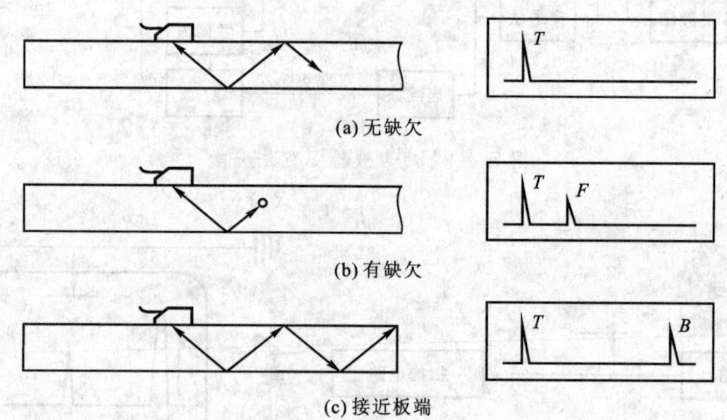

图 7.4-7　倾斜法探伤

2. 探伤操作过程

超声检测可分为检测准备和检测现场两部分，其一般步骤如图 7.4-8 所示。

7.4.3　磁力检测

7.4.3.1　磁力检测的物理基础

1. 漏磁场的产生

当磁通量从一种介质进入另一种介质时，如果两种介质的磁导率不同，则在界面上磁力线的方向一般会发生突变。若工件表面或近表面存在缺欠，经磁化后，缺欠处空气的磁导率远远低于铁磁材料的磁导率，在界面上磁力线的方向将发生改变，这样便有一部分磁通散布在缺欠周围。这种由于介质磁导率的变化而使磁通泄漏到缺欠附近的空气中所形成的磁场称为漏磁场。

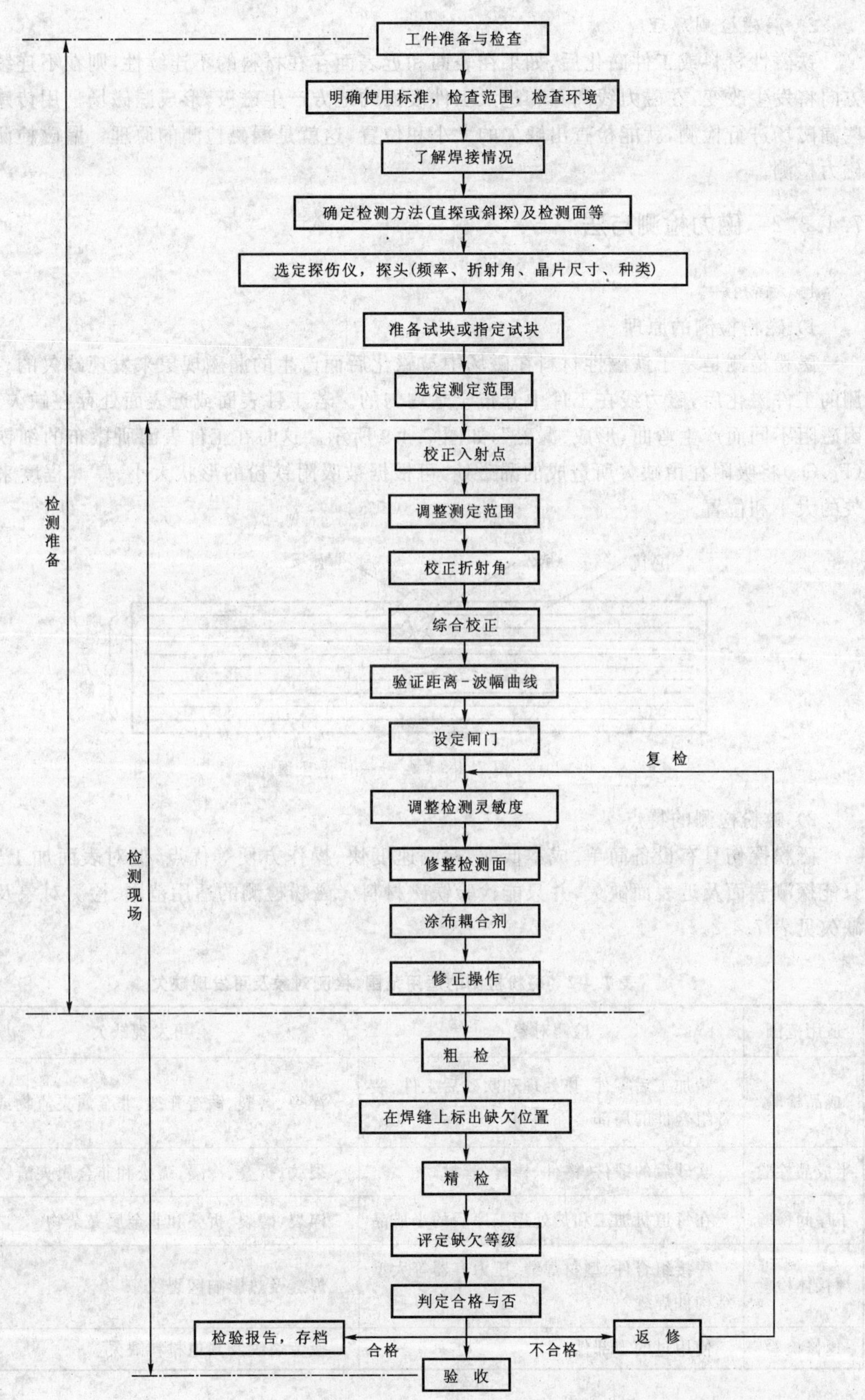

图 7.4-8　焊缝超声检测的一般程序

2. 漏磁检测原理

铁磁性材料或工件磁化后，如果在表面和近表面存在材料的不连续性，则在不连续处磁场方向将发生改变，在磁力线离开和进入工件表面的地方产生磁极，形成漏磁场。用传感器对这些漏磁场进行检测，就能检查出缺欠的大小和位置，这就是漏磁检测的原理。漏磁检测又称为磁力检测。

7.4.3.2 磁力检测方法

1. 磁粉法

1）磁粉检测的原理

磁粉检测是基于铁磁性材料在磁场中被磁化后而产生的漏磁现象来发现缺欠的。当被检测的工件磁化后，磁力线在工件中分布应是均匀的。若工件表面或近表面处存在缺欠，磁力线因磁阻不同而产生弯曲，形成“漏磁”，如图 7.4-9 所示。这时在工件表面所撒布的细铁磁粉末（Fe_3O_4）将吸附在由缺欠所造成的漏磁处，可根据被吸附铁粉的形状大小、厚薄程度来判断缺欠的大小和位置。

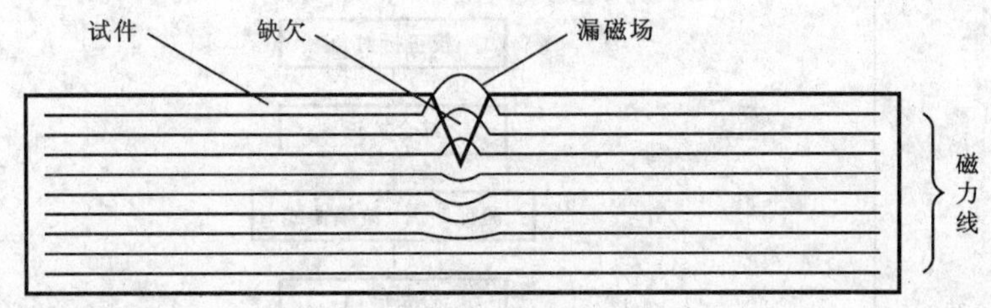

图 7.4-9 磁粉探伤原理图

2）磁粉检测的特点

磁粉探伤具有设备简单、成本低廉、检测速度快、操作方便等优点，但对表面加工要求高，只能探测表面及近表面缺欠，并只能检验铁磁材料。磁粉检测的适用范围、检测对象及可发现缺欠见表 7.4-2。

表 7.4-2 磁粉检测的适用范围、检测对象及可发现缺欠

适用范围	检测对象	可发现缺欠
成品检验	精加工后零件、热处理和吹砂后工件、装备组合件的局部	淬裂、磨裂、锻造开裂、非金属夹渣物或白点
半成品检验	吹砂后的锻件、铸件、棒材、管材	裂纹、折叠、冷隔、疏松和非金属夹渣物
工序间检验	在每道机加工和热处理工序后的半成品	淬裂、磨裂、折叠和非金属夹杂物
焊接体检验	焊接组合件、型材焊缝、压力容器等大型结构件焊缝	焊缝及热影响区裂纹
返修检验	使用过的零部件	疲劳裂纹及其他材料缺欠

3）磁粉检测的分类

根据不同的分类条件，磁粉探伤方法有多种类型：

(1) 按照施加磁粉的磁化时期，可分为连续法和剩磁法。

(2) 按照磁粉种类，可分为荧光磁粉和非荧光磁粉。

(3) 按照磁粉分散剂，可分为干法和湿法。

(4) 按照磁化方法，可分为通电法、穿棒法、线圈法、触头法、磁轭法和交叉磁轭旋转磁化。

(5) 按采用磁化电流的不同，可分为直流磁化和交流磁化。

(6) 按通电的方式不同，分为直接通电磁化和间接通电磁化。

(7) 按工件磁化方向的不同，分为纵向磁化法、周向磁化法、联合磁化法和旋转磁化法。

2. 磁敏探头法

用合适的磁敏探头探测工件表面，将漏磁场转换成电信号，再经过放大、信号处理和存储，就可以用光电指示器加以显示。与磁粉法相比，用磁敏探头法所测得的漏磁大小与缺欠大小之间有着更明显的关系，因而可以对缺欠大小进行分类。常用的磁敏探头有以下几种形式：

(1) 磁感应线圈。对于交变的漏磁场，感应线圈上的感应电压等于单位时间内磁通的变化率。对于直流产生的漏磁场，由于磁通不变，为了测出直流磁场，必须让测量线圈与工件之间发生相对运动，使磁通发生变化，这样感应电压的大小就与运动速度有关。如果使其作恒速运动，则可根据感应电动势的幅值来确定缺欠的深度。

(2) 磁敏元件。常用的磁敏元件有霍尔元件、磁敏二极管等。工作时，将磁敏元件通以工作电流，由于缺欠处漏磁场的作用使其电性能发生改变，并输出相应的电信号。这个输出信号反映了漏磁场的强弱及缺欠尺寸的大小。磁敏元件通常适用于测量较强的漏磁场，根据其性能的不同，可用来测量直流磁场以及频率高达几十万 Hz 的交流磁场。探测缺欠的灵敏度不受被测件的大小和扫描速度的影响，但随着检测元件与被探件表面距离的增加而急剧变小。此外，磁敏元件的测量信号与温度有关，在进行精确测量时必须采取温度补偿措施。

3. 录磁法

录磁探伤法也称中间存储漏磁检验法。其中，以磁带记录方法为最主要的方法。将磁带覆盖在已磁化的工件上时，缺欠的漏磁场就在磁带上产生局部磁化作用，然后再用磁敏探头测出磁带录下的漏磁，从而确定焊缝表面缺欠的位置。录磁过程和测量过程可以在不同的时间和地点分别进行，在焊缝质量检验中正得到推广和应用。

7.4.4　涡流探伤

7.4.4.1　涡流检测的物理基础

1. 涡流的产生和检测

1）涡流的产生

若给线圈通以变化的交流电，根据电磁感应原理，穿过金属块中若干个同心圆截面的磁通量将发生变化，会在金属块内感应出交流电。由于这种电流的回路在金属块内呈旋涡形状，故称为涡流。涡流是根据电磁感应原理产生的，所以涡流是交变的。

2）涡流检测原理

涡流探伤以电磁感应原理为基础。当给线圈通以变化的交流电时，根据电磁感应原理，穿过金属块中央若干个同心圆截面的磁通量将会发生变化，因而会在金属块内感应出涡流。其中如有缺欠，就会引起涡流的变化，涡流所产生的感应磁场和激励磁场所组成的合成磁场也要变化，从而可将缺欠检测出来，如图 7.4-10 所示。由于涡流是根据电磁感应原理产生的，所以涡流是交变的。因交变电流在导体表层有“集肤效应”，故涡流探伤的有效范围也仅限于导体的表面和表层。

集肤效应是指当直流电通过一圆柱导体时，导体截面上的电流密度均相同，而交流电流过圆柱导体时，横截面上的电流密度不一样，表面的电流密度最大，越到圆柱体中心电流密度就越小。

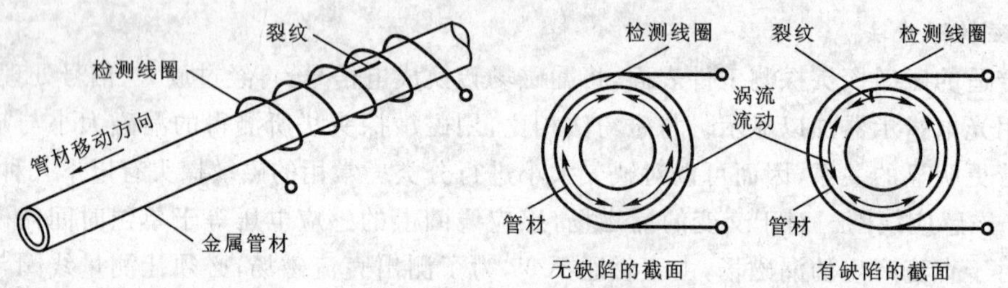

图 7.4-10　涡流检测示意图

2. 涡流检测的特点

与其他无损检测方法相比，涡流检测的主要优点有：

(1) 对导电材料表面和近表面缺欠的检查灵敏度较高；

(2) 应用范围广，对影响感生涡流特性的各种物理和工艺因素均能实施检测；

(3) 不需要耦合剂，易于实现管、棒、线材的高速、高效、自动化检测；

(4) 在一定条件下能反映有关裂纹深度的信息；

(5) 可在高温、薄壁管、细线、零件内孔表面等其他检测方法不适用的场合实施监视。

虽然涡流检测具有诸多优点，但当需要对形状复杂的机械零部件进行全面检测时，涡流检测的效率相对较低。此外，在工业探伤中，仅靠涡流检测通常也难以区分缺欠的种类和形状。

7.4.4.2　涡流检测方法

涡流检测的基本方法和操作程序见表 7.4-3 所示。

表 7.4-3　涡流检测的基本方法和操作程序

操作程序	具体内容
(1) 探伤前准备	① 选择检验方法及设备； ② 对被探件进行表面预处理； ③ 制备对比试样； ④ 对探伤装置进行预运行； ⑤ 调整传送装置，使试件通过线圈时无偏心、无摆动

续表

操作程序	具体内容
(2) 确定探伤规范	① 选择探伤频率； ② 确定工件传送速度； ③ 调整磁饱和程度，使被检部位置于直流磁场中，达到磁饱和状态的 80%左右； ④ 调整相位； ⑤ 确定滤波器频率； ⑥ 调整幅度鉴别器； ⑦ 调定平衡电路； ⑧ 调定灵敏度
(3) 探伤	试件与线圈的距离保持不变
(4) 探伤结果分析	根据仪器的指示和记录器、报警器、缺欠标记器指示出的缺欠判定检验结果
(5) 消磁	铁磁材料经饱和磁化后应进行退磁处理
(6) 结果评定	当缺欠显示信号小于对比试样人工缺欠信号时，应认为被探件经涡流探伤合格，否则是可疑品。对可疑品进行如下处理： ① 重新探伤，重新探伤时若缺欠信号小于人工缺欠信号，则判定为合格； ② 对探伤后暴露的可疑部分进行修磨，修磨后重新探伤，并按上述原则评判； ③ 切去可疑部分或者判为不合格； ④ 用其他无损探伤方法检查
(7) 编写探伤报告	将探伤条件、探伤结果、人工缺欠级别和形状等编写成文

7.4.5 渗透探伤

7.4.5.1 渗透检测的物理化学基础

1. 表面张力

表面层分子受到内部分子的吸引，都趋向于挤入液体内部，以使液体表面层尽量缩小，结果在表面的切线方向上便有一种缩小表面积的力。如果液面是水平的，这种作用力也是水平的；如果液面是弯曲的，作用力的方向就是曲面的切线方向。液体表面的这种作用力称为表面张力。

2. 润湿和毛细现象

1）润湿现象

液体在固体表面上铺展的现象称为润湿。润湿是常见的自然现象。液体和气体对固体的表面都有润湿现象，但是能观察到的仅是液体对固体的润湿。能被水润湿的物质叫做亲水物质，如玻璃、石英、方解石、长石等；不能被水润湿的物质叫做疏水物质，如石蜡、石墨、硫黄等。

2）毛细现象

在润湿液体中，一方面由于润湿的作用，毛细管中靠近管壁的液面会上升而形成凹面。另一方面，由于表面张力的缘故，使弯曲的液面产生了附加压力，从而使液体表面向上收缩成平面。随后，管中靠近管壁的液体又在润湿作用下上升，重新形成凹面，而弯曲的液面又在附加压力的作用下使其收缩成平面。如此往复,使毛细管内的液面逐渐上升,直至弯曲液面附加压力与毛细管内升高的液柱重力相等为止。

如果将毛细管放在不润湿的液体(如水银)中,所发生的现象正好相反。由于水银不能润湿玻璃,管内的水银面形成凸液面,对内部液体产生压应力,使玻璃管内的水银液面低于容器中的液面。

润湿的液体在毛细管中呈凹面并且上升、不润湿的液体在毛细管中呈凸面并且下降的现象,称为毛细现象。

3. 表面活性和乳化作用

1) 表面活性

能使溶剂的表面张力降低的性质称为表面活性,具有表面活性的物质称为表面活性物质。当在溶剂(如水)中加入少量的某种溶质时,如果能明显地降低溶剂的表面张力,改变溶剂的表面状态,产生润湿、乳化、起泡及增溶等一系列作用,这种溶质就称为表面活性剂。

2) 乳化作用

由于表面活性剂的作用,使本来不能混合在一起的两种液体能均匀地混合在一起的现象称为乳化现象。具有乳化作用的表面活性剂称为乳化剂。

表面活性剂的分子一般总是由非极性的亲油疏水的碳氢链部分(亲油基)与有极性的亲水疏油的基团构成的。两部分分别处于两端,形成不对称结构。因此,表面活性剂分子是一种两亲分子,能吸附在油水界面上,降低油水界面的界面张力,使原来互不相混的油和水形成稳定的乳状液,完成乳化过程。

7.4.5.2　渗透检测的基本原理

1. 基本原理

渗透探伤是利用带有荧光染料(荧光法)或红色颜料(着色法)渗透剂的渗透作用,显示缺欠痕迹的无损检验方法。它主要用于探测某些非铁磁性材料,如不锈钢、铜、铝及镁合金等材料的表面开口缺欠。

在被检工件表面涂覆某些渗透力较强的渗透液,在毛细作用下,渗透液被渗入到工件表面开口的缺欠中,然后去除工件表面上多余的渗透液(保留渗透到表面缺欠中的渗透液),再在工件表面上涂上一层显像剂,缺欠中的渗透液在毛细作用下重新被吸到工件的表面,从而形成缺欠的痕迹。根据在黑光(荧光渗透液)或白光(着色渗透液)下观察到的缺欠显示痕迹,对缺欠进行评定,如图 7.4-11 所示。

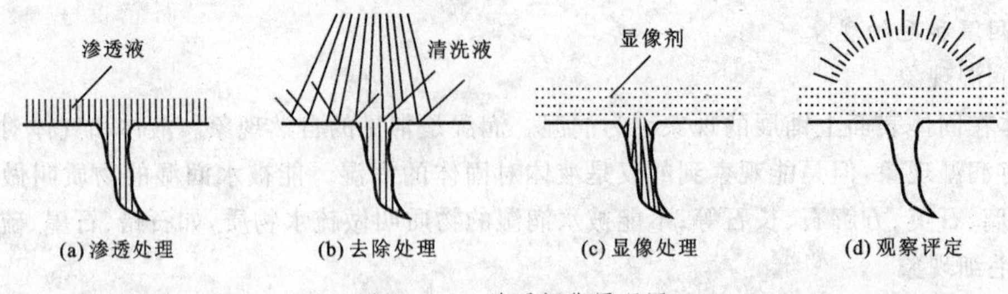

图 7.4-11　渗透探伤原理图

2. 渗透检测的类型

一般可以按照渗透液和清洗过程的不同,将渗透检测分为表 7.4-4 所列类别;还可按显像方法分类，见表 7.4-5。

表 7.4-4　按渗透剂种类分类的渗透探伤方法

方法名称	渗透剂种类	方法代号
荧光渗透检测	水洗型荧光渗透剂	FA
	后乳化型荧光渗透剂	FB
	溶剂去除型荧光渗透剂	FC
着色渗透检测	水洗型着色渗透剂	VA
	后乳化型着色渗透剂	VB
	溶剂去除型着色渗透剂	VC

表 7.4-5　按显像方法分类的渗透探伤方法

方法名称	显像剂种类	方法代号
干式显像法	干式显像剂	D
湿式显像法	湿式显像剂	W
	快干式显像剂	S
无显像剂显像法	不用显像剂	N

选用渗透探伤方法时，应考虑试件的材质、尺寸、检测数量、表面粗糙度、预计缺欠种类和大小，还应考虑能源、探伤剂性能、操作特点及经济性。表7.4-6 列出的渗透探伤方法选择可供使用时参考。

表 7.4-6　渗透探伤方法的选择

条　件		渗透剂	显像剂
根据缺欠选定	宽深比大的缺欠	后乳化型荧光渗透剂	干式或快干式显像剂，缺欠较长也可用干式显像剂
	宽深在 10 μm 以下的缺欠		
	宽深在 30 μm 左右的缺欠	水洗型、溶剂去除型荧光或着色渗透剂	湿式、快干式、干式显像剂（仅适用于荧光法）
	宽深在 30 μm 以上的缺欠		
	密集缺欠及缺欠表面形状的观察	水洗型荧光、后乳化型荧光	干式显像剂
按被检工件选择	批量小工件的探伤	水洗型荧光、后乳化型荧光	湿式、干式显像剂
	少量而不定期的工件	溶剂去除型荧光或着色	快干式显像剂
	大型工件及构件的局部探伤		
根据表面粗糙度选择	螺纹等的根部	水洗型荧光或着色法	湿式、快干式、干式显像剂（仅适用于荧光法）
	铸件、锻件等粗糙表面		

续表

条件		渗透剂	显像剂
根据表面粗糙度选择	机加工表面(R_{max}为5～100 μm左右)	水洗、溶剂去除型荧光或着色法	干式(仅适用于荧光法)、湿式、快干式显像剂
	打磨、抛光表面(R_{max}为0.1～6 μm左右)	后乳化型荧光法	
	焊波及其他较平缓的凸凹表面	水洗、溶剂去除型荧光或着色法	
	无法得到较暗条件	着色法	湿式、快干式显像剂
	无电源及水源的场合	溶剂去除型荧光或着色法	快干式显像剂
	高空作业、携带困难		

3. 渗透检测的特点

渗透检测是一种最古老的探伤技术。它可以检查金属和非金属材料表面开口状的缺欠。与其他无损检测方法相比,它具有检测原理简单、操作容易、方法灵活、适应性强的特点,可以检查各种材料,且不受工件几何形状、尺寸大小的影响,对于小零件可采用浸液法,对大设备可采用刷涂或喷涂法,可检查任何方向的缺欠。基于这些优点,其应用极为广泛。另外,渗透检测对表面裂纹有很高的检测灵敏度。

渗透检测的缺点是操作工艺程序要求严格、繁琐,不能发现非开口表面、皮下和内部缺欠,检验缺欠的重复性较差。

7.4.5.3 渗透检测的操作程序

几种常见渗透探伤方法的一般操作程序如图 7.4-12 所示。

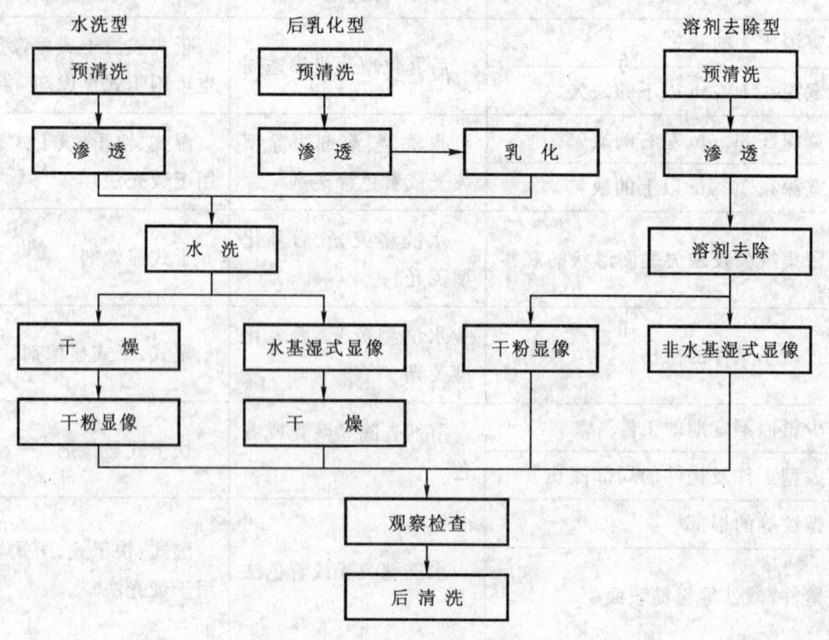

图 7.4-12 渗透检测的操作程序

思考题与习题

7-1. 什么叫焊接缺欠？焊接缺欠分为哪几类？
7-2. 产生焊接缺欠的主要原因是什么？
7-3. 焊接缺欠对产品质量有何影响？
7-4. 焊接检验的主要作用是什么？
7-5. 焊接检验主要有哪几类？
7-6. 什么叫破坏性检验？它包括哪些检验方法？
7-7. 什么叫非破坏性检验？它包括哪些检验方法？
7-8. 致密检验有哪些检验方法？
7-9. 什么叫声发射检测？
7-10. 非破坏性检验和破坏性检验的优缺点有哪些？
7-11. 焊接检验的依据是什么？
7-12. 焊接检验的一般过程是什么？
7-13. 焊前检验的内容有哪些方面？
7-14. 焊接过程检验的主要内容有哪些方面？
7-15. 焊后检验的主要内容有哪些方面？
7-16. 常用的无损检测方法有哪几种？
7-17. 射线探伤的基本原理是什么？
7-18. X 射线和 γ 射线有哪些主要性质？
7-19. 简述超声波探伤的基本原理。
7-20. 超声波探伤有什么特点？
7-21. 磁粉探伤的特点是什么？其适用于什么范围？
7-22. 简述涡流探伤的基本原理。
7-23. 渗透探伤的基本原理是什么？

参考文献

[1] 中国机械工程学会焊接学会.焊接手册　第1卷[M].第3版.北京:机械工业出版社,2008.

[2] 中国机械工程学会焊接学会.焊接手册　第2卷[M].第3版.北京:机械工业出版社,2007.

[3] 中国机械工程学会焊接学会.焊接手册　第3卷[M].第3版.北京:机械工业出版社,2007.

[4] 陈裕川.现代焊接生产实用手册[M].北京:机械工业出版社,2005.

[5] 程绪贤.金属的焊接与切割[M].东营:中国石油大学出版社,2007.

[6] 雷毅.金属焊接技术问答[M].北京:中国石化出版社,2009.

[7] 陈祝年.焊接工程师手册[M].北京:机械工业出版社,2010.

[8] 史耀武.焊接技术手册[M].福州:福建科学技术出版社,2005.

[9] 张建勋.现代焊接生产与管理[M].北京:机械工业出版社,2006.

[10] 黄天佑.材料加工工艺[M].北京:清华大学出版社,2007.

[11] 郑宜庭,黄石生.弧焊电源[M].北京:机械工业出版社,2004.

[12] 任廷春.弧焊电源[M].北京:机械工业出版社,2003.

[13] 黄石生.弧焊电源及其数字化控制[M].北京:机械工业出版社,2007.

[14] 熊腊森.焊接工程基础[M].北京:机械工业出版社,2002.

[15] 王宗杰.焊接方法及设备[M].北京:机械工业出版社,2007.

[16] 陈裕川.钢制压力容器焊接工艺[M].北京:机械工业出版社,2007.

[17] 雷玉成,于治水.焊接成形技术[M].北京:化学工业出版社,2004.

[18] 冯兴奎.过程设备焊接[M].北京:化学工业出版社,2003.

[19] 姜焕中.弧焊及电渣焊[M].北京:机械工业出版社,1992.

[20] 史耀武.中国材料工程大典　第22卷　材料焊接工程(上、下)[M].北京:化学工业出版社,2006.

[21] Sindo Kou. Welding Metallurgy[M]. second edition. Hoboken. New Jersey: John Wiley & Sons, Inc. ,2003.

[22] 韩彬,邹增大,曲仕尧,等.双(多)丝埋弧焊方法及应用[J].焊管,2003,26(4):41-44.

[23] 龚爱民.焊接工艺创新设计与智能化生产新技术　质量检验控制新规范实务全书[M].哈尔滨:黑龙江文化音像出版社,2004.

[24] 中国石油天然气集团公司人事服务中心.电焊工[M].东营:中国石油大学出版社,2007.

[25] 上海市特种设备监督检验技术研究院,上海市特种设备管理协会.特种设备焊接技术[M].北京:机械工业出版社,2008.

[26] 黄天佑.材料加工工艺[M].北京:清华大学出版社,2004.

[27] 邓洪军.焊接结构生产[M].北京:机械工业出版社,2005.

[28] 邢晓林.焊接结构生产[M].北京:化学工业出版社,2002.
[29] 方洪渊.焊接结构学[M].北京:机械工业出版社,2008.
[30] 贾安东.焊接结构与生产[M].北京:机械工业出版社,2007.
[31] 王云鹏.焊接结构生产[M].北京:机械工业出版社,2009.
[32] 张文钺.焊接冶金学:基本原理[M].北京:机械工业出版社,1995.
[33] 王勇,王引真,张德勤.材料冶金学与成型工艺[M].东营:石油大学出版社,2005.
[34] 陈伯蠡.焊接冶金原理[M].北京:清华大学出版社,1991.
[35] 赵卫民,吴开源,王勇.稀土元素对铬镍奥氏体焊缝金属抗热裂性能的影响[J].焊接学报,1998,(S1):83-88.
[36] 左景伊,左禹.腐蚀数据与选材手册[M].北京:化学工业出版社,1995.
[37] 中国焊接协会编.焊接标准汇编(2001)[M].第2版.北京:中国标准出版社,2001.
[38] 英若采.熔焊原理及金属材料焊接[M].第2版.北京:机械工业出版社,2000.
[39] 周振丰.焊接冶金学(金属焊接性)[M].北京:机械工业出版社,1996.
[40] 张其枢,堵耀庭.不锈钢焊接[M].北京:机械工业出版社,2000.
[41] 陈裕川.焊接工艺评定手册[M].北京:机械工业出版社,1999.
[42] 邹增大.焊接材料、工艺及设备手册[M].北京:化学工业出版社,2001.
[43] 白培康,李志勇,丁京滨,刘斌.材料连接技术[M].北京:国防工业出版社,2007.
[44] 张连生.金属材料焊接[M].北京:机械工业出版社,2004.
[45] 顾纪清,阳代军.管道焊接技术[M].北京:化学工业出版社,2005.
[46] 辛希贤.管线钢的焊接[M].西安:陕西科学技术出版社,1997.
[47] 宇永福,张德生.金属材料焊接[M].北京:机械工业出版社,1995.
[48] 李淑华,王申.焊接工程组织管理与先进材料焊接[M].北京:国防工业出版社,2006.
[49] 薛振奎,隋永莉.国内外油气管道焊接施工现状与展望[J].焊接技术,2001,30(S1):16-18.
[50] 李建军.长输管线发展趋势与"西气东输"二线焊接[J].焊接技术,2008,37(5):5-8.
[51] 李亚江.特殊及难焊材料的焊接[M].北京:化学工业出版社,2003.
[52] 梁启涵.焊接检验[M].北京:机械工业出版社,1991.
[53] 赵熹华.焊接检验[M].北京:机械工业出版社,2006.
[54] 刘贵民.无损检测技术[M].北京:国防工业出版社,2006.
[55] 巴连文.焊接过程质量控制与检验[M].北京:中国标准出版社,2006.
[56] 李亚江,刘强,王娟.焊接质量控制与检测[M].北京:化学工业出版社,2006.
[57] 李喜孟.无损检测[M].北京:机械工业出版社,2001.
[58] 邵泽波.无损检测技术[M].北京:化学工业出版社,2004.
[59] 戴建树.焊接生产管理与检测[M].北京:机械工业出版社,2004.
[60] 强天鹏.射线检测[M].北京:中国劳动社会保障出版社,2007.
[61] 胡学知.渗透检测[M].北京:中国劳动社会保障出版社,2007.

图书在版编目(CIP)数据

金属焊接/雷毅主编. —东营:中国石油大学出版社,2011.10(2015.11 重印)
ISBN 978-7-5636-3629-7

Ⅰ.①金… Ⅱ.①雷… Ⅲ.①金属材料—焊接—高等学校—教材 Ⅳ.①TG457.1

中国版本图书馆 CIP 数据核字(2011)第 220654 号

中国石油大学(华东)规划教材

书　　名: 金属焊接
主　　编: 雷　毅

责任编辑: 袁超红(电话 0532—86981532)
装帧设计: 赵志勇

出 版 者: 中国石油大学出版社(山东 东营,邮编 257061)
网　　址: http://www.uppbook.com.cn
电子信箱: shiyoujiaoyu@126.com
印 刷 者: 山东省东营市新华印刷厂
发 行 者: 中国石油大学出版社(电话 0532—86981531,86983437)
开　　本: 185 mm×260 mm　印张:18.25　字数:461 千字
版　　次: 2015 年 11 月第 1 版第 2 次印刷
定　　价: 35.00 元